메가스터디 N제

과학탐구영역 지구과학 I

285제

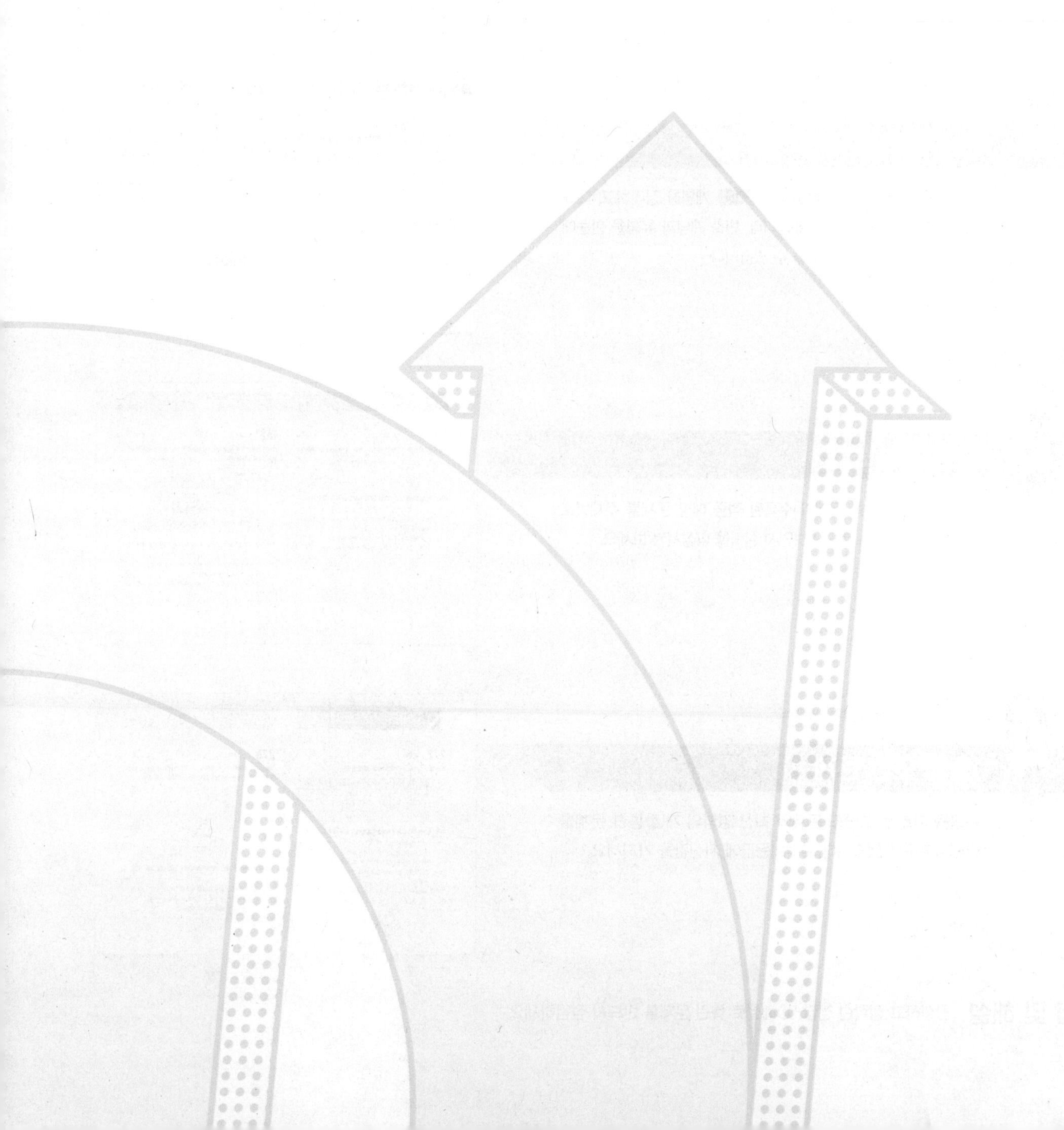

구성과 특징 STRUCTURE

✓ 2015 개정 교육과정이 적용된 수능, 평가원, 교육청의 출제 경향에 맞추어 새로운 문항을 개발했습니다.

✓ 교과서와 최신 기출 분석을 토대로 빈출 개념 & 대표 기출 & 적중 예상 문제를 수록했습니다.

✓ 수능 1등급을 위한 신유형, 고난도, 통합형 문제를 단원별로 구성했습니다.

STEP 1 학습 가이드

최신 기출 문제를 철저히 분석하여 단원별 출제 비율과 경향을 정리하고, 이를 바탕으로 고득점을 위한 학습 전략을 제시했습니다.

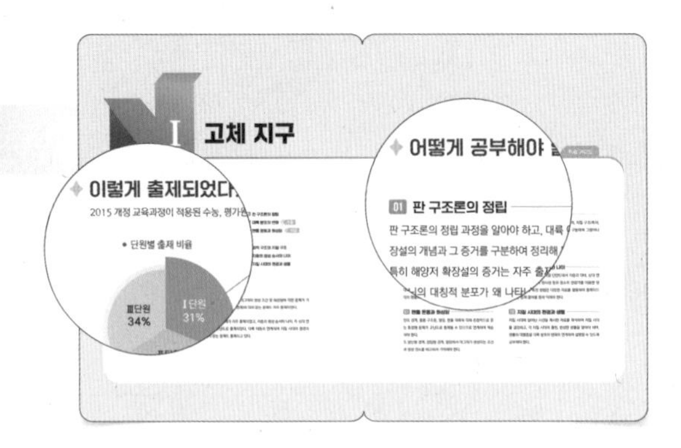

STEP 2 개념 정리 & 대표 기출 문제

최신 기출을 분석하여 고빈출, 빈출 개념을 정리하고, 대표 기출 문제를 선별하여 분석했습니다. 빈출 개념과 유형을 한눈에 파악하여 효율적인 학습을 할 수 있습니다.

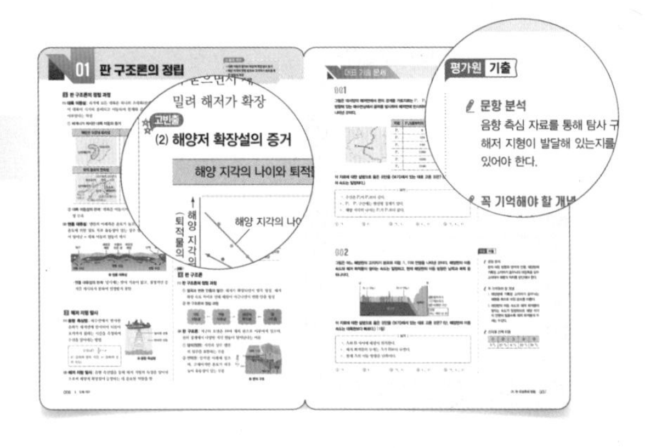

STEP 3 적중 예상 문제

빈출 유형과 신유형 문제가 수록된 적중 예상 문제를 주제별로 구성했습니다. 스스로 풀어보면서 실력을 향상시켜 보세요.

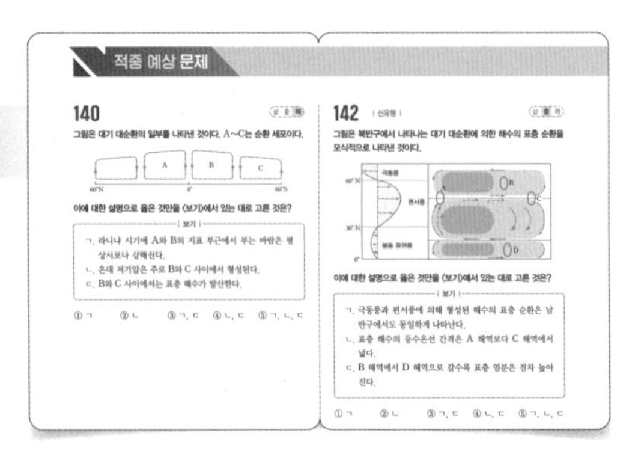

STEP 4 1등급 도전 문제

등급을 가르는 고난도 문제와 최신 경향의 개념 통합 문제를 단원별로 구성했습니다. 수능 1등급에 자신감을 가지세요.

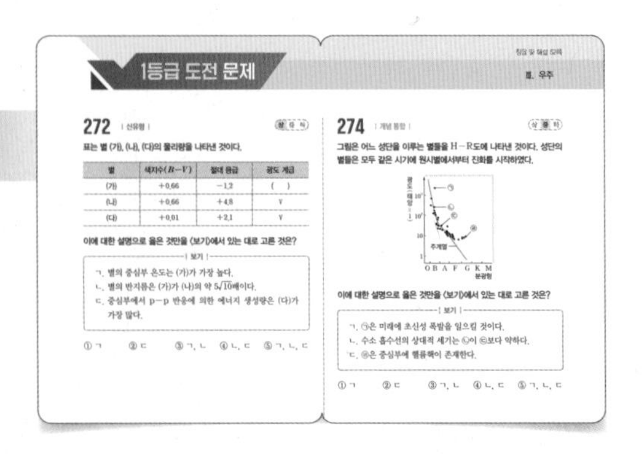

정답 및 해설 친절하고 정확한 정답 및 해설로 틀린 문제를 반드시 점검하세요.

차례 CONTENTS

Ⅰ 고체 지구

Ⅱ 대기와 해양

Ⅲ 우주

I 고체 지구

이렇게 출제되었다!

2015 개정 교육과정이 적용된 수능, 평가원, 교육청 기출 문제를 철저히 분석했습니다.

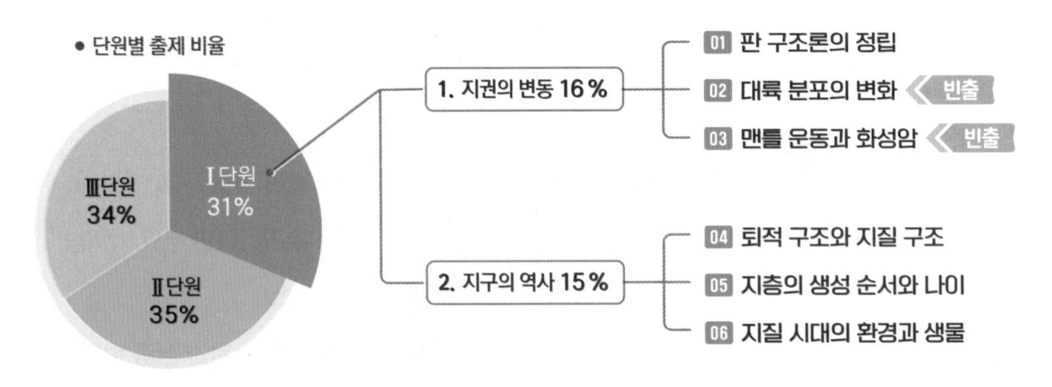

1. 지권의 변동 | 플룸 구조론, 열점과 연계하여 맨틀 운동에 대한 문제와 마그마의 생성 조건 및 화성암에 대한 문제가 가장 많이 출제되었고, 대륙 분포의 변화(고지자기 복각 연계)에 대해 묻는 문제도 자주 출제되었다.

2. 지구의 역사 | 퇴적 구조와 지질 구조를 묻는 자료 분석형 문제가 자주 출제되었고, 지층의 생성 순서와 나이, 즉 상대 연령과 절대 연령을 구하는 문제는 매년 고난도로 출제되었다. 대륙 이동과 연계하여 지질 시대의 환경과 생물에 대해 종합적으로 이해하는지 묻는 문제도 출제되고 있다.

학습 가이드

어떻게 공부해야 할까?

01 판 구조론의 정립

판 구조론의 정립 과정을 알아야 하고, 대륙 이동설과 해양저 확장설의 개념과 그 증거를 구분하여 정리해 두어야 한다.

특히 해양저 확장설의 증거는 자주 출제되고 있으며, 고지자기 줄무늬의 대칭적 분포가 왜 나타나는지는 반드시 이해해 두어야 한다.

02 대륙 분포의 변화

고지자기의 변화와 대륙의 이동을 연계하여 이해하는지 묻는 문제가 자주 출제되므로 연관지어 학습해야 한다.

대륙 분포의 변화는 판의 경계와 연계하여 출제되거나 지질 시대의 생물과 연계하여 출제되므로 종합적으로 정리해야 한다.

03 맨틀 운동과 화성암

판의 경계, 플룸 구조론, 열점, 맨틀 대류에 대해 종합적으로 묻는 통합형 문제가 고난도로 출제될 수 있으므로 연계하여 학습해야 한다.

또 발산형 경계, 섭입형 경계, 열점에서 마그마가 생성되는 조건과 생성 장소를 비교해서 기억해야 한다.

04 퇴적 구조와 지질 구조

매년 출제되는 퇴적 구조의 종류와 형성 원리, 지질 구조(특히, 단층, 부정합, 절리)의 생성 원리와 특징을 구분하여 그림이나 사진과 함께 반드시 알아두어야 한다.

05 지층의 생성 순서와 나이

습곡과 단층이 나타나는 지질 단면도에서 지층의 대비, 상대 연령을 결정하는 방법과 방사성 동위 원소의 반감기를 이용한 암석의 절대 연령 측정 방법은 다양한 자료를 활용하여 출제되므로 많은 문제 풀이를 통해 익혀야 한다.

06 지질 시대의 환경과 생물

지질 시대에 일어난 사건을 제시한 자료를 해석하여 지질 시대를 결정하고, 각 지질 시대에 출현, 번성한 생물을 알아야 하며, 생물의 대멸종을 대륙 분포의 변화와 연계하여 설명할 수 있도록 공부해야 한다.

01 판 구조론의 정립

출제 개념
- 대륙 이동의 증거와 해양저 확장설의 증거
- 해양 지각의 연령 분포와 고지자기 분포를 통한 해양저 확장
- 판 구조론의 정립 과정

1 판 구조론의 정립 과정

(1) **대륙 이동설**: 과거에 모든 대륙은 하나의 초대륙(판게아)이었고, 이 대륙이 서서히 분리되고 이동하여 현재와 같은 대륙 분포를 이루었다는 학설

① 베게너가 제시한 대륙 이동의 증거

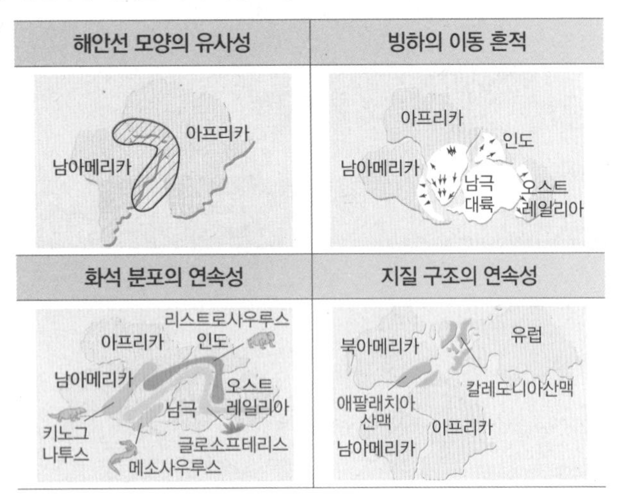

② **대륙 이동설의 한계**: 대륙을 이동시키는 힘의 원동력에 대한 설명 부족

(2) **맨틀 대류설**: 맨틀의 아래쪽은 온도가 높고, 위쪽은 온도가 낮아 온도에 의한 밀도 차로 유동성이 있는 상부 맨틀에서 대류 현상이 일어남 ➡ 대륙 이동의 원동력 제시

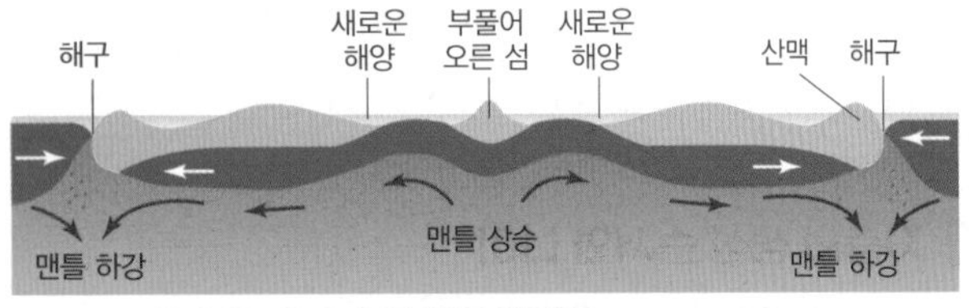

⬆ 맨틀 대류설

- 맨틀 대류설의 한계: 당시에는 탐사 기술이 없고, 결정적인 증거를 제시하지 못하여 인정받지 못함

2 해저 지형 탐사

(1) **음향 측심법**: 해수면에서 발사한 음파가 해저면에 반사되어 되돌아오기까지 걸리는 시간을 측정하여 수심을 알아내는 방법

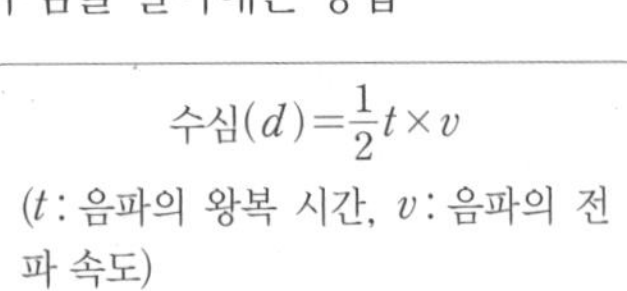

$$수심(d)=\frac{1}{2}t\times v$$

(t: 음파의 왕복 시간, v: 음파의 전파 속도)

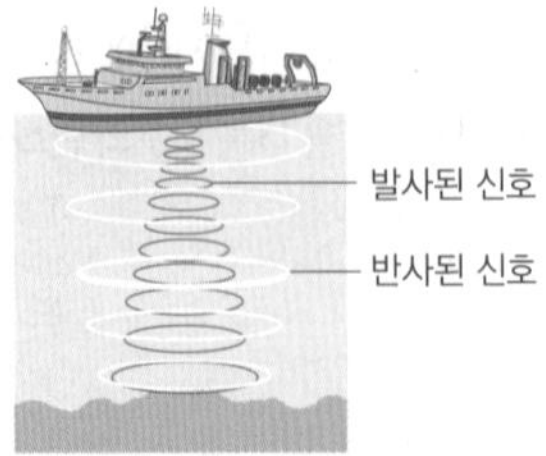

⬆ 음향 측심법

(2) **해저 지형 탐사**: 음향 측심법을 통해 해저 지형의 특징을 알아냄으로써 해양저 확장설이 등장하는 데 중요한 역할을 함

3 해양저 확장설

(1) **해양저 확장설**: 해령에서 화산 활동 등을 통해 마그마가 분출하여 굳으면서 새로운 해양 지각 생성 ➡ 해령을 중심으로 양쪽으로 밀려 해저가 확장

고빈출

(2) **해양저 확장설의 증거**

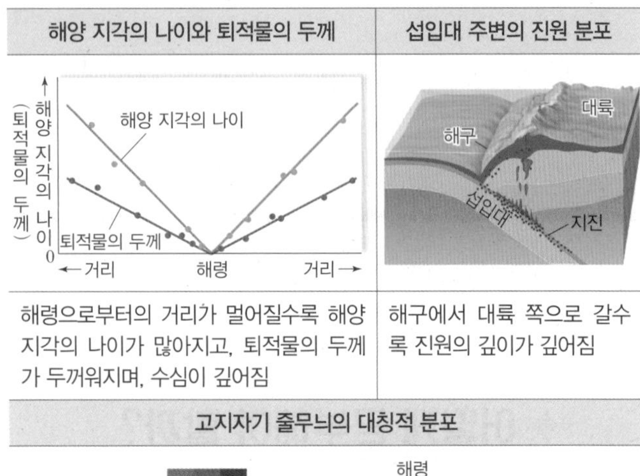

해양 지각의 나이와 퇴적물의 두께	섭입대 주변의 진원 분포
해령으로부터의 거리가 멀어질수록 해양 지각의 나이가 많아지고, 퇴적물의 두께가 두꺼워지며, 수심이 깊어짐	해구에서 대륙 쪽으로 갈수록 진원의 깊이가 깊어짐

고지자기 줄무늬의 대칭적 분포

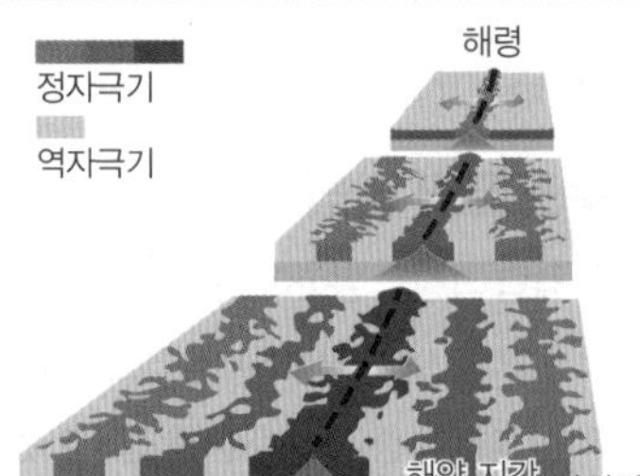

해령에서 생성된 해양 지각의 암석은 생성 당시의 지구 자기장 방향으로 자화됨 ➡ 지구자기 줄무늬가 해령을 기준으로 대칭적으로 나타남

빈출

4 판 구조론

(1) **판 구조론의 정립 과정**

① 열곡과 변환 단층의 발견: 해저가 확장되면서 열곡 형성, 해저 확장 속도 차이로 인해 해령이 어긋나면서 변환 단층 형성

② 판 구조론의 정립 과정

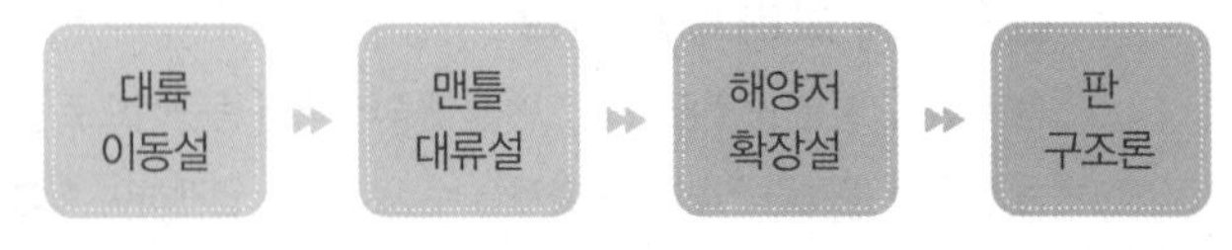

(2) **판 구조론**: 지구의 표면은 10여 개의 판으로 이루어져 있으며, 판의 경계에서 다양한 지각 변동이 일어난다는 이론

① 암석권(판): 지각과 상부 맨틀의 일부를 포함하는 부분

② 연약권: 암석권 아래에 있으며, 고체이지만 온도가 매우 높아 유동성이 있는 부분

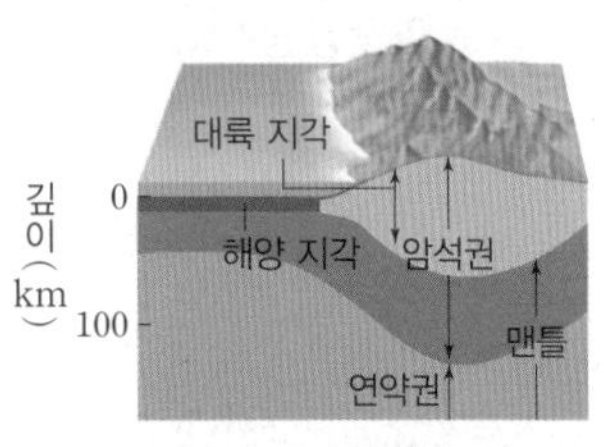

⬆ 판의 구조

대표 기출 문제

001

평가원 기출

그림은 대서양의 해저면에서 판의 경계를 가로지르는 P_1-P_6 구간을, 표는 각 지점의 연직 방향에 있는 해수면상에서 음파를 발사하여 해저면에 반사되어 되돌아오는 데 걸리는 시간을 나타낸 것이다.

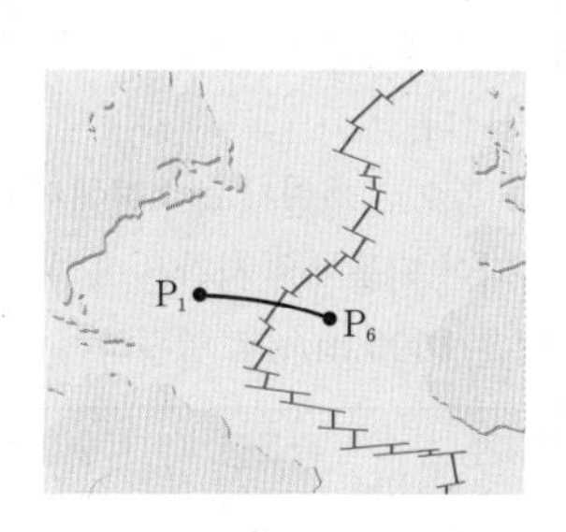

지점	P_1으로부터의 거리(km)	시간(초)
P_1	0	7.70
P_2	420	7.36
P_3	840	6.14
P_4	1260	3.95
P_5	1680	6.55
P_6	2100	6.97

이 자료에 대한 설명으로 옳은 것만을 〈보기〉에서 있는 대로 고른 것은? (단, 해수에서 음파의 속도는 일정하다.)

| 보기 |

ㄱ. 수심은 P_6이 P_4보다 깊다.
ㄴ. P_3-P_5 구간에는 발산형 경계가 있다.
ㄷ. 해양 지각의 나이는 P_4가 P_2보다 많다.

① ㄱ ② ㄷ ③ ㄱ, ㄴ ④ ㄴ, ㄷ ⑤ ㄱ, ㄴ, ㄷ

문항 분석
음향 측심 자료를 통해 탐사 구간에 어떤 해저 지형이 발달해 있는지를 파악할 수 있어야 한다.

꼭 기억해야 할 개념
해수면에서 발사한 음파가 해저면에서 반사되어 되돌아오는 데 걸리는 시간을 이용하여 해저 지형의 높낮이를 측정할 수 있다. 음파의 왕복 시간을 t, 음파의 속도를 v라고 할 때 수심 $d=\frac{1}{2}t\times v$이다.

선지별 선택 비율

①	②	③	④	⑤
3 %	1 %	87 %	1 %	5 %

002

수능 기출

그림은 어느 해양판의 고지자기 분포와 지점 A, B의 연령을 나타낸 것이다. 해양판의 이동 속도와 해저 퇴적물이 쌓이는 속도는 일정하고, 현재 해양판의 이동 방향은 남쪽과 북쪽 중 하나이다.

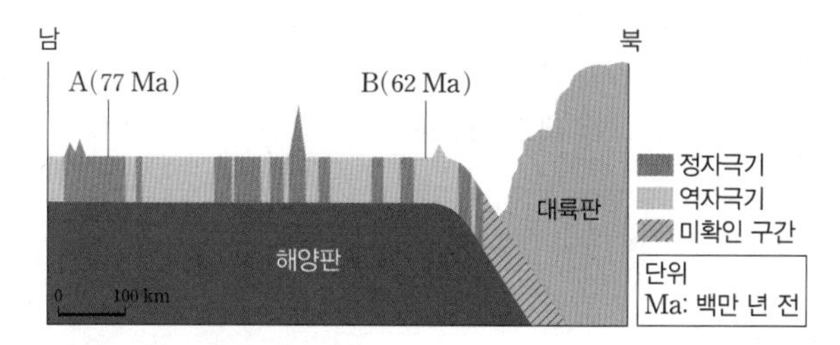

이 자료에 대한 설명으로 옳은 것만을 〈보기〉에서 있는 대로 고른 것은? (단, 해양판의 이동 속도는 대륙판보다 빠르다.) [3점]

| 보기 |

ㄱ. A와 B 사이에 해령이 위치한다.
ㄴ. 해저 퇴적물의 두께는 A가 B보다 두껍다.
ㄷ. 현재 A의 이동 방향은 남쪽이다.

① ㄱ ② ㄴ ③ ㄱ, ㄷ ④ ㄴ, ㄷ ⑤ ㄱ, ㄴ, ㄷ

문항 분석
판의 이동 방향과 암석의 연령, 해양판에 기록된 고지자기 줄무늬의 대칭축을 모두 고려하여 해령의 위치를 판단해야 한다.

꼭 기억해야 할 개념
1. 해양판에 기록된 고지자기 줄무늬는 해령을 축으로 대칭 분포를 이룬다.
2. 해양판의 이동 속도와 해저 퇴적물이 쌓이는 속도가 일정하므로 해양 지각의 연령이 많을수록 해저 퇴적물의 두께는 두껍다.

선지별 선택 비율

①	②	③	④	⑤
5 %	17 %	6 %	12 %	58 %

003

상 중 하

다음은 판 구조론이 정립되는 과정에서 등장한 세 이론 (가), (나), (다)의 주요 내용을 나타낸 것이다.

(가) 맨틀 상하부의 온도 차에 의해 맨틀 내부에서 매우 느린 대류가 일어난다.
(나) ㉠ 고생대 말기~중생대 초기에 존재하였던 초대륙이 분리되어 현재와 같은 대륙 분포를 이루었다.
(다) 해령에서 생성된 해양 지각은 해령의 양쪽으로 이동하여 해구에서 소멸된다.

이에 대한 설명으로 옳은 것만을 〈보기〉에서 있는 대로 고른 것은?

| 보기 |

ㄱ. 이론이 등장한 순서는 (나) → (가) → (다)이다.
ㄴ. ㉠은 지구의 탄생 이후 생성된 최초의 초대륙이다.
ㄷ. 섭입대에서의 진원 분포는 (다)를 지지하는 증거이다.

① ㄱ ② ㄴ ③ ㄱ, ㄷ ④ ㄴ, ㄷ ⑤ ㄱ, ㄴ, ㄷ

004

상 중 하

그림 (가)는 고생대 말기의 고생물 화석 분포 지역을, (나)는 두 산맥의 분포 지역을 나타낸 것이다.

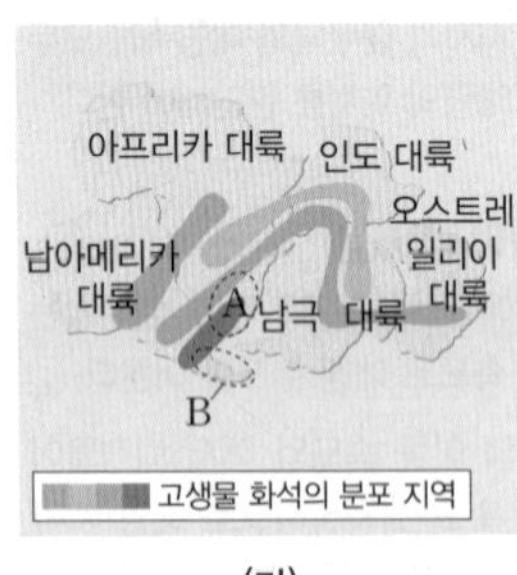

(가)

(나)

이에 대한 설명으로 옳은 것만을 〈보기〉에서 있는 대로 고른 것은?

| 보기 |

ㄱ. 고생대 말기에 A와 B에서는 빙하가 분포하였다.
ㄴ. 애팔래치아산맥이 형성될 당시에 대서양은 점차 확장되고 있었다.
ㄷ. 애팔래치아산맥과 칼레도니아산맥에서는 서로 유사한 지질 구조가 나타난다.

① ㄱ ② ㄷ ③ ㄱ, ㄷ ④ ㄴ, ㄷ ⑤ ㄱ, ㄴ, ㄷ

005 | 신유형 |

상 중 하

다음은 어느 해양의 음향 측심 자료를 해석하는 과정을 나타낸 것이다.

| 조사 내용

- 이 해양에는 두 해양판이 경계를 이루고, 관측점 4 부근에서 호상 열도가 나타난다.
- 연안 해역에서 먼 바다 쪽으로 가면서 해수면에서 발사한 음파가 해저면에 반사되어 되돌아온 시간은 표와 같다.
- 해수에서 음파의 속력은 1500 m/s로 일정하다.

관측점	시간(초)	관측점	시간(초)
0	6.671	9	12.354
1	6.493	10	11.128
2	7.099	11	9.460
3	7.082	12	8.410
4	8.608	13	8.865
5	9.432	14	9.023
6	9.692	15	8.548
7	10.395	16	8.097
8	11.714	17	7.666

| 해석

- 관측점 (㉠)을 경계로 두 판이 분포한다.
- 두 해양판의 밀도는 서로 다르다.

이에 대한 설명으로 옳은 것만을 〈보기〉에서 있는 대로 고른 것은?

| 보기 |

ㄱ. ㉠은 9이다.
ㄴ. 관측점 11에서 해저의 수심은 7000 m보다 깊다.
ㄷ. 관측점 17이 속한 해양판이 관측점 0이 속한 해양판 아래로 섭입한다.

① ㄱ ② ㄷ ③ ㄱ, ㄴ ④ ㄴ, ㄷ ⑤ ㄱ, ㄴ, ㄷ

006 | 신유형 |

상 중 하

그림은 어느 해양의 해수면에서 연직 방향으로 발사한 음파가 해저면에 반사하여 되돌아오는 데 걸리는 시간을 나타낸 것이다.

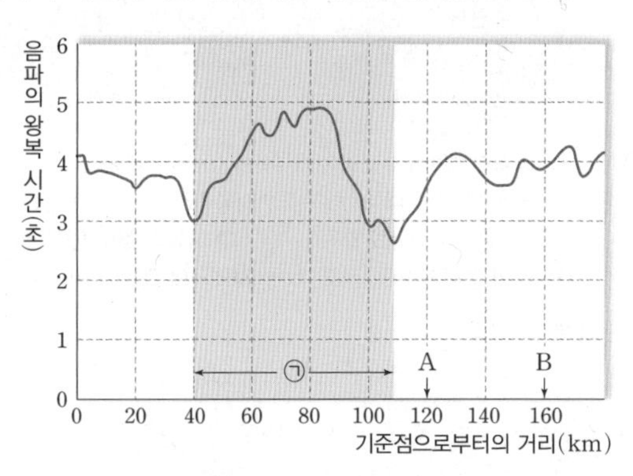

이에 대한 설명으로 옳은 것만을 〈보기〉에서 있는 대로 고른 것은?

| 보기 |

ㄱ. 수심은 A 지점이 B 지점보다 얕다.
ㄴ. ㉠ 해역에는 맨틀 대류의 상승부가 있다.
ㄷ. 해양 지각의 연령은 A 지점이 B 지점보다 적다.

① ㄱ ② ㄷ ③ ㄱ, ㄴ ④ ㄴ, ㄷ ⑤ ㄱ, ㄴ, ㄷ

007

상 중 하

그림 (가)와 (나)는 남반구에 위치하는 서로 다른 해령 부근의 고지자기 분포를 나타낸 것이다.

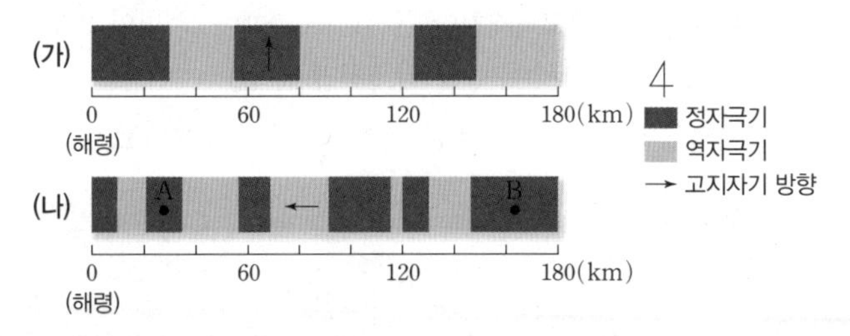

이에 대한 설명으로 옳은 것만을 〈보기〉에서 있는 대로 고른 것은? (단, 해령의 위치는 변하지 않았다.)

| 보기 |

ㄱ. 해양저의 평균 확장 속도는 (가)가 (나)보다 빠르다.
ㄴ. 고지자기 복각의 절댓값은 A가 B보다 크다.
ㄷ. A는 B보다 저위도에 위치한다.

① ㄱ ② ㄴ ③ ㄱ, ㄷ ④ ㄴ, ㄷ ⑤ ㄱ, ㄴ, ㄷ

008

상 중 하

그림 (가)는 같은 속력으로 이동하는 두 판의 경계를, (나)는 A−B 구간에서 측정한 해양 지각의 나이를 나타낸 것이다.

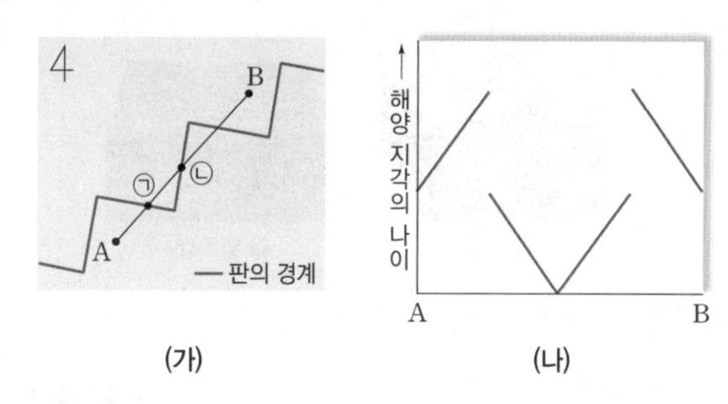

이에 대한 설명으로 옳은 것만을 〈보기〉에서 있는 대로 고른 것은?

| 보기 |

ㄱ. A가 속한 판은 남서쪽으로 이동한다.
ㄴ. 해양 지각의 연령은 ㉠이 ㉡보다 많다.
ㄷ. ㉡에서 B로 가면 해저면의 수심은 얕아졌다가 깊어진다.

① ㄱ ② ㄴ ③ ㄷ ④ ㄱ, ㄴ ⑤ ㄴ, ㄷ

009 | 신유형 |

상 중 하

그림 (가)는 어느 해양에서 일정한 속력으로 이동하는 해양판 A, B의 경계를, (나)는 이 해양에서 해령으로부터의 거리에 따른 해양 지각의 연령을 나타낸 것이다. 고지자기 줄무늬는 해령 축에 대해 대칭으로 분포한다.

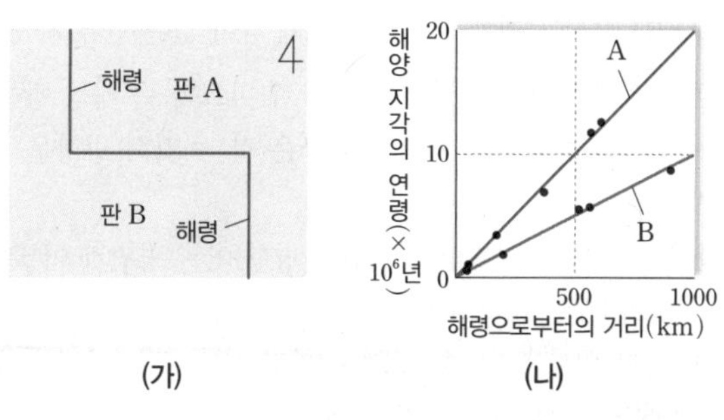

이에 대한 설명으로 옳은 것만을 〈보기〉에서 있는 대로 고른 것은?

| 보기 |

ㄱ. 판 A의 이동 속력은 5 cm/년이다.
ㄴ. 해령에서 두 해양판은 1년에 각각 7.5 cm씩 생성된다.
ㄷ. 해령은 1년에 5 cm씩 동쪽으로 이동한다.

① ㄱ ② ㄷ ③ ㄱ, ㄴ ④ ㄴ, ㄷ ⑤ ㄱ, ㄴ, ㄷ

02 대륙 분포의 변화

출제 개념
- 판의 경계와 판의 이동
- 판 경계 부근의 지각 변동
- 고지자기와 대륙의 이동
- 대륙 분포의 변화

1 판의 경계

(1) **발산형 경계**: 맨틀 대류의 상승부이며, 두 판이 양쪽으로 확장되는 경계 예 동태평양 해령, 대서양 중앙 해령, 동아프리카 열곡대

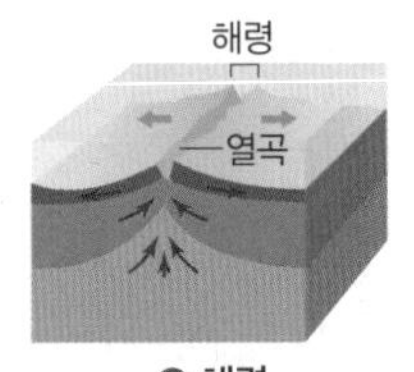

해령

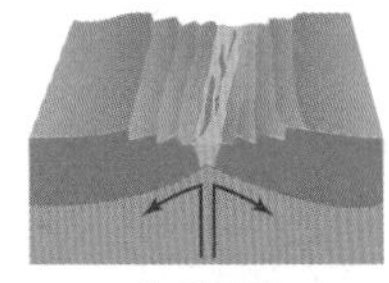
열곡대

(2) **수렴형 경계**: 맨틀 대류의 하강부로, 두 판이 모여 수렴하는 경계

① 충돌형 경계: 대륙판과 대륙판이 충돌하는 곳으로, 습곡 산맥 형성 예 알프스 - 히말라야산맥

② 섭입형 경계: 해양판이 해양판이나 대륙판 아래로 섭입하는 곳으로, 해구, 호상 열도, 습곡 산맥 형성 예 일본 해구, 일본 열도, 마리아나 해구, 페루 - 칠레 해구, 안데스산맥

충돌형 경계

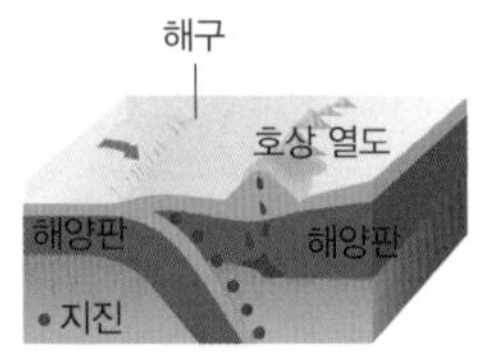

[해양판 - 해양판]

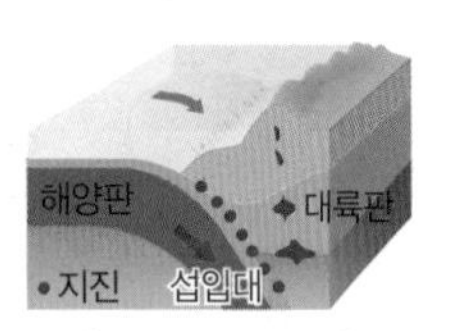

[해양판 - 대륙판]

섭입형 경계

(3) **보존형 경계**: 판의 생성과 소멸 없이 두 판이 서로 어긋나는 경계 예 산안드레아스 단층

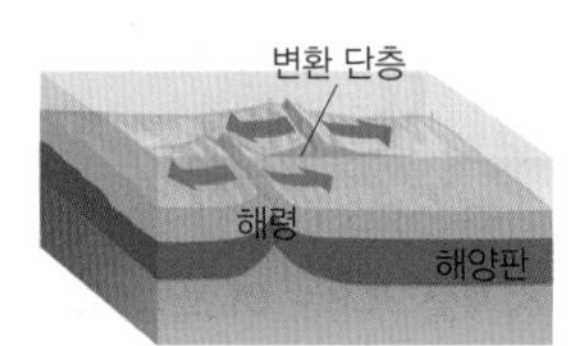

보존형 경계(변환 단층)

2 고지자기와 대륙의 이동

(1) **고지자기**: 지질 시대에 생성된 암석에 남아 있는 잔류 자기

① 잔류 자기: 마그마가 식어서 굳을 때 마그마 속 자성 광물이 지구 자기장 방향으로 자화되어 굳은 것 ➡ 자화 방향을 그대로 보존

② 복각: 나침반의 자침(자기력선의 방향)이 수평면과 이루는 각

- 복각의 이용: 암석의 나이와 복각을 측정하면 암석이 생성된 당시의 위도를 알 수 있음 ➡ 지질 시대 동안 자북극이 어떻게 이동하였는지를 추적할 수 있음

고빈출

(2) **대륙 이동 경로 추정**

① 자북극의 겉보기 이동 경로: 1950년대 초, 유럽 대륙과 북아메리카 대륙의 암석에서 측정한 자북극의 겉보기 이동 경로는 일치하지 않았으나, 자북극의 겉보기 이동 경로를 하나로 겹쳐보면 대륙들이 하나로 합쳐짐 ➡ 현재의 대륙들이 과거에는 하나로 붙어 있었다가 분리되어 이동하였음을 알 수 있음

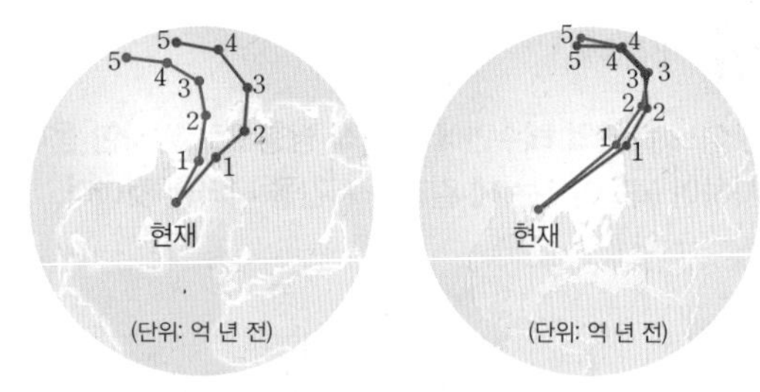

— 유럽 대륙에서 측정한 자북극의 겉보기 이동 경로
— 북아메리카 대륙에서 측정한 자북극의 겉보기 이동 경로

현재의 대륙 분포와 자북극의 겉보기 이동 경로 / 대륙이 붙어 있을 때 자북극의 겉보기 이동 경로

② 인도 대륙의 이동

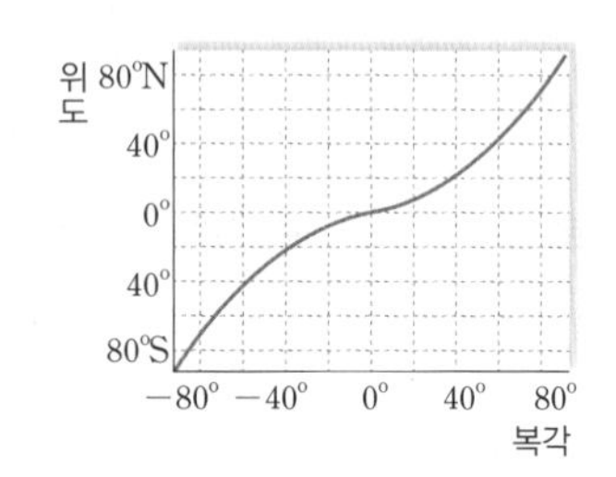

시간 (만 년 전)	7100	5500	3800	1000	현재
복각 (정자극기)	−49°	−21°	6°	30°	36°
위도	약 30°S	약 11°S	약 3°N	약 16°N	약 20°N

- 지질 시대 동안 지리상 북극의 위치가 변하지 않았다면 고지자기 복각의 크기는 위도가 높아질수록 커짐
- 인도 대륙은 7100만 년 동안 북상하였으며, 7100만 년 전~3800만 년 전까지보다 3800만 년 전~현재까지의 위도 변화량이 더 작음

3 대륙 분포의 변화

(1) **대륙 분포의 변화**: 초대륙 로디니아 형성(약 12억 년 전) → 초대륙 판게아 형성(약 2억 7천만 년 전) → 판게아 분리(약 2억 년 전) → 현재와 비슷한 수륙 분포(약 5천만 년 전)

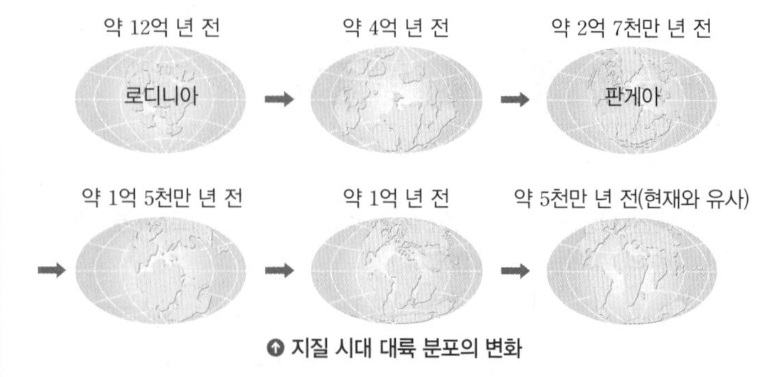

지질 시대 대륙 분포의 변화

(2) **미래 대륙 분포의 변화**: 판의 이동으로 크고 작은 여러 대륙들이 충돌하여 초대륙을 형성하고 분리되는 과정 반복 ➡ 앞으로 약 2억 년~2억 5천만 년 후에는 현재의 대륙들이 모여 새로운 초대륙이 형성될 것으로 예측됨

대표 기출 문제

010

평가원 기출

그림은 남아메리카 대륙의 현재 위치와 시기별 고지자기극의 위치를 나타낸 것이다. 고지자기극은 남아메리카 대륙의 고지자기 방향으로 추정한 지리상 남극이고, 지리상 남극은 변하지 않았다. 현재 지자기 남극은 지리상 남극과 일치한다.
대륙 위의 지점 A에 대한 설명으로 옳은 것만을 〈보기〉에서 있는 대로 고른 것은?

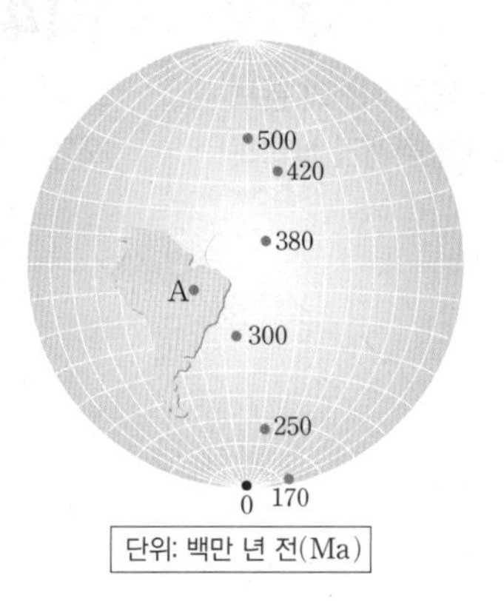

단위: 백만 년 전(Ma)

| 보기 |

ㄱ. 500 Ma에는 북반구에 위치하였다.
ㄴ. 복각의 절댓값은 300 Ma일 때가 250 Ma일 때보다 컸다.
ㄷ. 250 Ma일 때는 170 Ma일 때보다 북쪽에 위치하였다.

① ㄱ ② ㄴ ③ ㄷ ④ ㄱ, ㄴ ⑤ ㄱ, ㄷ

문항 분석
남아메리카 대륙의 고지자기 방향으로 추정한 지리상 남극의 위치 변화는 남아메리카 대륙의 이동에 의해 나타남을 알고, 이를 통해 남아메리카 대륙의 이동 경로를 파악할 수 있어야 한다.

꼭 기억해야 할 개념
오랜 시간 평균한 지자기 남극의 위치와 지리상 남극의 위치는 같으므로, 지리상 남극의 위치가 변하지 않을 때 지자기 남극의 위치도 변하지 않는다.

선지별 선택 비율

①	②	③	④	⑤
6 %	49 %	8 %	12 %	23 %

011

교육청 기출

그림 (가), (나), (다)는 서로 다른 세 시기의 대륙 분포를 나타낸 것이다.

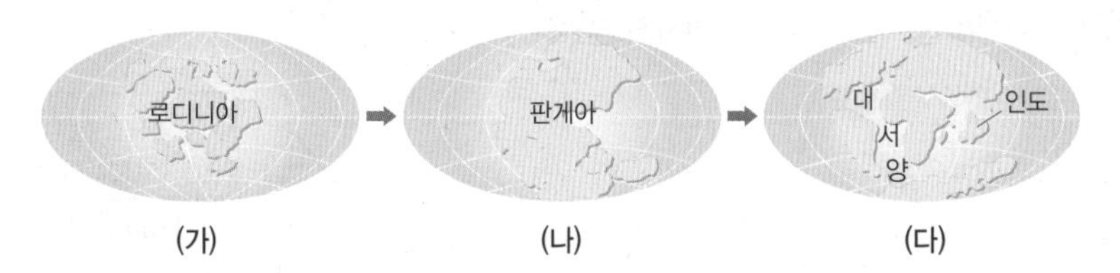

이에 대한 설명으로 옳은 것만을 〈보기〉에서 있는 대로 고른 것은?

| 보기 |

ㄱ. (가)의 초대륙은 고생대 말에 형성되었다.
ㄴ. (나)의 초대륙이 형성되는 과정에서 습곡 산맥이 만들어졌다.
ㄷ. (다)에서 대서양의 면적은 현재보다 좁다.

① ㄱ ② ㄴ ③ ㄱ, ㄷ ④ ㄴ, ㄷ ⑤ ㄱ, ㄴ, ㄷ

문항 분석
지질 시대 동안의 대륙 분포의 변화를 묻는 문항으로, 단독으로 출제되기 보다는 주로 복각 등의 고지자기나 지질 시대의 생물과 함께 출제된다.

꼭 기억해야 할 개념
로디니아는 선캄브리아 시대(약 12억 년 전)에 형성되었던 초대륙, 판게아는 고생대 말(약 2억 7천만 년 전)에 형성되었던 초대륙이다.

선지별 선택 비율

①	②	③	④	⑤
2 %	5 %	5 %	74 %	11 %

적중 예상 문제

012

(상 **중** 하)

그림은 어느 지역의 판 A, B, C의 경계 부근에서 발생한 지진의 분포를 나타낸 것이다. 이 지역에는 수렴형 경계와 발산형 경계가 발달하고, 세 판 중 하나는 대륙판이다.

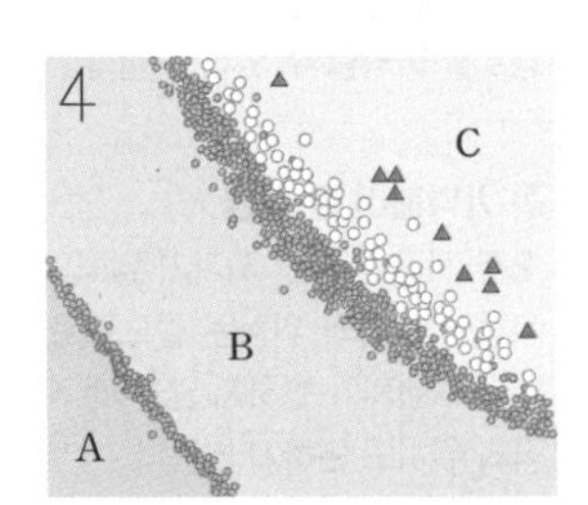

이에 대한 설명으로 옳은 것만을 〈보기〉에서 있는 대로 고른 것은?

| 보기 |

ㄱ. 인접한 두 판의 밀도 차는 A－B 사이가 B－C 사이보다 크다.
ㄴ. B－C의 경계 부근에서 화산 활동은 B에서 활발하게 일어난다.
ㄷ. 안데스산맥은 B－C의 경계 부근에 형성된 습곡 산맥의 예이다.

① ㄱ ② ㄷ ③ ㄱ, ㄴ ④ ㄴ, ㄷ ⑤ ㄱ, ㄴ, ㄷ

013

(상 중 **하**)

그림은 전세계 주요 판의 경계와 이동 방향 및 속력을 나타낸 것이다.

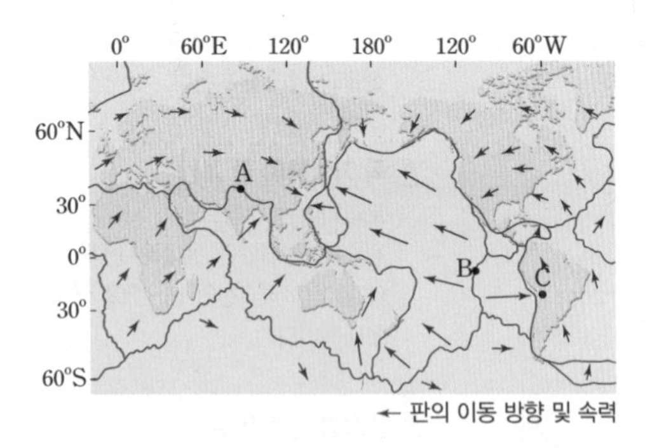

이에 대한 설명으로 옳은 것만을 〈보기〉에서 있는 대로 고른 것은?

| 보기 |

ㄱ. A와 C에서는 습곡 산맥이 발달한다.
ㄴ. 화산 활동은 C 부근이 A 부근보다 활발하다.
ㄷ. B를 경계로 북서쪽과 남동쪽의 고지자기 줄무늬는 대칭성을 보인다.

① ㄱ ② ㄷ ③ ㄱ, ㄴ ④ ㄴ, ㄷ ⑤ ㄱ, ㄴ, ㄷ

014

(**상** 중 하)

그림은 북반구 어느 해령 주변의 고지자기 줄무늬와 복각을 진앙의 분포와 함께 나타낸 것이다.

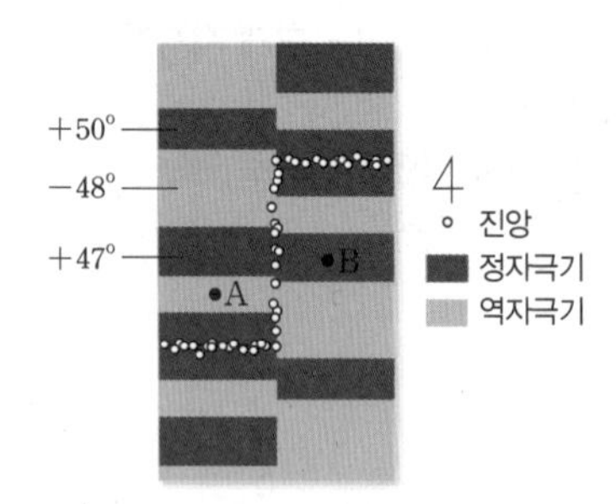

이에 대한 설명으로 옳은 것만을 〈보기〉에서 있는 대로 고른 것은?

| 보기 |

ㄱ. 해양 지각의 연령은 A가 B보다 많다.
ㄴ. A와 B 사이의 판 경계에서는 화산 활동이 활발하게 일어난다.
ㄷ. 이 지역의 해령은 저위도로 이동한 적이 있다.

① ㄱ ② ㄷ ③ ㄱ, ㄴ ④ ㄴ, ㄷ ⑤ ㄱ, ㄴ, ㄷ

015

(상 **중** 하)

그림은 위도와 고지자기 복각의 관계를, 표는 어느 대륙에서의 시기별 복각을 나타낸 것이다. 복각은 모두 정자극기의 값이고, 지리상 북극의 위치는 변하지 않았다.

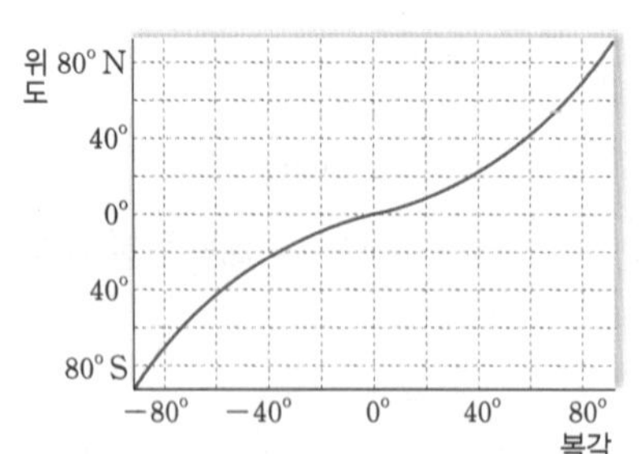

시기 (만 년 전)	복각
7100	−49°
5500	−21°
3800	6°
1000	30°
현재	36°

이 대륙에 대한 설명으로 옳은 것만을 〈보기〉에서 있는 대로 고른 것은?

| 보기 |

ㄱ. 6000만 년 전에는 남반구에 있었다.
ㄴ. 3500만 년 전에는 대륙 전체에 빙하가 분포하였다.
ㄷ. 대륙의 이동 속도는 7100만 년 전~5500만 년 전이 1000만 년 전~현재보다 빨랐다.

① ㄱ ② ㄴ ③ ㄷ ④ ㄱ, ㄷ ⑤ ㄴ, ㄷ

016 | 신유형 |

상 중 하

그림은 용암 A, B, C가 분출한 어느 화산체를, 표는 이 화산체에서 정자극기에 측정한 고지자기 복각과 진북 방향을 나타낸 것이다.

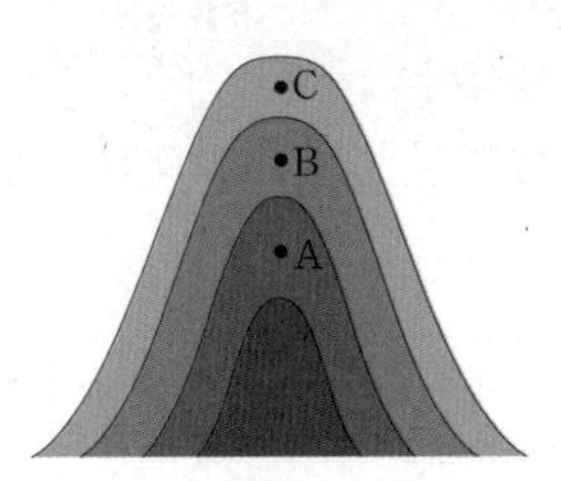

구분	A	B	C
고지자기 복각	+26°	+32°	+38°
진북 방향	48°	44°	21°

←┈ 진북 방향 ← 고지자기로 추정한 진북 방향

이 화산체가 속한 지괴에 대한 설명으로 옳은 것만을 〈보기〉에서 있는 대로 고른 것은? (단, 지리상 북극은 변하지 않았다.)

| 보기 |

ㄱ. A, B, C의 분출 시기에 북반구에 있었다.
ㄴ. 남쪽 방향으로 이동하였다.
ㄷ. A의 분출 이후 시계 반대 방향으로 회전하였다.

① ㄱ ② ㄷ ③ ㄱ, ㄴ ④ ㄴ, ㄷ ⑤ ㄱ, ㄴ, ㄷ

017 | 신유형 |

상 중 하

그림 (가), (나), (다)는 초대륙 형성 이후에 새로운 초대륙이 형성되기까지의 과정 중 일부를 순서대로 나타낸 것이다.

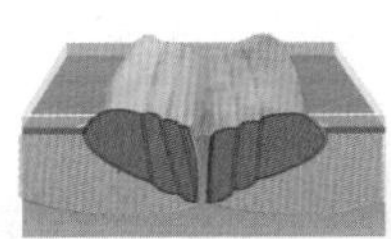
(가) 대륙 분리 시작

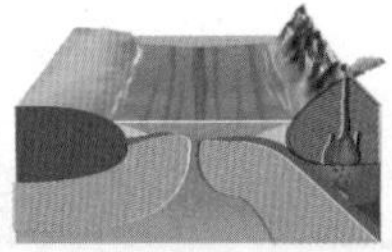
(나) 해구와 섭입대 형성

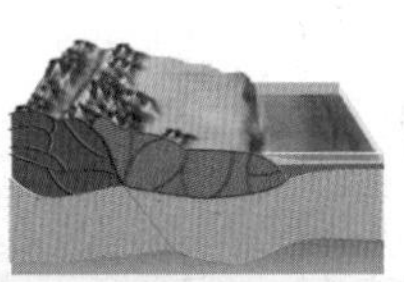
(다) 대륙 간의 충돌

이에 대한 설명으로 옳은 것만을 〈보기〉에서 있는 대로 고른 것은?

| 보기 |

ㄱ. (가)는 맨틀 대류의 상승부에서 일어난다.
ㄴ. (나) → (다)에서 해구 부근의 해양 지각은 소멸한다.
ㄷ. 애팔래치아산맥은 (다)에서 형성된 예이다.

① ㄱ ② ㄴ ③ ㄱ, ㄷ ④ ㄴ, ㄷ ⑤ ㄱ, ㄴ, ㄷ

018

상 중 하

그림은 어느 지괴의 현재 위치와 시기별 고지자기극의 위치를 나타낸 것이다. 고지자기극은 고지자기 방향으로 추정한 지리상 북극이고, 지리상 북극은 변하지 않았다.

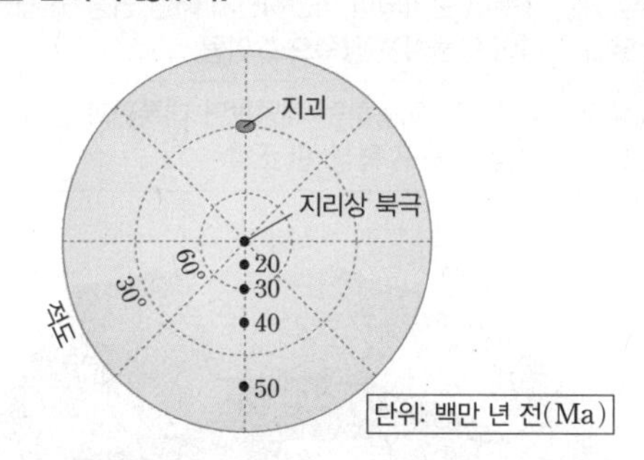

이에 대한 설명으로 옳은 것만을 〈보기〉에서 있는 대로 고른 것은?

| 보기 |

ㄱ. 지괴의 이동 속력은 50 Ma~40 Ma가 40 Ma~30 Ma보다 느리다.
ㄴ. 지괴는 남반구에 위치한 적이 있다.
ㄷ. 40 Ma~30 Ma에 지괴는 북쪽으로 이동하였다.

① ㄱ ② ㄴ ③ ㄱ, ㄷ ④ ㄴ, ㄷ ⑤ ㄱ, ㄴ, ㄷ

019

상 중 하

그림 (가)와 (나)는 서로 다른 시기의 초대륙을 나타낸 것이다.

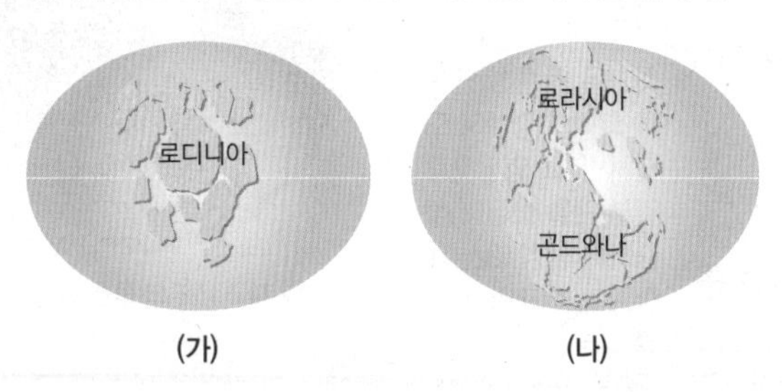

(가) (나)

이에 대한 설명으로 옳은 것만을 〈보기〉에서 있는 대로 고른 것은?

| 보기 |

ㄱ. (가)는 (나)보다 앞선 시기의 대륙 분포이다.
ㄴ. (나)의 초대륙이 분리되면서 대서양이 형성되었다.
ㄷ. (가)와 (나)의 초대륙이 형성되는 과정에서 습곡 산맥이 형성된다.

① ㄱ ② ㄴ ③ ㄱ, ㄷ ④ ㄴ, ㄷ ⑤ ㄱ, ㄴ, ㄷ

03 맨틀 운동과 화성암

출제 개념
- 맨틀 대류와 판의 이동
- 플룸 구조론과 열점
- 마그마의 생성 조건과 생성 장소
- 판의 경계와 마그마 생성 장소

1 맨틀 대류

(1) **맨틀 대류**: 깊이에 따른 온도 차이로 인해 상부 맨틀(연약권)에서 매우 느린 속도로 대류 현상 발생

맨틀 대류의 상승부	대륙이 분리되어 이동하면서 해령 형성 → 새로운 해양 지각이 만들어져 양쪽으로 이동
맨틀 대류의 하강부	양쪽으로 이동하던 해양판이 대륙판과 만나 맨틀 속으로 침강 → 해구 형성, 판 소멸

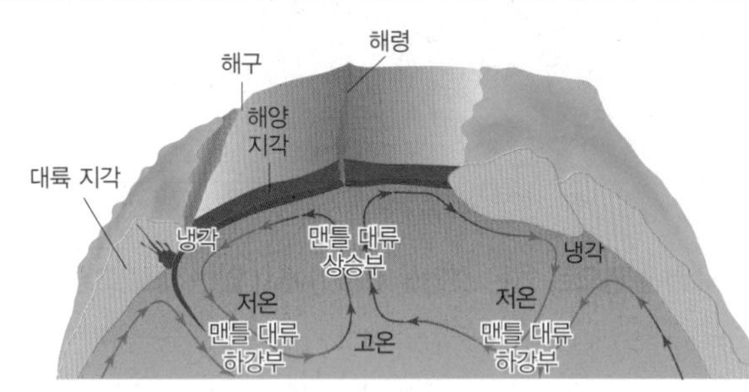

맨틀의 대류

(2) **맨틀 대류 외에 판을 이동시키는 힘**: 해령에서 판을 양쪽으로 밀어내는 힘, 판이 미끄러지는 힘, 해구에서 섭입하는 판이 잡아당기는 힘, 맨틀 끌림 힘

고빈출
2 플룸 구조론과 열점

(1) **플룸 구조론**: 지구 내부의 온도 차이로 인한 밀도 변화 → 플룸의 상승 또는 하강 → 지구 내부의 변동 ➡ 판과 맨틀 전체의 상호 관계가 중심

차가운 플룸 (플룸 하강류)	수렴형 경계에서 섭입된 판의 물질이 상부 맨틀과 하부 맨틀의 경계 부근에 쌓여 있다가 가라앉아 생성 예 아시아 대륙 하부
뜨거운 플룸 (플룸 상승류)	차가운 플룸이 맨틀과 외핵의 경계에 도달하면 그 영향으로 일부 맨틀 물질이 상승하여 생성 예 남태평양과 아프리카 대륙 하부

지구 내부의 플룸 운동

(2) **열점**: 플룸이 상승하여 지표면과 만나는 지점 바로 아래 마그마가 생성되는 지점

3 변동대의 마그마 생성

(1) **마그마의 종류**

종류	현무암질 마그마	안산암질 마그마	유문암질 마그마
SiO_2 함량	52 % 이하	52 %~63 %	63 % 이상

고빈출
(2) **마그마의 생성 조건**: 지구 내부에서 환경 변화가 일어나 지구 내부의 온도가 암석의 용융 온도에 도달하면 암석이 녹아서 마그마가 생성됨

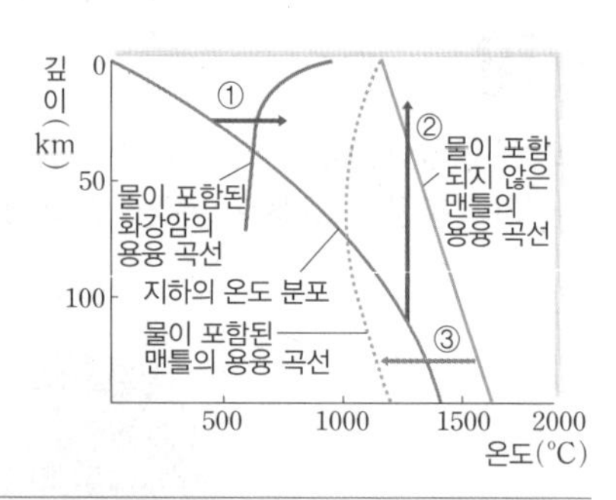

① 온도 상승	지구 내부 온도 상승 → 지하의 온도가 물이 포함된 화강암의 용융점보다 높아짐 → 대륙 지각 부분 용융 ➡ 유문암질 마그마 생성
② 압력 감소	맨틀 물질이 상승 → 압력 감소 → 맨틀의 용융점이 지하의 온도보다 낮아짐 → 맨틀 물질 부분 용융 ➡ 현무암질 마그마 생성
③ 물의 공급	물의 공급 → 맨틀의 용융점이 지하의 온도보다 낮아짐 → 맨틀 물질 부분 용융 ➡ 현무암질 마그마 생성

(3) **마그마의 생성 장소와 생성 과정**

해령 (발산형 경계)	해령 하부에서 고온의 맨틀 물질 상승 → 압력 감소 → 맨틀 물질 부분 용융 ➡ 현무암질 마그마 생성
열점	플룸 상승류에 의해 맨틀 물질 상승 → 압력 감소 → 부분 용융 ➡ 현무암질 마그마 생성
섭입대 (수렴형 경계)	방출된 물에 의해 맨틀의 용융점 낮아짐 → 맨틀의 부분 용융 ➡ 현무암질 마그마 생성 → 대륙 지각 온도 상승 ➡ 유문암질 마그마 생성 ➡ 현무암질 마그마와 유문암질 마그마가 섞여 안산암질 마그마 생성

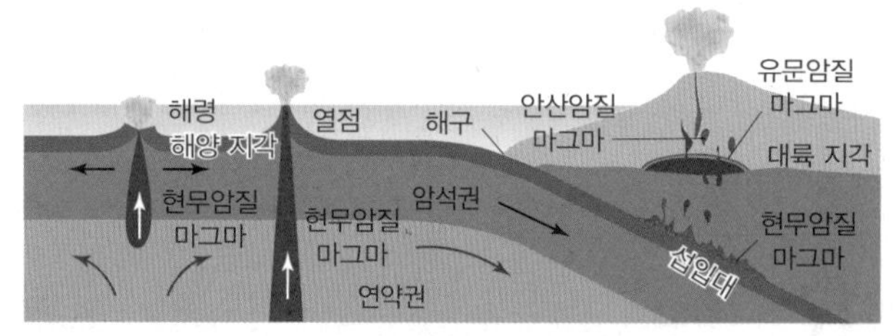

마그마 종류와 생성 장소

4 화성암의 분류

조직에 의한 분류 \ 화학 조성에 의한 분류			염기성암	중성암	산성암
			적음 ← 52 % SiO_2 함량 63 % → 많음		
			어두움 ← 색 → 밝음		
			Ca, Fe, Mg ← 많은 원소 → Na, K, Si		
화산암	작음 ↑ 결정 크기 ↓ 큼	빠름 ↑ 냉각 속도 ↓ 느림	현무암	안산암	유문암
심성암			반려암	섬록암	화강암

대표 기출 문제

020

평가원 기출

그림 (가)는 지구의 플룸 구조 모식도이고, (나)는 판의 경계와 열점의 분포를 나타낸 것이다. (가)의 ㉠~㉣은 플룸이 상승하거나 하강하는 곳이고, 이들의 대략적 위치는 각각 (나)의 A~D 중 하나이다.

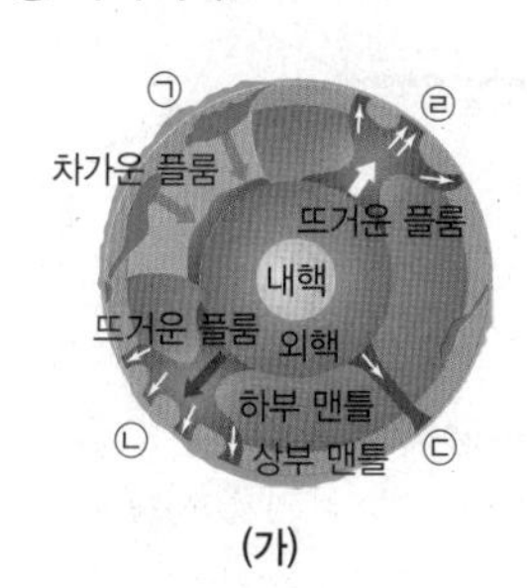

(가)

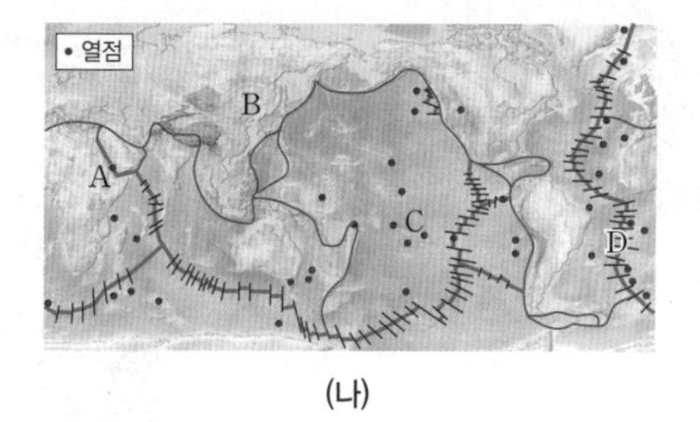

(나)

이에 대한 설명으로 옳은 것만을 〈보기〉에서 있는 대로 고른 것은? [3점]

| 보기 |

ㄱ. A는 ㉠에 해당한다.
ㄴ. 열점은 판과 같은 방향과 속력으로 움직인다.
ㄷ. 대규모의 뜨거운 플룸은 맨틀과 외핵의 경계부에서 생성된다.

① ㄱ ② ㄷ ③ ㄱ, ㄴ ④ ㄴ, ㄷ ⑤ ㄱ, ㄴ, ㄷ

문항 분석
뜨거운 플룸과 차가운 플룸의 생성 원인과 플룸과 지각 변동의 관계를 종합적으로 묻는 문항이다.

꼭 기억해야 할 개념
열점은 뜨거운 플룸에 의해 형성되며, 뜨거운 플룸은 외핵과 맨틀의 경계 부근에서 생성되므로 상부 맨틀이 대류하여 판이 이동해도 열점의 위치는 변하지 않는다.

선지별 선택 비율

①	②	③	④	⑤
3 %	79 %	2 %	8 %	5 %

021

평가원 기출

그림 (가)는 깊이에 따른 지하 온도 분포와 암석의 용융 곡선 ㉠, ㉡, ㉢을, (나)는 마그마가 생성되는 지역 A, B를 나타낸 것이다.

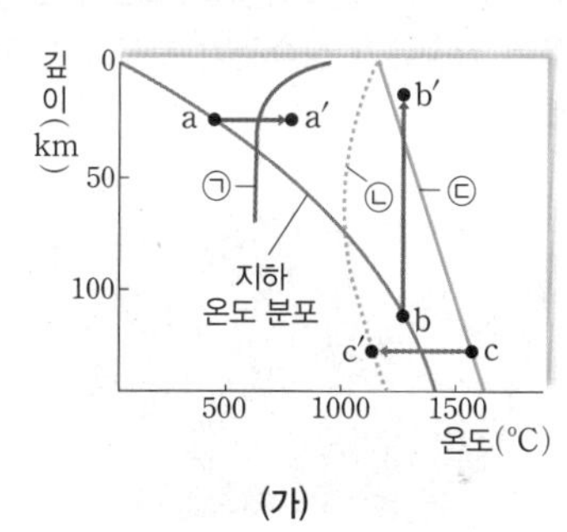

(가)

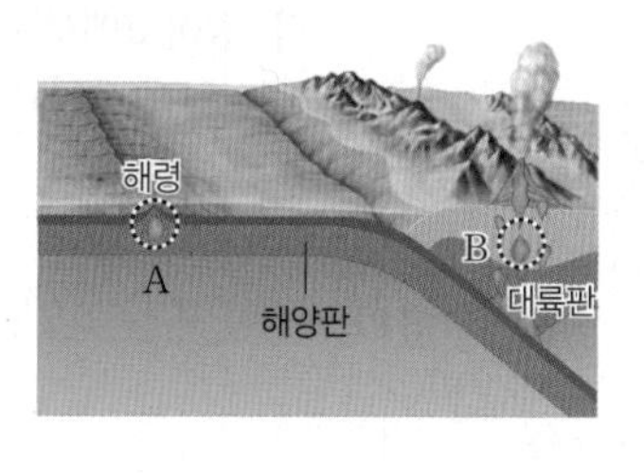

(나)

이에 대한 설명으로 옳은 것만을 〈보기〉에서 있는 대로 고른 것은? [3점]

| 보기 |

ㄱ. 물이 포함되지 않은 암석의 용융 곡선은 ㉢이다.
ㄴ. B에서는 섬록암이 생성될 수 있다.
ㄷ. A에서는 주로 b → b′ 과정에 의해 마그마가 생성된다.

① ㄴ ② ㄷ ③ ㄱ, ㄴ ④ ㄱ, ㄷ ⑤ ㄱ, ㄴ, ㄷ

문항 분석
B에서 생성되는 마그마의 종류에서 더 나아가 생성되는 암석의 종류를 묻는 선지가 출제되어 오답률이 높았다.

꼭 기억해야 할 개념
암석에 물이 공급되면 암석의 용융 온도가 낮아진다. a → a′은 온도 상승으로 유문암질 마그마가 생성되는 과정, b → b′은 압력 감소로 현무암질 마그마가 생성되는 과정, c → c′은 물의 공급으로 현무암질 마그마가 생성되는 과정이다.

선지별 선택 비율

①	②	③	④	⑤
5 %	10 %	14 %	30 %	41 %

적중 예상 문제

022

(상 중 **하**)

그림은 맨틀 대류와 판의 경계를 나타낸 것이다.

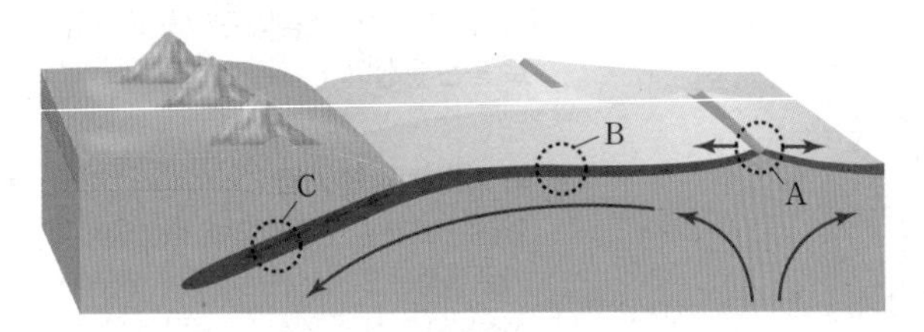

이에 대한 설명으로 옳은 것만을 〈보기〉에서 있는 대로 고른 것은?

| 보기 |

ㄱ. A에서는 두 판을 밀어내는 힘이 작용한다.
ㄴ. C의 판에 작용하는 힘은 대서양 주변부보다 태평양 주변부에서 잘 나타난다.
ㄷ. A, B, C에서 판을 움직이는 힘은 맨틀 상하부의 온도 차이에 의해 생긴다.

① ㄱ ② ㄴ ③ ㄱ, ㄷ ④ ㄴ, ㄷ ⑤ ㄱ, ㄴ, ㄷ

023 | 신유형 |

(상 **중** 하)

그림 (가)와 (나)는 서로 다른 해저 지형의 단면과 판의 이동 방향을 나타낸 것이다.

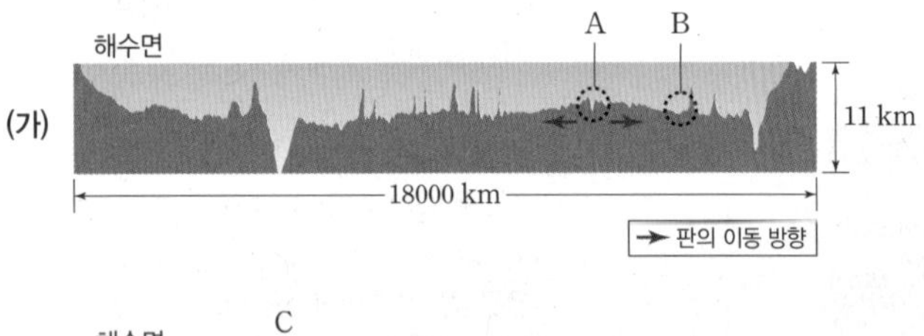

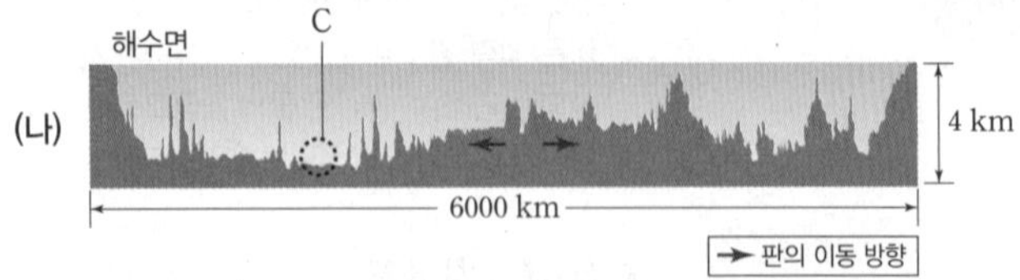

이에 대한 설명으로 옳은 것만을 〈보기〉에서 있는 대로 고른 것은?

| 보기 |

ㄱ. 해수면에서 해저면까지 음파의 왕복 시간이 가장 길게 측정되는 곳은 (가)에 있다.
ㄴ. A에서는 판을 양쪽으로 밀어내는 힘이 우세하게 작용한다.
ㄷ. 해양판의 이동 속도는 B 부근이 C 부근보다 빠르다.

① ㄱ ② ㄷ ③ ㄱ, ㄴ ④ ㄴ, ㄷ ⑤ ㄱ, ㄴ, ㄷ

024

(상 **중** 하)

그림은 맨틀 대류와 플룸 구조를 나타낸 것이다.

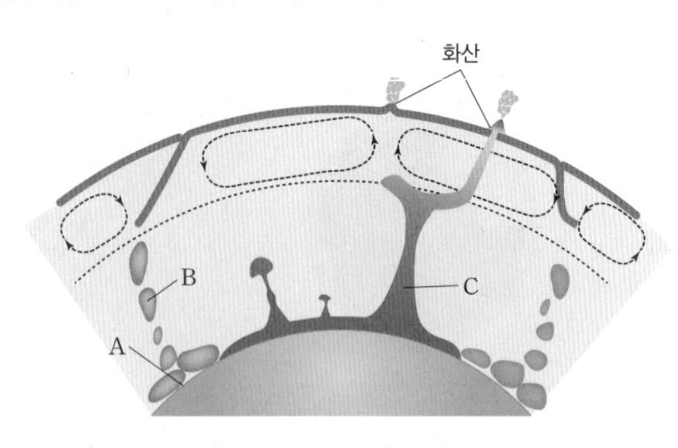

이에 대한 설명으로 옳은 것만을 〈보기〉에서 있는 대로 고른 것은?

| 보기 |

ㄱ. A는 상부 맨틀과 하부 맨틀의 경계이다.
ㄴ. B는 주변 물질보다 온도가 높다.
ㄷ. C의 물질 일부는 열점을 형성한다.

① ㄱ ② ㄷ ③ ㄱ, ㄴ ④ ㄴ, ㄷ ⑤ ㄱ, ㄴ, ㄷ

025 | 신유형 |

(상 중 **하**)

그림은 어느 지역에서 깊이에 따른 지진파의 속도 분포를 나타낸 것이다. 깊이 d에서는 플룸 상승류가 상승하기 시작하고, 이 지역의 지하에는 열점이 위치한다.

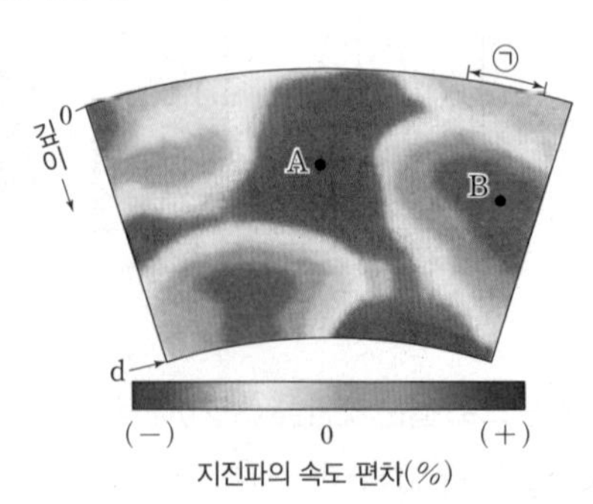

이에 대한 설명으로 옳은 것만을 〈보기〉에서 있는 대로 고른 것은?

| 보기 |

ㄱ. 차가운 플룸은 깊이 d까지 하강한다.
ㄴ. A는 B보다 맨틀 물질의 밀도가 크다.
ㄷ. 이 지역의 열점은 ㉠의 지하에 있다.

① ㄱ ② ㄷ ③ ㄱ, ㄴ ④ ㄴ, ㄷ ⑤ ㄱ, ㄴ, ㄷ

026

(상 중 하)

다음은 플룸의 연직 이동 원리를 알아보기 위한 실험이다.

| 실험 과정

(가) 비커 속에 5 ℃의 물 500 mL를 담는다.

(나) 스포이트로 잉크를 흡수한 후 ㉠ 비커 바닥에 조금씩 떨어뜨린다.

(다) 비커 바닥에 착색된 물이 쌓이면 비커 바닥을 양초로 가열하면서 바닥의 착색된 물이 움직이는 모습을 관찰한다.

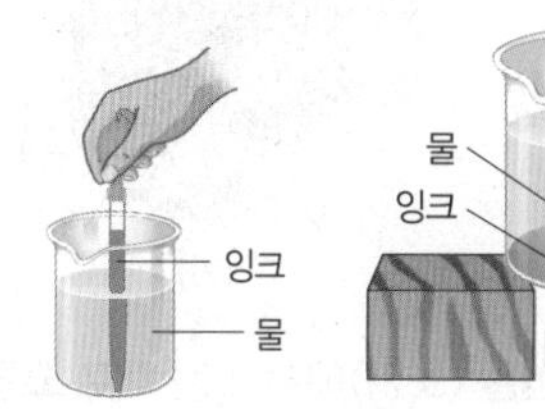

| 실험 결과

착색된 물이 가열되면서 ㉡ 가늘고 긴 버섯 모양으로 상승하는 모습이 관찰되었다.

이 실험과 플룸 구조를 비교한 설명으로 옳은 것만을 〈보기〉에서 있는 대로 고른 것은?

| 보기 |

ㄱ. ㉠은 지구 내부에서 상부 맨틀과 하부 맨틀의 경계에 해당한다.

ㄴ. ㉡의 물이 표면에 도달하는 지점은 해저 지형 중 해구에 해당한다.

ㄷ. ㉡의 물은 지구 내부에서 주위보다 밀도가 작은 맨틀에 해당한다.

① ㄱ ② ㄴ ③ ㄷ ④ ㄱ, ㄷ ⑤ ㄴ, ㄷ

027

(상 중 하)

그림은 태평양판에 분포하는 화산섬과 주변 해산의 절대 연령을 나타낸 것이다.

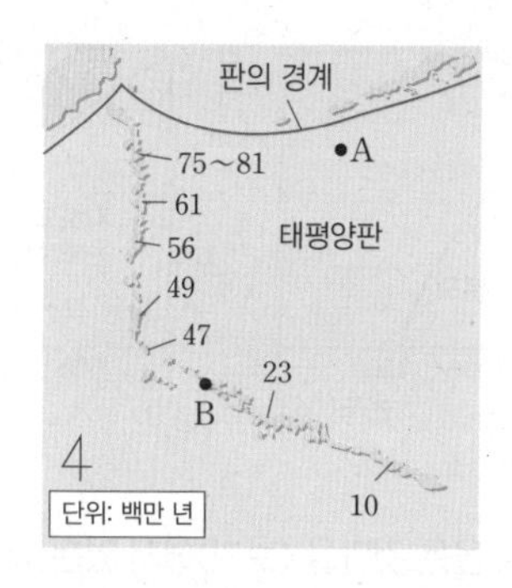

이에 대한 설명으로 옳은 것만을 〈보기〉에서 있는 대로 고른 것은?

| 보기 |

ㄱ. A의 태평양판은 섭입하여 플룸 하강류를 형성한다.

ㄴ. 약 7500만 년 동안 태평양판의 이동 방향은 시계 방향으로 바뀌었다.

ㄷ. B의 화산섬은 플룸 상승류로부터 물질을 공급받아 형성되었다.

① ㄱ ② ㄴ ③ ㄱ, ㄷ ④ ㄴ, ㄷ ⑤ ㄱ, ㄴ, ㄷ

028

(상 중 하)

그림은 동일한 열점의 화산 활동에 의해 생성된 화산섬 A~D의 위도와 절대 연령을, 표는 화산섬 A~D의 고지자기 복각을 나타낸 것이다.

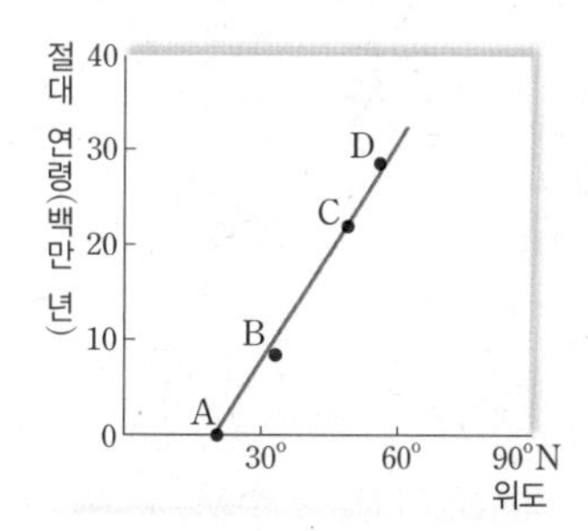

화산섬	고지자기 복각
A	( )
B	+34°
C	( )
D	( )

이에 대한 설명으로 옳은 것만을 〈보기〉에서 있는 대로 고른 것은? (단, 열점의 위치는 변하지 않았다.)

| 보기 |

ㄱ. A~D가 속한 판은 고위도로 이동하였다.

ㄴ. 현재 A~D의 하부에는 각각 플룸 상승류가 나타난다.

ㄷ. 고지자기 복각은 C가 D보다 크다.

① ㄱ ② ㄴ ③ ㄱ, ㄷ ④ ㄴ, ㄷ ⑤ ㄱ, ㄴ, ㄷ

029

상 중 하

그림 (가)와 (나)는 서로 다른 지각의 하부에서 마그마가 생성되는 과정을 나타낸 것이다.

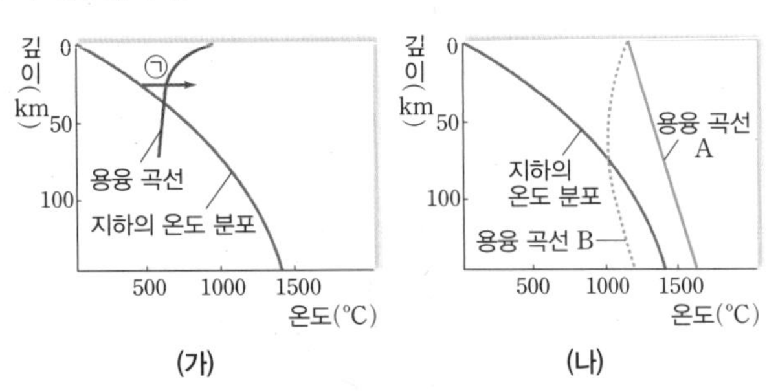

이에 대한 설명으로 옳은 것만을 〈보기〉에서 있는 대로 고른 것은?

| 보기 |

ㄱ. (가)의 ㉠은 지각의 용융점이 낮아지는 과정이다.
ㄴ. (나)에서 맨틀에 물이 공급되면 용융 곡선은 A에서 B로 변한다.
ㄷ. 해령에서는 주로 ㉠의 과정으로 마그마가 생성된다.

① ㄱ ② ㄴ ③ ㄱ, ㄷ ④ ㄴ, ㄷ ⑤ ㄱ, ㄴ, ㄷ

030

상 중 하

그림은 태평양 주변의 화산 분포를 나타낸 것이다.

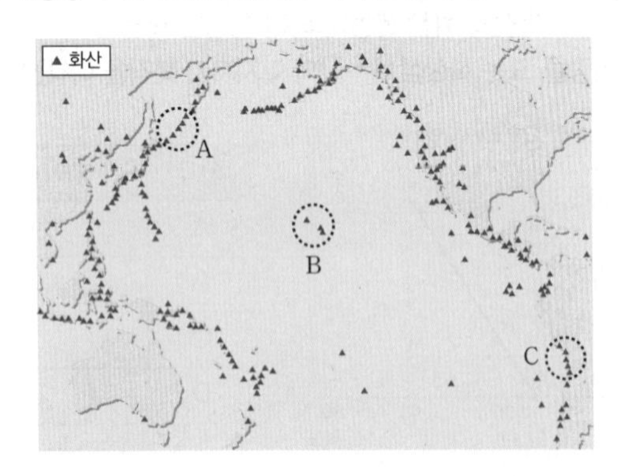

A, B, C에서 분출한 마그마에 대한 설명으로 옳은 것만을 〈보기〉에서 있는 대로 고른 것은?

| 보기 |

ㄱ. A의 마그마에 의해 주로 안산암이 생성된다.
ㄴ. B의 마그마는 맨틀의 압력 하강에 의해 생성된다.
ㄷ. 마그마의 SiO_2 함량(%)은 B가 C보다 적다.

① ㄱ ② ㄴ ③ ㄱ, ㄷ ④ ㄴ, ㄷ ⑤ ㄱ, ㄴ, ㄷ

031 | 신유형 |

상 중 하

그림은 섭입대 주변에서 마그마가 생성되는 과정을 나타낸 것이다.

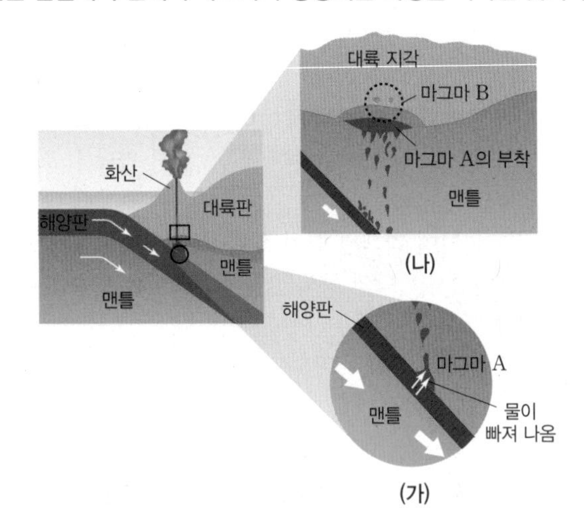

이에 대한 설명으로 옳은 것만을 〈보기〉에서 있는 대로 고른 것은?

| 보기 |

ㄱ. (가)에서 마그마 A는 맨틀에서 물이 빠져나오면서 생성된다.
ㄴ. (나)에서 마그마 B는 지각에 공급된 열에 의해 생성된다.
ㄷ. 마그마의 평균 SiO_2 함량(%)은 A가 B보다 적다.

① ㄱ ② ㄷ ③ ㄱ, ㄴ ④ ㄴ, ㄷ ⑤ ㄱ, ㄴ, ㄷ

032 | 신유형 |

상 중 하

그림은 두 해양판 A, B의 경계 부근에서 발생한 지진의 분포를 나타낸 것이다.

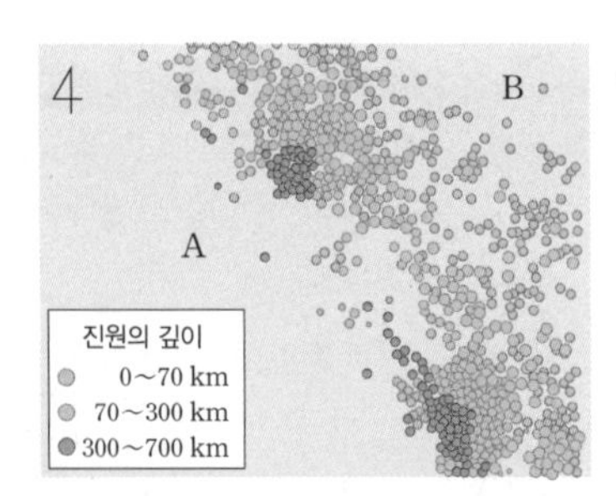

이 해역에 대한 설명으로 옳은 것만을 〈보기〉에서 있는 대로 고른 것은?

| 보기 |

ㄱ. A가 B 아래로 섭입한다.
ㄴ. 맨틀 물질의 압력 감소에 의해 마그마가 생성된다.
ㄷ. A에는 안산암질 마그마가 분출하는 지역이 있다.

① ㄱ ② ㄷ ③ ㄱ, ㄴ ④ ㄴ, ㄷ ⑤ ㄱ, ㄴ, ㄷ

033 | 신유형 |

상 중 하

그림 (가)는 섭입대에서 생성된 마그마 A, B, C를, (나)는 마그마 A, B, C의 SiO_2 함량을 나타낸 것이다. ㉠, ㉡은 각각 마그마 B, C 중 하나이다.

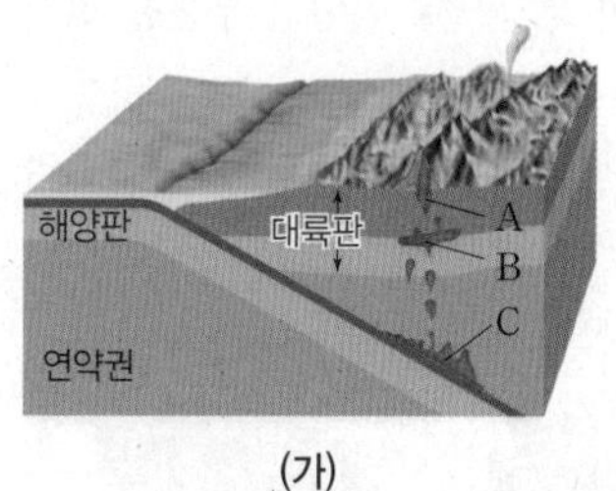

(가)

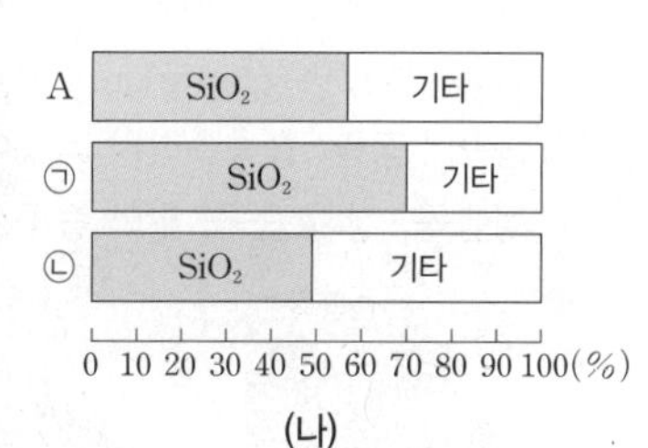

(나)

이에 대한 설명으로 옳은 것만을 〈보기〉에서 있는 대로 고른 것은?

| 보기 |

ㄱ. ㉠과 ㉡이 혼합되면 마그마 A가 생성된다.
ㄴ. ㉠은 맨틀의 용융점 하강에 의해 생성된다.
ㄷ. ㉡이 지하 깊은 곳에서 굳으면 섬록암이 된다.

① ㄱ ② ㄴ ③ ㄱ, ㄷ ④ ㄴ, ㄷ ⑤ ㄱ, ㄴ, ㄷ

034

상 중 하

그림은 화성암 A, B, C를 SiO_2 함량과 결정 크기에 따라 구분하여 나타낸 것이다. A, B, C는 각각 현무암, 유문암, 반려암 중 하나이다.

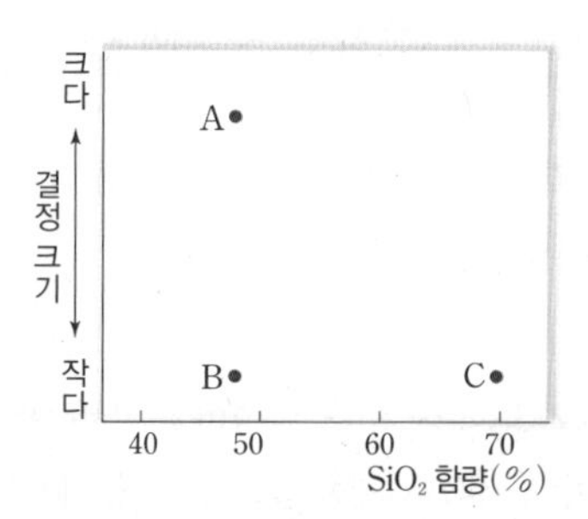

이에 대한 설명으로 옳은 것만을 〈보기〉에서 있는 대로 고른 것은?

| 보기 |

ㄱ. A는 반려암이다.
ㄴ. 유색 광물의 함량비는 B가 C보다 크다.
ㄷ. C는 주로 열점이나 해령에서 생성된다.

① ㄱ ② ㄷ ③ ㄱ, ㄴ ④ ㄴ, ㄷ ⑤ ㄱ, ㄴ, ㄷ

035 | 신유형 |

상 중 하

다음은 우리나라의 두 지역을 답사한 후 정리한 보고서의 일부이다.

| 답사 지역

서울 북한산 인수봉과 부산 황령산

| 답사 내용

(가) 서울 북한산 인수봉

- 조립질 입자들로 이루어져 있으며, 암석의 색이 밝다.
- ㉠ 판상으로 갈라진 절리가 발달한다.

(나) 부산 황령산

- 반려암을 이루는 광물들이 동심원으로 배열된 특이한 모습을 보인다.
- 암석이 천연기념물로 지정되었다.

이에 대한 설명으로 옳은 것만을 〈보기〉에서 있는 대로 고른 것은?

| 보기 |

ㄱ. (가)의 암석은 (나)의 암석보다 유색 광물의 함량이 적다.
ㄴ. ㉠은 암석에 가해지는 압력이 감소하여 형성되었다.
ㄷ. (나)는 SiO_2 함량이 63 % 이상인 마그마가 굳어 형성되었다.

① ㄱ ② ㄴ ③ ㄷ ④ ㄱ, ㄴ ⑤ ㄱ, ㄷ

04 퇴적 구조와 지질 구조

출제 개념
- 퇴적암의 생성과 분류
- 여러 가지 퇴적 구조의 형성 과정과 특징
- 여러 가지 지질 구조의 형성 과정과 특징
- 판의 경계와 지질 구조

1 퇴적암

(1) **퇴적암**: 퇴적물이 다져지고 굳어져 만들어진 암석으로, 속성 작용(다짐 작용＋교결 작용)을 받아 형성됨

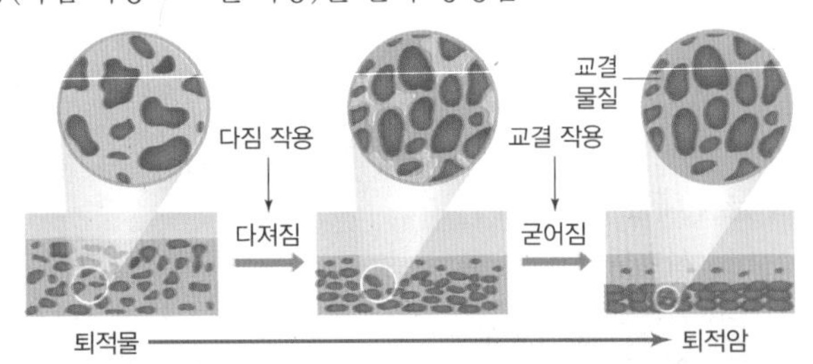

속성 작용

(2) **퇴적암의 종류**

구분	내용
쇄설성 퇴적암	암석의 풍화·침식 작용으로 생성된 점토나 모래, 자갈 등이 운반되어 쌓이거나 화산 분출물이 쌓여서 만들어진 퇴적암 예 역암, 사암, 셰일, 집괴암, 응회암
화학적 퇴적암	호수나 바다에 녹아 있던 규질, 석회 물질, 산화 철, 염분 물질들이 화학적으로 침전되거나 물이 증발하면서 잔류하여 생성된 퇴적암 예 석회암, 처트, 암염
유기적 퇴적암	생물의 유해가 쌓여 생성된 퇴적암 예 석회암, 처트, 석탄

2 퇴적 환경과 퇴적 구조

(1) **퇴적 환경**

① 육상 환경: 육지 내에서 주로 쇄설성 퇴적암이 만들어지는 환경 예 선상지, 하천, 호수, 사막, 빙하 등

② 연안 환경: 육상 환경과 해양 환경 사이에서 퇴적암이 만들어지는 환경 예 삼각주, 해빈, 사주, 강 하구, 석호 등

③ 해양 환경: 바다 밑에서 퇴적암이 만들어지는 환경 예 대륙붕, 대륙 사면, 대륙대, 심해저 등

(2) **퇴적 구조**

점이 층리	사층리
상 ↕ 하	상 ↕ 하
한 지층 내에서 위로 갈수록 입자의 크기가 점점 작아짐	물이나 바람의 이동 방향이 퇴적암의 상하 층리면에 대해 엇갈려 비스듬히 나타남
연흔	**건열**
상 ↕ 하	상 ↕ 하
물이나 바람 등에 의해 퇴적물 표면에 물결 모양의 흔적이 남아 있음	퇴적층의 수분이 증발하면서 표면에 갈라진 틈이 나타남

3 지질 구조

(1) **습곡**: 수평으로 퇴적된 지층이 양쪽에서 미는 힘인 횡압력을 받아 휘어진 지질 구조

① 습곡의 구조: 지층이 위로 볼록하게 산 모양으로 휘어진 부분을 배사, 지층이 아래로 오목한 모양으로 휘어진 부분을 향사라고 한다.

② 습곡의 종류: 습곡축면의 기울어진 정도와 날개의 경사에 따라 정습곡, 경사 습곡, 횡와 습곡으로 구분

정습곡　　경사 습곡　　횡와 습곡

빈출

(2) **단층**: 지층이 힘을 받아 끊어지면서 생긴 면(단층면)을 경계로 양쪽 지반이 상대적으로 이동하여 어긋난 지질 구조

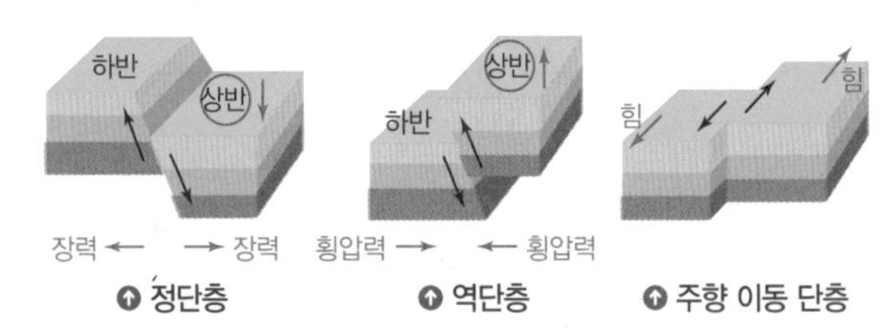

정단층　　역단층　　주향 이동 단층

(3) **부정합**: 퇴적 환경의 변화로 오랫동안 퇴적이 중단되거나 지각 변동이 일어난 후 다시 퇴적이 일어나 커다란 퇴적 시간의 공백이 생긴 상하 지층 사이의 관계

퇴적(바다) → 융기(육지) → 풍화·침식 → 침강(바다) → 퇴적

구분	내용
평행 부정합	부정합면을 경계로 상하 지층이 평행
경사 부정합	부정합면을 경계로 상하 지층의 경사가 다름
난정합	부정합면 아래에 있는 화성암(심성암)이나 변성암이 침식된 후 새로운 지층이 퇴적되어 형성

빈출

(4) **절리**: 암석에 가해지는 압력, 온도 변화 등으로 부피가 변할 때 암석에 생긴 틈 예 주상 절리, 판상 절리

(5) **관입과 포획**

① 관입: 지하 깊은 곳에 있는 마그마가 주변 암석들보다 밀도가 작아 지층이나 암석의 약한 틈을 뚫고 들어가는 과정

② 포획: 마그마가 관입할 때 주변 지층이나 암석 조각들이 떨어져 나와 녹지 않고 마그마에 포함되어 굳은 구조

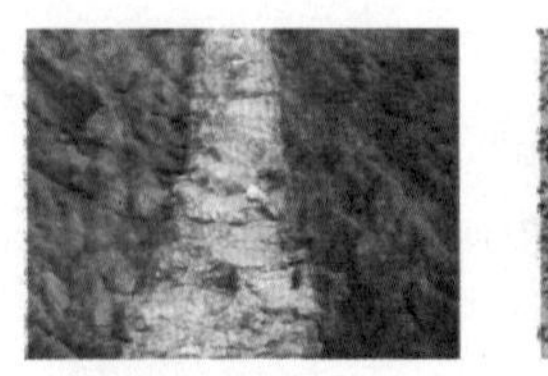
관입

포획

대표 기출 문제

036

수능 기출

그림 (가)는 해수면이 하강하는 과정에서 형성된 퇴적층의 단면이고, (나)는 (가)의 퇴적층에서 나타나는 퇴적 구조 A와 B이다.

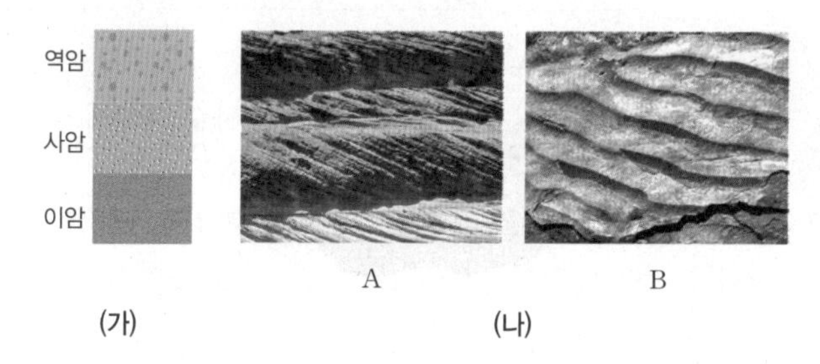

(가) (나)

이 자료에 대한 설명으로 옳은 것만을 〈보기〉에서 있는 대로 고른 것은?

| 보기 |

ㄱ. (가)의 퇴적층 중 가장 얕은 수심에서 형성된 것은 이암층이다.
ㄴ. (나)의 A와 B는 주로 역암층에서 관찰된다.
ㄷ. (나)의 A와 B 중 층리면에서 관찰되는 퇴적 구조는 B이다.

① ㄱ ② ㄴ ③ ㄷ ④ ㄱ, ㄷ ⑤ ㄴ, ㄷ

문항 분석
문제에서 해수면이 하강하는 과정에서 형성된 퇴적층의 단면이라고 한 것에 주의하고, 연흔과 건열은 단면 모습뿐 아니라 층리면의 모습도 알아야 한다.

꼭 기억해야 할 개념
1. 해수면이 하강하는 과정에서 수심은 점차 낮아진다.
2. 사층리, 점이 층리, 연흔, 건열 모두 단면에서 관찰할 수 있고, 연흔과 건열은 층리면(위에서 본 모습)에서도 관찰할 수 있다.

선지별 선택 비율

①	②	③	④	⑤
8 %	6 %	46 %	30 %	7 %

037

교육청 기출

그림은 지질 구조 (가), (나), (다)를 나타낸 것이다.

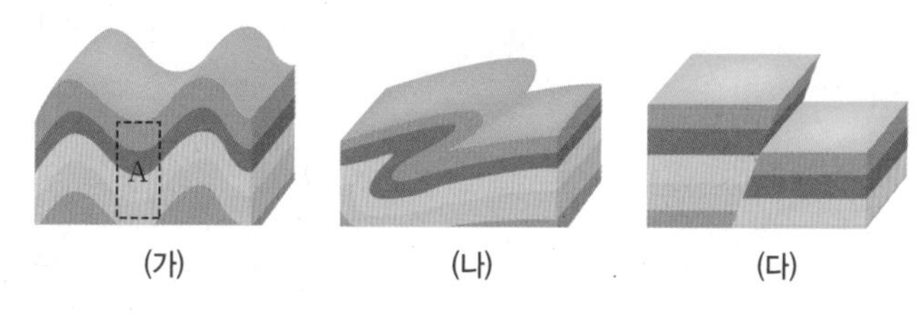

(가) (나) (다)

이에 대한 설명으로 옳은 것만을 〈보기〉에서 있는 대로 고른 것은?

| 보기 |

ㄱ. A에는 향사 구조가 나타난다.
ㄴ. (나)와 (다)에는 나이가 많은 지층 아래에 나이가 적은 지층이 나타나는 부분이 있다.
ㄷ. (가), (나), (다)는 모두 횡압력에 의해 형성된다.

① ㄱ ② ㄴ ③ ㄱ, ㄷ ④ ㄴ, ㄷ ⑤ ㄱ, ㄴ, ㄷ

문항 분석
습곡과 단층이 형성되는 환경을 이해하고, 각 지질 구조에서 나타나는 특징을 알고 있어야 한다.

꼭 기억해야 할 개념
암석이 지하 깊은 곳의 고온·고압 환경에서 횡압력을 받으면 습곡이 만들어지고, 온도가 낮은 지표 근처에서 횡압력을 받으면 역단층이 만들어진다.

선지별 선택 비율

①	②	③	④	⑤
4 %	4 %	13 %	6 %	73 %

적중 예상 문제

038

상 중 하

그림 (가), (나), (다)는 모래가 쌓여 퇴적암이 생성되는 과정을 나타낸 것이다.

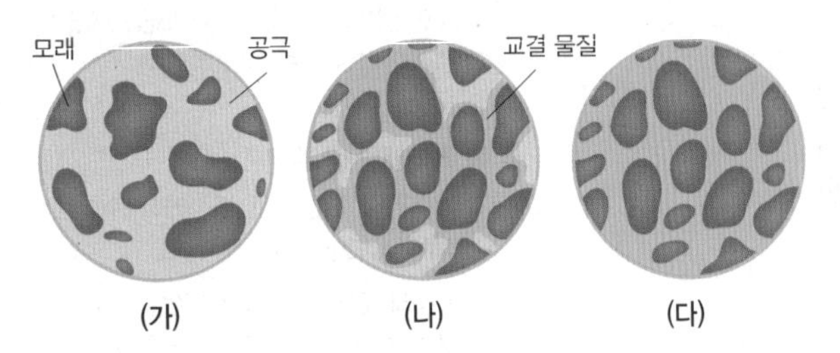

이에 대한 설명으로 옳은 것만을 〈보기〉에서 있는 대로 고른 것은?

| 보기 |

ㄱ. (가) → (나) → (다)에서 $\frac{\text{공극의 총 부피}}{\text{퇴적물의 총 부피}}$는 감소한다.
ㄴ. 교결 물질의 주된 역할은 다짐 작용이다.
ㄷ. (다)에서 생성되는 암석은 사암이다.

① ㄱ ② ㄴ ③ ㄱ, ㄷ ④ ㄴ, ㄷ ⑤ ㄱ, ㄴ, ㄷ

039

상 중 하

그림 (가)는 서로 다른 두 퇴적물 A, B가 쌓인 지역에서 입자의 크기에 따른 개수비를, (나)는 깊이에 따른 $\frac{\text{공극의 총 부피}}{\text{퇴적물의 총 부피}}$를 나타낸 것이다.

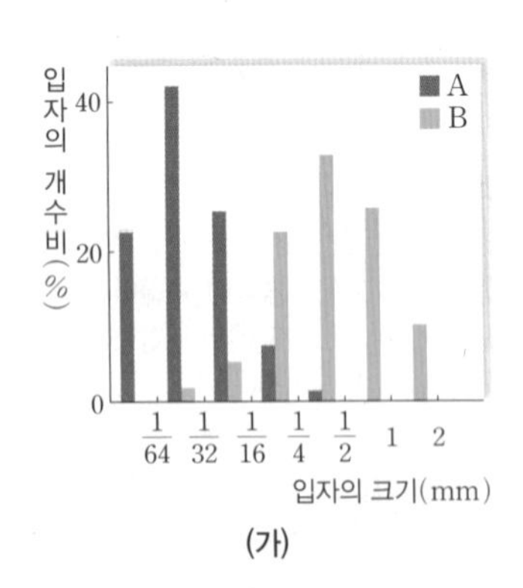

(가)

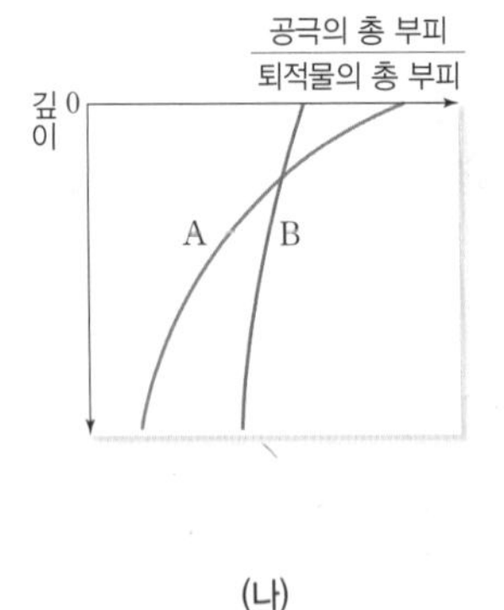

(나)

이에 대한 설명으로 옳은 것만을 〈보기〉에서 있는 대로 고른 것은?

| 보기 |

ㄱ. A가 속성 작용을 받으면 이암이 된다.
ㄴ. 지표면에서 퇴적물 1 L 중 공극이 차지하는 총 부피는 A가 B보다 크다.
ㄷ. 다짐 작용에 의한 공극의 부피 변화는 A가 B보다 크다.

① ㄱ ② ㄴ ③ ㄱ, ㄷ ④ ㄴ, ㄷ ⑤ ㄱ, ㄴ, ㄷ

040 | 신유형 |

상 중 하

다음은 퇴적암 A, B, C를 관찰한 후 정리한 보고서의 일부이다.

암석 A

- 자갈 사이에 모래와 진흙이 포함되어 있다.
- 자갈은 모서리가 둥글게 닳아 있다.

암석 B

- 진흙으로 이루어져 있다.
- 밝은색과 어두운색이 나란하게 ㉠ 줄무늬를 이룬다.

암석 C

- 탄산염 물질로 이루어져 있다.
- 산호 화석, 조개껍데기 화석이 많이 포함되어 있다.

이에 대한 설명으로 옳은 것만을 〈보기〉에서 있는 대로 고른 것은?

| 보기 |

ㄱ. ㉠은 퇴적물이 쌓이는 과정에서 생성된다.
ㄴ. C는 물이 증발하면서 남은 물질이 퇴적되어 생성된다.
ㄷ. A, B, C는 속성 작용을 받아 생성된다.

① ㄱ ② ㄴ ③ ㄱ, ㄷ ④ ㄴ, ㄷ ⑤ ㄱ, ㄴ, ㄷ

041 | 신유형 |

상 중 하

그림은 지형 변화를 일으키는 여러 환경을 나타낸 것이다.

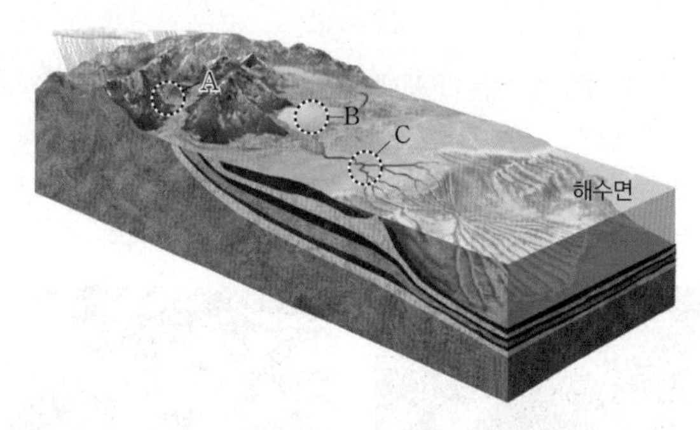

이에 대한 설명으로 옳은 것만을 〈보기〉에서 있는 대로 고른 것은?

| 보기 |

ㄱ. A에서는 퇴적이 침식보다 우세하게 일어난다.
ㄴ. B에서는 점이 층리가 형성될 수 있다.
ㄷ. 퇴적물 입자의 평균 크기는 A가 C보다 크다.

① ㄱ ② ㄴ ③ ㄱ, ㄷ ④ ㄴ, ㄷ ⑤ ㄱ, ㄴ, ㄷ

042

상 중 하

그림은 어느 지역의 지층 단면과 퇴적 구조를 나타낸 것이다.

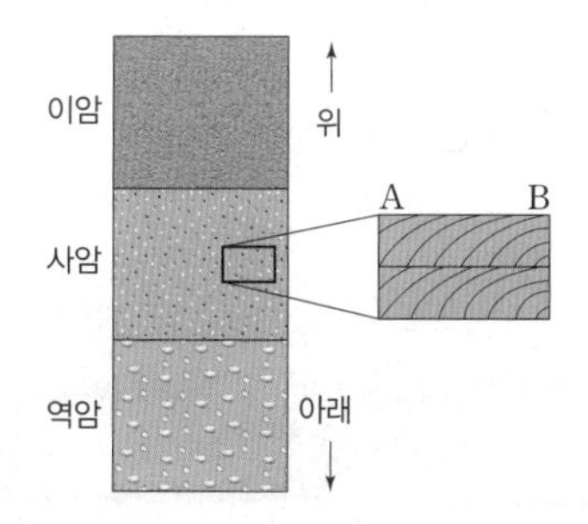

이에 대한 설명으로 옳은 것만을 〈보기〉에서 있는 대로 고른 것은?

| 보기 |

ㄱ. 이암층은 역암층보다 먼저 생성되었다.
ㄴ. 사암층이 퇴적될 당시 퇴적물은 B에서 A쪽으로 공급되었다.
ㄷ. 세 지층이 퇴적되는 동안 해수면은 상승하였다.

① ㄱ ② ㄴ ③ ㄱ, ㄷ ④ ㄴ, ㄷ ⑤ ㄱ, ㄴ, ㄷ

043

상 중 하

다음은 어느 퇴적 구조가 형성되는 원리를 알아보기 위한 실험이다.

| 실험 과정

(가) 모래, 왕모래, 잔자갈을 각각 100 g 준비하여 물이 담긴 투명 원통 속에 넣고 뚜껑을 닫는다.
(나) 원통을 충분히 흔들어 입자들을 골고루 섞은 후 원통을 세워 입자들이 모두 가라앉기를 기다린다.
(다) 원통 속의 퇴적물을 A, B, C 구간으로 나누고, 각 구간에서 모래, 왕모래, 잔자갈의 질량을 측정한다.

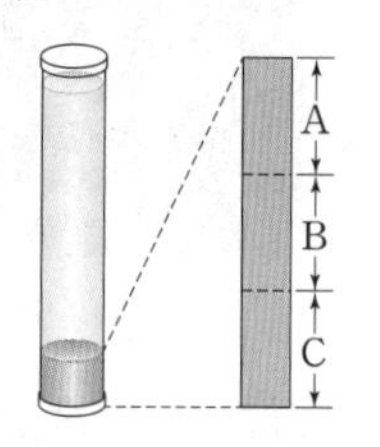

| 실험 결과

○ A, B, C 구간의 질량 측정 결과는 다음과 같았다.

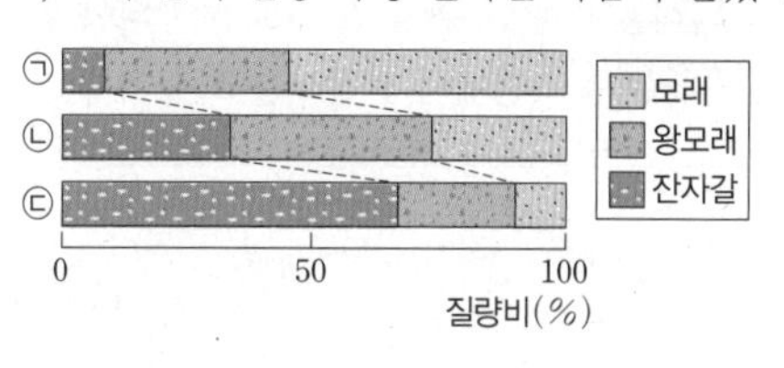

이에 대한 설명으로 옳은 것만을 〈보기〉에서 있는 대로 고른 것은?

| 보기 |

ㄱ. ㉠은 A 구간의 측정 결과이다.
ㄴ. (나)의 실제 퇴적 환경은 대륙붕이다.
ㄷ. 이 실험으로 연흔이 형성되는 원리를 알 수 있다.

① ㄱ ② ㄴ ③ ㄱ, ㄷ ④ ㄴ, ㄷ ⑤ ㄱ, ㄴ, ㄷ

적중 예상 문제

044

상 중 **하**

그림 (가)와 (나)는 서로 다른 퇴적 구조를 나타낸 것이다.

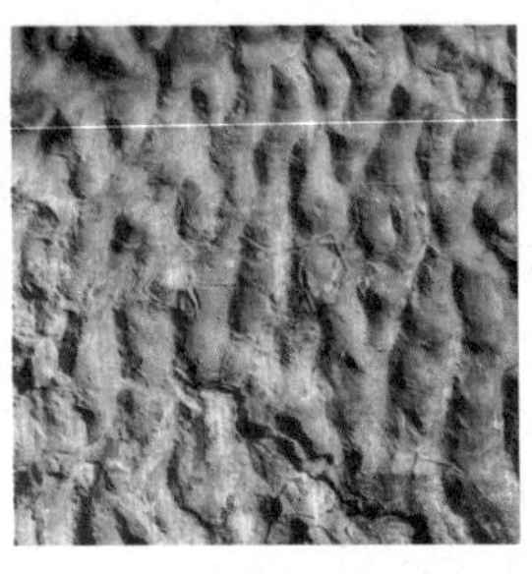
(가)

(나)

이에 대한 설명으로 옳은 것만을 <보기>에서 있는 대로 고른 것은?

| 보기 |

ㄱ. (가)는 수심이 깊은 바다에서 형성된다.
ㄴ. (나)는 퇴적물이 쌓인 후 수면 위로 노출되어 형성된다.
ㄷ. (가)와 (나)는 층리면에서 관찰되는 모습이다.

① ㄱ ② ㄴ ③ ㄱ, ㄷ ④ ㄴ, ㄷ ⑤ ㄱ, ㄴ, ㄷ

045

상 **중** 하

다음은 우리나라의 두 퇴적 지형의 특징을 나타낸 것이다.

구분	(가) 전라북도 부안 채석강	(나) 제주도 수월봉
사진		
특징	역암, 사암, 셰일 등으로 구성되어 있다. 단층과 습곡이 나타나고, 연흔과 건열 등이 관찰된다.	화산 활동으로 형성된 퇴적 지형으로, 화산재가 겹겹이 쌓여 있다.

이에 대한 설명으로 옳은 것만을 <보기>에서 있는 대로 고른 것은?

| 보기 |

ㄱ. (가)의 지층은 수심이 깊은 바다에서 생성되었다.
ㄴ. (나)의 퇴적암은 응회암으로 이루어져 있다.
ㄷ. (가)와 (나)에서는 층리가 나타난다.

① ㄱ ② ㄴ ③ ㄱ, ㄷ ④ ㄴ, ㄷ ⑤ ㄱ, ㄴ, ㄷ

046 | 신유형 |

상 **중** 하

다음은 강원도 태백 구문소의 퇴적 지형을 설명한 것이다.

구문소 주변에서는 고생대 초기의 ㉠ 석회암 등이 퇴적되었으며, 연흔, 소금 흔적 등이 발견된다. 소금 흔적은 석회암이 만들어질 때 만들어진 ㉡ 소금 결정이 탄산염 물질과 함께 퇴적되었다가 나중에 물에 녹아 흔적만 남은 것이다.

구문소 석회암

구문소 소금 흔적

이에 대한 설명으로 옳은 것만을 <보기>에서 있는 대로 고른 것은?

| 보기 |

ㄱ. ㉠에서는 층리가 나타난다.
ㄴ. ㉡이 쌓인 암석은 화학적 퇴적암에 속한다.
ㄷ. 고생대 초기에 이 지역은 건조한 환경이었다.

① ㄱ ② ㄴ ③ ㄱ, ㄷ ④ ㄴ, ㄷ ⑤ ㄱ, ㄴ, ㄷ

047

상 중 **하**

그림은 단층 구조를 모식적으로 나타낸 것이다.

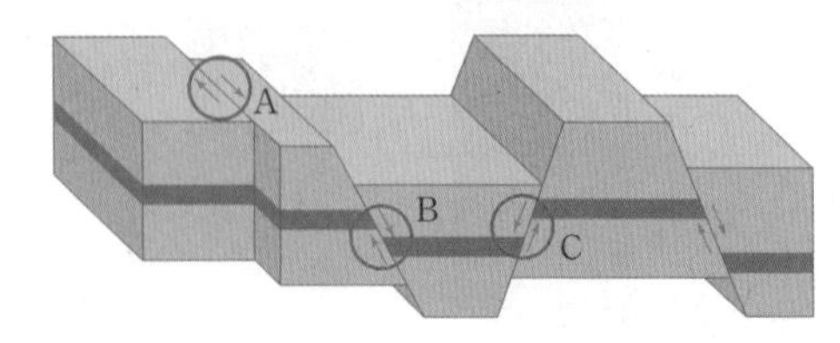

단층 A, B, C에 대한 설명으로 옳은 것만을 <보기>에서 있는 대로 고른 것은?

| 보기 |

ㄱ. 변환 단층에서 판은 A와 같은 상대적인 이동이 일어난다.
ㄴ. B와 C를 형성하는 힘의 종류는 서로 다르다.
ㄷ. C는 판의 발산형 경계보다 섭입형 경계에서 잘 발달한다.

① ㄱ ② ㄴ ③ ㄱ, ㄷ ④ ㄴ, ㄷ ⑤ ㄱ, ㄴ, ㄷ

048 | 신유형 |

상 중 하

다음은 어느 지역의 서쪽에서 동쪽으로 가면서 습곡 구조를 이루는 지층 A~D를 조사하여 내린 서로 다른 결론 (가), (나)를 나타낸 것이다.

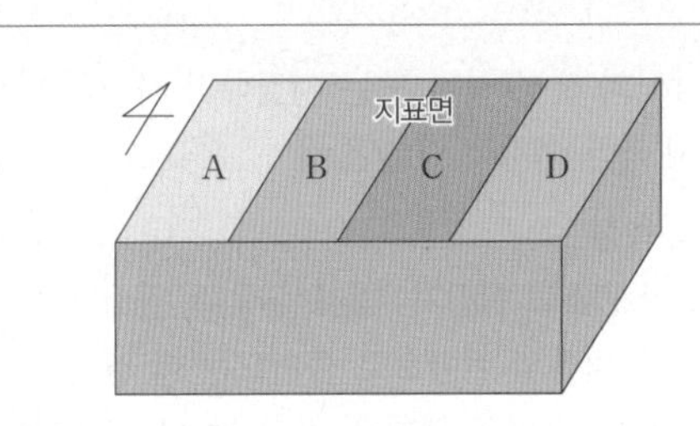

(가) A와 C가 동일한 지층이고, D가 가장 오래된 지층이다.
(나) B와 D가 동일한 지층이고, C가 가장 오래된 지층이다.

이에 대한 설명으로 옳은 것만을 〈보기〉에서 있는 대로 고른 것은? (단, 지층은 역전되지 않았다.)

| 보기 |

ㄱ. (가)의 경우 A는 B보다 먼저 생성되었다.
ㄴ. (나)의 경우 C에서 배사축이 나타난다.
ㄷ. (가)와 (나)에서 지층에 작용한 힘의 종류는 서로 같다.

① ㄱ ② ㄴ ③ ㄱ, ㄷ ④ ㄴ, ㄷ ⑤ ㄱ, ㄴ, ㄷ

049

상 중 하

그림은 화성암 A에 절리가 형성되는 과정을 나타낸 것이다.

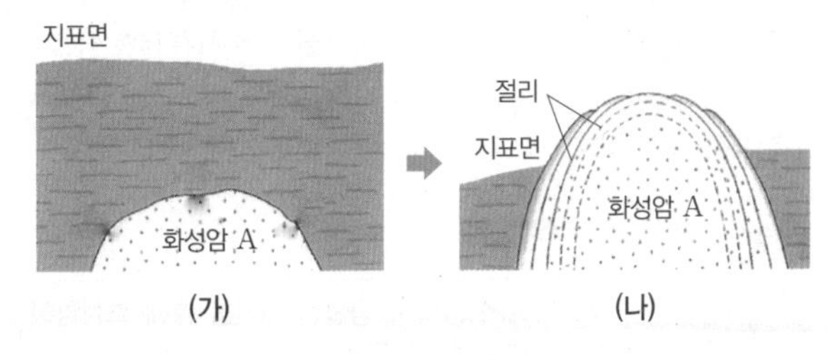

이에 대한 설명으로 옳은 것만을 〈보기〉에서 있는 대로 고른 것은?

| 보기 |

ㄱ. 화성암 A는 세립질 조직이 나타난다.
ㄴ. (가) → (나) 과정에서 화성암 A는 주변 암석을 뚫고 상승한다.
ㄷ. (나)에서는 판상 절리가 형성된다.

① ㄱ ② ㄴ ③ ㄷ ④ ㄱ, ㄷ ⑤ ㄴ, ㄷ

050

상 중 하

다음은 어느 지질 구조가 형성되는 과정을 알아보기 위한 탐구이다.

| 탐구 과정

(가) 색깔이 다른 지점토를 여러 겹 쌓아 지점토판 A를 만든다.
(나) A를 양손으로 잡고 서서히 밀어 주름을 만든 후, 칼로 ㉠ 윗부분을 잘라 제거한다.
(다) (가)와 같은 과정으로 지점토판 B를 만든 후 (나)의 ㉡ 자른 면 위에 놓아 지질 구조를 완성한다.

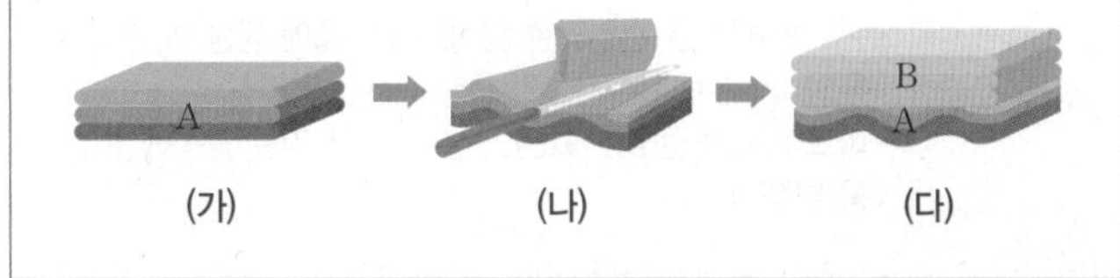

이에 대한 설명으로 옳은 것만을 〈보기〉에서 있는 대로 고른 것은?

| 보기 |

ㄱ. ㉠은 단층 작용을 가정한 것이다.
ㄴ. (다)의 지질 구조는 난정합에 해당한다.
ㄷ. 실제 지질 구조의 형성 과정에서는 (나)와 (다) 사이에 지층의 침강 과정이 있다.

① ㄱ ② ㄷ ③ ㄱ, ㄴ ④ ㄴ, ㄷ ⑤ ㄱ, ㄴ, ㄷ

051

상 중 하

그림 (가)는 지층 A를 관입한 암석 B를, (나)는 암석 조각 C를 포획한 암석 D를 나타낸 것이다. B와 C는 암석의 생성 시기가 같다.

A B (가)　　C D (나)

이에 대한 설명으로 옳은 것만을 〈보기〉에서 있는 대로 고른 것은?

| 보기 |

ㄱ. 가장 먼저 생성된 암석은 A이다.
ㄴ. A에서는 열에 의한 변성의 흔적이 나타난다.
ㄷ. B와 D는 화성암이다.

① ㄱ ② ㄷ ③ ㄱ, ㄴ ④ ㄴ, ㄷ ⑤ ㄱ, ㄴ, ㄷ

05 지층의 생성 순서와 나이

✓ 출제 개념
- 지질 단면도의 암상과 화석을 이용한 지층 대비
- 방사성 동위 원소를 이용한 지층의 절대 연령
- 지질 단면도와 방사성 동위 원소 그래프를 분석하여 지층의 연령 구하기

1 지사학 법칙

수평 퇴적의 법칙	• 일반적으로 퇴적물은 중력의 영향을 받아 수평으로 퇴적 • 지층이 기울어져 있다면 이 지층은 생성된 후 지각 변동을 받음
지층 누중의 법칙	• 지층의 역전이 없었다면 하부에 있는 지층은 상부에 놓인 지층보다 먼저 퇴적 • 새로운 퇴적물은 이전에 퇴적된 퇴적물 위에 수평으로 퇴적
부정합의 법칙	• 부정합면을 경계로 상하 지층 사이에는 오랜 퇴적 시간이 차이가 있음 • 부정합면을 경계로 구성 암석의 종류, 지질 구조, 산출 화석의 종류가 급변 • 부정합면 위에 기저 역암이 나타남 ➡ 지층 역전 판단의 근거
관입의 법칙	• 관입한 암석은 관입당한 암석보다 나중에 생성 ➡ 관입한 경우와 분출한 경우 지층의 생성 순서가 달라짐 • 마그마가 관입하면 고온의 열로 인해 기존 암석에 변성 작용 발생
동물군 천이의 법칙	• 퇴적된 시기가 다른 상하 지층에서 화석 생물군이 달라짐 • 지층에서 발견되는 화석의 종류와 진화 정도를 해석 ➡ 멀리 떨어져 있는 지층의 선후 관계 파악

빈출

2 지층 대비

(1) 암상에 의한 대비

① 암석의 종류나 특징, 건층(열쇠층)을 이용하여 지층의 선후 관계를 판단 ➡ 비교적 가까운 지역 대비에 이용

② 응회암층, 석탄층을 건층(열쇠층)으로 이용 ➡ 비교적 짧은 시간 동안 퇴적되었고 넓은 지역에 걸쳐 분포

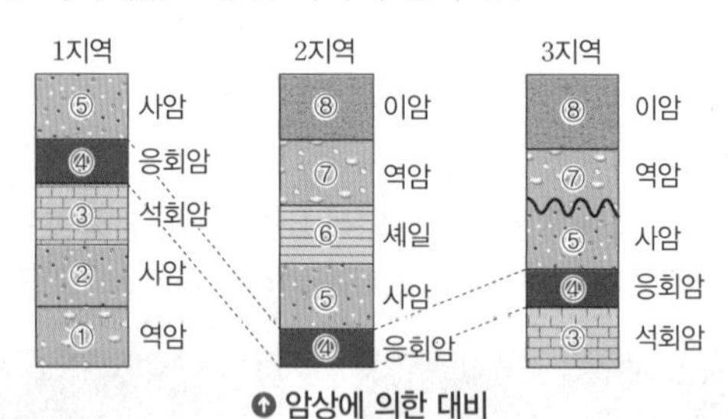

⊙ 암상에 의한 대비

(2) 화석에 의한 대비

① 동일한 시대에 번성하였던 생물의 화석(표준 화석)을 이용하여 지층의 선후 관계를 판단 ➡ 멀리 떨어진 지역 대비에 이용

② 고생대(삼엽충, 방추충), 중생대(암모나이트, 공룡), 신생대(화폐석, 매머드)

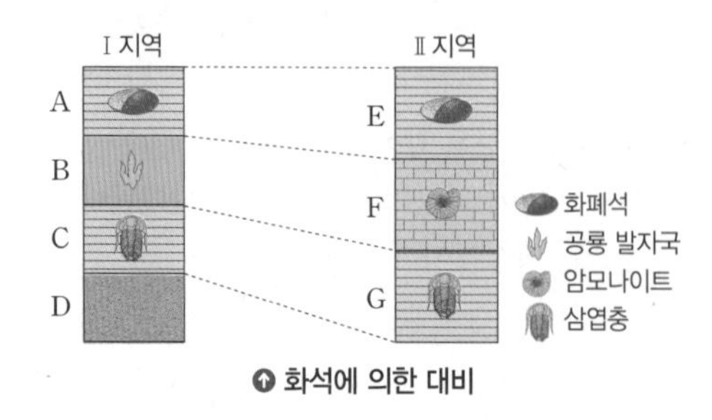

⊙ 화석에 의한 대비

고빈출

3 상대 연령과 절대 연령

(1) **상대 연령**: 지층의 생성 시기와 지질학적 사건의 발생 순서를 상대적으로 밝혀낸 것 ➡ 지사학 법칙이나 지층의 대비를 이용하여 생성 순서를 정할 수 있음

(2) **절대 연령**: 암석의 생성 시기 또는 지질학적 사건의 발생 시기를 연 단위의 절대적인 수치로 나타낸 것

① 절대 연령의 측정

- 방사성 동위 원소의 반감기: 방사성 동위 원소가 붕괴하여 모원소의 양이 처음의 절반으로 줄어드는 데 걸리는 시간 ➡ 반감기는 온도나 압력의 영향을 받지 않으므로 암석이 생성된 후 지각 변동을 받았더라도 반감기를 이용하면 암석의 절대 연령 측정 가능
- 반감기를 이용한 절대 연령 측정: 암석이나 광물에 포함된 모원소와 자원소의 비율과 반감기를 이용하여 절대 연령 측정

$$N = N_0 \times \left(\frac{1}{2}\right)^{\frac{t}{T}}$$

(N: t년 후 모원소의 양, N_0: 처음 모원소의 양, T: 반감기, t: 절대 연령)

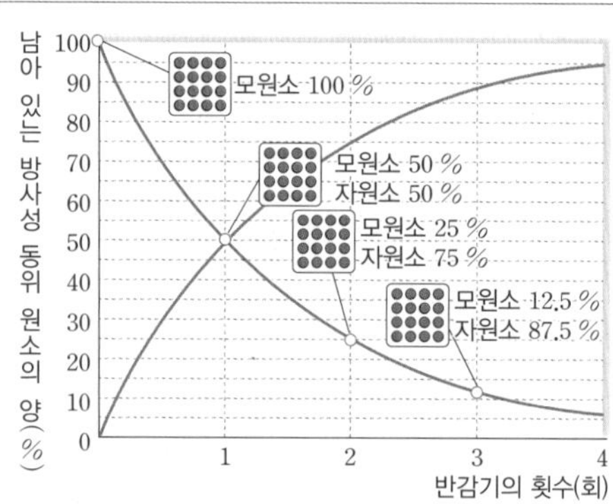

⊙ 방사성 동위 원소의 붕괴 곡선

② 방사성 동위 원소의 활용

반감기가 긴 방사성 동위 원소	오래된 지질 시대에 생성된 암석의 절대 연령, 지구 탄생 시기, 공룡 멸종 시기 등을 측정
반감기가 짧은 방사성 동위 원소	가까운 지질 시대에 생성된 암석의 절대 연령, 고고학, 지구 환경 변화 등을 측정

③ 암석의 종류에 따른 절대 연령

화성암	마그마에서 광물이 정출된 시기를 통해 화성암이 생성된 시기를 알 수 있음
변성암	변성 작용이 일어난 시기를 통해 변성암이 생성된 시기를 알 수 있음
퇴적암	여러 시기의 퇴적물이 섞여 있어 절대 연령을 정확하게 측정하기 어려움

대표 기출 문제

052

교육청 기출

그림은 세 지역 A, B, C의 지질 단면과 지층에서 산출되는 화석을 나타낸 것이다.

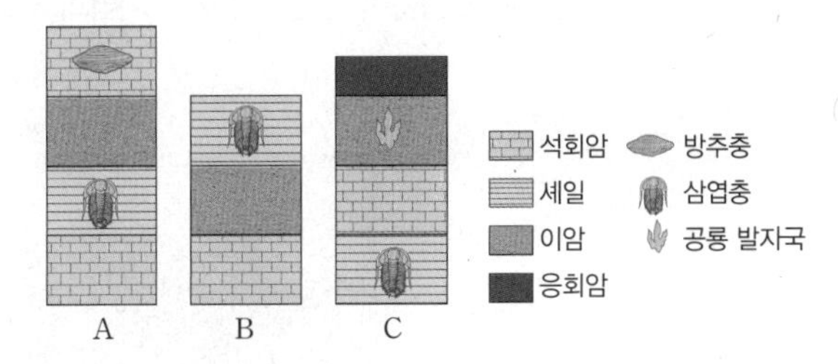

이에 대한 설명으로 옳은 것만을 〈보기〉에서 있는 대로 고른 것은? (단, 세 지역 모두 지층의 역전은 없었다.)

| 보기 |

ㄱ. 가장 최근에 생성된 지층은 응회암층이다.
ㄴ. B 지역의 이암층은 중생대에 생성되었다.
ㄷ. 세 지역의 모든 지층은 바다에서 생성되었다.

① ㄱ ② ㄷ ③ ㄱ, ㄴ ④ ㄴ, ㄷ ⑤ ㄱ, ㄴ, ㄷ

문항 분석
표준 화석의 종류를 통해 각 지층의 생성 시기와 환경을 파악할 수 있어야 한다.

꼭 기억해야 할 개념
멀리 떨어진 지역에서 같은 종류의 화석이 발견되는 지층은 같은 시기에 생성되었다고 볼 수 있으므로, 지층에서 발견된 표준 화석을 이용하여 지층을 대비할 수 있다.

선지별 선택 비율

①	②	③	④	⑤
78 %	5 %	8 %	2 %	4 %

053

평가원 기출

그림 (가)는 어느 지역의 지질 단면을, (나)는 시간에 따른 방사성 원소 X와 Y의 $\frac{\text{자원소 함량}}{\text{방사성 원소 함량}}$을 나타낸 것이다. 화성암 A와 B에는 X와 Y 중 서로 다른 한 종류만 포함하고, 현재 A와 B에 포함된 방사성 원소의 함량은 각각 처음 양의 50 %와 25 % 중 서로 다른 하나이다.

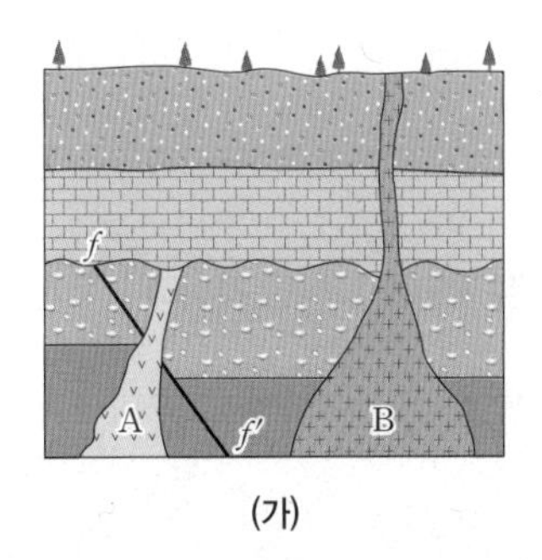

(가)

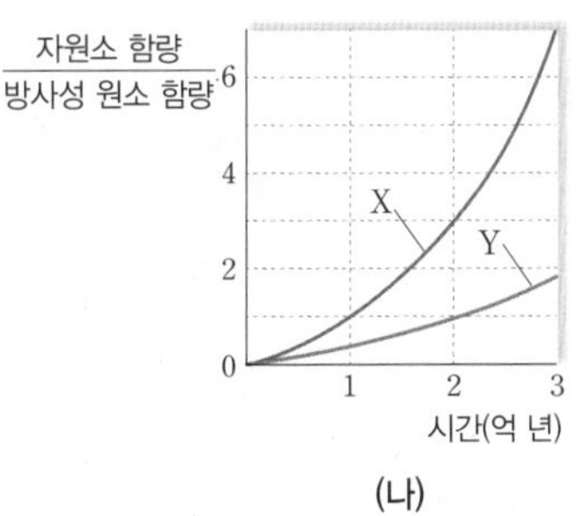

(나)

이에 대한 설명으로 옳은 것만을 〈보기〉에서 있는 대로 고른 것은? [3점]

| 보기 |

ㄱ. 반감기는 X가 Y의 $\frac{1}{2}$배이다.
ㄴ. A에 포함되어 있는 방사성 원소는 Y이다.
ㄷ. (가)에서 단층 $f-f'$은 중생대에 형성되었다.

① ㄱ ② ㄷ ③ ㄱ, ㄴ ④ ㄴ, ㄷ ⑤ ㄱ, ㄴ, ㄷ

문항 분석
지질 단면을 통해 지층과 암석의 생성 순서를 파악하고, 주어진 그래프에서 반감기를 분석하여 각 암석에 들어 있는 방사성 원소의 종류를 찾아낼 수 있어야 한다.

꼭 기억해야 할 개념
반감기를 1회 지난 암석의 절대 연령은 반감기와 같다.

선지별 선택 비율

①	②	③	④	⑤
7 %	6 %	62 %	8 %	14 %

054

상 중 하

그림은 어느 지역의 지층 A, B의 모습을 나타낸 것이다.

이에 대한 설명으로 옳은 것만을 <보기>에서 있는 대로 고른 것은? (단, 지층은 역전되지 않았다.)

| 보기 |

ㄱ. 수평 퇴적의 법칙에 의하면 A와 B는 모두 지각 변동을 받았다.
ㄴ. 부정합의 법칙에 의하면 A와 B의 퇴적 시기 사이에는 큰 시간 간격이 있다.
ㄷ. A와 B의 생성 순서를 정하기 위해 관입의 법칙을 적용해야 한다.

① ㄱ ② ㄷ ③ ㄱ, ㄴ ④ ㄴ, ㄷ ⑤ ㄱ, ㄴ, ㄷ

055 | 신유형 |

상 중 하

그림은 부정합이 나타나는 어느 지역의 지질 단면을 나타낸 것이다. P와 Q는 화성암이다.

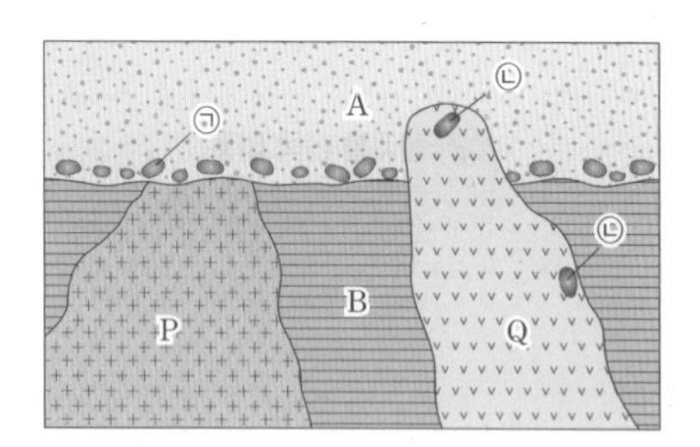

이에 대한 설명으로 옳은 것만을 <보기>에서 있는 대로 고른 것은?

| 보기 |

ㄱ. ㉠에는 A의 암석 조각이 포함될 수 있다.
ㄴ. ㉡에는 A와 B의 암석 조각이 포함될 수 있다.
ㄷ. 화성암 P와 Q의 생성 시기 사이에 이 지역은 융기한 적이 있다.

① ㄱ ② ㄴ ③ ㄱ, ㄷ ④ ㄴ, ㄷ ⑤ ㄱ, ㄴ, ㄷ

056

상 중 하

그림은 단층과 부정합이 관찰되는 어느 지역의 지질 단면을 나타낸 것이다.

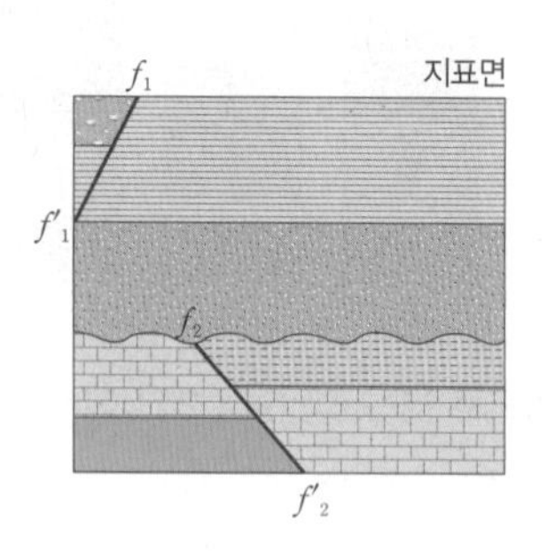

이에 대한 설명으로 옳은 것만을 <보기>에서 있는 대로 고른 것은? (단, 지층은 역전되지 않았다.)

| 보기 |

ㄱ. $f_1-f'_1$는 부정합보다 나중에 형성되었다.
ㄴ. $f_1-f'_1$와 $f_2-f'_2$를 형성한 힘의 종류는 서로 같다.
ㄷ. 지표면에서 암석의 연령은 $f_1-f'_1$의 상반이 하반보다 많다.

① ㄱ ② ㄷ ③ ㄱ, ㄴ ④ ㄴ, ㄷ ⑤ ㄱ, ㄴ, ㄷ

057

상 중 하

그림은 어느 지역의 지질 단면을 나타낸 것이다.

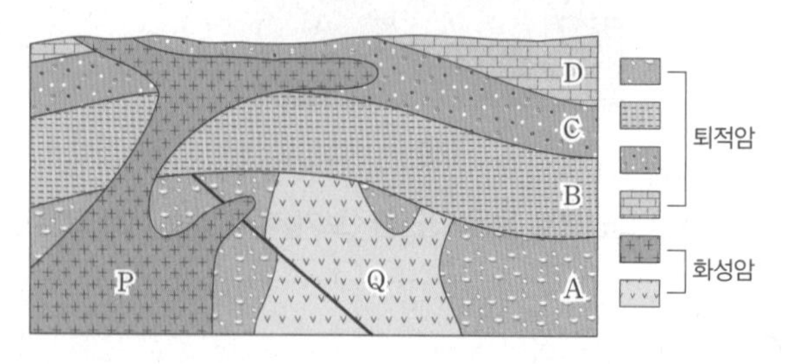

이에 대한 설명으로 옳은 것만을 <보기>에서 있는 대로 고른 것은?

| 보기 |

ㄱ. 역단층이 형성되었다.
ㄴ. A는 최소한 2회의 융기가 있었다.
ㄷ. 암석의 생성 순서는 A → Q → B → C → D → P이다.

① ㄱ ② ㄷ ③ ㄱ, ㄴ ④ ㄴ, ㄷ ⑤ ㄱ, ㄴ, ㄷ

058

상 중 하

다음은 어느 지역을 지질 답사하고 작성한 보고서의 일부이다.

| 관찰 내용

- 이 지역에서 서에서 동으로 가면서 세 지점 A, B, C에서 지층을 관찰하였다.
- A, B 지점의 지층은 연속적으로 퇴적되었고, C 지점에는 ㉠ 부정합이 있다.
- C 지점에는 열과 압력에 의해 변성 작용을 받은 암석이 있다.
- 단층은 관찰되지 않으며, 지층이 역전되었다는 흔적은 없다.

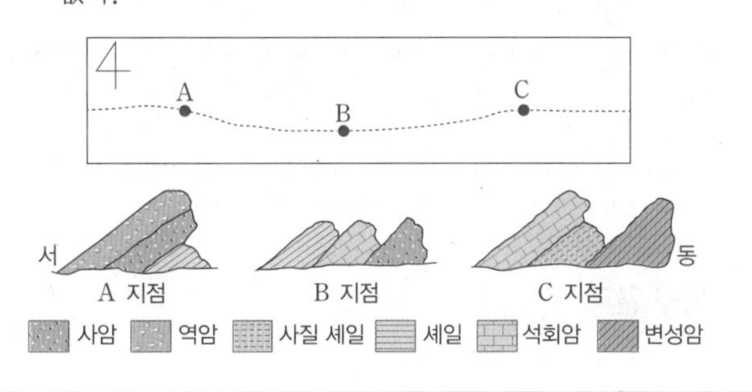

이에 대한 설명으로 옳은 것만을 <보기>에서 있는 대로 고른 것은?

| 보기 |

ㄱ. ㉠은 난정합이다.
ㄴ. A의 사암은 B의 사암보다 나중에 생성되었다.
ㄷ. A에서는 지층이 형성되는 동안 해수면이 상승하였다.

① ㄱ ② ㄷ ③ ㄱ, ㄴ ④ ㄴ, ㄷ ⑤ ㄱ, ㄴ, ㄷ

059

상 중 하

그림은 서로 다른 지역 (가), (나), (다)의 지층 단면과 산출되는 화석을 나타낸 것이다.

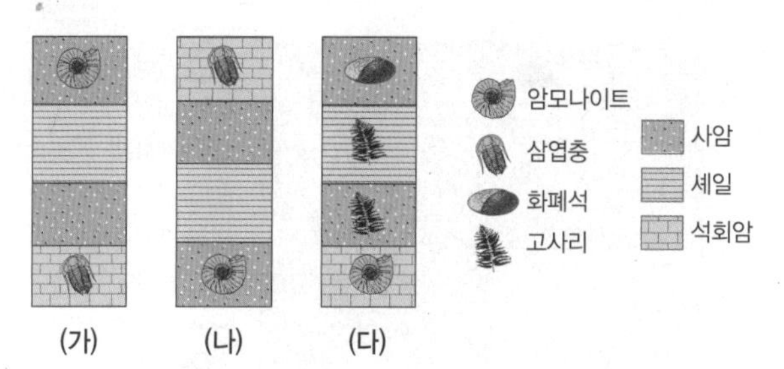

이에 대한 설명으로 옳은 것만을 <보기>에서 있는 대로 고른 것은?

| 보기 |

ㄱ. (가)와 (다)의 석회암은 동일한 시기에 생성되었다.
ㄴ. (나)에서는 셰일이 석회암보다 먼저 생성되었다.
ㄷ. (다)의 퇴적 환경은 바다 → 육지 → 바다로 바뀌었다.

① ㄱ ② ㄷ ③ ㄱ, ㄴ ④ ㄴ, ㄷ ⑤ ㄱ, ㄴ, ㄷ

060

상 중 하

그림은 어느 지역의 지질 단면을, 표는 지층에서 산출되는 화석을 나타낸 것이다. A~E는 퇴적암, F는 화성암이고, 화성암 주변의 빗금(▨)은 변성 부분이다.

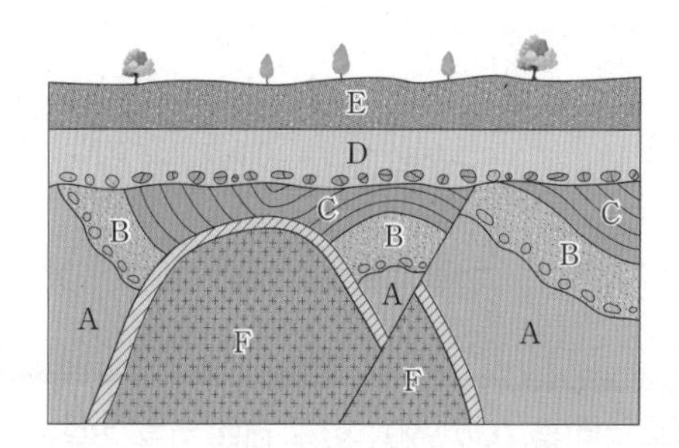

지층	화석
A	필석
C	암모나이트
D	공룡 발자국

이에 대한 설명으로 옳은 것만을 <보기>에서 있는 대로 고른 것은?

| 보기 |

ㄱ. F가 관입한 시기에 방추충이 번성하였다.
ㄴ. B 하부의 기저 역암은 A의 암석 조각을 포함한다.
ㄷ. 이 지역의 중생대 퇴적 환경은 육지에서 바다로 변하였다.

① ㄱ ② ㄴ ③ ㄱ, ㄷ ④ ㄴ, ㄷ ⑤ ㄱ, ㄴ, ㄷ

061

상 중 하

그림은 어느 지역의 지질 단면을 나타낸 것이다. 안산암의 절대 연령은 6000만 년이다.

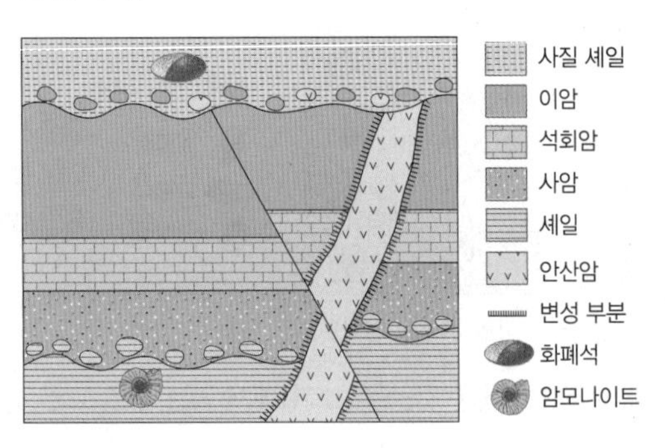

이에 대한 설명으로 옳은 것만을 <보기>에서 있는 대로 고른 것은?

| 보기 |

ㄱ. 단층은 신생대에 형성되었다.
ㄴ. 석회암층이 퇴적된 시기에 필석이 번성하였다.
ㄷ. 중생대에 2회의 부정합이 형성되었다.

① ㄱ ② ㄴ ③ ㄱ, ㄷ ④ ㄴ, ㄷ ⑤ ㄱ, ㄴ, ㄷ

062

| 신유형 |

상 중 하

그림 (가)는 지층의 연령을 조사한 어느 지역의 A−B 구간을, (나)는 이 구간에서의 조사 결과를 나타낸 것이다. 이 지역의 지층은 모두 수평층이고, 단층은 나타나지 않는다.

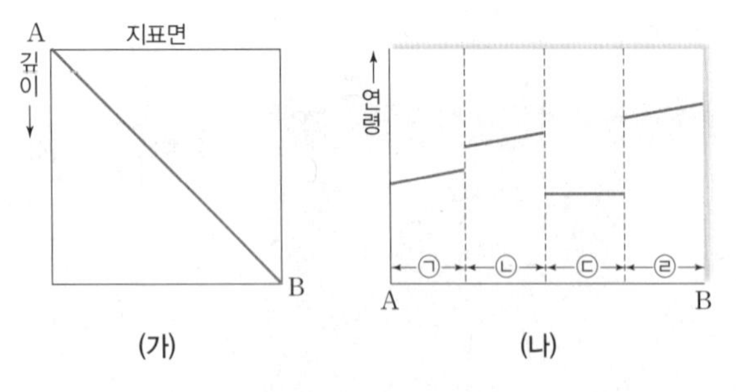

이에 대한 설명으로 옳은 것만을 <보기>에서 있는 대로 고른 것은? (단, 지층은 역전되지 않았다.)

| 보기 |

ㄱ. ㉠과 ㉡ 사이에는 침식면이 나타난다.
ㄴ. ㉡에서는 열에 의해 변성된 부분이 나타난다.
ㄷ. ㉢과 ㉣의 생성 순서는 부정합의 법칙을 적용한다.

① ㄱ ② ㄷ ③ ㄱ, ㄴ ④ ㄴ, ㄷ ⑤ ㄱ, ㄴ, ㄷ

063

| 신유형 |

상 중 하

다음은 방사성 동위 원소를 이용한 절대 연령의 측정 원리를 알아보기 위한 탐구이다.

| 탐구 목표

㉠ 방사성 동위 원소의 반감기를 이용하여 절대 연령을 측정하는 원리를 설명할 수 있다.

| 탐구 과정

(가) 종이 상자 속에 앞면과 뒷면이 다른 단추 200개를 넣고 뚜껑을 닫은 후 충분히 흔든다.
(나) 종이 상자의 뚜껑을 열고, 앞면이 위를 향하는 단추만 골라내고, 남은 단추의 개수를 센다.
(다) 남은 단추만 담긴 종이 상자의 뚜껑을 닫고 충분히 흔든 후 (나)의 가정을 반복한다.
(라) ㉡ 남은 단추의 개수가 처음의 $\frac{1}{8}$로 줄어드는 데 걸린 횟수를 조사한다.

| 탐구 결과

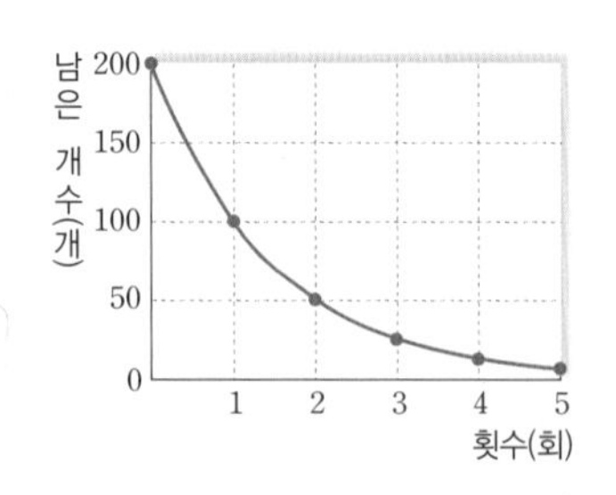

이에 대한 설명으로 옳은 것만을 <보기>에서 있는 대로 고른 것은?

| 보기 |

ㄱ. ㉠은 고온일 때가 저온일 때보다 붕괴 속도가 빠르다.
ㄴ. ㉡은 3회이다.
ㄷ. 종이 상자 속에 남은 단추는 방사성 동위 원소의 자원소에 해당한다.

① ㄱ ② ㄴ ③ ㄱ, ㄷ ④ ㄴ, ㄷ ⑤ ㄱ, ㄴ, ㄷ

064

상 중 하

그림 (가)는 화성암이 생성된 후 어느 시기에 광물 속에 포함된 방사성 동위 원소의 모원소와 자원소 개수를, (나)는 (가)로부터 t년이 지난 후 방사성 동위 원소의 모원소와 자원소 개수를 모식적으로 나타낸 것이다.

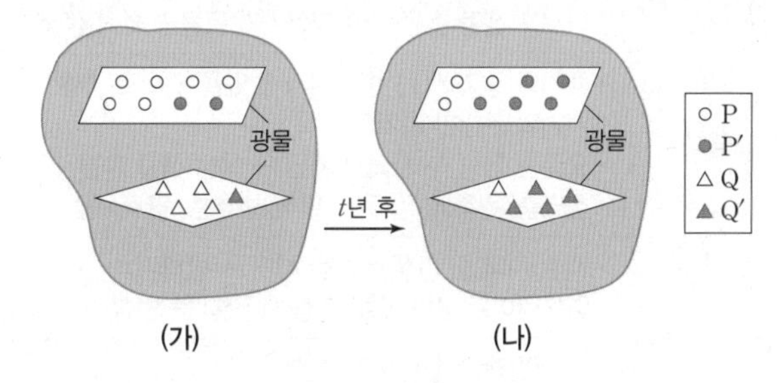

이에 대한 설명으로 옳은 것만을 〈보기〉에서 있는 대로 고른 것은?

| 보기 |

ㄱ. P, Q는 모원소이다.
ㄴ. 반감기는 P가 Q보다 2배 크다.
ㄷ. Q의 현재 양이 처음 양의 $\frac{1}{16}$인 암석의 절대 연령은 $2t$이다.

① ㄱ ② ㄴ ③ ㄱ, ㄷ ④ ㄴ, ㄷ ⑤ ㄱ, ㄴ, ㄷ

065

상 중 하

그림은 어느 지역의 지질 단면을, 표는 화성암 P, Q에 포함된 방사성 동위 원소 X의 모원소와 자원소 비율을 나타낸 것이다. ㉠, ㉡은 각각 화성암 P, Q 중 하나이고, 방사성 동위 원소 X의 반감기는 0.5억 년이다.

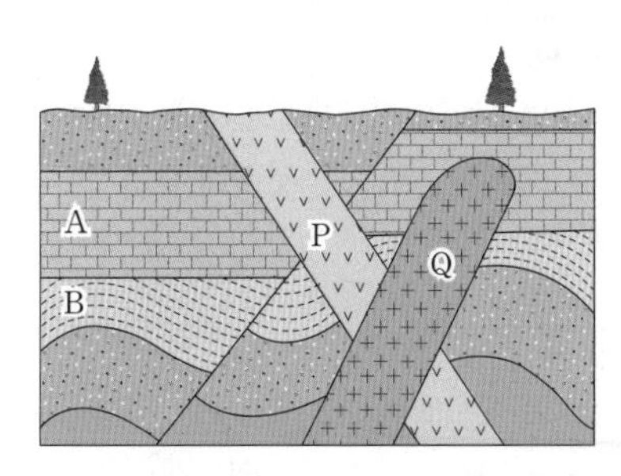

화성암	모원소 : 자원소
㉠	1 : 3
㉡	1 : 7

이에 대한 설명으로 옳은 것만을 〈보기〉에서 있는 대로 고른 것은?

| 보기 |

ㄱ. ㉠은 Q이다.
ㄴ. P와 Q의 절대 연령 차이는 1억 년이다.
ㄷ. A와 B 사이에 부정합이 형성된 시기는 1.5억 년 전~1억 년 전이다.

① ㄱ ② ㄴ ③ ㄷ ④ ㄱ, ㄴ ⑤ ㄱ, ㄷ

066

상 중 하

그림은 어느 지역의 지질 단면을, 표는 화성암 P, Q에 포함된 방사성 동위 원소 X의 모원소와 자원소 비율을 나타낸 것이다. 방사성 동위 원소 X의 반감기는 0.7억 년이다.

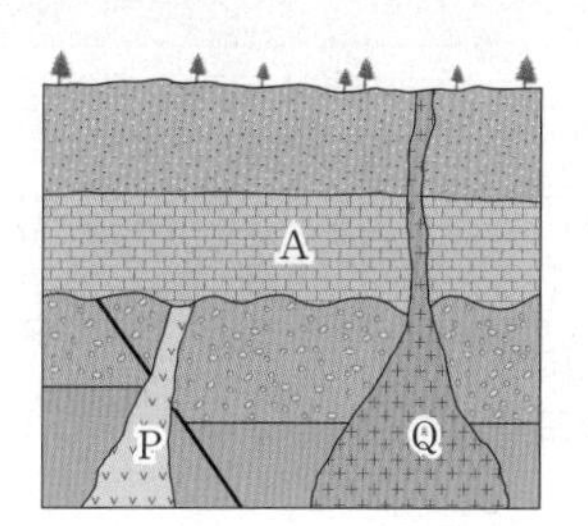

화성암	모원소	자원소
P	12 %	88 %
Q	51 %	49 %

이에 대한 설명으로 옳은 것만을 〈보기〉에서 있는 대로 고른 것은?

| 보기 |

ㄱ. 단층은 장력을 받아 형성되었다.
ㄴ. A가 퇴적될 당시 판게아가 형성되기 시작하였다.
ㄷ. $\frac{\text{P의 절대 연령}}{\text{Q의 절대 연령}}$은 3보다 크다.

① ㄱ ② ㄴ ③ ㄱ, ㄷ ④ ㄴ, ㄷ ⑤ ㄱ, ㄴ, ㄷ

067

상 중 하

그림 (가)는 어느 지역의 지질 단면과 산출 화석을, (나)는 시간에 따른 방사성 동위 원소 X와 Y의 붕괴 곡선을 나타낸 것이다. 화성암 A와 B에는 한 종류의 방사성 동위 원소만 존재하고, X와 Y 중 한 종류만 포함한다. 현재 A와 B에 포함된 방사성 동위 원소의 함량은 각각 처음 양의 50 %, 12.5 % 중 하나이다. 이 지역의 셰일에서는 삼엽충 화석이 산출된다.

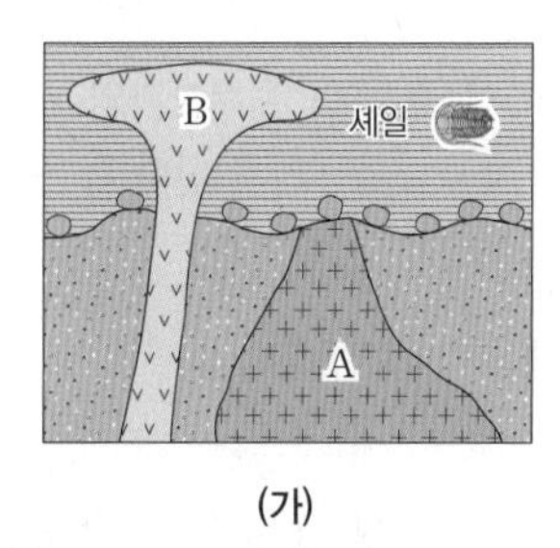

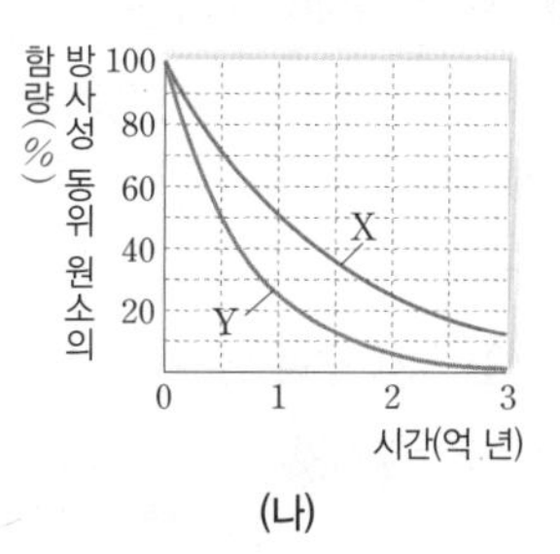

이에 대한 설명으로 옳은 것만을 〈보기〉에서 있는 대로 고른 것은?

| 보기 |

ㄱ. A에 포함되어 있는 방사성 동위 원소는 X이다.
ㄴ. B는 중생대에 생성되었다.
ㄷ. 현재의 함량으로부터 1억 년 후의 $\frac{\text{A에 포함된 방사성 동위 원소 함량}}{\text{B에 포함된 방사성 동위 원소 함량}}$은 1이다.

① ㄱ ② ㄷ ③ ㄱ, ㄴ ④ ㄴ, ㄷ ⑤ ㄱ, ㄴ, ㄷ

06 지질 시대의 환경과 생물

✓ 출제 개념
- 지질 시대의 환경과 생물
- 지질 시대 생물의 대멸종

1 화석

(1) **화석**: 고생물의 유해나 활동 흔적이 지층 속에 보존되어 있는 것

(2) **표준 화석과 시상 화석**

구분	표준 화석	시상 화석
특징	• 지질 시대를 구분하는 기준 • 생존 시간이 짧고, 분포 지역이 넓음	• 지층이 퇴적될 때의 환경을 알 수 있음 • 생존 시간이 길고, 분포 지역이 좁음
예	삼엽충, 방추충, 암모나이트, 공룡, 화폐석, 매머드	고사리, 조개, 산호

2 고기후 연구 방법

시상 화석 연구	생존 기간이 길고, 분포 지역이 좁았던 시상 화석을 이용하여 생물이 살았던 당시의 기후 환경을 추정
빙하 코어 연구	• 빙하 속 공기 방울을 분석하여 당시의 대기 중 CO_2 농도와 대기 조성을 추정 • 빙하를 이루는 산소 동위 원소 비율($^{18}O/^{16}O$)을 이용하여 과거의 기온을 추정 • 빙하에 포함된 꽃가루로 당시 환경을 추정
동굴 생성물 연구	• 종유석과 석순 속의 산소 동위 원소 비율($^{18}O/^{16}O$)을 이용하여 생성 당시의 기온을 추정 • 종유석, 석순 속의 탄소 방사성 동위 원소를 분석하여 생성 시기 추정
나무 나이테 연구	나이테 사이의 폭과 밀도를 통해 과거 지역의 기온과 강수량의 변화를 추정
해양 생물 껍질 화석 연구	해양 생물 껍질의 산소 동위 원소 비율($^{18}O/^{16}O$)은 해수와 평형 상태를 이루므로 이를 이용하여 당시 기후를 추정

3 지질 시대의 구분

(1) **지질 시대**: 지구의 탄생(약 46억 년 전)부터 현재까지의 기간 ➡ 발견되는 화석의 종류와 급격한 지각 변동, 기후 변화 등을 기준으로 구분

(2) **지질 시대 구분 단위**: 누대 → 대 → 기로 구분

지질 시대			시기(백만 년 전)
	누대	대	
	현생 누대	신생대	66.0
		중생대	252.2
		고생대	541.0
선캄브리아 시대	원생 누대	신원생대	1000
		중원생대	1600
		고원생대	2500
	시생 누대	신시생대	2800
		중시생대	3200
		고시생대	3600
		초시생대	4000

지질 시대		시기(백만 년 전)
대	기	
신생대	제4기	2.58
	네오기	23.0
	팔레오기	66.0
중생대	백악기	145.0
	쥐라기	201.3
	트라이아스기	252.2
고생대	페름기	298.9
	석탄기	358.9
	데본기	419.2
	실루리아기	443.8
	오르도비스기	485.4
	캄브리아기	541.0

⊙ 지질 시대의 구분

고빈출

4 지질 시대의 환경과 생물

선캄브리아 시대	• 오랜 시간 동안 지각 변동을 받아 발견되는 화석이 드물기 때문에 환경을 알기 어려움 • 최초의 광합성 생물인 남세균(사이아노박테리아) 출현 ➡ 스트로마톨라이트 생성 • 다세포 생물 출현 ➡ 에디아카라 동물군 화석 생성
고생대	• 중기와 말기에 큰 빙하기가 있었을 것으로 추정. 한랭한 시기와 온난한 시기의 반복 • 오존층 형성 → 자외선 차단 → 육상 생물 출현 • 삼엽충, 완족류, 갑주어, 필석, 방추충, 양치식물 등 번성
중생대	• 지질 시대 중 가장 온난한 시기 ➡ 빙하기× • 암모나이트, 겉씨식물, 파충류(공룡) 등 번성, 시조새 출현
신생대	• 전기(팔레오기, 네오기): 온난 말기(제4기): 빙하기 4회, 간빙기 3회 반복 • 화폐석, 매머드, 속씨식물 등 번성

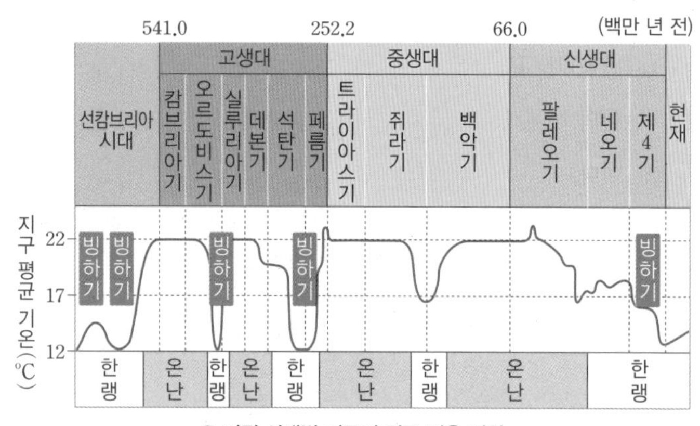

⊙ 지질 시대별 지구의 평균 기온 변화

빈출

5 지질 시대 생물의 대멸종

현생 누대에 약 5번의 생물의 대멸종이 일어남. ➡ 고생대 오르도비스기 말(1차), 데본기 후기(2차), 페름기 말(3차), 중생대 트라이아스기 말(4차), 백악기 말(5차)

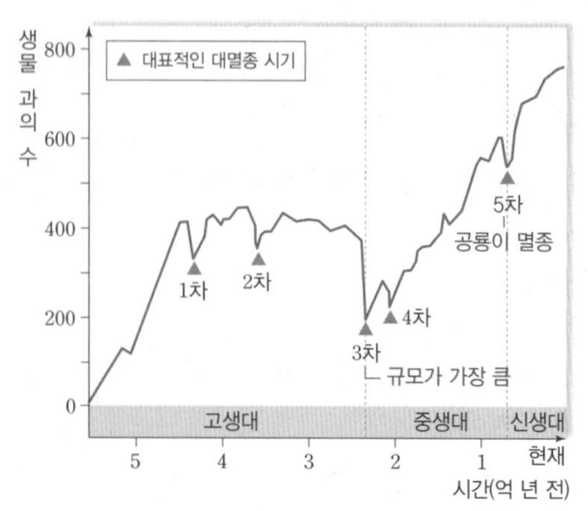

⊙ 생물 과의 수 변화와 5번의 대멸종

대표 기출 문제

068

수능 기출

그림 (가)는 40억 년 전부터 현재까지의 지질 시대를 구성하는 A, B, C의 지속 기간을 비율로 나타낸 것이고, (나)는 초대륙 로디니아의 모습을 나타낸 것이다. A, B, C는 각각 시생 누대, 원생 누대, 현생 누대 중 하나이다.

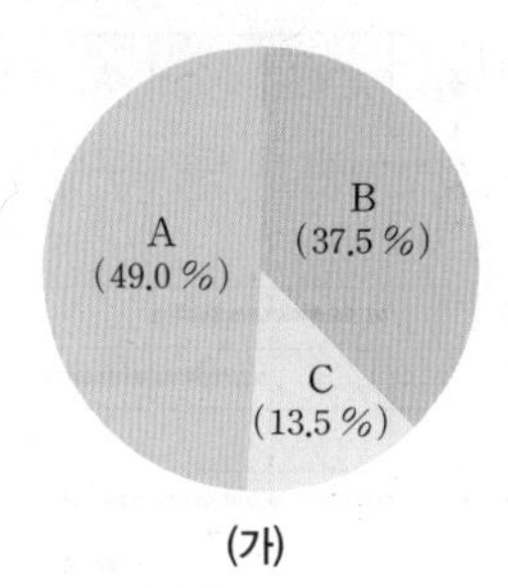

(가)

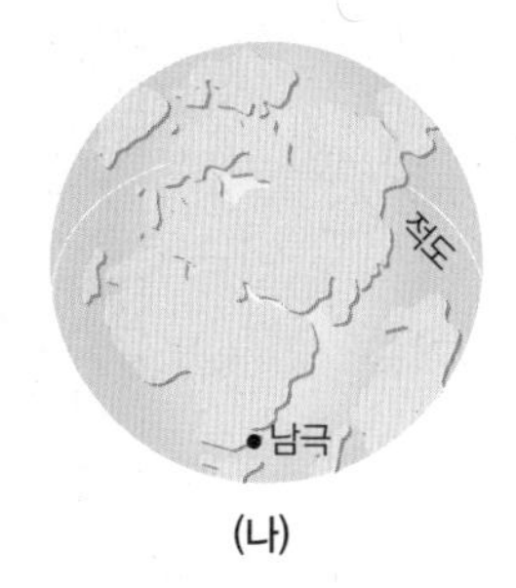

(나)

이 자료에 대한 설명으로 옳은 것만을 〈보기〉에서 있는 대로 고른 것은?

| 보기 |

ㄱ. A는 원생 누대이다.
ㄴ. (나)는 A에 나타난 대륙 분포이다.
ㄷ. 다세포 동물은 B에 출현했다.

① ㄱ ② ㄴ ③ ㄷ ④ ㄱ, ㄴ ⑤ ㄴ, ㄷ

문항 분석

지질 시대를 누대로 구분하여 각 누대의 환경과 생물의 특징을 알고 있어야 한다.

꼭 기억해야 할 개념

1. 지질 시대는 시생 누대(약 40억 년 전~약 25억 년 전) → 원생 누대(약 25억 년 전~약 5.41억 년 전) → 현생 누대(약 5.41억 년 전~현재) 순이다.
2. 로디니아는 약 13억 년 전~9억 년 전 사이에 생성된 초대륙이다.

선지별 선택 비율

①	②	③	④	⑤
9 %	7 %	18 %	54 %	10 %

069

평가원 기출

그림은 현생 누대 동안 생물 과의 멸종 비율과 대멸종이 일어난 시기 A, B, C를 나타낸 것이다.

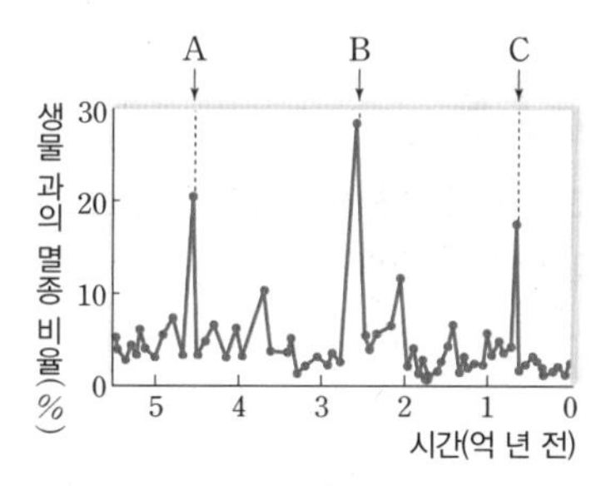

이에 대한 설명으로 옳은 것만을 〈보기〉에서 있는 대로 고른 것은?

| 보기 |

ㄱ. 생물 과의 멸종 비율은 A가 B보다 높다.
ㄴ. A와 B 사이에 최초의 양서류가 출현하였다.
ㄷ. B와 C 사이에 히말라야산맥이 형성되었다.

① ㄱ ② ㄴ ③ ㄷ ④ ㄱ, ㄷ ⑤ ㄴ, ㄷ

문항 분석

생물 과의 멸종 비율과 대멸종 시기를 지질 시대의 기(紀)와 관련지어 각 시기의 특징을 파악할 수 있어야 한다.

꼭 기억해야 할 개념

현생 누대 동안 고생대 오르도비스기 말, 데본기 후기, 페름기 말, 중생대 트라이아스기 말, 백악기 말에 총 5번의 생물의 대멸종이 있었다.

선지별 선택 비율

①	②	③	④	⑤
0 %	71 %	7 %	1 %	18 %

적중 예상 문제

070 | 신유형 |

상 중 하

그림 (가)는 고생물 A, B의 생존 기간, 분포 면적, 개체수를, (나)는 어느 지층에서 산출된 고사리 화석을 나타낸 것이다. A와 B는 각각 시상 화석과 표준 화석 중 하나로 흔히 이용된다.

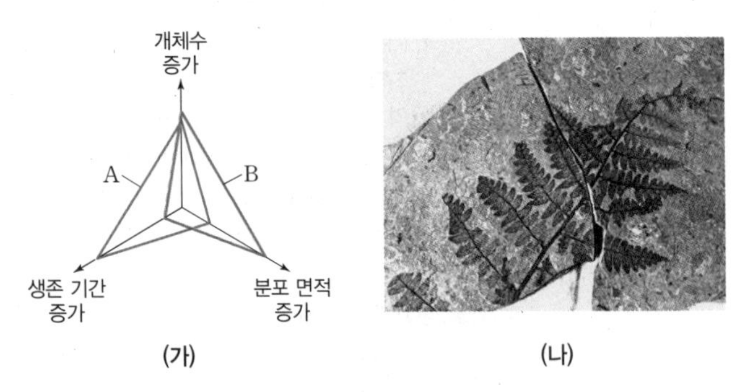

이에 대한 설명으로 옳은 것만을 〈보기〉에서 있는 대로 고른 것은?

| 보기 |

ㄱ. A는 B보다 표준 화석으로의 가치가 높다.
ㄴ. (나)의 화석은 주로 A와 같은 용도로 이용된다.
ㄷ. (나)의 지층은 온난 습윤한 육지 환경에서 퇴적되었다.

① ㄱ ② ㄷ ③ ㄱ, ㄴ ④ ㄴ, ㄷ ⑤ ㄱ, ㄴ, ㄷ

071 | 신유형 |

상 중 하

다음은 고기후를 연구하는 방법 (가), (나), (다)를 나타낸 것이다.

연구 방법	특징
(가) 빙하 코어	빙하 속에는 눈 결정 사이에 ㉠ 기포가 존재한다.
(나) 나무 나이테	정상적인 조건에서 나무 나이테는 1년에 1개씩 생긴다.
(다) 유공충	유공충 껍데기의 ㉡ 산소 동위 원소비를 이용하여 해수 온도를 추정한다.

이에 대한 설명으로 옳은 것만을 〈보기〉에서 있는 대로 고른 것은?

| 보기 |

ㄱ. ㉠을 분석하여 빙하 생성 당시의 대기 조성을 알 수 있다.
ㄴ. ㉡은 기온과 수온에 따라 비율이 달라진다.
ㄷ. (가)는 (나)보다 더 먼 과거의 기후를 알아낼 수 있다.

① ㄱ ② ㄷ ③ ㄱ, ㄴ ④ ㄴ, ㄷ ⑤ ㄱ, ㄴ, ㄷ

072

상 중 하

그림은 실루리아기와 쥐라기 사이의 지질 시대를 기 단위로 구분하여 생물 A~G의 생존 기간을 나타낸 것이다.

지질 시대		실루리아기	(가)	(나)	(다)	(라)	쥐라기
생물	A		■	■			
	B			■	■		
	C					■	■
	D	■	■	■	■	■	■
	E				■		
	F	■					
	G	■	■	■	■		

이에 대한 설명으로 옳은 것만을 〈보기〉에서 있는 대로 고른 것은?

| 보기 |

ㄱ. 지질 시대를 두 시기로 나누면 그 경계는 (나)와 (다) 사이이다.
ㄴ. 삼엽충의 생존 기간에 해당하는 생물은 G이다.
ㄷ. (다)와 (라) 사이에 생물의 대멸종이 일어났다.

① ㄱ ② ㄴ ③ ㄱ, ㄷ ④ ㄴ, ㄷ ⑤ ㄱ, ㄴ, ㄷ

073

상 중 하

그림은 남세균, 어류, 다세포 생물의 생존 기간을 A, B, C로 순서 없이 나타낸 것이다.

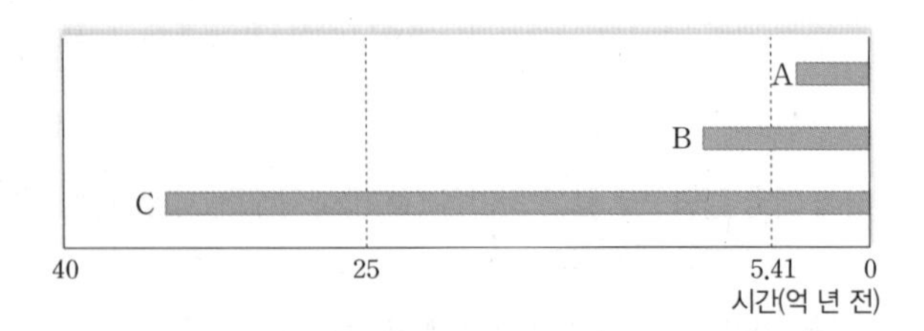

이에 대한 설명으로 옳은 것만을 〈보기〉에서 있는 대로 고른 것은?

| 보기 |

ㄱ. A는 최초의 척추동물이다.
ㄴ. B의 출현으로 대기 중의 산소가 증가하기 시작하였다.
ㄷ. C는 에디아카라 동물군 화석으로 남아 있다.

① ㄱ ② ㄴ ③ ㄱ, ㄷ ④ ㄴ, ㄷ ⑤ ㄱ, ㄴ, ㄷ

074 | 신유형 |

상 중 하

그림 (가), (나), (다)는 고생대 말기, 중생대 말기, 신생대 초기의 수륙 분포를 순서 없이 나타낸 것이다.

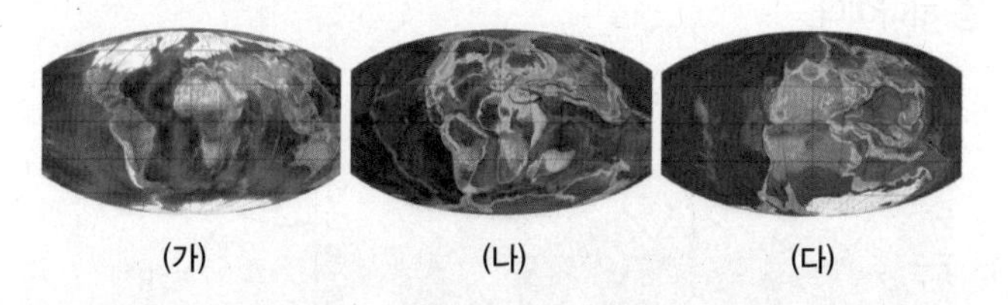

이에 대한 설명으로 옳은 것만을 <보기>에서 있는 대로 고른 것은?

| 보기 |

ㄱ. 수륙 분포의 변화는 (가) → (다) → (나) 순으로 일어났다.
ㄴ. 원시 포유류는 (나)와 (다) 시기 사이에 출현하였다.
ㄷ. 가장 큰 규모의 생물 대멸종은 (나)와 (다) 시기 사이에 일어났다.

① ㄱ ② ㄷ ③ ㄱ, ㄴ ④ ㄴ, ㄷ ⑤ ㄱ, ㄴ, ㄷ

075

상 중 하

다음은 고생대와 중생대의 기간 중 일어난 주요 현상과 시기를 나타낸 것이다.

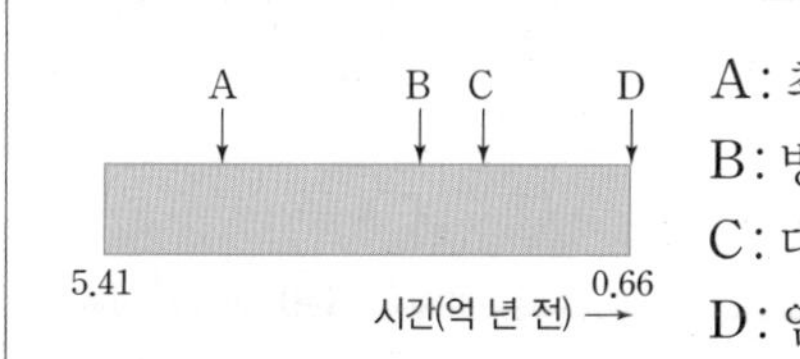

A: 최초의 육상 생물 출현
B: 방추충 멸종
C: 대서양 형성 시작
D: 암모나이트 멸종

이에 대한 설명으로 옳은 것만을 <보기>에서 있는 대로 고른 것은?

| 보기 |

ㄱ. 최초의 척추동물은 A 이전에 출현하였다.
ㄴ. B와 C 시기 사이에 판게아가 존재하였다.
ㄷ. C와 D 사이에 파충류가 번성하였다.

① ㄱ ② ㄷ ③ ㄱ, ㄴ ④ ㄴ, ㄷ ⑤ ㄱ, ㄴ, ㄷ

076

상 중 하

그림 (가), (나), (다)는 고생대, 중생대, 신생대의 지구 평균 기온을 순서 없이 나타낸 것이다.

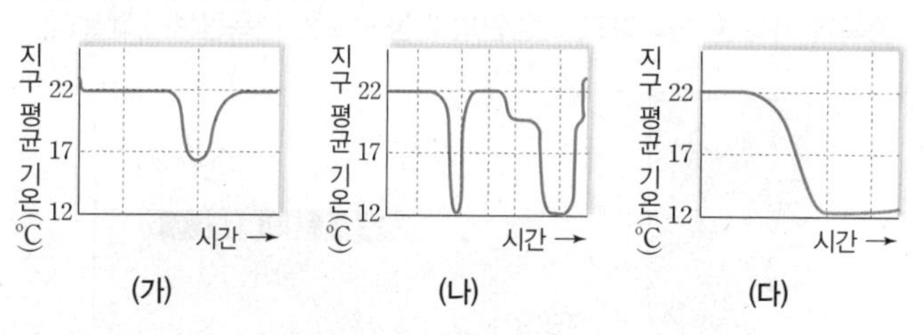

이에 대한 설명으로 옳은 것만을 <보기>에서 있는 대로 고른 것은?

| 보기 |

ㄱ. 지질 시대는 (다) → (나) → (가) 순이다.
ㄴ. (가) 시기에는 빙하기가 없었다.
ㄷ. (다) 시기 초기에는 판게아가 분리되기 시작하였다.

① ㄱ ② ㄴ ③ ㄱ, ㄷ ④ ㄴ, ㄷ ⑤ ㄱ, ㄴ, ㄷ

077

상 중 하

그림은 현생 누대 동안 동물 과의 수 변화를 현재 동물 과의 수에 대한 비로 나타낸 것이다.

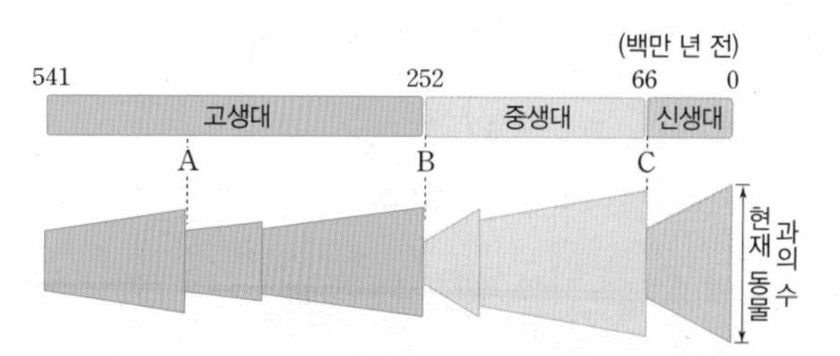

이에 대한 설명으로 옳은 것만을 <보기>에서 있는 대로 고른 것은?

| 보기 |

ㄱ. A 시기에 갑주어가 멸종하였다.
ㄴ. B 시기에 육지에서 최초의 양치식물이 출현하였다.
ㄷ. 동물 과의 멸종 비율은 B 시기가 C 시기보다 크다.

① ㄱ ② ㄴ ③ ㄷ ④ ㄱ, ㄷ ⑤ ㄴ, ㄷ

1등급 도전 문제

078

상 중 하

그림은 어느 대륙판과 해양판의 수렴형 경계 부근에서 조사한 고지자기 분포와 A, B 지점의 연령을 나타낸 것이다. 해양판의 이동 방향은 동쪽과 서쪽 중 하나이고, 해양판의 이동 속도는 대륙판보다 빠르다.

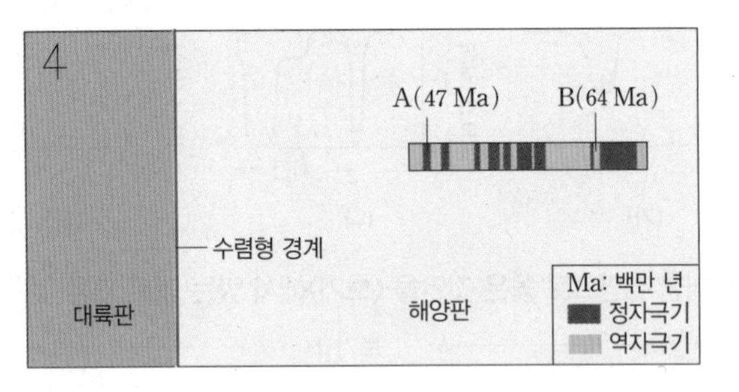

이에 대한 설명으로 옳은 것만을 〈보기〉에서 있는 대로 고른 것은? (단, 해저 퇴적물이 쌓이는 속도는 일정하다.)

| 보기 |

ㄱ. A의 이동 방향은 서쪽이다.
ㄴ. 해령은 B의 동쪽에 위치한다.
ㄷ. 해저 퇴적물의 두께는 A가 B보다 두껍다.

① ㄱ ② ㄴ ③ ㄱ, ㄷ ④ ㄴ, ㄷ ⑤ ㄱ, ㄴ, ㄷ

079

상 중 하

그림은 세 대륙판의 경계와 이동 속도를 나타낸 것이다.

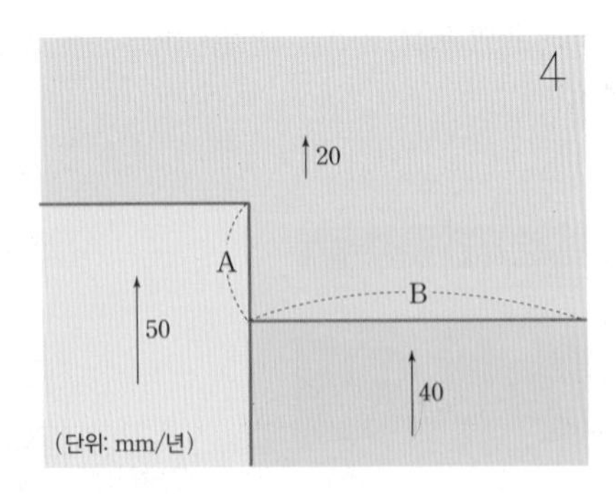

이에 대한 설명으로 옳은 것만을 〈보기〉에서 있는 대로 고른 것은?

| 보기 |

ㄱ. A에는 변환 단층이 형성된다.
ㄴ. B에는 맨틀 대류의 상승부가 있다.
ㄷ. A와 B에서는 화산 활동이 활발하게 일어난다.

① ㄱ ② ㄷ ③ ㄱ, ㄴ ④ ㄴ, ㄷ ⑤ ㄱ, ㄴ, ㄷ

080

상 중 하

그림 (가)는 현재 판의 분포와 이동을, (나)는 현재 이후로 1억 년 동안 대양의 면적 변화를 나타낸 것이다. A와 B는 각각 대서양과 태평양 중 하나이다.

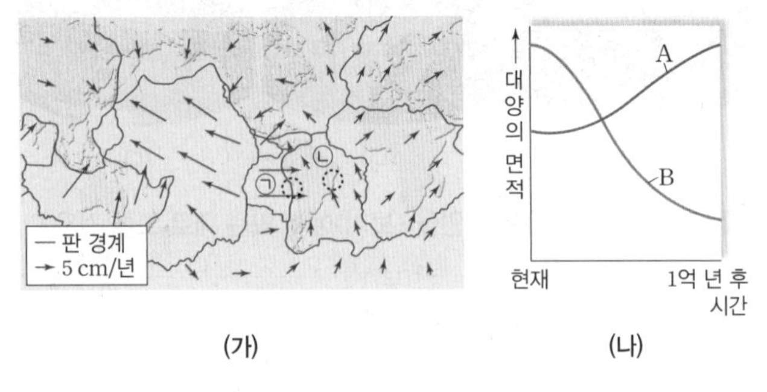

(가) (나)

이에 대한 설명으로 옳은 것만을 〈보기〉에서 있는 대로 고른 것은?

| 보기 |

ㄱ. A는 태평양이고, B는 대서양이다.
ㄴ. 남아메리카 대륙 주변에서는 ㉠이 ㉡보다 지진이 활발하다.
ㄷ. A와 B의 대양 면적 변화 차이는 해구의 존재 유무 때문이다.

① ㄱ ② ㄴ ③ ㄱ, ㄷ ④ ㄴ, ㄷ ⑤ ㄱ, ㄴ, ㄷ

081

상 중 하

그림 (가)는 서로 다른 판 A, B의 경계를, (나)는 (가)의 X－Y 구간 부근에서 발생한 지진의 깊이를 나타낸 것이다. A와 B는 각각 대륙판과 해양판 중 하나이다.

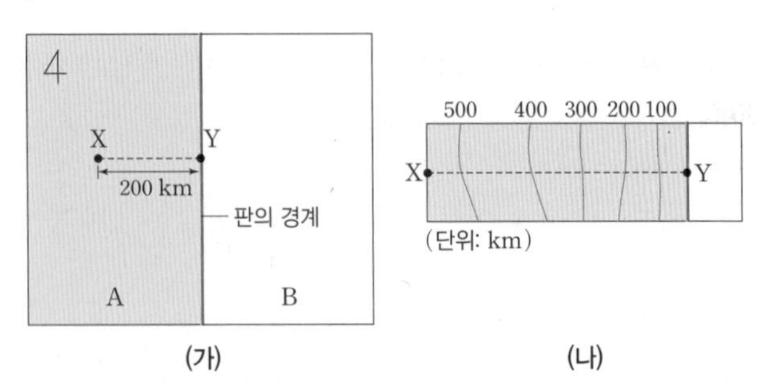

(가) (나)

이에 대한 설명으로 옳은 것만을 〈보기〉에서 있는 대로 고른 것은?

| 보기 |

ㄱ. 화산 활동은 A보다 B에서 활발하게 일어난다.
ㄴ. 판의 섭입 각도는 45°보다 크다.
ㄷ. 판의 경계 부근에는 역단층이 정단층보다 우세하게 나타난다.

① ㄱ ② ㄴ ③ ㄱ, ㄷ ④ ㄴ, ㄷ ⑤ ㄱ, ㄴ, ㄷ

082 | 신유형 | 상 중 하

그림 (가)는 고생대 말 빙하 퇴적층과 빙하의 이동 흔적을, (나)는 지자기 북극의 겉보기 이동 경로를 겹쳐 복원한 대륙의 모습을 나타낸 것이다.

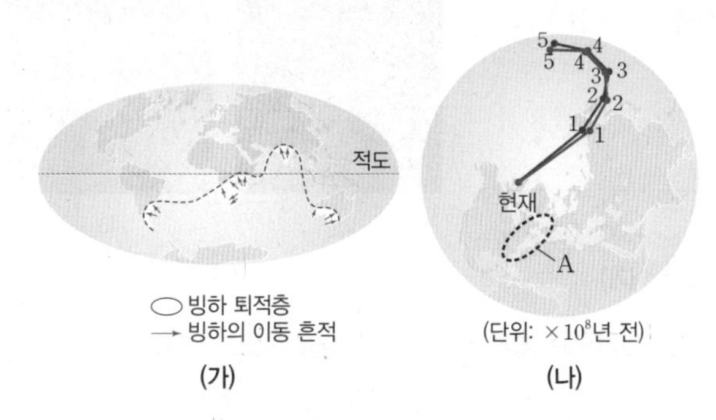

이에 대한 설명으로 옳은 것만을 〈보기〉에서 있는 대로 고른 것은?

| 보기 |

ㄱ. 인도 대륙은 한때 적도에 위치한 적이 있다.
ㄴ. 고생대 말에 A에는 해령이 분포하였다.
ㄷ. 베게너는 (가)와 (나)를 대륙 이동의 증거로 제시하였다.

① ㄱ ② ㄴ ③ ㄱ, ㄷ ④ ㄴ, ㄷ ⑤ ㄱ, ㄴ, ㄷ

083 | 신유형 | 상 중 하

그림은 남반구 어느 해령 부근에서 해양 지각의 연령과 고지자기 분포를 나타낸 것이다.

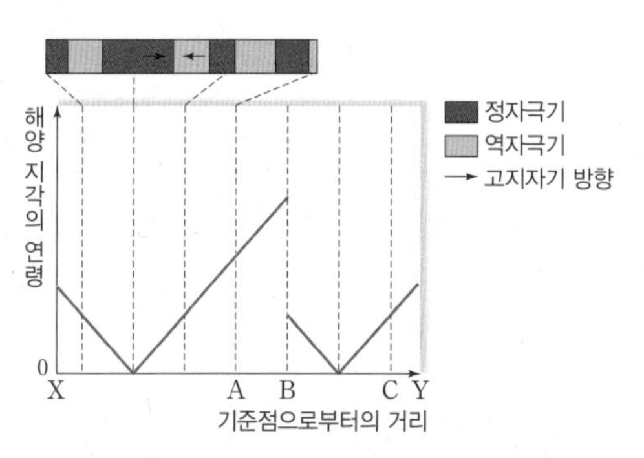

이에 대한 설명으로 옳은 것만을 〈보기〉에서 있는 대로 고른 것은? (단, 해령의 위치는 변하지 않았다.)

| 보기 |

ㄱ. A의 해양 지각은 생성된 후 잔류 자기의 방향이 2회 역전되었다.
ㄴ. A와 B 사이의 해양 지각은 생성된 후 북쪽으로 이동하였다.
ㄷ. C의 해양 지각이 생성된 시기에 60°S에서 복각은 (+)이다.

① ㄱ ② ㄴ ③ ㄷ ④ ㄱ, ㄷ ⑤ ㄴ, ㄷ

084 상 중 하

그림은 인도 대륙의 현재 위치와 6000만 년 전부터 현재까지 고지자기극의 위치를 나타낸 것이다. 고지자기극은 고지자기 방향으로 추정한 지리상 북극이고, 지리상 북극은 변하지 않았다.

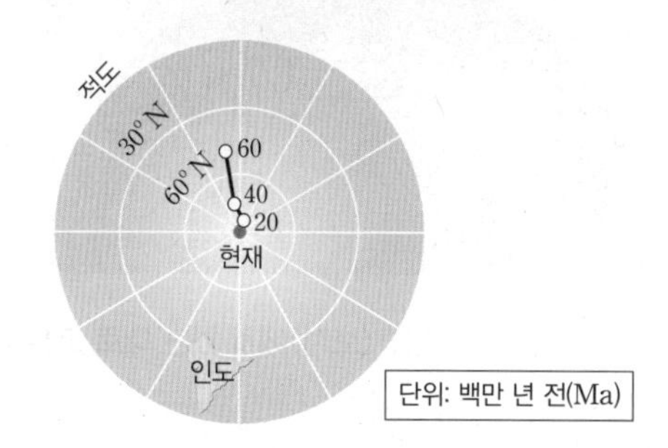

이에 대한 설명으로 옳은 것만을 〈보기〉에서 있는 대로 고른 것은?

| 보기 |

ㄱ. 60 Ma에 인도 대륙은 남반구에 있었다.
ㄴ. 60 Ma부터 현재까지 인도 대륙의 이동 속도는 빨라졌다.
ㄷ. 인도 대륙에서 고지자기 복각의 평균 크기는 40 Ma~20 Ma가 20 Ma~현재보다 컸다.

① ㄱ ② ㄷ ③ ㄱ, ㄴ ④ ㄴ, ㄷ ⑤ ㄱ, ㄴ, ㄷ

085 | 개념 통합 | 상 중 하

그림 (가)는 서로 다른 해양판에 위치한 두 지점 A, B를, (나)와 (다)는 각각 10년 동안 관측한 A, B 지점의 남북 방향과 동서 방향의 위치 변화를 기준점으로부터의 거리로 나타낸 것이다. 기준점은 각각 현재의 A, B 지점이다.

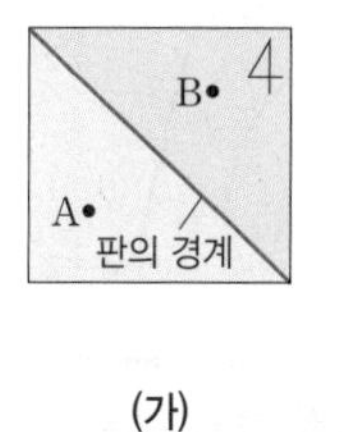

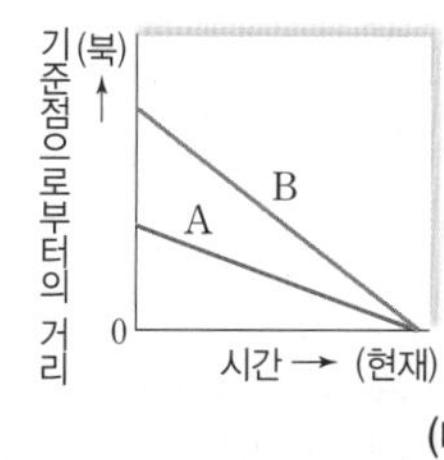

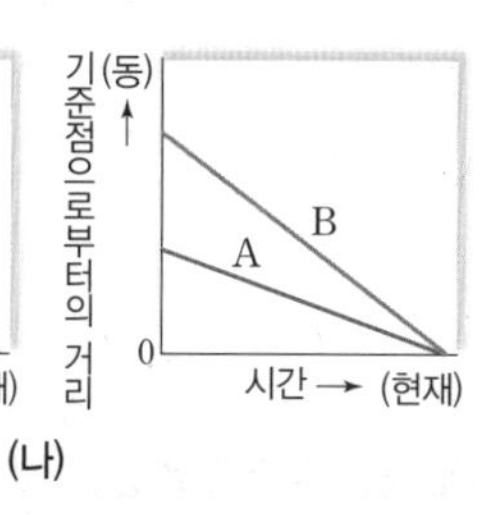

이에 대한 설명으로 옳은 것만을 〈보기〉에서 있는 대로 고른 것은?

| 보기 |

ㄱ. A의 판은 북동쪽으로 이동한다.
ㄴ. 판의 이동 속도는 A가 B보다 느리다.
ㄷ. 판의 경계 부근에서 안산암질 마그마가 분출한다.

① ㄱ ② ㄴ ③ ㄱ, ㄷ ④ ㄴ, ㄷ ⑤ ㄱ, ㄴ, ㄷ

086

(상 중 하)

그림은 지구 내부의 플룸 구조를 모식적으로 나타낸 것이다.

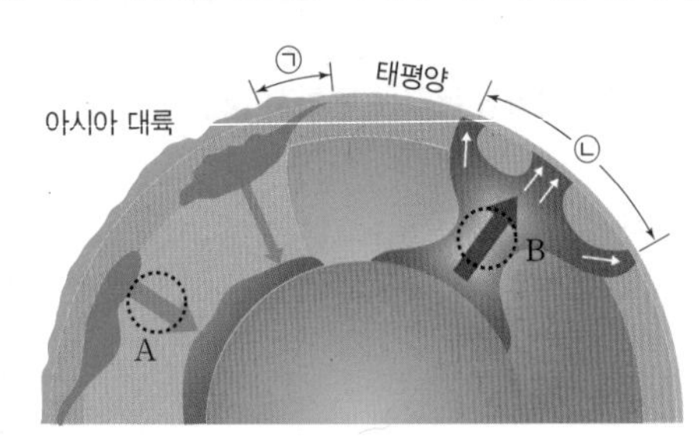

이에 대한 설명으로 옳은 것만을 <보기>에서 있는 대로 고른 것은?

| 보기 |

ㄱ. 지진파의 속도는 A가 B보다 느리다.
ㄴ. ㉠에서는 판을 밀어내는 힘이 작용한다.
ㄷ. ㉡에서는 열점이 형성된다.

① ㄱ ② ㄴ ③ ㄷ ④ ㄱ, ㄷ ⑤ ㄴ, ㄷ

087 | 신유형 |

(상 중 하)

그림 (가)와 (나)는 지하에서 마그마가 생성되는 서로 다른 과정을 나타낸 것이다. (가)는 A → A′로, (나)는 B → B′로 변화가 일어난다.

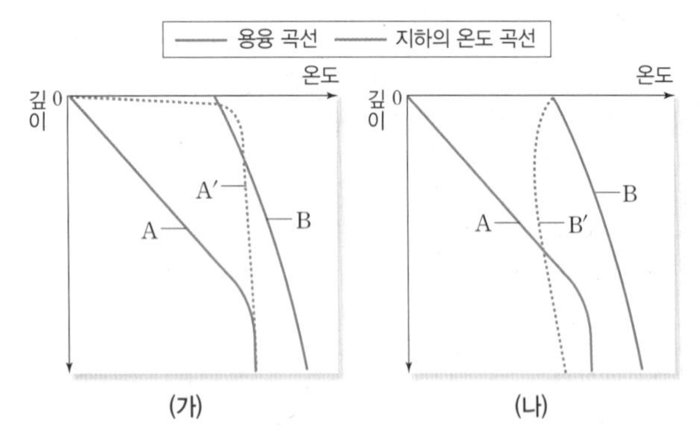

이에 대한 설명으로 옳은 것만을 <보기>에서 있는 대로 고른 것은?

| 보기 |

ㄱ. (가)는 맨틀 물질의 용융점 하강에 의해 마그마가 생성된다.
ㄴ. (나)는 맨틀 물질에서 물이 빠져나가면서 마그마가 생성된다.
ㄷ. 해령에서는 (가)가, 섭입대에서는 (나)가 일어난다.

① ㄱ ② ㄷ ③ ㄱ, ㄴ ④ ㄴ, ㄷ ⑤ ㄱ, ㄴ, ㄷ

088 | 개념 통합 |

(상 중 하)

그림 (가)는 화성암 A, B의 SiO_2 함량과 결정 크기를, (나)는 화성암의 조직을 나타낸 것이다. ㉠과 ㉡은 각각 화성암 A와 B 중 하나이다.

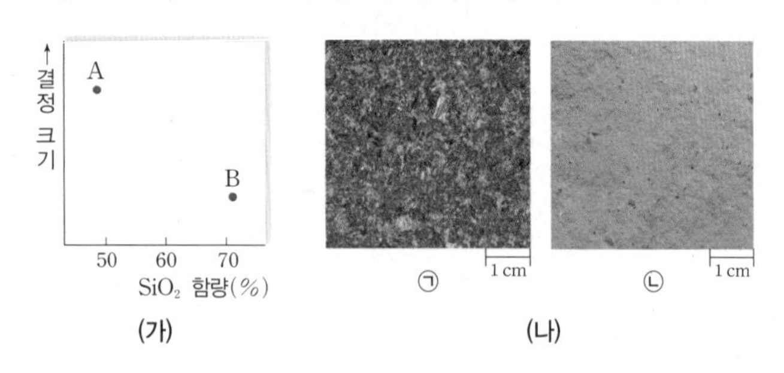

이에 대한 설명으로 옳은 것만을 <보기>에서 있는 대로 고른 것은?

| 보기 |

ㄱ. ㉠은 반려암이다.
ㄴ. ㉡은 열점에서 생성된 마그마가 굳어져 만들어졌다.
ㄷ. 섭입대에서는 맨틀에 열이 공급되어 SiO_2 함량이 A와 같은 마그마가 생성된다.

① ㄱ ② ㄴ ③ ㄱ, ㄷ ④ ㄴ, ㄷ ⑤ ㄱ, ㄴ, ㄷ

089

(상 중 하)

그림은 퇴적암을 생성 원인에 따라 분류하고, 그 예를 나타낸 것이다.

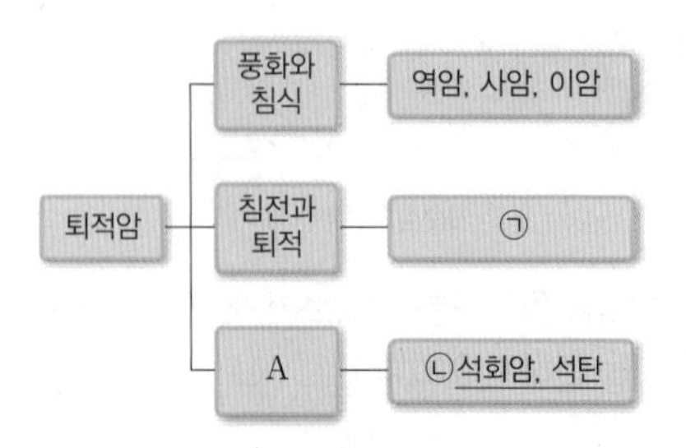

이에 대한 설명으로 옳은 것만을 <보기>에서 있는 대로 고른 것은?

| 보기 |

ㄱ. '생물의 유해'는 A에 해당한다.
ㄴ. 암염은 ㉠에 해당한다.
ㄷ. ㉡은 속성 작용을 거치지 않은 퇴적암이다.

① ㄱ ② ㄷ ③ ㄱ, ㄴ ④ ㄴ, ㄷ ⑤ ㄱ, ㄴ, ㄷ

090

상 중 하

다음은 서로 다른 퇴적 구조가 형성되는 과정을 알아보기 위한 두 가지 실험이다.

| 실험 Ⅰ

(가) 원통 속에 물을 $\frac{2}{3}$ 정도 채우고, 물이 흔들리지 않게 기다린다.

(나) 수면 가까이에서 잔자갈을 떨어뜨린 후 입자가 바닥에 도달하는 데 걸리는 시간을 측정한다.

(다) 굵은 모래, 가는 모래에 대해 각각 (나)의 과정을 반복한다.

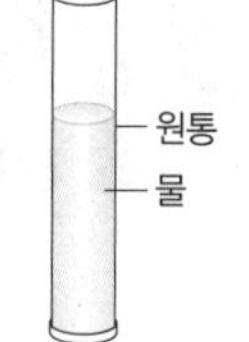

| 실험 Ⅱ

(가) 수조 속에 물과 모래를 넣고 모래의 두께가 일정하게 다듬는다.

(나) 수조의 한쪽 면에서 막대를 상하로 움직여 물의 표면에 파동을 일으킨다.

(다) 퇴적 구조가 형성될 때까지 (나)의 과정을 반복한다.

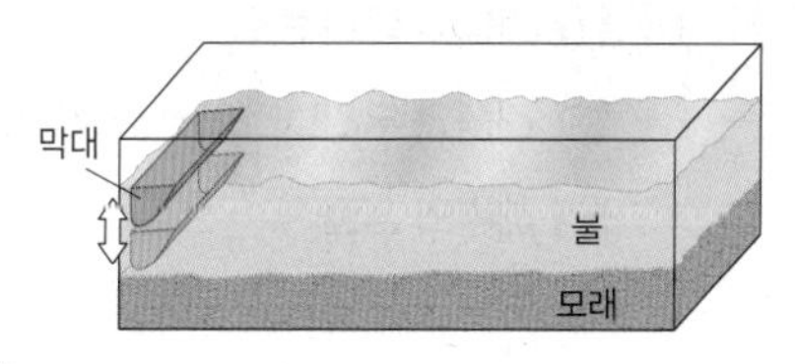

| 실험 결과

실험 Ⅰ의 결과 그래프와 실험 Ⅱ의 표면 모습은 다음과 같다.

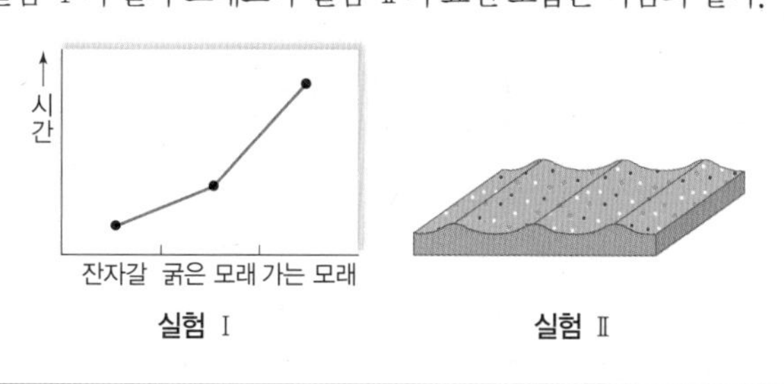

실험 Ⅰ　　　실험 Ⅱ

이에 대한 설명으로 옳은 것만을 〈보기〉에서 있는 대로 고른 것은?

| 보기 |

ㄱ. 실험 Ⅰ은 점이 층리가 형성되는 원리를 알 수 있다.
ㄴ. 실험 Ⅰ의 퇴적 구조는 입자의 크기가 클수록 잘 형성된다.
ㄷ. 실험 Ⅱ의 퇴적 구조는 공기 중에 노출되어 형성되었다.

① ㄱ　② ㄴ　③ ㄱ, ㄷ　④ ㄴ, ㄷ　⑤ ㄱ, ㄴ, ㄷ

091

상 중 하

다음은 어느 화강암 속에 포함된 방사성 동위 원소 X, Y에 대한 설명이다.

- 현재 X의 자원소 함량은 X 함량의 7배이다.
- 현재 Y의 자원소 함량은 Y 함량의 3배이다.
- 자원소는 모두 각각의 모원소가 붕괴하여 생성되고, 화강암이 생성된 당시 자원소는 존재하지 않았다.

이에 대한 설명으로 옳은 것만을 〈보기〉에서 있는 대로 고른 것은?

| 보기 |

ㄱ. Y의 반감기는 X 반감기의 1.5배이다.
ㄴ. 화강암 생성 당시부터 현재까지 $\frac{\text{모원소 함량}}{\text{모원소 함량}+\text{자원소 함량}}$의 감소량은 X가 Y의 $\frac{7}{6}$배이다.
ㄷ. 현재부터 Y가 2회의 반감기를 거치면 X의 함량은 화강암 생성 당시의 $\left(\frac{1}{2}\right)^6$배가 된다.

① ㄱ　② ㄴ　③ ㄱ, ㄷ　④ ㄴ, ㄷ　⑤ ㄱ, ㄴ, ㄷ

092 | 개념 통합 |

상 중 하

그림은 현생 누대 동안 생물 과의 멸종 비율을 나타낸 것이다.

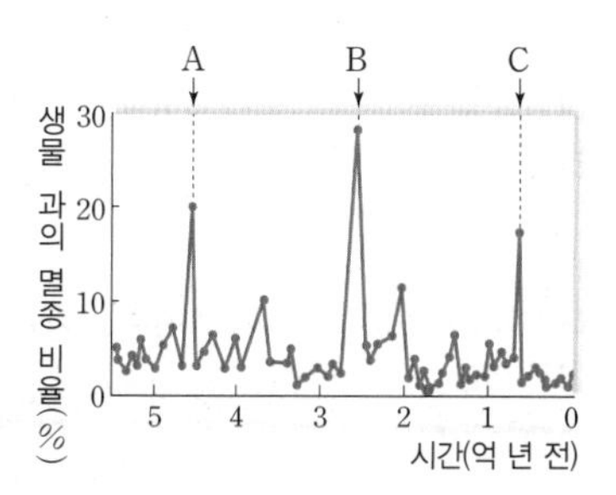

이에 대한 설명으로 옳은 것만을 〈보기〉에서 있는 대로 고른 것은?

| 보기 |

ㄱ. 로디니아 대륙은 A 시기 이전에 존재하였다.
ㄴ. 최초의 포유류는 A와 B 시기 사이에 출현하였다.
ㄷ. 필석은 B와 C 시기 사이에 번성하였다.

① ㄱ　② ㄷ　③ ㄱ, ㄴ　④ ㄴ, ㄷ　⑤ ㄱ, ㄴ, ㄷ

Ⅱ 대기와 해양

◆ 이렇게 출제되었다!

2015 개정 교육과정이 적용된 수능, 평가원, 교육청 기출 문제를 철저히 분석했습니다.

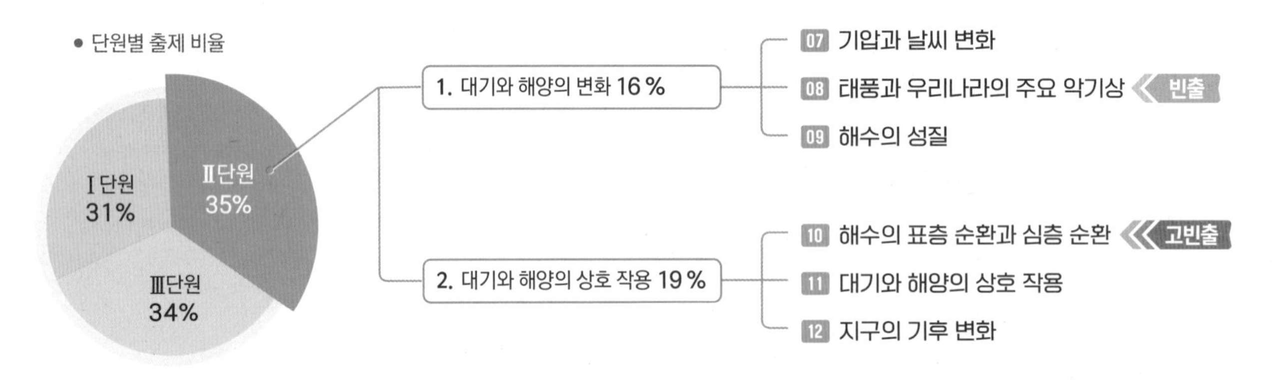

1. 대기와 해양의 변화 | 온대 저기압과 날씨, 태풍과 날씨, 황사에 대해 묻는 문제가 일기도나 위성 영상 자료를 해석하는 유형으로 가장 자주 출제되었으며, 해수의 수온－염분도 해석 문제도 매년 출제되었다.

2. 대기와 해양의 상호 작용 | 해수의 표층 순환과 심층 순환, 해수의 순환과 해수의 성질에 대해 각각 묻는 문항과 연관 개념을 종합적으로 이해하는지 묻는 통합형 유형이 모두 자주 출제되고 있다. 대기와 해양의 상호 작용에 관련한 문제는 주로 엘니뇨와 라니냐에 대한 자료 분석형 문제가 출제되었고, 기후 변화의 요인 중 지구 외적 요인에 대한 문제가 매년 출제되었으며, 지구 온난화에 대한 문제도 꾸준히 출제된다.

학습 가이드

어떻게 공부해야 할까?

07 기압과 날씨 변화

고기압과 저기압 주변의 날씨 특징과 온대 저기압의 이동과 날씨 변화에 대해 반드시 알이야 한다. 주로 연속된 일기도나 위성 영상이 자료로 제시되며, 온난 전선과 한랭 전선이 통과할 때 나타나는 기온과 풍향의 변화, 강수 형태 등을 확실하게 알아야 새로운 자료가 출제되어도 분석해 낼 수 있다.

08 태풍과 우리나라의 주요 악기상

태풍이 통과할 때 기압과 풍속 변화, 위험 반원과 안전 반원에서의 풍향 변화 등을 잘 정리해야 한다. 또 우리나라 주요 악기상(특히 황사, 뇌우)의 특징 및 위성 영상을 해석하는 유형의 문제가 출제되므로 잘 정리해 두어야 한다.

09 해수의 성질

해수의 수온－염분도를 이용하여 해수의 밀도를 비교하는 문제가 자주 출제되므로 해석할 수 있어야 한다. 해수의 연직 수온 분포, 표층 염분 분포, 수심에 따른 용존 기체의 농도 변화 등의 기본 학습도 소홀히 하면 안 된다.

10 해수의 표층 순환과 심층 순환

대기 대순환에 의해 나타나는 고압대, 저압대, 전선대 및 아열대 순환을 이루는 해류의 종류와 수온, 염분, 용존 산소량 등의 특징을 연계하여 묻는 개념 통합 유형이 자주 출제된다. 심층 순환은 해수의 밀도와 연계하여 주로 출제되므로 수온－염분도를 해석하는 방법과 심층 순환의 종류와 특징을 연계하여 정리해 두면 좋다.

11 대기와 해양의 상호 작용

엘니뇨와 라니냐 시기의 특징에 대한 다양한 자료를 제시하여 매년 출제되므로 자료를 분석하여 엘니뇨, 라니냐 시기를 파악하는 방법을 연습하고 그 특징을 반드시 정리해야 한다. 용승과 침강, 남방 진동의 개념도 연계하여 이해해야 한다.

12 지구의 기후 변화

기후 변화의 지구 외적 요인에 대한 문제는 매년 출제된다. 각각의 요인에 따른 기후 변화와 여러 요인이 동시에 작용했을 때의 기후 변화를 파악하는 방법을 잘 정리해 두어야 한다. 한편 지구 온난화의 원인과 그 영향에 대해서도 알아야 한다.

07 기압과 날씨 변화

출제 개념
- 전선과 날씨
- 온대 저기압의 날씨 이해
- 온대 저기압의 이동에 따른 날씨 변화
- 위성 영상 해석하기

빈출

1 기압과 날씨

(1) 고기압과 저기압

구분	고기압	저기압
정의	주변보다 상대적으로 기압이 높은 곳	주변보다 상대적으로 기압이 낮은 곳
형태	하강 기류, 고, 바람	상승 기류, 저
날씨	맑은 날씨	흐리거나 비 오는 날씨

(2) 고기압의 종류

① 정체성 고기압: 한곳에 오래 머무르며 이동이 거의 없는 고기압 예 북태평양 고기압, 시베리아 고기압

② 이동성 고기압: 편서풍의 영향으로 서쪽에서 동쪽으로 이동하는 고기압 예 양쯔강 고기압

2 전선과 날씨

(1) 전선의 종류와 날씨

① 한랭 전선(▲▲▲▲)과 온난 전선(●●●●)

구분	한랭 전선	온난 전선
형태	적운형 구름, 따뜻한 공기, 찬 공기 소나기, 한랭 전선	층운형 구름, 따뜻한 공기, 온난 전선, 찬 공기
형성 과정	찬 공기가 따뜻한 공기 밑으로 파고들어 따뜻한 공기가 급하게 밀려 올라가면서 형성	따뜻한 공기가 찬 공기 위로 서서히 올라가면서 형성
기울기	급함	완만함
구름	적운형	층운형
강수	소나기	지속적인 비

② 정체 전선(▼●▼●)과 폐색 전선(▲●▲●)

정체 전선	찬 공기와 따뜻한 공기의 세력이 서로 비슷하여 한곳에 오랫동안 머무는 전선 예 장마 전선
폐색 전선	한랭 전선이 온난 전선과 겹쳐질 때 형성되는 전선

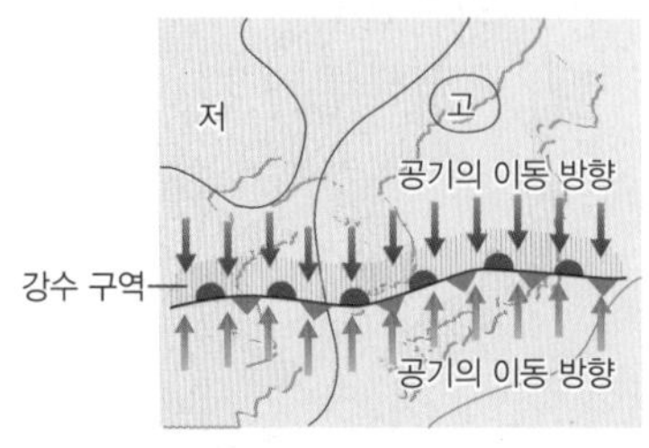

▲ 장마 전선과 강수 구역

3 온대 저기압과 날씨

(1) 온대 저기압의 발생과 특징

① 발생: 찬 공기와 따뜻한 공기가 만나는 온대 지방이나 한대 전선대에서 발생

② 특징: 북반구에서 형성되는 온대 저기압은 저기압 중심에서 남서쪽으로 한랭 전선, 남동쪽으로 온난 전선을 동반

고빈출

(2) 온대 저기압의 이동과 날씨 변화

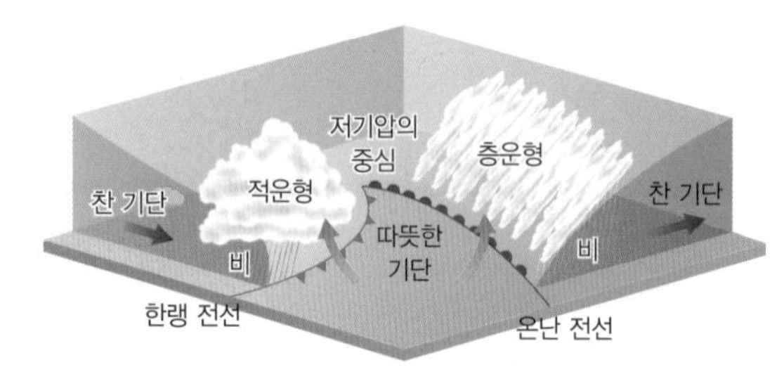

구분	온난 전선 앞	온난, 한랭 전선면 사이	한랭 전선 뒤
구름 형태	층운형	없음	적운형
강수 형태	넓은 지역에 지속적인 비	맑음	좁은 지역에 소나기
풍향	남동풍	남서풍	북서풍
기온	상승	하강	
기압	하강	상승	

(3) 온대 저기압의 발생과 소멸: 정체 전선 → 파동 형성 → 온대 저기압 발달 → 폐색 시작 → 폐색 전선 발달 → 온대 저기압 소멸

4 위성 영상 해석과 일기 예보

(1) 기상 영상 해석

가시 영상	구름이나 지표면에서 반사되는 태양빛의 세기를 감지하여 나타내는 영상 ➡ 구름이 두꺼울수록 밝게 보임
적외 영상	구름이나 지표면에서 방출하는 적외선량을 감지하여 나타내는 영상 ➡ 구름의 고도가 높을수록 온도가 낮아 밝게 보임
기상 레이더 영상	전파를 발사한 후 강수 입자에 부딪혀 되돌아오는 반사파를 분석하여 나타내는 영상 ➡ 강수 구역 추정

(2) 일기도 작성: 일기 요소를 기호나 숫자로 표시

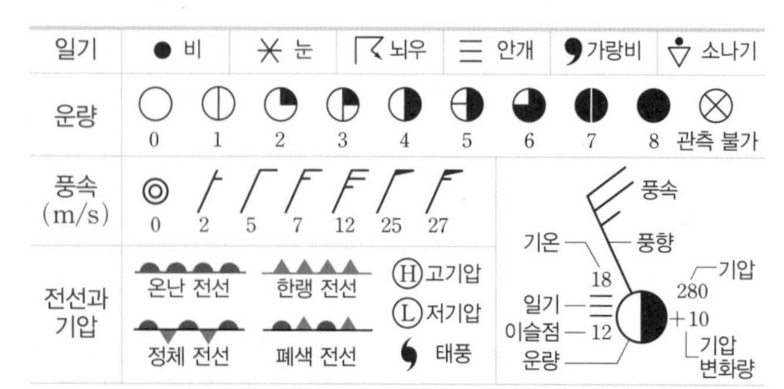

대표 기출 문제

093

평가원 기출

그림 (가)와 (나)는 장마 기간 중 어느 날 같은 시각 우리나라 부근의 지상 일기도와 적외 영상을 각각 나타낸 것이다.

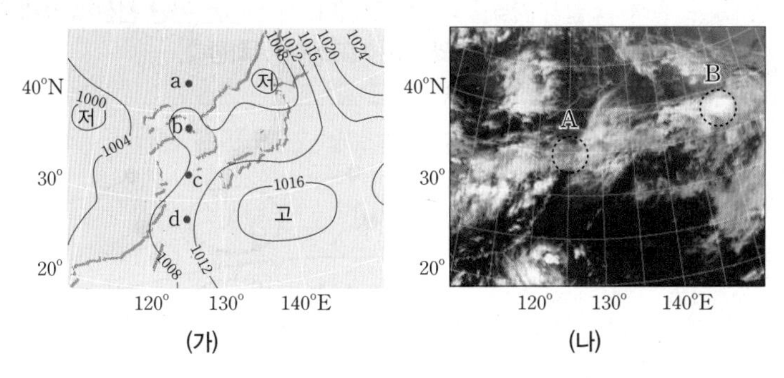

(가) (나)

이 자료에 대한 설명으로 옳은 것만을 <보기>에서 있는 대로 고른 것은? [3점]

| 보기 |

ㄱ. 북태평양 고기압은 고온 다습한 공기를 우리나라로 공급한다.
ㄴ. 125°E에서 장마 전선은 지점 a와 지점 b 사이에 위치한다.
ㄷ. 구름 최상부의 온도는 영역 A가 영역 B보다 높다.

① ㄱ ② ㄴ ③ ㄱ, ㄷ ④ ㄴ, ㄷ ⑤ ㄱ, ㄴ, ㄷ

문항 분석
적외 영상을 분석하여 제시된 자료의 일기 상태를 파악할 수 있어야 한다.

꼭 기억해야 할 개념
1. 북반구의 장마 전선에서는 남쪽의 따뜻한 공기가 북쪽의 찬 공기를 타고 상승하면서 구름이 형성되므로 강수량은 장마 전선의 북쪽이 남쪽보다 많다.
2. 적외 영상에서 밝게 나타나는 부분은 구름 최상부의 고도가 높아 온도가 낮은 구름이 많이 분포하는 지역이다.

선지별 선택 비율

①	②	③	④	⑤
16 %	2 %	68 %	2 %	10 %

094

평가원 기출

그림 (가)와 (나)는 어느 온대 저기압이 우리나라를 지날 때 12시간 간격으로 작성한 지상 일기도를 순서대로 나타낸 것이다. 일기 기호는 A 지점에서 관측한 기상 요소를 표시한 것이다.

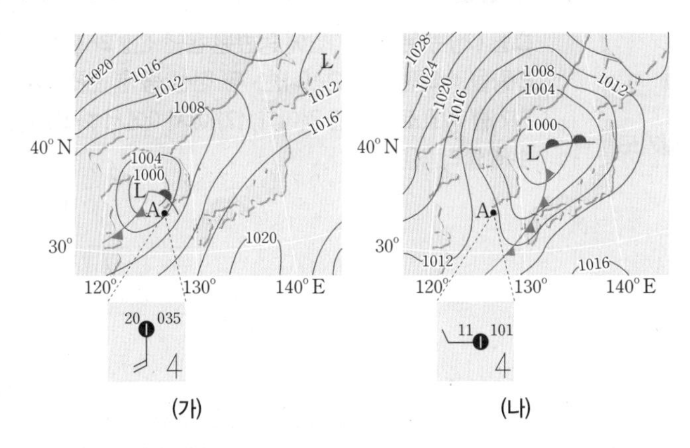

(가) (나)

이 자료에 대한 설명으로 옳은 것만을 <보기>에서 있는 대로 고른 것은?

| 보기 |

ㄱ. A 지점의 풍향은 시계 방향으로 바뀌었다.
ㄴ. 한랭 전선이 통과한 후에 A에서의 기온은 9 ℃ 하강하였다.
ㄷ. 온난 전선면과 한랭 전선면은 각각 전선으로부터 지표상의 공기가 더 차가운 쪽에 위치한다.

① ㄱ ② ㄷ ③ ㄱ, ㄴ ④ ㄴ, ㄷ ⑤ ㄱ, ㄴ, ㄷ

문항 분석
온대 저기압이 통과할 때 관측 지점에서의 날씨 변화를 일기 기호와 함께 분석할 수 있어야 한다.

꼭 기억해야 할 개념
북반구에서 온대 저기압이 통과할 때, 온대 저기압 중심의 남쪽에 위치한 지점에서 풍향은 남동풍 → 남서풍 → 북서풍 순인 시계 방향으로 바뀐다.

선지별 선택 비율

①	②	③	④	⑤
2 %	2 %	24 %	8 %	61 %

적중 예상 문제

095

상 중 하

그림 (가)와 (나)는 서로 다른 지역 지상의 저기압과 고기압에서 바람이 부는 모습을 순서 없이 나타낸 것이다.

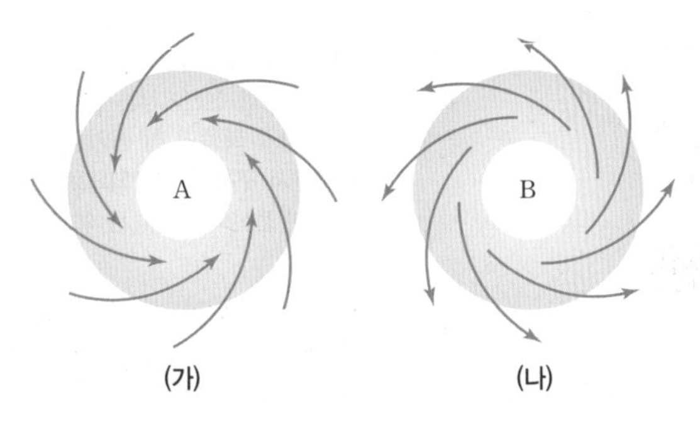

이에 대한 설명으로 옳은 것만을 〈보기〉에서 있는 대로 고른 것은?

| 보기 |

ㄱ. 상공에 구름이 존재할 가능성은 A가 B보다 높다.
ㄴ. (나)는 남반구의 모습이다.
ㄷ. A 지역의 상공에서는 바람이 시계 반대 방향으로 불어 나간다.

① ㄱ ② ㄴ ③ ㄷ ④ ㄱ, ㄴ ⑤ ㄱ, ㄷ

096

상 중 하

그림 (가)는 우리나라 초여름의 장마철 일기도를, (나)는 (가)의 일기도에서 전선면의 모습을 나타낸 것이다.

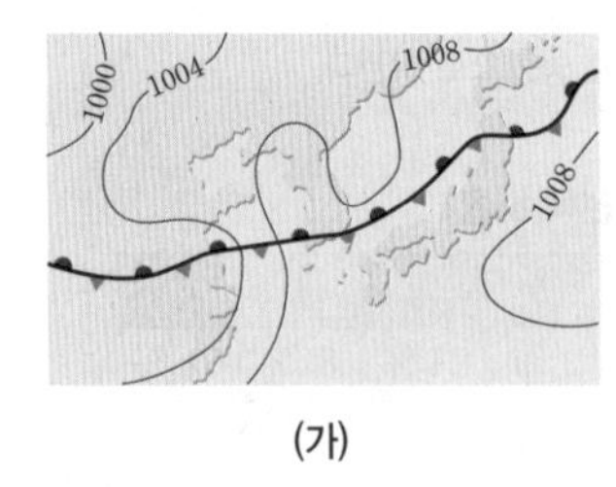

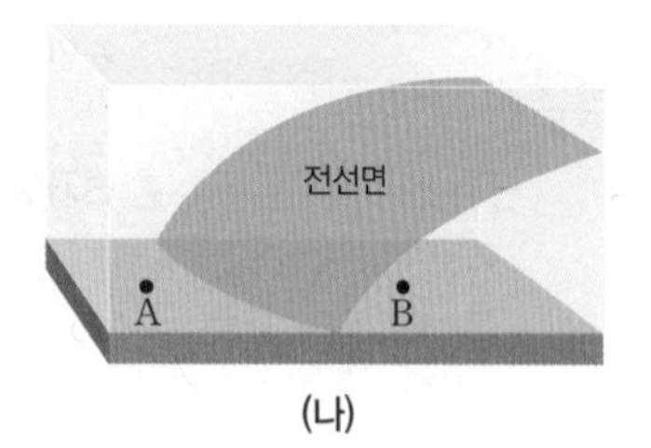

(가) (나)

이에 대한 설명으로 옳은 것만을 〈보기〉에서 있는 대로 고른 것은?

| 보기 |

ㄱ. A는 B보다 북쪽에 위치한다.
ㄴ. 강수량은 B 지역이 A 지역보다 많다.
ㄷ. B 지역에 영향을 주는 기단의 세력이 더 강해졌을 때 장마 전선은 북쪽으로 이동한다.

① ㄱ ② ㄴ ③ ㄷ ④ ㄱ, ㄴ ⑤ ㄱ, ㄷ

097

상 중 하

그림은 어느 전선이 발달해 있는 북반구의 한 지역에서 전선의 위치와 일기 기호를 나타낸 것이다. 이 전선은 온난 전선과 정체 전선 중 하나이고, 영역 A와 B는 지표상에 위치한다.

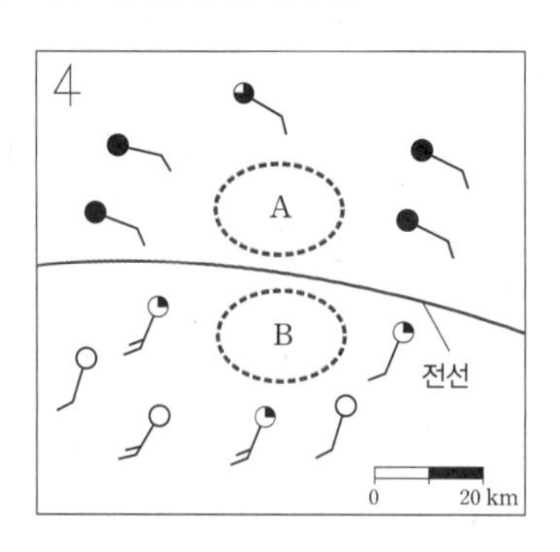

이에 대한 설명으로 옳은 것만을 〈보기〉에서 있는 대로 고른 것은?

| 보기 |

ㄱ. 이 전선은 정체 전선이다.
ㄴ. 평균 기온은 B보다 A에서 높다.
ㄷ. A의 상공에는 전선면이 존재한다.

① ㄱ ② ㄷ ③ ㄱ, ㄴ ④ ㄴ, ㄷ ⑤ ㄱ, ㄴ, ㄷ

098

상 중 하

그림 (가)는 온대 저기압에 동반된 온난 전선과 한랭 전선의 상대적 물리량을 나타낸 것이고, (나)는 두 전선 중 한 전선 부근에서 관측되는 일기를 기호로 나타낸 것이다. (가)에서 0에서 화살표 방향으로 멀어질수록 물리량은 커진다.

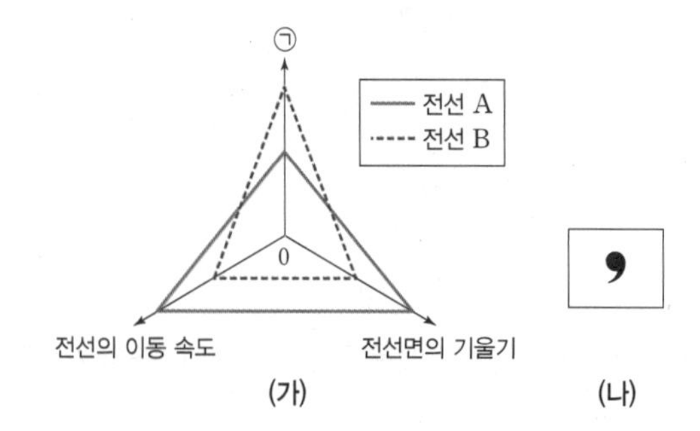

이에 대한 설명으로 옳은 것만을 〈보기〉에서 있는 대로 고른 것은?

| 보기 |

ㄱ. 온난 전선은 A이다.
ㄴ. 강수 구역은 ㉠에 적합한 물리량이다.
ㄷ. (나)는 전선 B보다 전선 A 주변에서 잘 관측된다.

① ㄱ ② ㄴ ③ ㄷ ④ ㄱ, ㄴ ⑤ ㄱ, ㄷ

099 | 신유형 |

상 중 하

그림은 어느 계절의 우리나라 일기도를 나타낸 것이다.

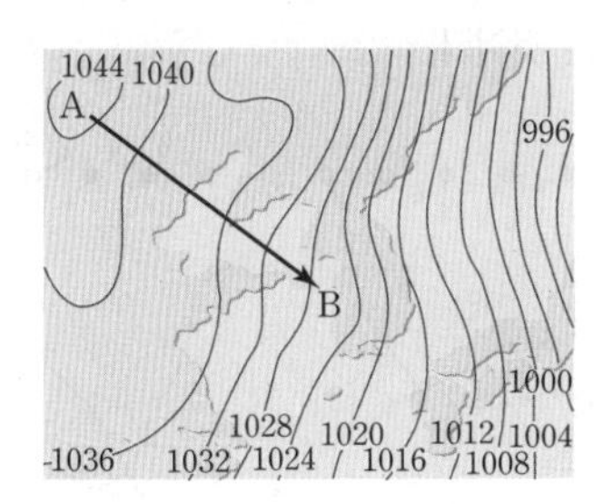

A 지역에 있는 기단이 B 지역으로 이동하는 동안 기온과 수증기량의 변화를 가장 적절하게 나타낸 것은?

①
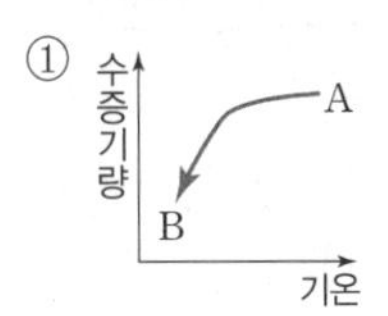

②
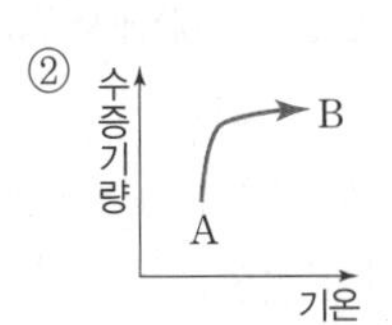

③
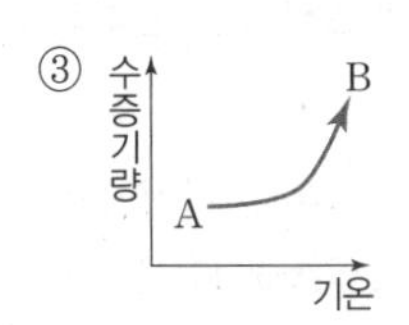

④
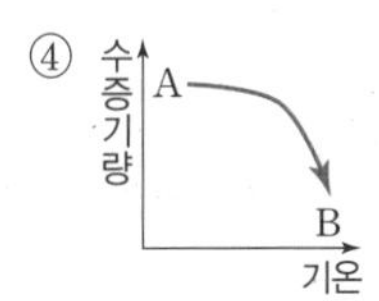

⑤
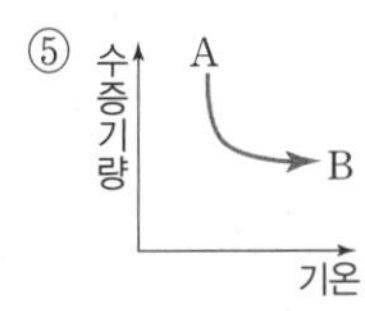

100

상 중 하

그림 (가)는 우리나라에 영향을 주는 기단이 이동하며 기단이 변질되는 과정을, (나)는 이 기단이 이동하기 전과 대륙에 도착했을 때 기단의 높이에 따른 온도 변화를 ㉠, ㉡으로 순서 없이 나타낸 것이다.

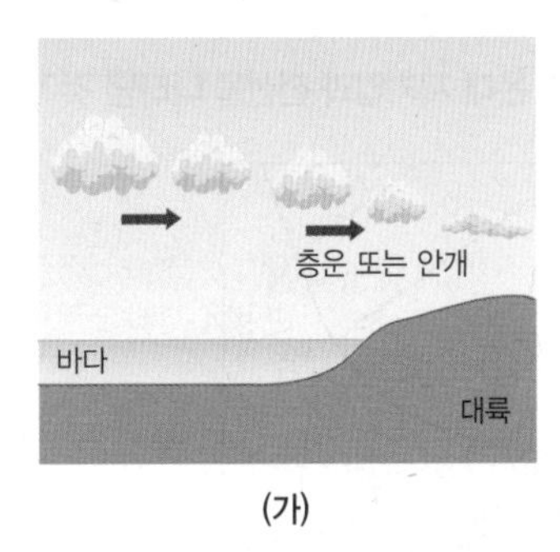

(가)

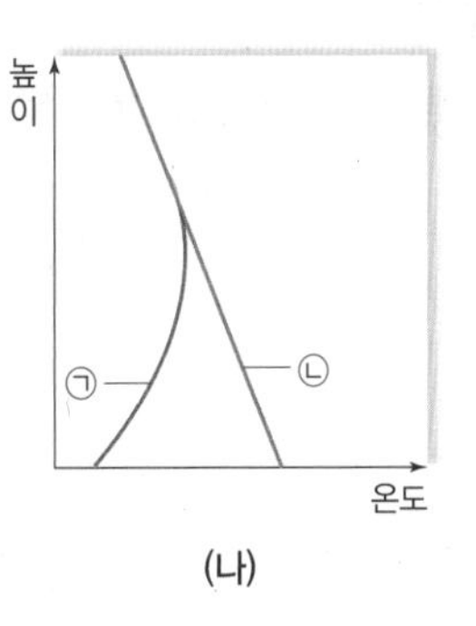

(나)

이에 대한 설명으로 옳은 것만을 〈보기〉에서 있는 대로 고른 것은?

| 보기 |

ㄱ. 대륙에 도착했을 때 기단의 높이에 따른 온도 변화는 ㉠이다.
ㄴ. 기단은 고위도에서 저위도로 이동하였다.
ㄷ. 겨울철에 우리나라 서해안에 폭설이 내릴 때의 기단 변화이다.

① ㄱ ② ㄴ ③ ㄷ ④ ㄱ, ㄴ ⑤ ㄱ, ㄷ

101

상 중 하

그림 (가)는 겨울철 우리나라 주변의 지상 일기도를, (나)는 이때 가시광선 영역의 위성 영상을 나타낸 것이다.

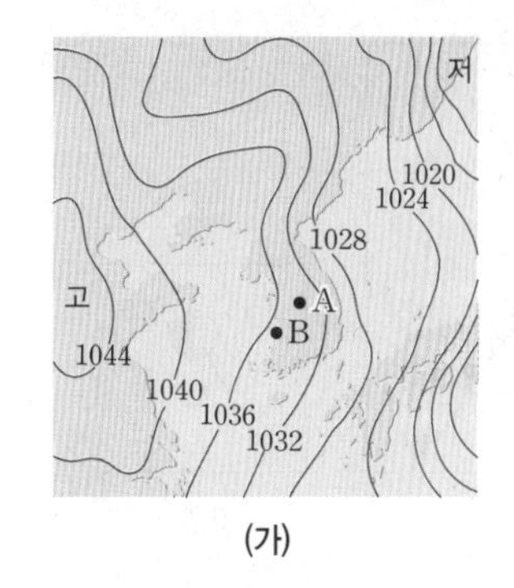

(가)

(나)

이에 대한 설명으로 옳은 것만을 〈보기〉에서 있는 대로 고른 것은?

| 보기 |

ㄱ. 우리나라는 온난 다습한 기단의 영향을 받고 있다.
ㄴ. A 지점은 동풍 계열의 바람이 불고 있다.
ㄷ. 폭설이 내릴 가능성은 A 지점보다 B 지점이 높다.

① ㄱ ② ㄴ ③ ㄷ ④ ㄱ, ㄴ ⑤ ㄱ, ㄷ

102

상 중 하

그림은 겨울철 어느 날의 지상 일기도를 나타낸 것이다.

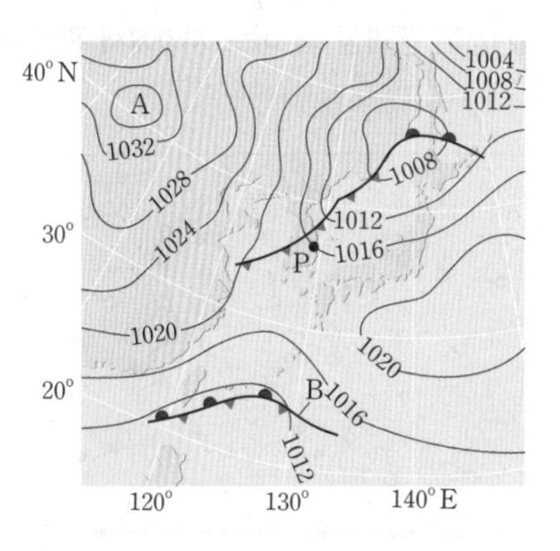

이에 대한 설명으로 옳은 것만을 〈보기〉에서 있는 대로 고른 것은?

| 보기 |

ㄱ. A의 지상에는 하강 기류가 발달해 있다.
ㄴ. 시간이 지날수록 P 지점의 풍향은 시계 방향으로 변해간다.
ㄷ. 전선 B에서 강수 구역은 주로 전선을 기준으로 남쪽에 나타난다.

① ㄱ ② ㄴ ③ ㄷ ④ ㄱ, ㄴ ⑤ ㄱ, ㄷ

103

상 중 하

그림 (가)는 북반구의 온대 저기압을, (나)는 A, B, C 중 한 지역의 날씨를 일기 기호로 나타낸 것이다.

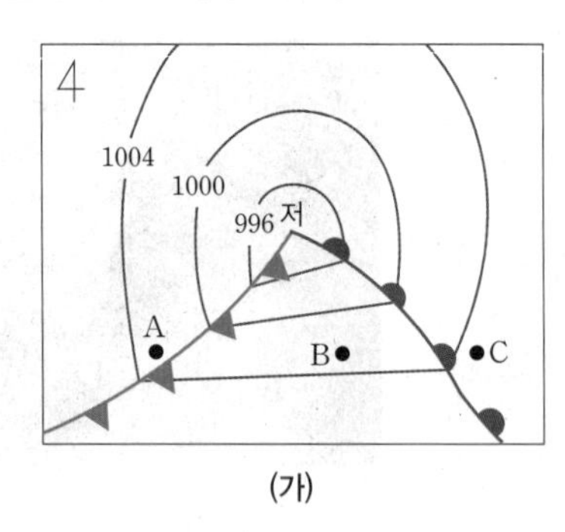

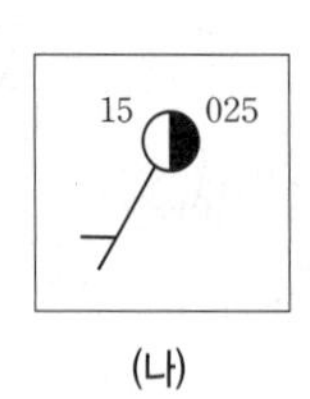

(가) (나)

이에 대한 설명으로 옳은 것만을 〈보기〉에서 있는 대로 고른 것은?

| 보기 |

ㄱ. (나)에서 기압은 1002.5 hPa이다.
ㄴ. A 지역의 기온은 15 °C보다 높다.
ㄷ. C 지역에서는 동풍 계열의 바람이 분다.

① ㄱ ② ㄴ ③ ㄷ ④ ㄱ, ㄴ ⑤ ㄱ, ㄷ

104

| 신유형 |

상 중 하

그림은 온대 저기압이 통과할 때 어느 지역에서 관측된 일기 요소를 나타낸 것이다.

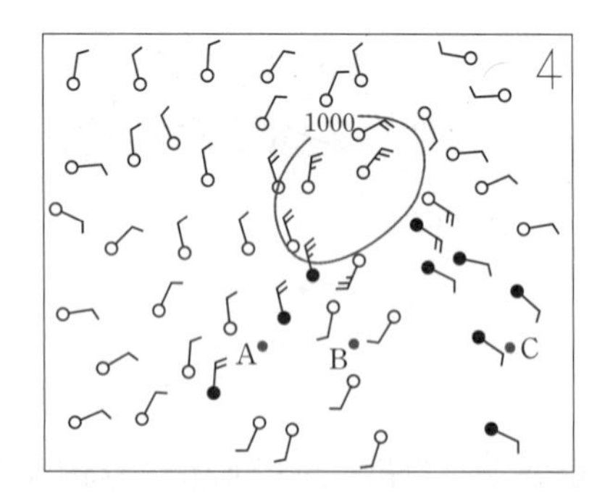

이에 대한 설명으로 옳은 것만을 〈보기〉에서 있는 대로 고른 것은?

| 보기 |

ㄱ. A와 B 지역 사이에는 한랭 전선이 위치하고 있다.
ㄴ. 시간당 강수량은 A 지역이 C 지역보다 많다.
ㄷ. C 지역은 B 지역에 비해 기온이 높다.

① ㄱ ② ㄴ ③ ㄷ ④ ㄱ, ㄴ ⑤ ㄱ, ㄷ

105

상 중 하

그림은 온대 저기압이 북반구의 어느 관측소를 통과하는 동안 관측한 기상 요소를 나타낸 것이다.

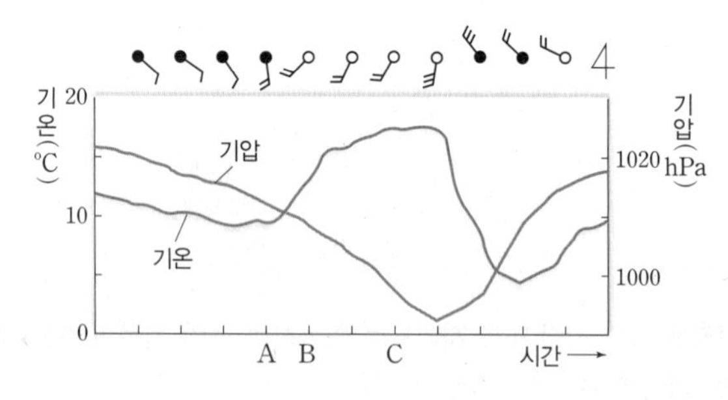

이에 대한 설명으로 옳은 것만을 〈보기〉에서 있는 대로 고른 것은?

| 보기 |

ㄱ. 온대 저기압의 중심은 관측소의 북쪽을 통과하였다.
ㄴ. A와 B 사이에 통과한 전선은 온난 전선이다.
ㄷ. C일 때 관측소의 상공에서 전선면을 관측할 수 있다.

① ㄱ ② ㄷ ③ ㄱ, ㄴ ④ ㄱ, ㄷ ⑤ ㄱ, ㄴ, ㄷ

106

상 중 하

그림은 남반구 중위도에서 발달한 온대 저기압과 전선을 나타낸 것이다.

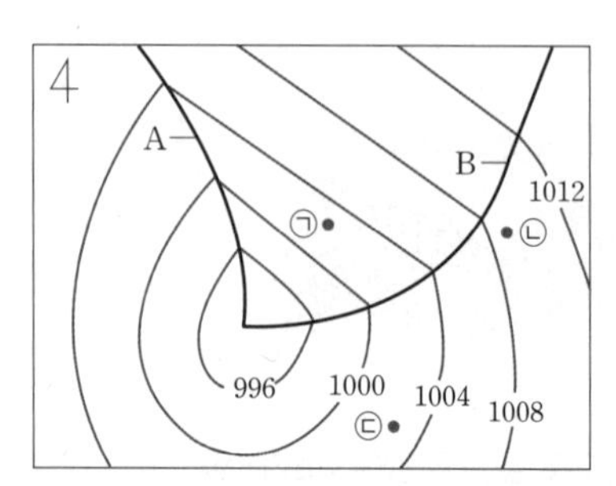

이에 대한 설명으로 옳은 것만을 〈보기〉에서 있는 대로 고른 것은?

| 보기 |

ㄱ. A는 온난 전선, B는 한랭 전선이다.
ㄴ. 기온은 ㉠ 지점이 ㉡ 지점보다 높다.
ㄷ. 시간이 지남에 따라 ㉢ 지점의 풍향은 시계 반대 방향으로 변해간다.

① ㄱ ② ㄴ ③ ㄷ ④ ㄱ, ㄴ ⑤ ㄱ, ㄷ

107

상 중 하

그림 (가)와 (나)는 북반구에 온대 저기압이 위치할 때, 온난 전선과 한랭 전선 주변의 지상 기온 분포를 순서 없이 나타낸 것이다.

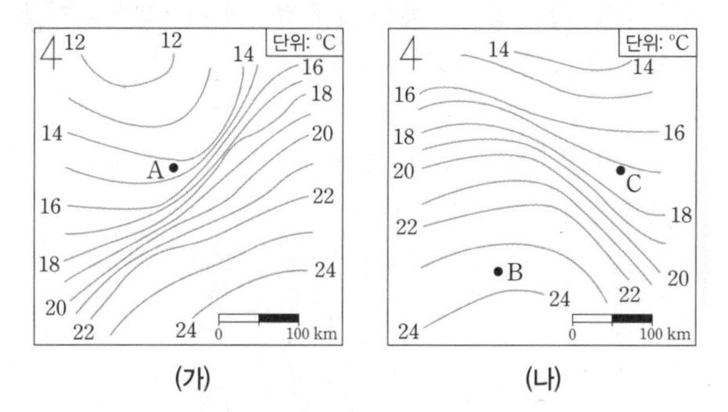

(가) (나)

이에 대한 설명으로 옳은 것만을 〈보기〉에서 있는 대로 고른 것은?

| 보기 |

ㄱ. A 지역에는 북서풍이 분다.
ㄴ. B 지역의 상공에는 전선면이 나타난다.
ㄷ. C 지역에서는 소나기성 강수가 나타난다.

① ㄱ ② ㄴ ③ ㄷ ④ ㄱ, ㄴ ⑤ ㄱ, ㄷ

108

상 중 하

그림 (가)는 어느 온대 저기압이 우리나라를 지날 때 작성한 일기도를, (나)와 (다)는 현재와 12시간 후 A 지점에서 관측한 기상 요소를 순서 없이 일기 기호로 표시한 것이다.

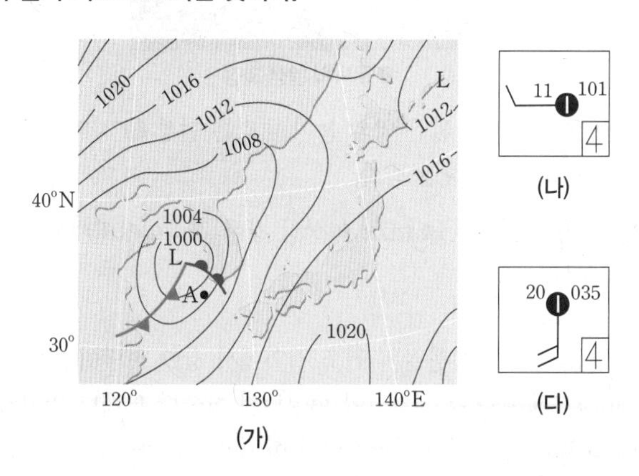

(가)

이에 대한 설명으로 옳은 것만을 〈보기〉에서 있는 대로 고른 것은?

| 보기 |

ㄱ. (나)는 (다)보다 나중에 관측되었다.
ㄴ. 12시간 후 A에서의 기압은 66 hPa 상승하였다.
ㄷ. 현재 A 지점에서는 소나기성 비가 내린다.

① ㄱ ② ㄴ ③ ㄷ ④ ㄱ, ㄴ ⑤ ㄱ, ㄷ

109

상 중 하

그림은 구름과 관련된 어느 인공위성 영상이 만들어지는 과정을 나타낸 것이다.

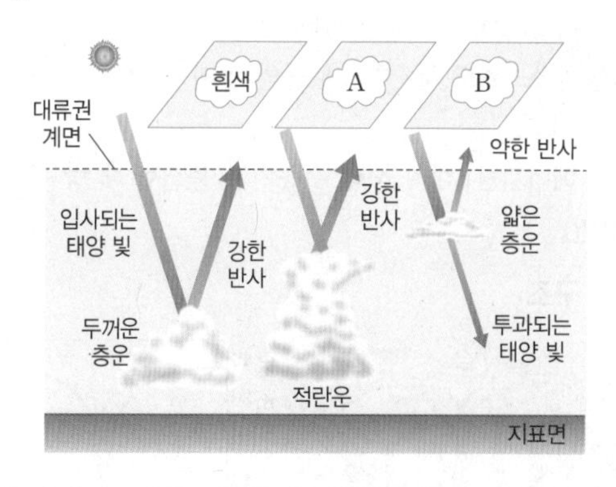

이에 대한 설명으로 옳은 것만을 〈보기〉에서 있는 대로 고른 것은?

| 보기 |

ㄱ. 적외선 영상을 나타낸 것이다.
ㄴ. A가 B보다 밝게 나타난다.
ㄷ. 구름이 위치한 높이를 파악하기에 용이하다.

① ㄱ ② ㄴ ③ ㄷ ④ ㄱ, ㄴ ⑤ ㄱ, ㄷ

110

상 중 하

그림 (가)와 (나)는 우리나라에 집중 호우가 발생했을 때, 같은 시각에 촬영한 위성 영상을 나타낸 것이다.

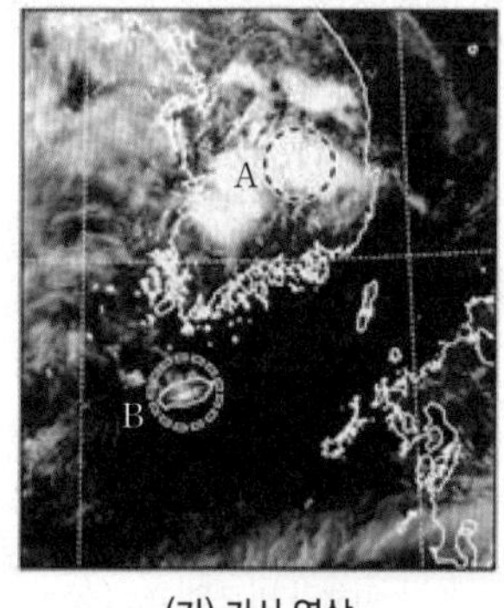

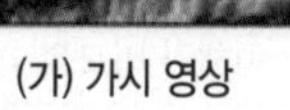

(가) 가시 영상

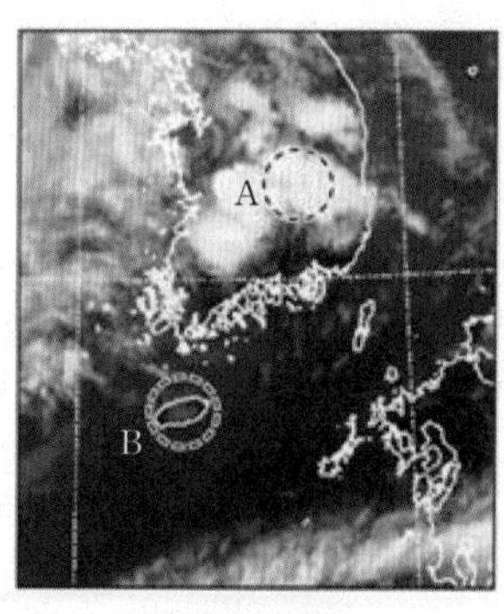

(나) 적외 영상

이에 대한 설명으로 옳은 것만을 〈보기〉에서 있는 대로 고른 것은?

| 보기 |

ㄱ. (가)에서는 구름이 두꺼울수록 밝게 나타난다.
ㄴ. 구름 최상부의 고도는 B 지역보다 A 지역이 높다.
ㄷ. 집중 호우는 A 지역보다 B 지역에서 주로 발생하였다.

① ㄱ ② ㄴ ③ ㄷ ④ ㄱ, ㄴ ⑤ ㄱ, ㄷ

08 태풍과 우리나라의 주요 악기상

출제 개념
- 태풍의 이동 경로와 중심 기압의 변화
- 태풍의 이동 경로와 기상 요소의 변화
- 뇌우와 우박
- 황사

1 태풍

(1) 태풍의 발생

① **태풍**: 북서 태평양 열대 해역에서 생성되어 중심 부근의 최대 풍속이 17 m/s 이상인 열대 저기압

② **발생 장소**: 위도 5°~25° 부근의 열대 해상, 수온 약 27 ℃ 이상의 해역

③ **주요 에너지원**: 대기 중의 수증기가 응결할 때 방출하는 숨은열(잠열)

(2) 태풍의 구조

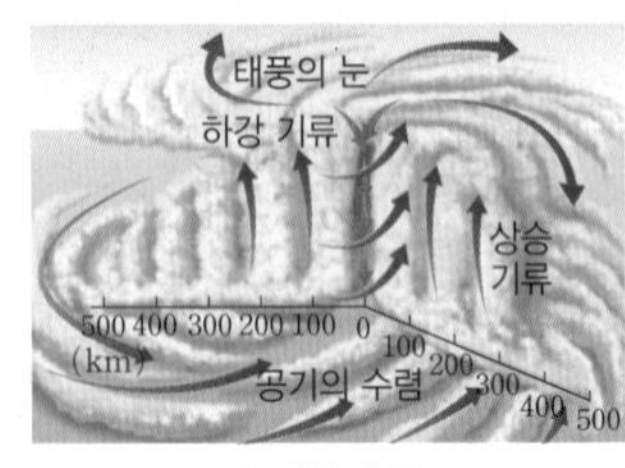

⊙ 태풍의 구조

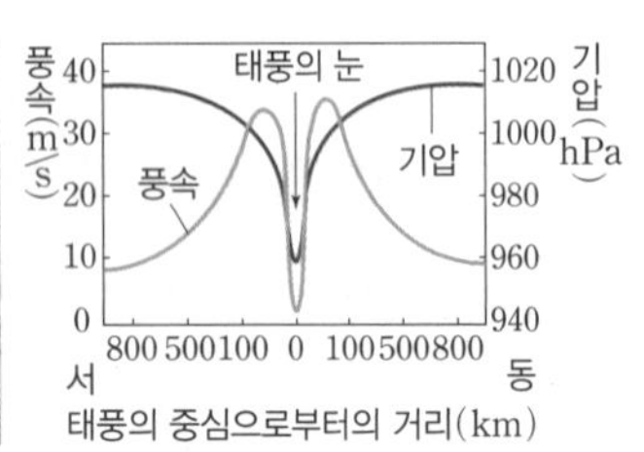

⊙ 태풍의 기압과 풍속

① **태풍의 눈**: 태풍 중심부에 지름이 약 30 km~50 km에 이르는 곳으로, 약한 하강 기류가 나타나 날씨가 맑고 바람이 약함

② **태풍의 풍속과 기압**
- 풍속: 태풍의 눈 주변에서 가장 강하게 나타나고, 태풍의 눈에서 멀어질수록 약해지며, 태풍의 눈에서는 풍속이 약함
- 기압: 태풍의 가장자리에서 중심으로 갈수록 낮아지고, 태풍의 눈에서 가장 낮음

(3) 태풍의 이동과 소멸

① **이동**: 발생 초기에는 무역풍의 영향으로 북서쪽으로 이동하다가 위도 25°~30° 부근부터 편서풍의 영향으로 북동쪽으로 방향을 바꾸어 포물선 궤도로 이동

② **소멸**: 수온이 낮은 해상이나 육지로 이동하면 열과 수증기의 공급이 줄어 세력이 약해지면서 소멸

(4) 태풍의 피해

구분	안전 반원(가항 반원)	위험 반원
지역	태풍 진행 방향의 왼쪽	태풍 진행 방향의 오른쪽
실제 풍속	태풍의 진행 방향 및 대기 대순환 방향과 태풍 내 바람 방향이 반대 ➡ 풍속이 약해 피해가 비교적 적음	태풍의 진행 방향 및 대기 대순환 방향과 태풍 내 바람 방향이 같음 ➡ 풍속이 강해 피해가 비교적 큼
풍향 변화	시계 반대 방향	시계 방향

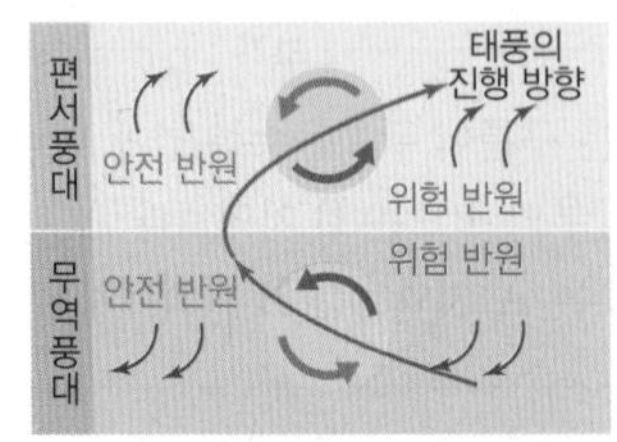

⊙ 안전 반원과 위험 반원(북반구)

빈출

2 우리나라의 주요 악기상

(1) 뇌우

뇌우: 강한 상승 기류에 의해 적란운이 발달하면서 천둥과 번개를 동반한 강한 소나기가 내리는 현상

① **적운 단계**: 강한 상승 기류에 의해 적운이 적란운으로 성장

② **성숙 단계**: 상승 기류와 하강 기류가 공존, 천둥, 번개, 소나기, 우박 등을 동반

③ **소멸 단계**: 하강 기류만 남게 되어 뇌우가 소멸, 약한 비가 내리다가 멈춤

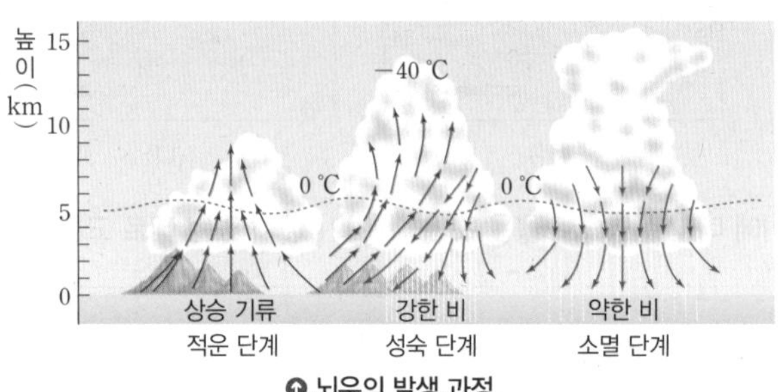

⊙ 뇌우의 발생 과정

(2) 국지성 호우(집중 호우)

국지성 호우(집중 호우): 짧은 시간 동안 좁은 지역에 많은 양의 비가 집중적으로 내리는 현상

(3) 우박

우박: 얼음 결정 주위에 과냉각 물방울이 얼어붙어 지상으로 떨어지는 얼음 덩어리

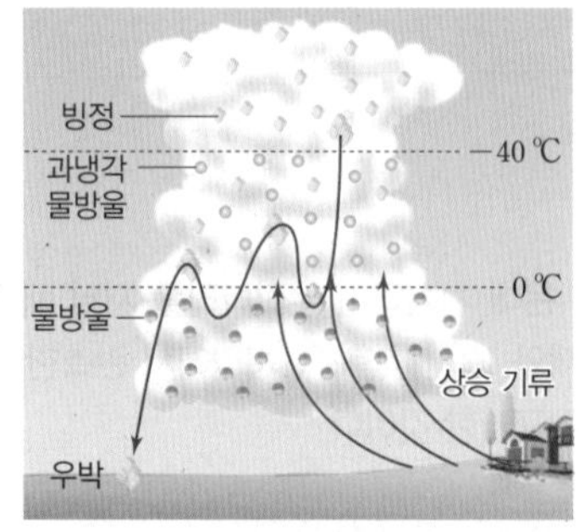

⊙ 우박의 발생 과정

(4) 폭설

폭설: 짧은 시간에 많은 양의 눈이 내리는 현상 예 시베리아 기단의 변질로 인한 서해안 폭설

(5) 강풍

강풍: 평균 풍속이 14 m/s 이상인 강한 바람이 10분 이상 지속되는 현상

빈출

(6) 황사

황사: 중국 북부나 몽골의 건조 지역에서 강한 바람이 불거나 햇빛이 강하게 비추어 저기압이 형성되어 상승한 모래나 먼지가 편서풍을 타고 멀리까지 날아가 서서히 내려오는 현상

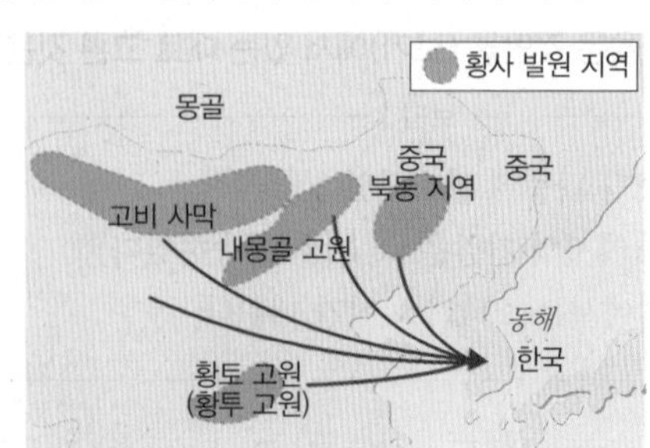

⊙ 황사의 발원지

대표 기출 문제

111

수능 기출

그림 (가)는 어느 날 18시의 지상 일기도에 태풍의 이동 경로를 나타낸 것이고, (나)는 이 시기에 태풍에 의해 발생한 강수량 분포를 나타낸 것이다.

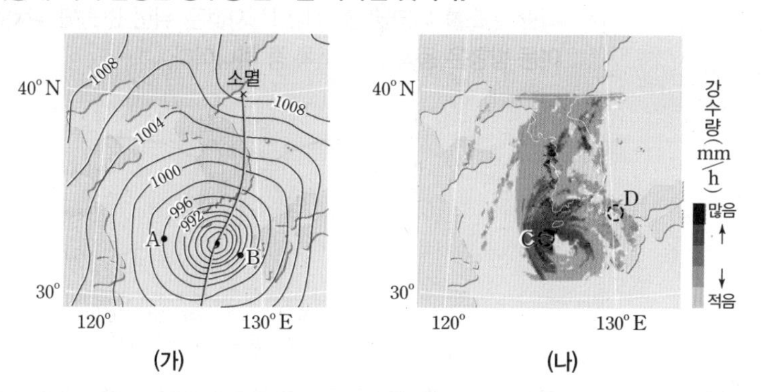

이 자료에 대한 설명으로 옳은 것만을 〈보기〉에서 있는 대로 고른 것은? [3점]

| 보기 |

ㄱ. 풍속은 A 지점이 B 지점보다 크다.
ㄴ. 공기의 연직 운동은 C 지점이 D 지점보다 활발하다.
ㄷ. C 지점에서는 남풍 계열의 바람이 분다.

① ㄱ ② ㄴ ③ ㄷ ④ ㄱ, ㄴ ⑤ ㄴ, ㄷ

문항 분석

1. 태풍의 이동 경로를 기준으로, 안전 반원과 위험 반원에서의 풍속과 풍향 변화를 이해해야 한다.
2. 강수량 분포 자료를 통해 구름의 양과 두께, 공기의 연직 운동을 파악할 수 있어야 한다.

꼭 기억해야 할 개념

태풍의 영향을 받을 때 태풍 진행 방향의 왼쪽은 안전 반원으로 풍향이 시계 반대 방향으로 변하고, 오른쪽은 위험 반원으로 풍향이 시계 방향으로 변한다.

선지별 선택 비율

①	②	③	④	⑤
2 %	72 %	3 %	5 %	15 %

112

평가원 기출

그림 (가)는 지난 20년간 우리나라에서 관측한 우박의 월별 누적 발생 일수와 월별 평균 크기를 나타낸 것이고, (나)는 뇌우에서 우박이 성장하는 과정을 나타낸 모식도이다.

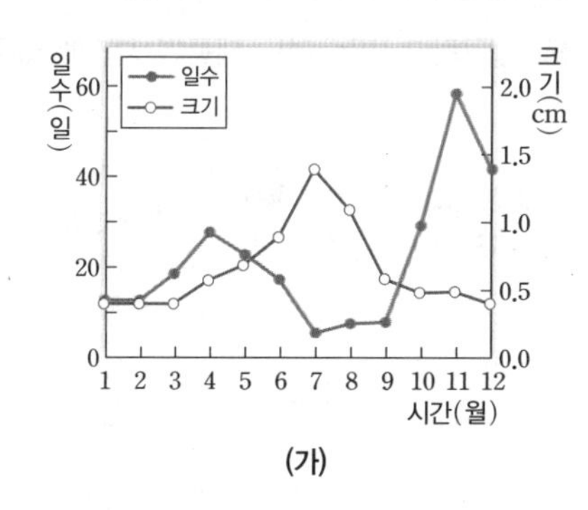

(가)

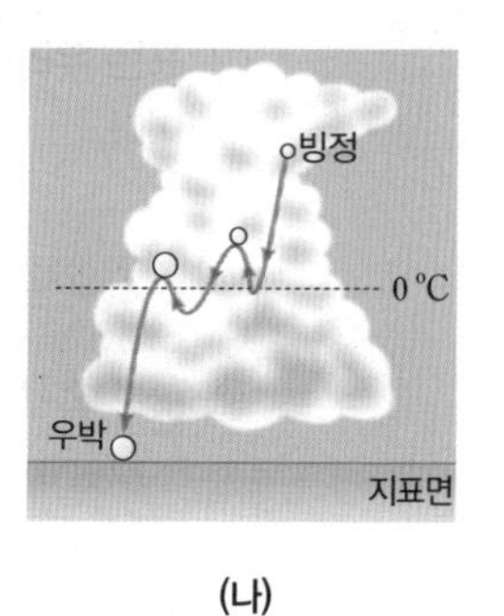

(나)

이 자료에 대한 설명으로 옳은 것만을 〈보기〉에서 있는 대로 고른 것은?

| 보기 |

ㄱ. 우박은 7월에 가장 빈번하게 발생하였다.
ㄴ. (나)에서 빙정이 우박으로 성장하기 위해서는 과냉각 물방울이 필요하다.
ㄷ. 상승 기류는 여름철 우박의 크기가 커지는 주요 원인이다.

① ㄱ ② ㄴ ③ ㄷ ④ ㄱ, ㄴ ⑤ ㄴ, ㄷ

문항 분석

우박의 크기가 큰 시기와 빈번하게 발생하는 시기를 파악하고 그 원인을 이해해야 하며, 우박의 발생 과정과 조건을 알아야 한다.

꼭 기억해야 할 개념

우박은 강한 상승 기류로 인해 높게 발달한 적란운 내부에서 빙정이 상승과 하강을 반복하면서 성장한다.

선지별 선택 비율

①	②	③	④	⑤
1 %	7 %	4 %	4 %	83 %

적중 예상 문제

113

(상 중 하)

그림은 북반구에서 발생한 태풍의 중심 부근에서 관측된 풍속을 나타낸 것이다.

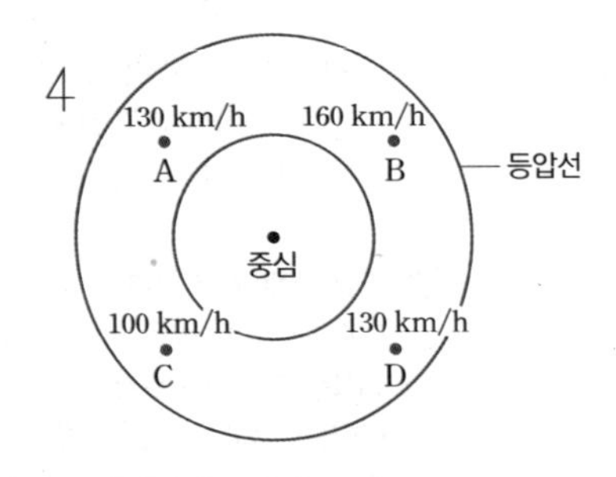

이에 대한 설명으로 옳은 것만을 〈보기〉에서 있는 대로 고른 것은?

| 보기 |

ㄱ. 태풍은 북서쪽으로 이동하고 있다.
ㄴ. 태풍 내 바람 방향이 태풍의 이동 방향과 반대인 곳은 B이다.
ㄷ. 태풍의 평균적인 이동 경로를 고려하면 태풍은 편서풍대에 위치한다.

① ㄱ　② ㄴ　③ ㄷ　④ ㄱ, ㄴ　⑤ ㄱ, ㄷ

114

(상 중 하)

그림은 어느 태풍의 이동 경로에 있는 한 해역에서 태풍이 통과하기 전과 통과한 후에 측정한 깊이에 따른 수온 분포를 ㉠, ㉡으로 순서 없이 나타낸 것이다.

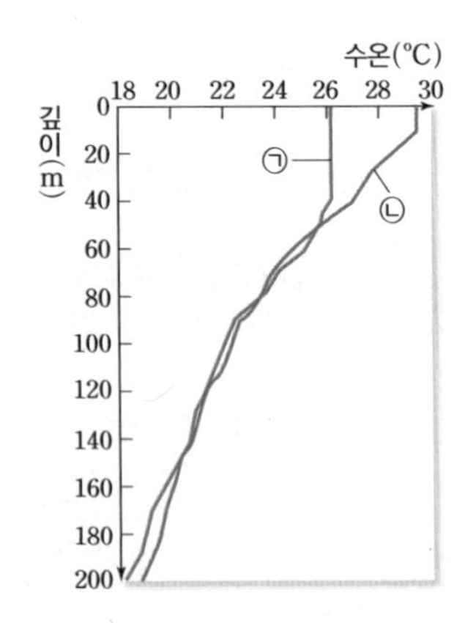

이에 대한 설명으로 옳은 것만을 〈보기〉에서 있는 대로 고른 것은?

| 보기 |

ㄱ. 혼합층은 ㉡보다 ㉠에서 더 발달하였다.
ㄴ. 태풍이 통과한 후의 수온 분포는 ㉠이다.
ㄷ. 이 태풍 직후에 통과하는 태풍은 더 강하게 발달할 수 있다.

① ㄱ　② ㄷ　③ ㄱ, ㄴ　④ ㄴ, ㄷ　⑤ ㄱ, ㄴ, ㄷ

115

(상 중 하)

그림은 북반구의 한 지역을 통과하고 있는 어느 태풍의 남북 방향 물리량 분포를 나타낸 것이다. P 지점은 위험 반원에 위치하며 태풍의 이동 방향은 동쪽 또는 서쪽 중 하나이다.

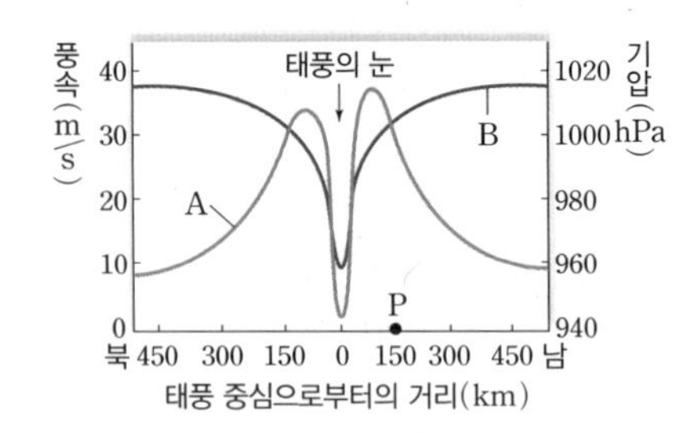

이에 대한 설명으로 옳은 것만을 〈보기〉에서 있는 대로 고른 것은?

| 보기 |

ㄱ. A는 풍속, B는 기압이다.
ㄴ. 태풍의 이동 방향은 서쪽이다.
ㄷ. 태풍의 눈에서 기압이 가장 낮다.

① ㄱ　② ㄴ　③ ㄷ　④ ㄱ, ㄴ　⑤ ㄱ, ㄷ

116

| 신유형 |

(상 중 하)

표는 우리나라로 접근하고 있는 어느 태풍의 시간에 따른 예상 정보이다.

일시	중심 기압 (hPa)	최대 풍속 (m/s)	진행 방향	이동 속도 (km/h)
11일 21시	930	50	북북서	18
12일 09시	930	50	북	24
12일 21시	945	45	북	23
13일 09시	965	37	북동	33
13일 21시	980	29	동북동	61

이에 대한 설명으로 옳은 것만을 〈보기〉 에서 있는 대로 고른 것은?

| 보기 |

ㄱ. 13일에 태풍은 무역풍의 영향을 받았다.
ㄴ. 태풍의 중심 기압과 최대 풍속은 대체로 비례한다.
ㄷ. 전향점을 지나면 태풍의 이동 속도는 대체로 빨라진다.

① ㄱ　② ㄴ　③ ㄷ　④ ㄱ, ㄴ　⑤ ㄴ, ㄷ

117 | 신유형 |

상 중 하

그림은 어느 해 5월에 해상에서 발달하여 해상에서 소멸한 어느 태풍의 시간에 따른 중심 기압과 중심 최대 풍속의 변화를 나타낸 것이다.

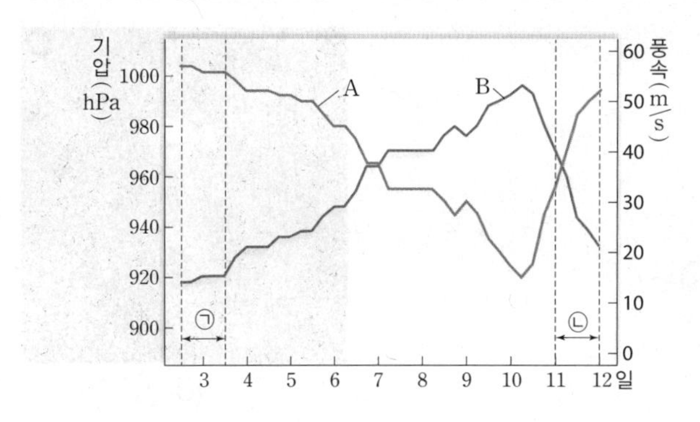

이에 대한 설명으로 옳은 것만을 〈보기〉에서 있는 대로 고른 것은?

| 보기 |

ㄱ. 중심 기압은 B이다.
ㄴ. 시간에 따른 중심 기압의 변화량의 절댓값은 ㉠ 시기보다 ㉡ 시기에 더 크다.
ㄷ. 5월 11일에 태풍이 육지에 상륙했다면 태풍의 중심 기압은 940 hPa보다 작을 것이다.

① ㄱ ② ㄴ ③ ㄷ ④ ㄱ, ㄴ ⑤ ㄱ, ㄷ

118 | 신유형 |

상 중 하

그림은 어느 해 발생한 태풍의 발생 분포도를 나타낸 것이다.

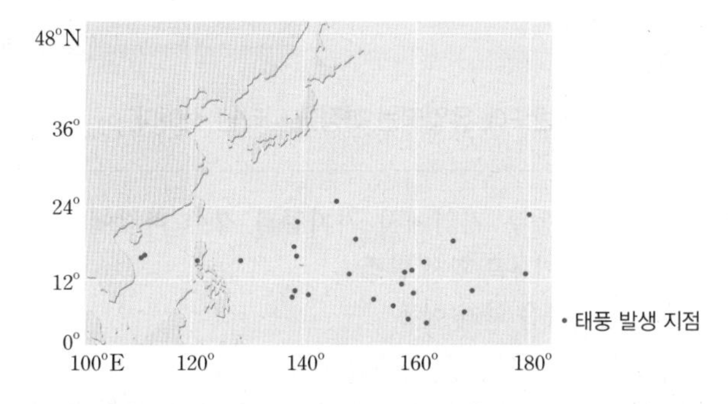

이에 대한 설명으로 옳은 것만을 〈보기〉에서 있는 대로 고른 것은?

| 보기 |

ㄱ. 적도에서 태풍이 발생하였다.
ㄴ. 140°E를 기준으로 봤을 때 서쪽보다는 동쪽에 편향되어 발생하였다.
ㄷ. 발생 지점에서는 무역풍보다는 편서풍의 영향을 받아 이동한다.

① ㄱ ② ㄴ ③ ㄷ ④ ㄱ, ㄴ ⑤ ㄱ, ㄷ

119 | 신유형 |

상 중 하

그림은 태풍 중심 부근에서 지표면을 따라 측정한 태풍의 물리량을 나타낸 것이다. ㉠, ㉡, ㉢은 지표면 상의 한 지점이고, A, B, C는 각각 풍속, 기압, 강수량 중 하나에 해당한다.

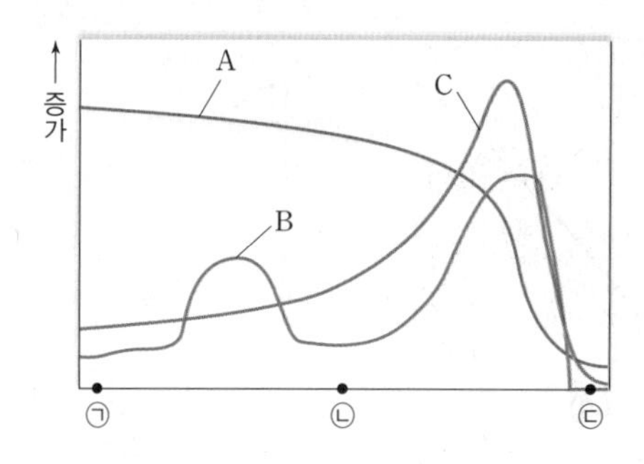

이에 대한 설명으로 옳은 것만을 〈보기〉에서 있는 대로 고른 것은?

| 보기 |

ㄱ. A는 기압이다.
ㄴ. ㉠~㉢ 중 태풍의 중심에 가장 가까운 지점은 ㉢이다.
ㄷ. ㉢에는 상승 기류가 가장 강하게 나타난다.

① ㄱ ② ㄴ ③ ㄷ ④ ㄱ, ㄴ ⑤ ㄱ, ㄷ

120 | 신유형 |

상 중 하

그림은 태풍이 우리나라에 영향을 줄 때 해수면의 높이 변화를 나타낸 것이다. 이 태풍은 북서쪽 방향으로 이동하고 있다.

이에 대한 설명으로 옳은 것만을 〈보기〉에서 있는 대로 고른 것은?

| 보기 |

ㄱ. 태풍의 중심은 A와 B 중 B 지역에 위치한다.
ㄴ. 서해안 지역보다 남해안 지역에 폭풍 해일이 발생할 가능성이 높다.
ㄷ. 해일의 발생 시기가 간조와 겹치면 피해가 더 커진다.

① ㄱ ② ㄴ ③ ㄷ ④ ㄱ, ㄴ ⑤ ㄱ, ㄷ

121

(상 중 하)

그림 (가)는 태풍의 이동 경로와 중심 기압을, (나)는 이 태풍의 영향을 받는 어느 날 우리나라의 관측소에서 측정한 기압과 풍향을 나타낸 것이다.

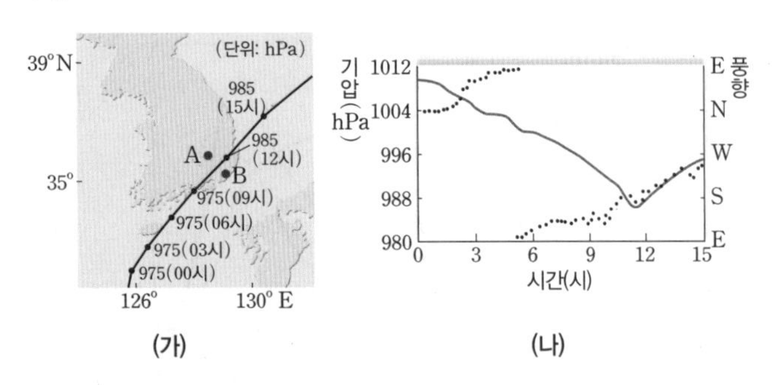

(가) (나)

이에 대한 설명으로 옳은 것만을 〈보기〉에서 있는 대로 고른 것은?

| 보기 |

ㄱ. 육지에 상륙한 후 태풍의 세력은 더 강해졌다.
ㄴ. 관측소는 태풍 진행 경로의 왼쪽에 위치한다.
ㄷ. 태풍의 이동 방향과 저기압성 바람이 대체로 일치하는 곳은 A와 B 중 B이다.

① ㄱ ② ㄴ ③ ㄷ ④ ㄱ, ㄴ ⑤ ㄱ, ㄷ

122 | 신유형 |

(상 중 하)

그림 (가)는 뇌우의 발생 과정 중 어느 단계의 모습을, (나)는 (가)의 뇌우에서 떨어진 우박의 단면을 나타낸 것이다.

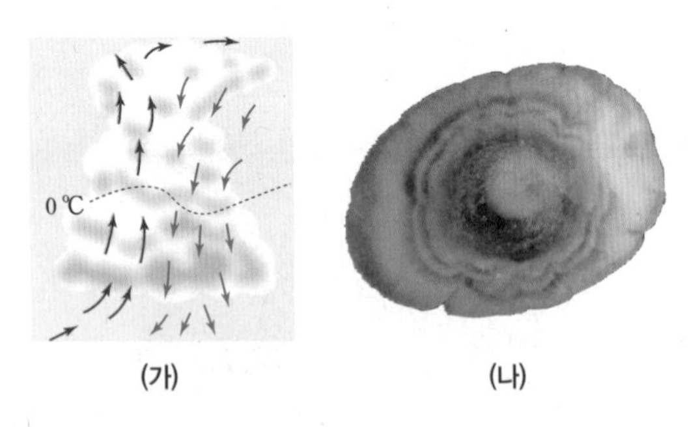

(가) (나)

이에 대한 설명으로 옳은 것만을 〈보기〉에서 있는 대로 고른 것은?

| 보기 |

ㄱ. (가)는 뇌우의 성장 단계 중 적운 단계에 해당한다.
ㄴ. (가)의 구름은 물방울로만 이루어져 있다.
ㄷ. (나)에서 나타난 층상 구조는 상승과 하강을 반복하면서 생성되었다.

① ㄱ ② ㄴ ③ ㄷ ④ ㄱ, ㄴ ⑤ ㄱ, ㄷ

123

(상 중 하)

그림 (가)와 (나)는 우리나라의 어느 지역에 집중 호우가 발생했을 때의 레이더 영상과 같은 시간의 가시광선 위성 영상을 나타낸 것이다.

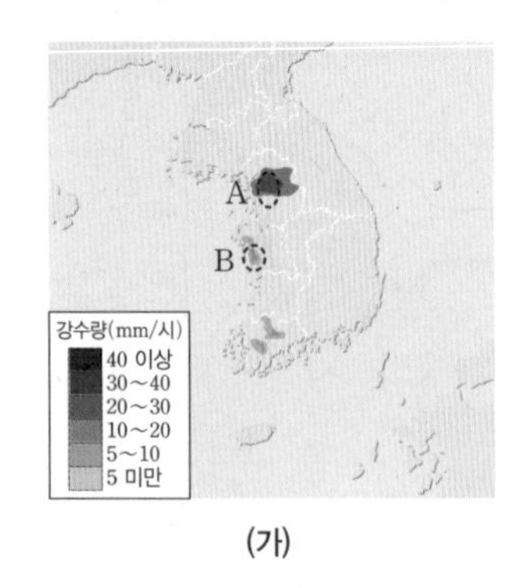

(가)

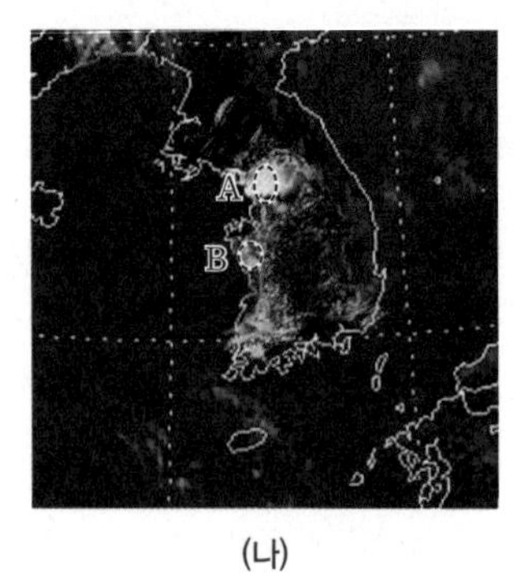

(나)

이에 대한 설명으로 옳은 것만을 〈보기〉에서 있는 대로 고른 것은?

| 보기 |

ㄱ. 집중 호우가 발생했을 가능성은 A보다 B에서 높다.
ㄴ. 관측된 구름의 두께는 B 보다 A에서 두껍다.
ㄷ. 집중 호우가 발생된 시간은 한밤중이다.

① ㄱ ② ㄴ ③ ㄷ ④ ㄱ, ㄴ ⑤ ㄱ, ㄷ

124

(상 중 하)

다음은 황사가 한반도에 유입되는 과정을 나타낸 것이다.

(가) 중국 북동부 지역에서 저기압과 강한 바람에 의한 [㉠] 기류로 황사 발생
(나) [㉡]풍을 따라 이동
(다) 한반도 주변에 [㉢]기압 발달
(라) 모래 먼지가 한반도 쪽으로 유입

이에 대한 설명으로 옳은 것만을 〈보기〉에서 있는 대로 고른 것은?

| 보기 |

ㄱ. ㉠에 해당하는 것은 '상승'이다.
ㄴ. ㉡에 해당하는 것은 '무역'이다.
ㄷ. ㉢에 해당하는 것은 '저'이다.

① ㄱ ② ㄴ ③ ㄷ ④ ㄱ, ㄴ ⑤ ㄱ, ㄷ

125 | 신유형 |

상 중 하

그림은 어느 해 우리나라에서 관측된 지역별 연간 황사 일수를 나타낸 것이다.

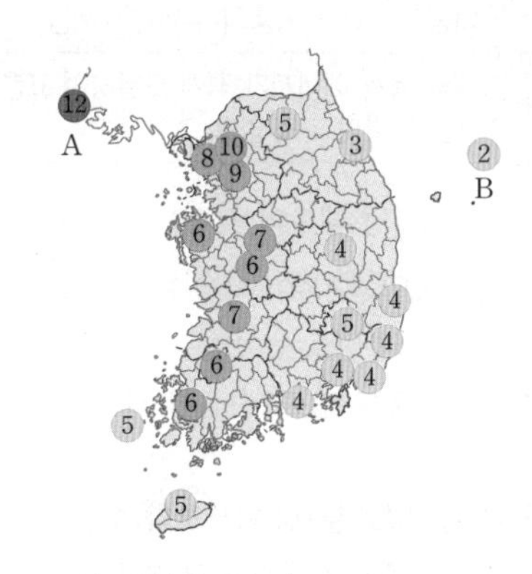

이에 대한 설명으로 옳은 것만을 〈보기〉에서 있는 대로 고른 것은?

| 보기 |

ㄱ. 서해안 지방의 연간 황사 발생 일수가 동해안 지방보다 많다.
ㄴ. 황사의 이동은 동풍 계열 바람의 영향을 받았다.
ㄷ. 관측된 황사의 평균 농도는 A 지역이 B 지역보다 낮다.

① ㄱ ② ㄴ ③ ㄷ ④ ㄱ, ㄴ ⑤ ㄱ, ㄷ

126

상 중 하

그림은 악기상인 우박, 호우, 뇌우에 대해 학생 A, B, C가 대화하는 모습을 나타낸 것이다.

제시한 내용이 옳은 학생만을 있는 대로 고른 것은?

① A ② B ③ A, C ④ B, C ⑤ A, B, C

127

상 중 하

그림 (가)는 어느 해 우리나라의 지역별 눈 발생 일수를, (나)와 (다)는 기단이 이동함에 따라 변질되는 과정을 나타낸 것이다.

(가)

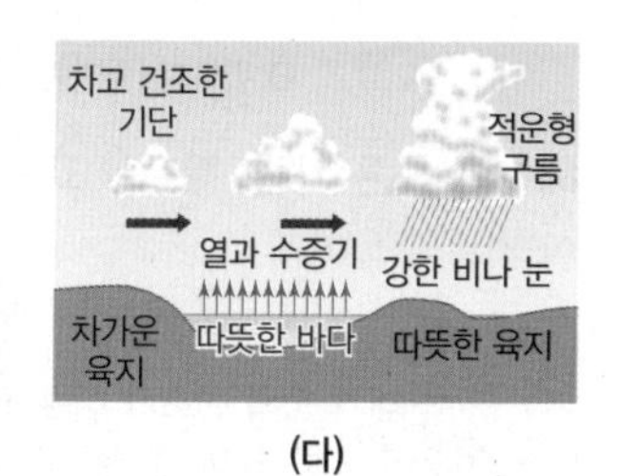

(나) (다)

이에 대한 설명으로 옳은 것만을 〈보기〉에서 있는 대로 고른 것은?

| 보기 |

ㄱ. 황해 내륙의 연간 눈 발생 일수가 동해 내륙보다 많다.
ㄴ. 기단이 이동하게 되면서 불안정하게 변하는 과정은 (나)와 (다) 중 (다)이다.
ㄷ. (가)의 A 지역에 영향을 미치는 기단은 (나)와 같은 과정을 거쳤다.

① ㄱ ② ㄴ ③ ㄷ ④ ㄱ, ㄴ ⑤ ㄱ, ㄷ

09 해수의 성질

✓ 출제 개념
- 해수의 표층 염분, 표층 수온, 용존 산소량
- 해수의 연직 수온 분포
- 해수의 수온-염분도
- 우리나라 주변 해수의 성질

1 해수의 화학적 성질

(1) **해수의 염분**: 해수 1 kg에 녹아 있는 염류의 총량을 g수로 나타낸 것

① 표층 염분의 변화 요인: 증발량과 강수량, 담수의 유입, 해수의 결빙이나 빙하의 융해

② 표층 염분 분포의 특징

- 중위도 고압대: 증발량 > 강수량 ➡ 표층 염분 ↑
- 적도 저압대: 증발량 < 강수량 ➡ 표층 염분 ↓

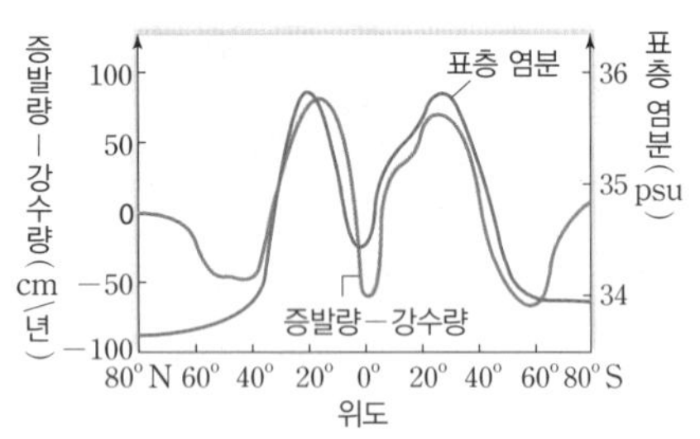

⊙ 위도별 (증발량-강수량)과 표층 염분 분포

(2) **해수의 용존 기체**: 해수의 표층을 통해 해수에 용해되어 들어온 여러 종류의 기체

용존 산소	대기 중의 산소가 해수 표층으로 녹아 들어오거나 해양 생물의 광합성을 통해 공급
용존 이산화 탄소	대기로부터 해수 표층을 통해 해수로 녹아 들며, 중탄산염 이온(HCO_3^-), 탄산염 이온(CO_3^{2-}) 형태로 존재

용존 산소량(mL/L) 1 2 3 4 5 6 / 수심(m) 0 1000 2000 3000 4000 / 산소 / 이산화 탄소 / 0 44 46 48 50 52 용존 이산화 탄소량(mL/L)

➡ 표층 해수에서는 식물성 플랑크톤의 광합성 작용으로 용존 산소량↑, 용존 이산화 탄소량↓

2 해수의 물리적 성질

(1) **해수의 온도(수온)**

① 표층 수온의 변화 요인: 태양 복사 에너지가 가장 큰 영향을 미치며, 위도와 계절에 따라 변함

빈출

② 해수의 연직 수온 분포

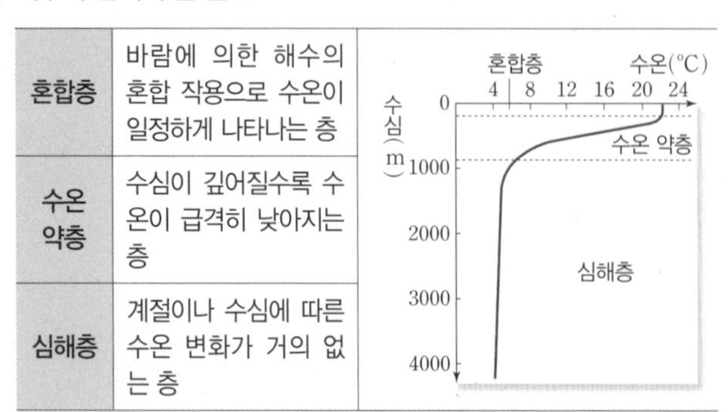

혼합층	바람에 의한 해수의 혼합 작용으로 수온이 일정하게 나타나는 층
수온 약층	수심이 깊어질수록 수온이 급격히 낮아지는 층
심해층	계절이나 수심에 따른 수온 변화가 거의 없는 층

③ 위도별 해수의 층상 구조

구분	특징
저위도 해역	태양 복사 에너지가 많이 도달하여 표층 수온이 높고, 수온 약층이 발달함
중위도 해역	바람이 강해 혼합층의 두께가 두꺼움
고위도 해역	태양 복사 에너지가 적게 도달하여 표층 수온이 낮고, 수온 변화가 거의 없음

(2) **해수의 밀도**: 단위 부피당 해수의 질량을 나타낸 것

① 해수 밀도의 변화 요인: 수온이 낮을수록, 염분이 높을수록, 수압이 높을수록 해수의 밀도 높아짐

② 수심에 따른 수온과 밀도 분포: 수심이 깊어질수록 수온이 낮아지고, 밀도가 높아짐

③ 위도에 따른 수온과 밀도 분포: 염분보다 수온에 의한 밀도 변화가 크며, 수온 분포에 반비례하는 경향이 있음

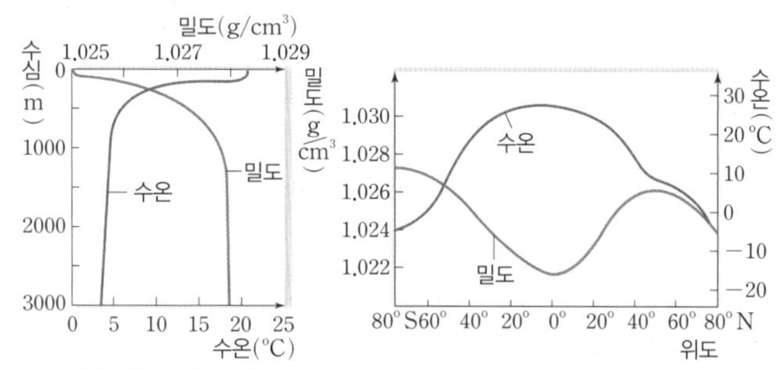

⊙ 수심에 따른 수온과 밀도 분포 ⊙ 위도에 따른 수온과 밀도 분포

고빈출

④ 수온-염분도(T-S도): 해수의 온도(T)를 세로축, 해수의 염분(S)을 가로축으로 하여 밀도와 함께 나타낸 그래프 ➡ 같은 등밀도선 위에 놓인 두 점은 수온과 염분은 달라도 밀도는 같은 해수

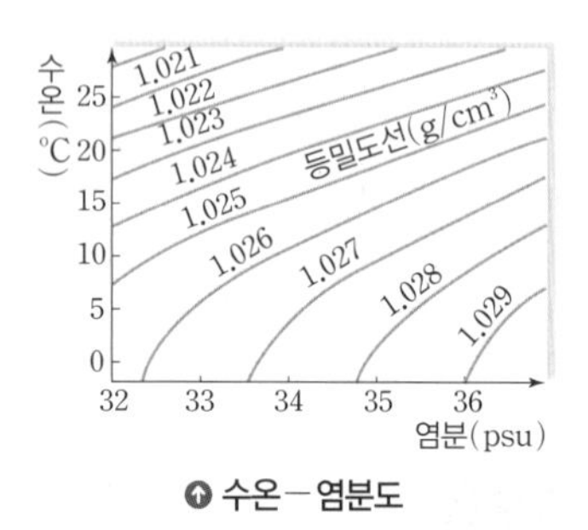

⊙ 수온-염분도

3 우리나라 주변 해수의 성질

(1) **표층 수온**

① 계절에 따른 표층 수온: 2월 < 8월 ➡ 태양 복사 에너지양의 차이

② 해역에 따른 표층 수온: 난류의 영향으로 남해가 연중 수온이 가장 높고, 대륙의 영향을 받는 황해는 수온의 연교차가 가장 크며, 난류와 한류가 만나는 동해는 남북 간의 수온 차가 가장 큼

(2) **표층 염분**

① 계절에 따른 표층 염분: 2월 > 8월 ➡ 강수량과 담수의 유입량 차이

② 해역에 따른 표층 염분: 강물의 유입량이 많은 황해 연안에서 낮게 나타나며, 난류보다 한류가 흐르는 해역에서 더 낮음

대표 기출 문제

128

수능 기출

그림 (가)는 북대서양의 해역 A와 B의 위치를, (나)와 (다)는 A와 B에서 같은 시기에 측정한 물리량을 순서 없이 나타낸 것이다. ㉠과 ㉡은 각각 수온과 용존 산소량 중 하나이다.

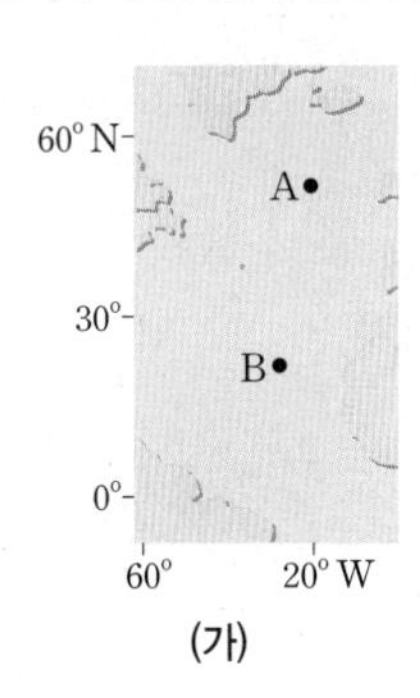

(가)

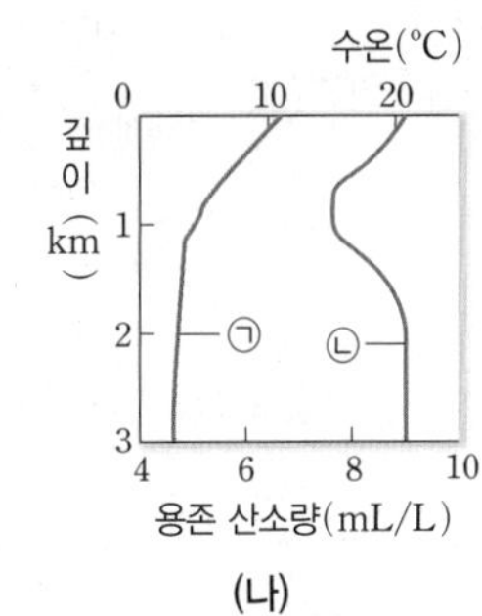

(나)

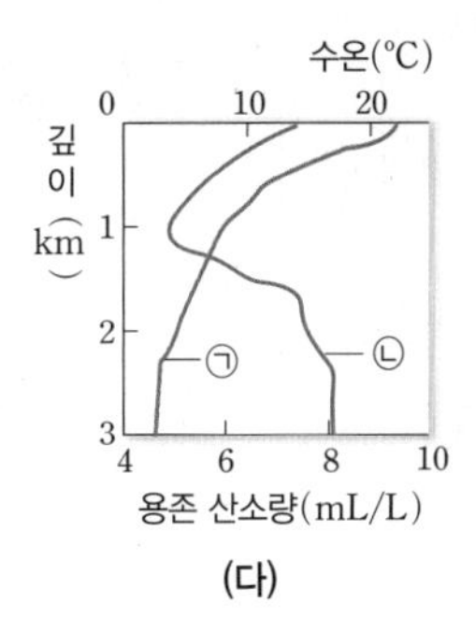

(다)

이 자료에 대한 설명으로 옳은 것만을 〈보기〉에서 있는 대로 고른 것은? [3점]

| 보기 |

ㄱ. (나)는 A에 해당한다.
ㄴ. 표층에서 용존 산소량은 A가 B보다 작다.
ㄷ. 수온 약층은 A가 B보다 뚜렷하게 나타난다.

① ㄱ ② ㄴ ③ ㄷ ④ ㄱ, ㄴ ⑤ ㄱ, ㄷ

문항 분석
수심에 따른 수온과 용존 산소량의 특징을 통해 각 그래프가 의미하는 것을 파악하고, 위도가 다른 두 해역을 구분할 때에는 표층 수온 값을 이용할 수 있어야 한다.

꼭 기억해야 할 개념
1. 대양에서 수심이 깊어질수록 수온은 낮아지고, 용존 산소량은 작아지다가 커지는 경향을 보인다.
2. 표층 수온은 저위도에서 고위도로 갈수록 대체로 낮아진다.

선지별 선택 비율

①	②	③	④	⑤
71 %	5 %	7 %	8 %	7 %

129

수능 기출

그림은 어느 고위도 해역에서 A 시기와 B 시기에 각각 측정한 깊이 50~500 m의 해수 특성을 수온－염분도에 나타낸 것이다. 이 해역의 수온과 염분은 유입된 담수의 양에 의해서만 변화하였다.

이 자료에 대한 설명으로 옳은 것만을 〈보기〉에서 있는 대로 고른 것은?

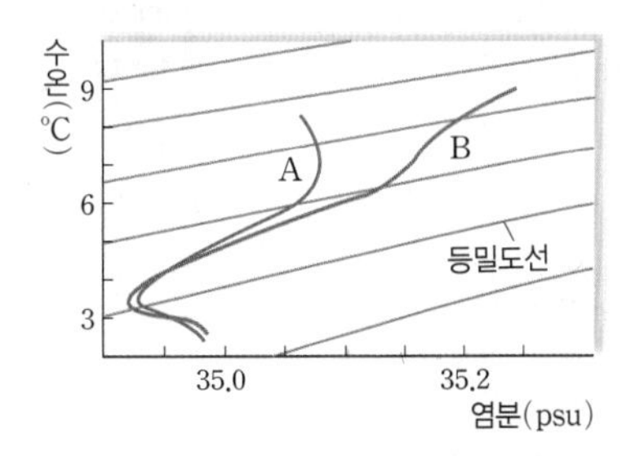

| 보기 |

ㄱ. A 시기에 깊이가 증가할수록 밀도는 증가한다.
ㄴ. 50 m 깊이에서 산소의 용해도는 A 시기가 B 시기보다 높다.
ㄷ. 유입된 담수의 양은 A 시기가 B 시기보다 적다.

① ㄱ ② ㄷ ③ ㄱ, ㄴ ④ ㄴ, ㄷ ⑤ ㄱ, ㄴ, ㄷ

문항 분석
해수의 수온과 염분 변화에 영향을 미치는 요소에 대해 이해하고 있어야 한다.

꼭 기억해야 할 개념
해수의 밀도는 수온이 낮을수록, 염분이 높을수록 크다.

선지별 선택 비율

①	②	③	④	⑤
6 %	2 %	60 %	4 %	25 %

적중 예상 문제

130 | 신유형 |

상 중 하

다음은 해수의 염분에 영향을 미치는 요인을 알아보기 위한 실험이다.

| 실험 과정

(가) 염분이 40 psu인 소금물 1200 mL를 만들고, 3개의 비커 A, B, C에 각각 400 mL씩 나눠 담는다.

(나) 비커 A~C의 소금물에 다음과 같은 과정을 수행한다.

비커	과정
A	표층이 얼음으로 덮일 정도까지 얼린다.
B	증류수 100 mL를 넣어 섞는다.
C	10분간 가열하여 증발시킨다.

(다) 각 비커에 있는 소금물의 염분을 측정한다.

| 실험 결과

비커	A	B	C
염분(psu)	㉠	㉡	㉢

이에 대한 설명으로 옳은 것만을 〈보기〉에서 있는 대로 고른 것은?

| 보기 |

ㄱ. 해수의 결빙에 의한 염분 변화를 알아보기 위한 과정은 비커 A에 해당한다.
ㄴ. 비커 A의 표층 얼음 아래에 있는 물의 염분은 40 psu보다 높다.
ㄷ. ㉡은 36이다.

① ㄱ ② ㄴ ③ ㄷ ④ ㄱ, ㄴ ⑤ ㄱ, ㄷ

131

상 중 하

그림은 위도에 따른 표층 해수의 밀도, 수온, 염분 분포를 나타낸 것이다.
이에 대한 설명으로 옳은 것만을 〈보기〉에서 있는 대로 고른 것은?

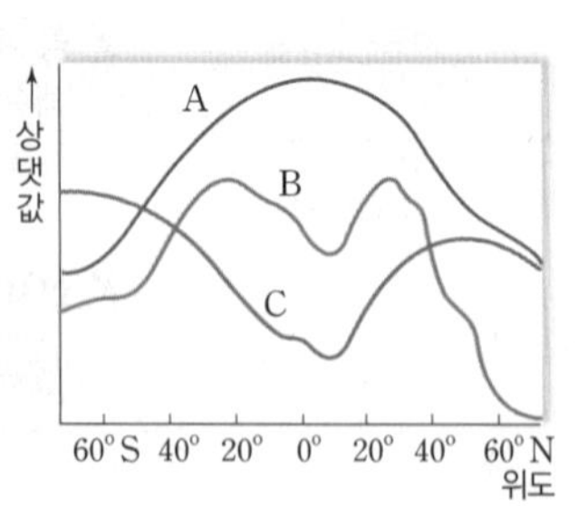

| 보기 |

ㄱ. 밀도 분포는 C이다.
ㄴ. 해수의 결빙은 60°S 해역보다 60°N 해역에서 더 크다.
ㄷ. (증발량－강수량) 값은 10°N 해역보다 30°N 해역에서 더 크다.

① ㄱ ② ㄴ ③ ㄱ, ㄷ ④ ㄴ, ㄷ ⑤ ㄱ, ㄴ, ㄷ

132

상 중 하

그림은 북대서양의 연평균 (증발량　강수량) 값 분포를 나타낸 것이다.

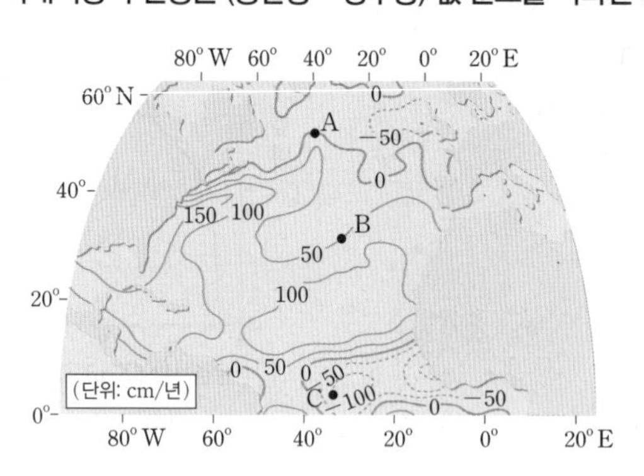

A, B, C 지점에 대한 설명으로 옳은 것만을 〈보기〉에서 있는 대로 고른 것은?

| 보기 |

ㄱ. 연평균 강수량이 연평균 증발량보다 큰 지점은 C이다.
ㄴ. 대기 대순환에 의해 저압대가 형성된 지점은 B이다.
ㄷ. 표층 염분은 A 지점이 C 지점보다 높다.

① ㄱ ② ㄴ ③ ㄷ ④ ㄱ, ㄴ ⑤ ㄱ, ㄷ

133

상 중 하

그림은 어느 중위도 해역에서 1년 동안 관측한 깊이에 따른 수온 분포를 나타낸 것이다.

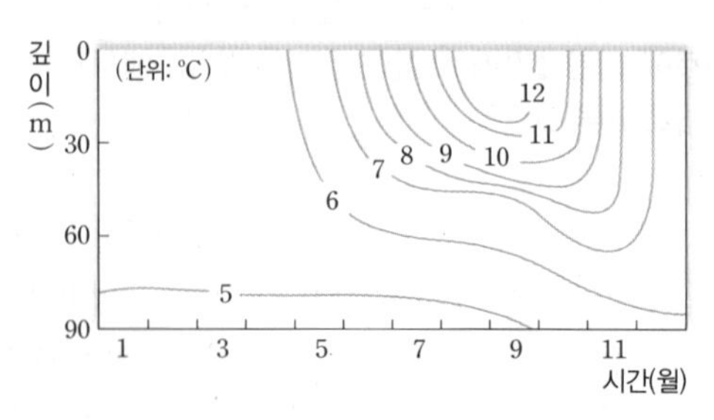

이에 대한 설명으로 옳은 것만을 〈보기〉에서 있는 대로 고른 것은?

| 보기 |

ㄱ. 이 해역은 남반구에 위치하고 있다.
ㄴ. 수온의 연교차는 깊이 60 m 보다 깊이 30 m에서 더 크다.
ㄷ. 혼합층의 두께는 7월이 11월보다 두껍다.

① ㄱ ② ㄴ ③ ㄷ ④ ㄱ, ㄴ ⑤ ㄱ, ㄷ

134

상 중 하

표는 서로 다른 표층 해수 A, B, C의 물리량을, 그림은 수온－염분도를 나타낸 것이다.

해수	수온(℃)	염분(psu)
A	13	(　)
B	10	33.8
C	8	(　)

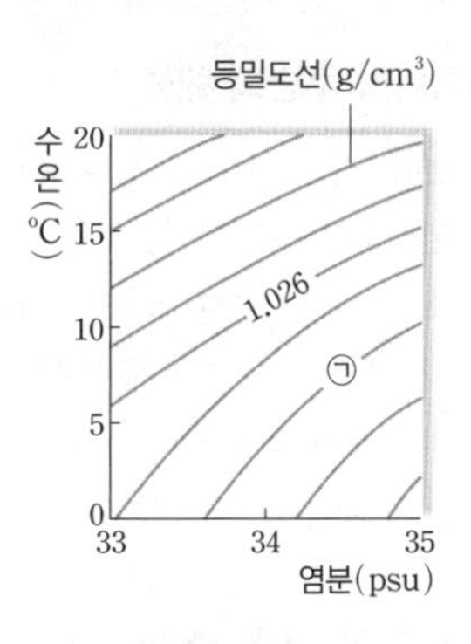

이에 대한 설명으로 옳은 것만을 〈보기〉에서 있는 대로 고른 것은?

| 보기 |

ㄱ. ㉠의 값은 1.026보다 작다.
ㄴ. B의 일부가 결빙이 일어난다면 B 해수의 밀도는 1.026 g/cm³보다 커진다.
ㄷ. A와 C의 밀도가 같다면 A의 염분은 C보다 높다.

① ㄱ ② ㄷ ③ ㄱ, ㄴ ④ ㄴ, ㄷ ⑤ ㄱ, ㄴ, ㄷ

135 | 신유형 |

상 중 하

그림은 우리나라 어느 해역에서 측정한 수괴 A, B, C의 수온과 염분 분포를 나타낸 것이다. A, B, C는 각각 혼합층, 수온 약층, 심해층 중 하나에 위치한다.

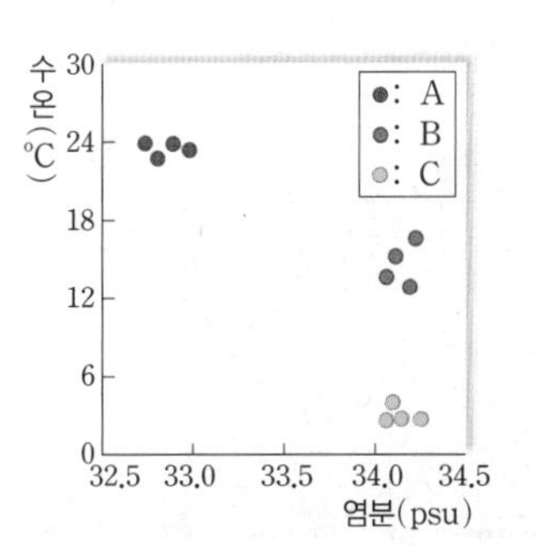

이에 대한 설명으로 옳은 것만을 〈보기〉에서 있는 대로 고른 것은?

| 보기 |

ㄱ. 혼합층에 위치하고 있는 수괴는 A이다.
ㄴ. 100 g의 해수 B를 증발시켜 얻을 수 있는 염류의 양은 약 34.2 g이다.
ㄷ. 평균 밀도는 C가 가장 크다.

① ㄱ ② ㄴ ③ ㄱ, ㄷ ④ ㄴ, ㄷ ⑤ ㄱ, ㄴ, ㄷ

136

상 중 하

그림 (가)는 어느 시기 우리나라 주변 해수의 표층 수온과 표층 염분을, (나)는 수온－염분도를 나타낸 것이다.

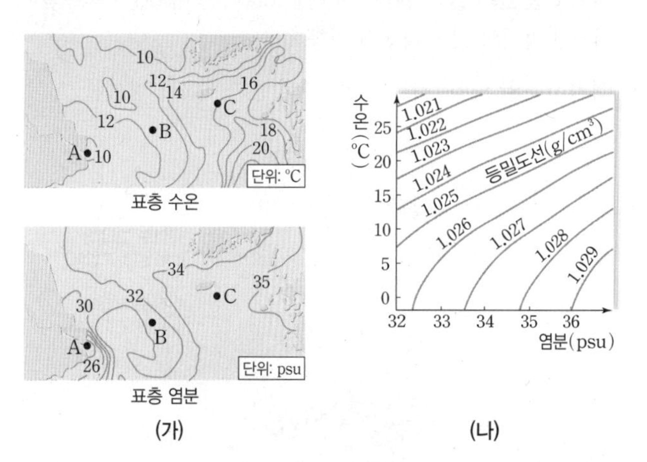

이에 대한 설명으로 옳은 것만을 〈보기〉에서 있는 대로 고른 것은?

| 보기 |

ㄱ. A 해역에는 담수의 유입이 일어나고 있다.
ㄴ. 수온만을 고려할 때, B 해역의 용존 기체량이 가장 많다.
ㄷ. C 해역 해수의 밀도는 1.024 g/cm³보다 작다.

① ㄱ ② ㄴ ③ ㄷ ④ ㄱ, ㄴ ⑤ ㄱ, ㄷ

137 | 신유형 |

상 중 하

그림은 최근 53년 동안 우리나라 동해, 남해, 황해의 연평균 표층 염분 변화를 나타낸 것이다.

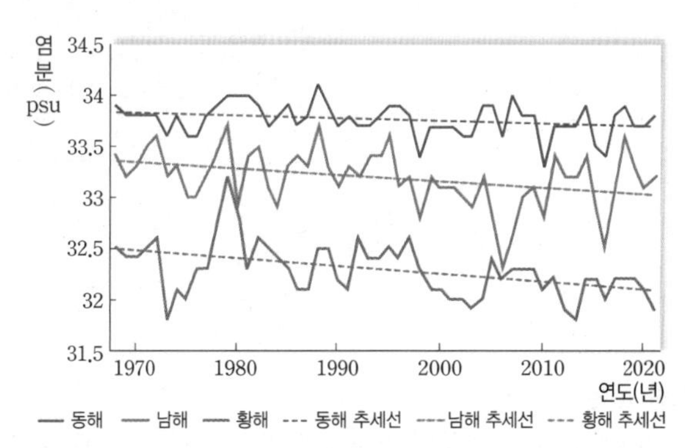

이에 대한 설명으로 옳은 것만을 〈보기〉에서 있는 대로 고른 것은?

| 보기 |

ㄱ. 표층 염분이 가장 많이 감소한 해역은 동해이다.
ㄴ. 이 기간 동안 우리나라 주변 해역에서 (증발량－강수량) 값은 점점 증가하고 있다.
ㄷ. 황해가 동해보다 표층 염분이 대체로 낮게 나타나는 주요 요인은 담수의 유입량 차이이다.

① ㄱ ② ㄴ ③ ㄷ ④ ㄱ, ㄴ ⑤ ㄱ, ㄷ

10 해수의 표층 순환과 심층 순환

출제 개념
- 대기 대순환
- 해수의 표층 순환
- 대서양에서의 심층 순환
- 해수의 표층 순환과 심층 순환의 관계

1 대기 대순환

(1) **대기 대순환**: 지구 전체 규모로 일어나는 대기의 순환

빈출

(2) **대기 대순환의 발생 원인**: 지구에 도달하는 위도별 태양 복사 에너지양 차이와 지구 자전의 영향

(3) **대기 대순환 모형**: 각 반구에 3개의 순환 세포가 형성됨

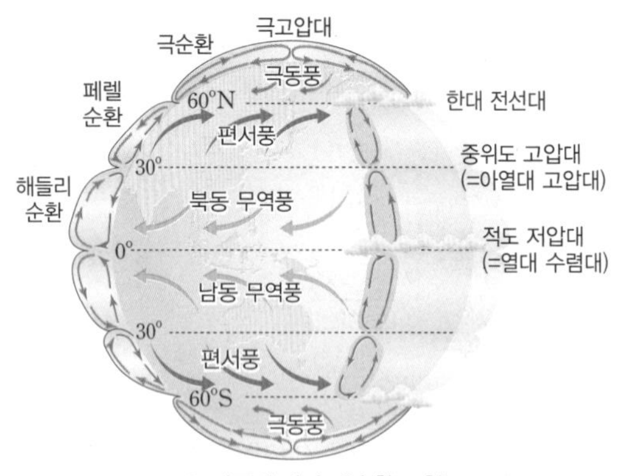

지구의 대기 대순환 모형

2 해수의 표층 순환

빈출

(1) **표층 해류**: 지상에서 부는 바람으로 인해 수온 약층 위에서 일정한 방향으로 흐르는 해류

동서 방향의 표층 해류	• 무역풍에 의해 동쪽 → 서쪽으로 흐름 • 편서풍에 의해 서쪽 → 동쪽으로 흐름
남북 방향의 표층 해류	• 저위도 → 고위도로 난류가 흐름 • 고위도 → 저위도로 한류가 흐름

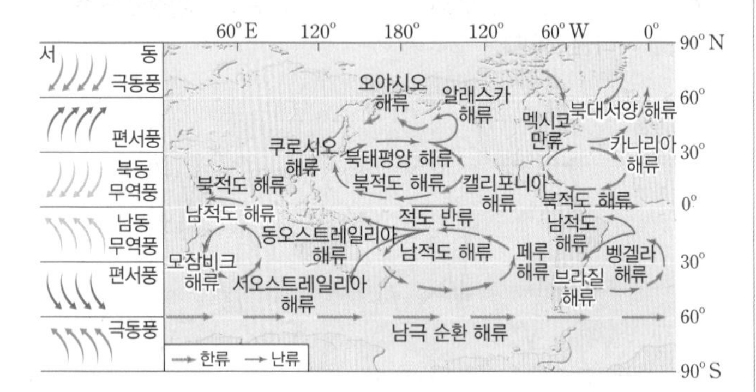

(2) **표층 순환**

① 아열대 순환: 무역풍대의 해류와 편서풍대의 해류로 이루어진 순환 ➡ 적도를 경계로 북반구와 남반구가 거의 대칭을 이룸

북태평양 아열대 순환	북적도 해류 → 쿠로시오 해류 → 북태평양 해류 → 캘리포니아 해류(시계 방향으로 순환)
남태평양 아열대 순환	남적도 해류 → 동오스트레일리아 해류 → 남극 순환 해류 → 페루 해류(시계 반대 방향으로 순환)
북대서양 아열대 순환	북적도 해류 → 멕시코 만류 → 북대서양 해류 → 카나리아 해류(시계 방향으로 순환)
남대서양 아열대 순환	남적도 해류 → 브라질 해류 → 남극 순환 해류 → 벵겔라 해류(시계 반대 방향으로 순환)

② 아한대 순환: 편서풍대의 해류와 극동풍에 의한 해류가 이루는 순환 ➡ 북반구에서만 존재

③ 대양의 서쪽 연안을 따라 흐르는 해류(난류)는 동쪽 연안을 따라 흐르는 해류(한류)에 비해 고온·고염분이며, 유속이 빠름

(3) **우리나라 주변의 해류**

① 난류: 쿠로시오 해류, 황해 난류, 동한 난류, 대마 난류

② 한류: 연해주 한류, 북한 한류

③ 조경 수역: 우리나라의 동해에서 동한 난류와 북한 한류가 만나 형성 ➡ 여름철에 북상, 겨울철에 남하

④ 난류와 한류의 특징: 난류는 한류에 비해 수온과 염분이 높고, 용존 산소량과 영양 염류가 적음

3 해수의 심층 순환

(1) **심층 순환(열염 순환)**: 심해층에서 일어나는 전 지구적 규모의 해수 흐름

① 발생 원인: 수온과 염분 변화에 따른 해수의 밀도 차이

② 순환 과정: 극지방에서 차갑게 냉각된 해수는 밀도가 커져 침강 → 저위도 지방으로 심층 해수가 이동하여 온대나 열대 해역에서 용승 → 해수가 표층을 따라 극 쪽으로 이동

고빈출

(2) **대서양에서의 심층 순환**

남극 중층수	• 60°S 부근에서 해수가 냉각되어 가라앉아 형성 • 북대서양 심층수보다 밀도가 작아 북대서양 심층수 위쪽으로 흐름
북대서양 심층수	• 그린란드 해역에서 냉각된 표층 해수가 침강하여 형성 • 남극 중층수와 남극 저층수 사이에 위치
남극 저층수	• 남극 대륙 주변의 웨델해에서 해수가 결빙될 때 표층 해수의 염분과 밀도가 증가하여 침강하며 형성 • 밀도가 가장 큰 해수로, 대서양에서 수심이 가장 깊은 해저면을 따라 흐름

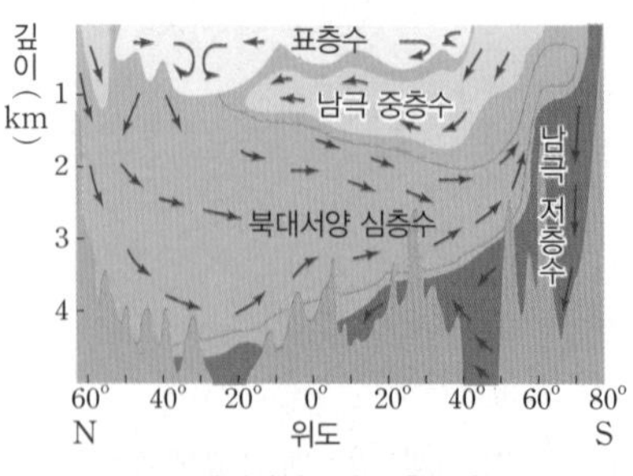

대서양에서의 심층 순환

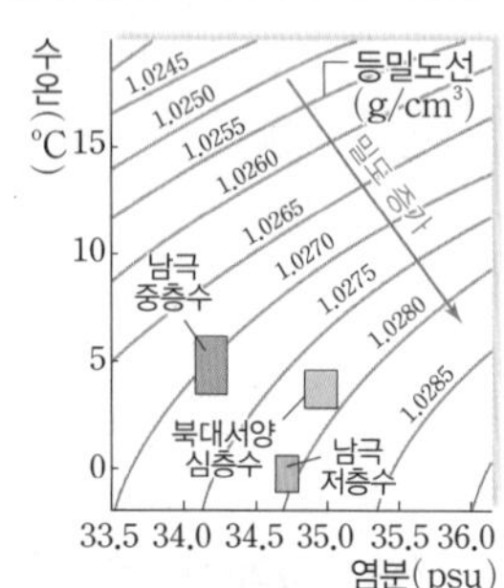

수온－염분도에 나타낸 대서양의 수괴

빈출

(3) **해수의 순환과 기후 변화**

① 표층 순환과 심층 순환의 관계: 해수의 표층 순환과 심층 순환은 서로 연결되어 흐름

② 심층 순환의 역할: 해수의 순환, 위도별 에너지 불균형 해소, 산소와 영양 염류의 공급, 기후 변화 등

대표 기출 문제

138

평가원 기출

그림 (가)와 (나)는 어느 해 2월과 8월의 남태평양의 표층 수온을 순서 없이 나타낸 것이다. A와 B는 주요 표층 해류가 흐르는 해역이다.

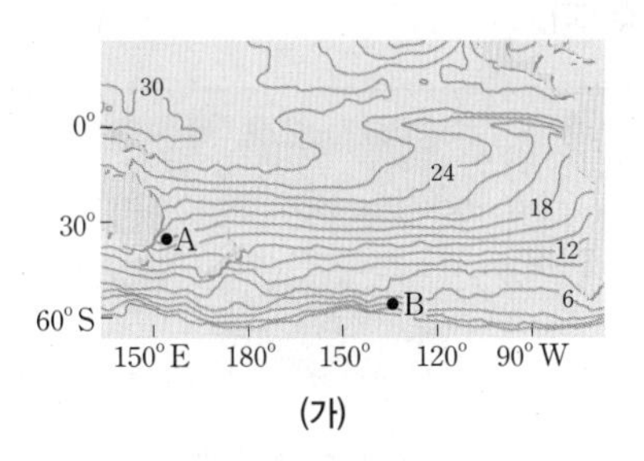

(가)

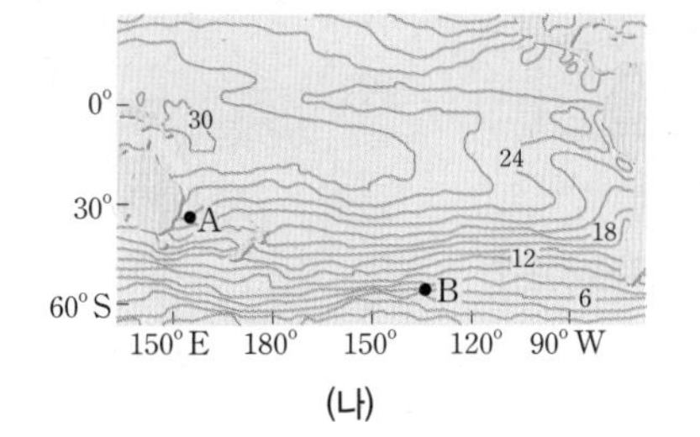

(나)

이에 대한 설명으로 옳은 것만을 〈보기〉에서 있는 대로 고른 것은?

| 보기 |

ㄱ. 8월에 해당하는 것은 (나)이다.
ㄴ. A에서 흐르는 해류는 고위도 방향으로 에너지를 이동시킨다.
ㄷ. B에서 흐르는 해류와 북태평양 해류의 방향은 반대이다.

① ㄱ ② ㄴ ③ ㄷ ④ ㄱ, ㄴ ⑤ ㄴ, ㄷ

문항 분석
발문에 주어진 시기를 통해 남반구의 계절을 파악하도록 하여 오답률이 높았던 문항이다. 북반구와 남반구에서 나타나는 특징의 공통점과 차이점을 이해하고 적용할 수 있어야 한다.

꼭 기억해야 할 개념
남극 순환 해류는 편서풍의 영향을 받아 남극 대륙 주위를 서쪽에서 동쪽으로 흐른다.

선지별 선택 비율

①	②	③	④	⑤
6 %	32 %	6 %	38 %	15 %

139

평가원 기출

그림은 대서양의 심층 순환을 나타낸 것이다. 수괴 A, B, C는 각각 남극 저층수, 남극 중층수, 북대서양 심층수 중 하나이다.
이에 대한 설명으로 옳은 것만을 〈보기〉에서 있는 대로 고른 것은? [3점]

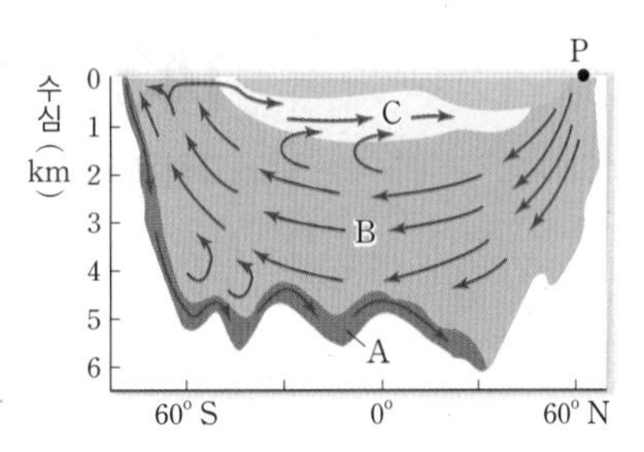

| 보기 |

ㄱ. A는 남극 저층수이다.
ㄴ. 밀도는 C가 A보다 크다.
ㄷ. 빙하가 녹은 물이 해역 P에 유입되면 B의 흐름은 강해질 것이다.

① ㄱ ② ㄴ ③ ㄷ ④ ㄱ, ㄷ ⑤ ㄴ, ㄷ

문항 분석
대서양의 심층 순환을 이루는 수괴의 성질을 이해하고 있는지 묻는 문항이다.

꼭 기억해야 할 개념
표층에서 해수의 수온이 높아지거나 염분이 낮아지면 밀도가 작아져 해수의 침강이 약해지고 심층 순환이 약해진다.

선지별 선택 비율

①	②	③	④	⑤
71 %	0 %	8 %	18 %	1 %

적중 예상 문제

140

(상 중 하)

그림은 대기 대순환의 일부를 나타낸 것이다. A~C는 순환 세포이다.

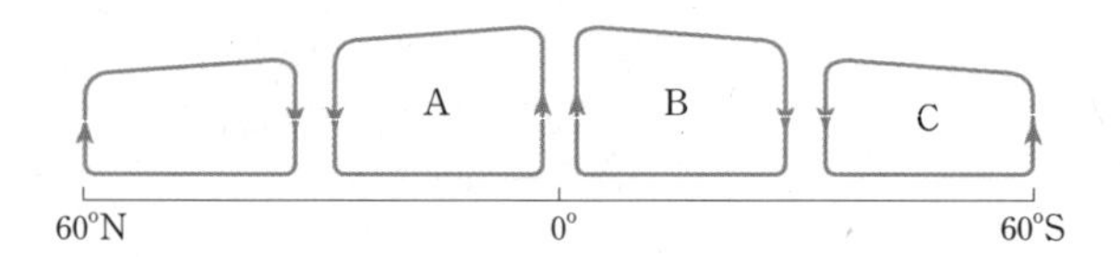

이에 대한 설명으로 옳은 것만을 〈보기〉에서 있는 대로 고른 것은?

| 보기 |

ㄱ. 라니냐 시기에 A와 B의 지표 부근에서 부는 바람은 평상시보다 강해진다.
ㄴ. 온대 저기압은 주로 B와 C 사이에서 형성된다.
ㄷ. B와 C 사이에서는 표층 해수가 발산한다.

① ㄱ ② ㄴ ③ ㄱ, ㄷ ④ ㄴ, ㄷ ⑤ ㄱ, ㄴ, ㄷ

141

(상 중 하)

그림은 대기 대순환에 의한 지표 부근에서 부는 바람을 나타낸 것이다.

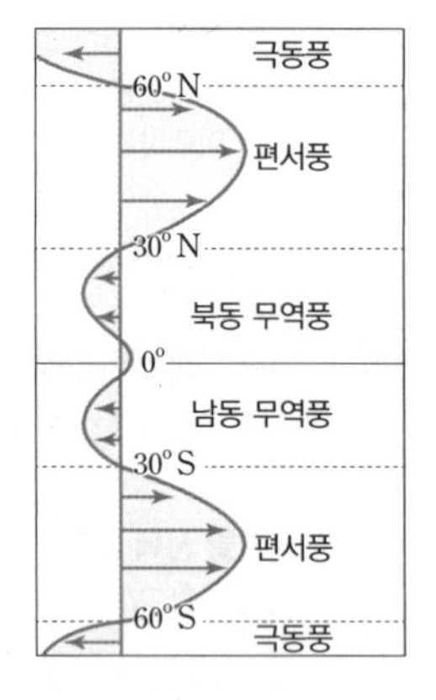

이에 대한 설명으로 옳은 것만을 〈보기〉에서 있는 대로 고른 것은?

| 보기 |

ㄱ. 아열대 순환은 적도를 중심으로 거의 대칭으로 나타난다.
ㄴ. 아한대 순환은 북반구와 남반구에서 모두 나타난다.
ㄷ. 표층 순환에서 남북 방향의 흐름은 주로 편서풍에 의해 형성된다.

① ㄱ ② ㄷ ③ ㄱ, ㄴ ④ ㄴ, ㄷ ⑤ ㄱ, ㄴ, ㄷ

142

| 신유형 |

(상 중 하)

그림은 북반구에서 나타나는 대기 대순환에 의한 해수의 표층 순환을 모식적으로 나타낸 것이다.

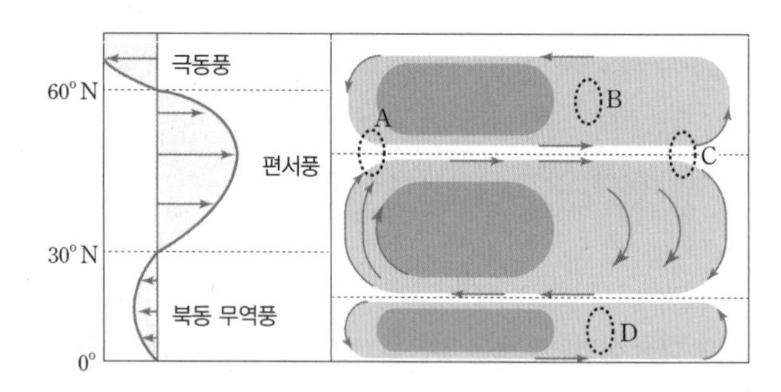

이에 대한 설명으로 옳은 것만을 〈보기〉에서 있는 대로 고른 것은?

| 보기 |

ㄱ. 극동풍과 편서풍에 의해 형성된 해수의 표층 순환은 남반구에서도 동일하게 나타난다.
ㄴ. 표층 해수의 등수온선 간격은 A 해역보다 C 해역에서 넓다.
ㄷ. B 해역에서 D 해역으로 갈수록 표층 염분은 점차 높아진다.

① ㄱ ② ㄴ ③ ㄱ, ㄷ ④ ㄴ, ㄷ ⑤ ㄱ, ㄴ, ㄷ

143

(상 중 하)

그림은 1월과 7월의 풍향 분포 중 하나를 나타낸 것이다.

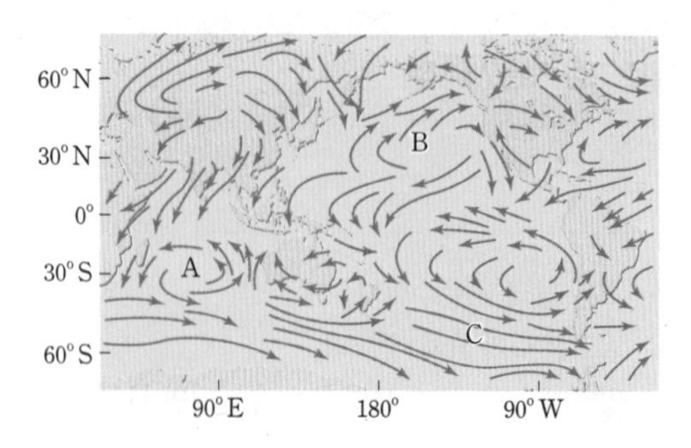

이에 대한 설명으로 옳은 것만을 〈보기〉에서 있는 대로 고른 것은?

| 보기 |

ㄱ. 7월의 풍향 분포이다.
ㄴ. A의 고기압은 해들리 순환과 페렐 순환에 의해 형성된다.
ㄷ. B와 C에서 표층 해류는 모두 서에서 동으로 흐른다.

① ㄱ ② ㄴ ③ ㄱ, ㄷ ④ ㄴ, ㄷ ⑤ ㄱ, ㄴ, ㄷ

144

상 중 하

그림은 태평양의 주요 표층 해류가 흐르는 해역 A~E를 나타낸 것이다.

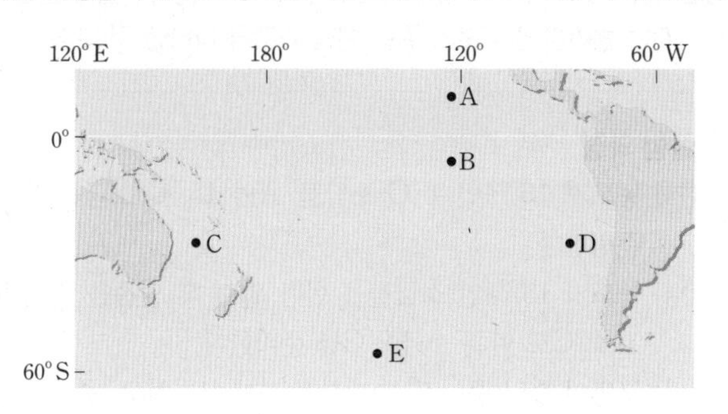

이에 대한 설명으로 옳은 것만을 〈보기〉에서 있는 대로 고른 것은?

| 보기 |

ㄱ. A와 E에 흐르는 해류는 모두 직접 순환에 의한 바람에 의해 형성된다.
ㄴ. 저위도에서 고위도로의 열 수송량은 C보다 D에서 많다.
ㄷ. 표층 해류는 B → C → E → D의 방향으로 흐른다.

① ㄱ ② ㄷ ③ ㄱ, ㄴ ④ ㄴ, ㄷ ⑤ ㄱ, ㄴ, ㄷ

145

상 중 하

그림 (가)는 북태평양 해수의 표층 순환을, (나)는 표층 해수의 용존 산소량을 나타낸 것이다.

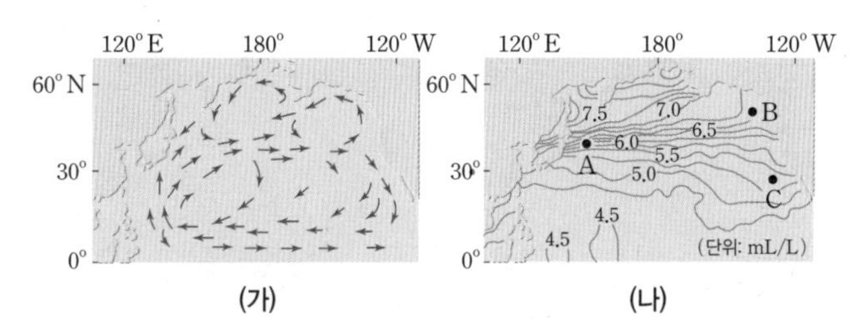

이에 대한 설명으로 옳은 것만을 〈보기〉에서 있는 대로 고른 것은?

| 보기 |

ㄱ. A 해역에서 용존 산소량의 등치선이 조밀한 이유는 염분이 급격히 변하기 때문이다.
ㄴ. B 해역에서는 고위도로 열에너지가 수송된다.
ㄷ. 캘리포니아 해류가 강해지면 C 해역의 용존 산소량은 증가할 것이다.

① ㄱ ② ㄷ ③ ㄱ, ㄴ ④ ㄴ, ㄷ ⑤ ㄱ, ㄴ, ㄷ

146

상 중 하

그림은 북적도 해류, 북태평양 해류, 쿠로시오 해류를 구분하는 과정을 나타낸 것이다.

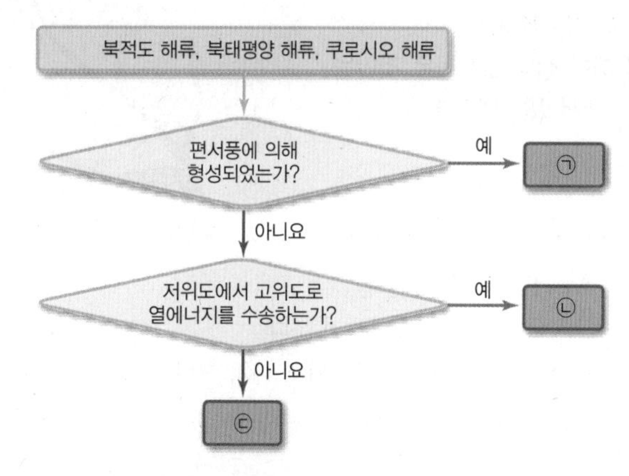

이에 대한 설명으로 옳은 것만을 〈보기〉에서 있는 대로 고른 것은?

| 보기 |

ㄱ. ㉠은 ㉢보다 높은 위도에서 흐른다.
ㄴ. ㉡은 페루 해류보다 용존 산소량이 많다.
ㄷ. ㉢은 동에서 서로 흐른다.

① ㄴ ② ㄷ ③ ㄱ, ㄴ ④ ㄱ, ㄷ ⑤ ㄱ, ㄴ, ㄷ

147

상 중 하

그림은 대기 대순환에 의해 지표 부근에서 부는 바람의 연평균 풍속과 풍향을 나타낸 것이다.

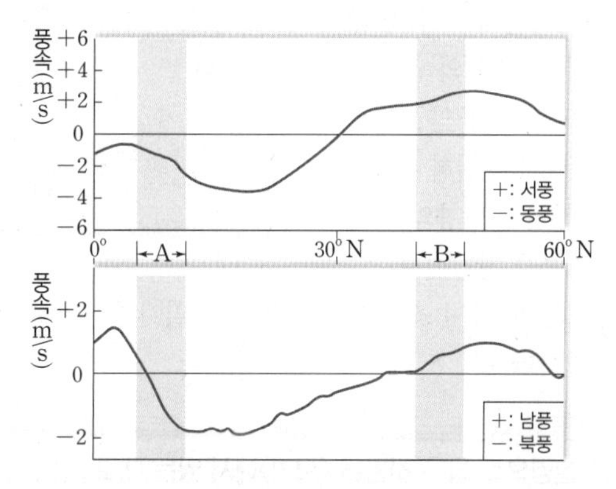

이에 대한 설명으로 옳은 것만을 〈보기〉에서 있는 대로 고른 것은?

| 보기 |

ㄱ. A에서 해들리 순환의 하강 기류가 나타난다.
ㄴ. 북태평양 해류는 B에서 나타난다.
ㄷ. A와 B에서 흐르는 해류의 방향은 같다.

① ㄱ ② ㄴ ③ ㄱ, ㄷ ④ ㄴ, ㄷ ⑤ ㄱ, ㄴ, ㄷ

148

(상 중 하)

그림은 우리나라 주변의 표층 해류를 나타낸 것이다. 두 해역 ㉠과 ㉡의 위도는 같다.
이에 대한 설명으로 옳은 것만을 〈보기〉에서 있는 대로 고른 것은?

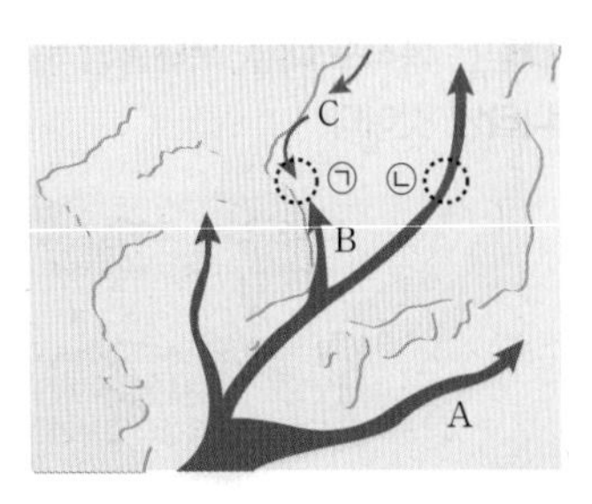

| 보기 |

ㄱ. A는 B의 근원이 된다.
ㄴ. B는 C보다 수온과 염분이 높다.
ㄷ. 남북 간의 수온 차는 ㉠보다 ㉡에서 크다.

① ㄱ ② ㄴ ③ ㄱ, ㄴ ④ ㄱ, ㄷ ⑤ ㄴ, ㄷ

149

(상 중 하)

다음은 해수의 심층 순환 원리를 알아보기 위한 실험 과정을 나타낸 것이다.

| 실험 과정

(가) 염분이 35 psu인 소금물 300 g을 만든 후, ㉠ 소금물 100 g을 비커 A에 담는다.
(나) (가)의 나머지 소금물을 냉동실에 넣고 절반 정도 얼었을 때 ㉡ 얼지 않은 소금물을 비커 B에 담는다.
(다) 비커 A와 B에 서로 다른 색깔의 잉크를 한 방울씩 넣은 다음 10 °C로 온도가 같게 만든다.
(라) 수조에 ㉢ 20 °C의 물을 채운 후 그림과 같이 A와 B의 소금물을 수조의 양끝에서 동시에 천천히 부으면서 연직 방향의 물의 흐름을 관찰한다.

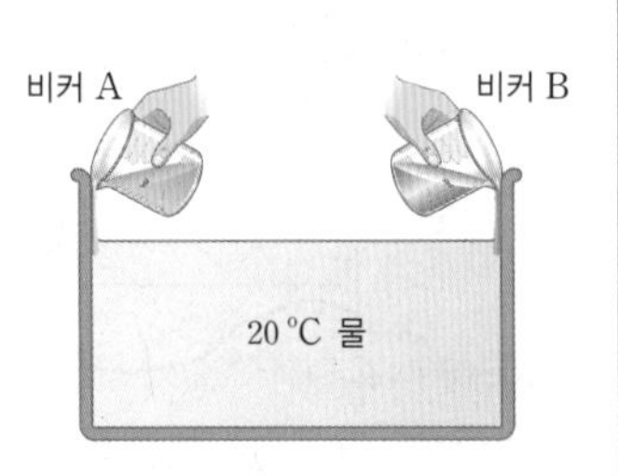

(마) ㉠과 ㉡이 수조 바닥에서 만나서 일어나는 변화를 관찰한다.

이에 대한 설명으로 옳은 것만을 〈보기〉에서 있는 대로 고른 것은?

| 보기 |

ㄱ. ㉠과 ㉡은 모두 가라앉는다.
ㄴ. ㉠과 ㉡이 만나면 ㉠이 ㉡의 아래로 흐른다.
ㄷ. ㉢ 대신 30 °C의 물을 채우면 (라)의 변화는 더 활발하게 일어난다.

① ㄱ ② ㄴ ③ ㄷ ④ ㄱ, ㄷ ⑤ ㄴ, ㄷ

150 | 신유형 |

(상 중 하)

다음은 심층 순환에서 북대서양 심층수, 남극 저층수, 남극 중층수가 만들어지는 원리를 알아보기 위한 실험 과정을 나타낸 것이다.

| 실험 과정

(가) 농도가 15 %인 4 °C 소금물 A와 15 °C 소금물 B를 준비한다.
(나) 농도가 15 %인 소금물을 반쯤 얼린 후 얼음을 걷어내고 4 °C로 만든 소금물 C를 준비한다.
(다) 구멍이 뚫린 종이컵 세 개를 수조에 부착하고, 종이컵의 아랫부분이 잠길 정도로 수조에 상온의 물을 채운다.
(라) 소금물 A, B, C에 각각 초록색, 빨강색, 파랑색 잉크를 떨어뜨린 후 종이컵에 동시에 천천히 부으면서 물의 흐름을 관찰한다.

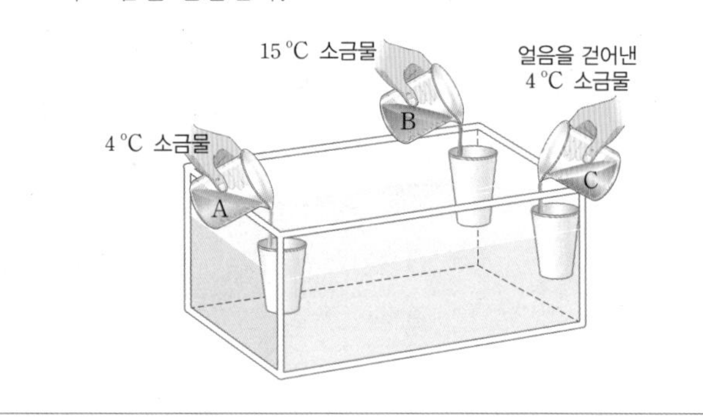

이에 대한 설명으로 옳은 것만을 〈보기〉에서 있는 대로 고른 것은?

| 보기 |

ㄱ. 과정 (나)는 극지방에서 결빙이 일어나는 경우에 해당한다.
ㄴ. 소금물의 밀도는 B>A>C이다.
ㄷ. A는 남극 중층수에 해당한다.

① ㄱ ② ㄴ ③ ㄱ, ㄷ ④ ㄴ, ㄷ ⑤ ㄱ, ㄴ, ㄷ

151 | 신유형 |

상 중 하

그림은 표층 순환과 심층 순환을 나타낸 것이다. A~D는 순환하는 해류의 이동 경로에 있는 영역이다.

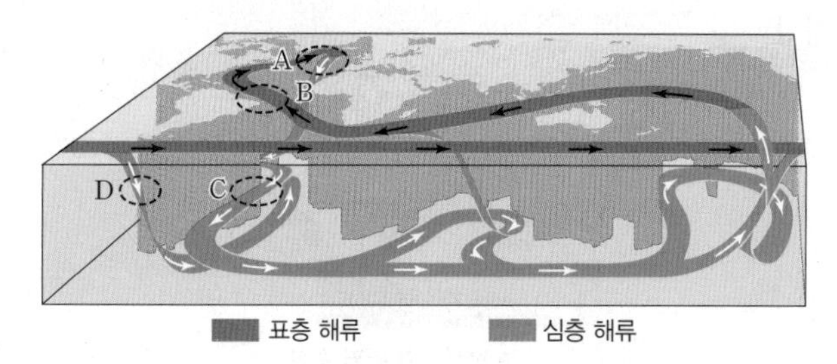

이에 대한 설명으로 옳은 것만을 〈보기〉에서 있는 대로 고른 것은?

| 보기 |

ㄱ. A에서 해수의 침강이 활발해지면 B를 통과하는 해류의 유속이 빨라진다.
ㄴ. C에는 북대서양 심층수가 흐른다.
ㄷ. A~D 중 D를 통과하는 해수의 밀도가 가장 크다.

① ㄱ ② ㄴ ③ ㄱ, ㄷ ④ ㄴ, ㄷ ⑤ ㄱ, ㄴ, ㄷ

152

상 중 하

그림 (가)는 대서양에서 표층수와 심층수의 흐름을 ㉠과 ㉡으로 순서없이 나타낸 것이고, (나)는 1992년~2020년 사이에 그린란드의 빙하량 변화를 나타낸 것이다.

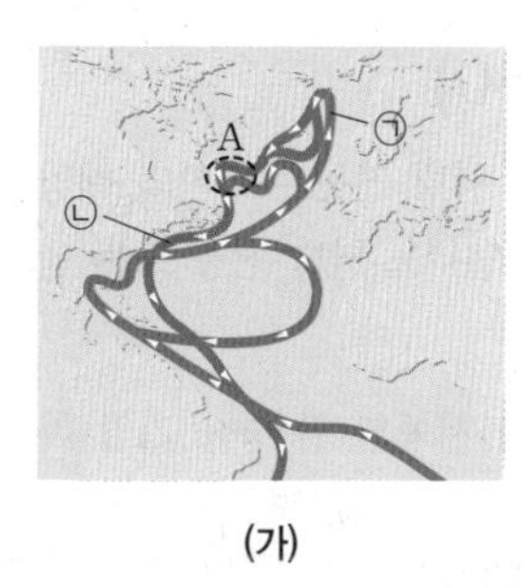

(가)

빙하량 (+), 0, (−)
1992 1998 2004 2010 2016 2022
연도(년)

(나)

1998년과 비교할 때, 2018년에 대한 설명으로 옳은 것만을 〈보기〉에서 있는 대로 고른 것은?

| 보기 |

ㄱ. A 해역 표층 해수의 평균 염분이 낮다.
ㄴ. A 해역에서 해수의 침강이 활발하다.
ㄷ. ㉠과 ㉡의 유속이 빠르다.

① ㄱ ② ㄴ ③ ㄱ, ㄷ ④ ㄴ, ㄷ ⑤ ㄱ, ㄴ, ㄷ

153

상 중 하

다음은 해수의 순환에 대한 설명과 이에 대해 세 학생이 나눈 대화를 나타낸 것이다.

(가) 북대서양 그린란드 주변 해역(㉠)에서 밀도가 증가하여 침강한 해수는 대서양의 서쪽 해안을 따라 남쪽으로 이동한다.
(나) ⓐ남쪽으로 이동한 해수는 ⓑ웨델해에서 결빙에 의해 침강한 해수와 함께 인도양과 태평양으로 이동한다.
(다) 심해를 따라 이동한 물은 인도양에서 점차 상승하고, 인도양 주변 해역(㉡)에서 표층 순환으로 이어진다.

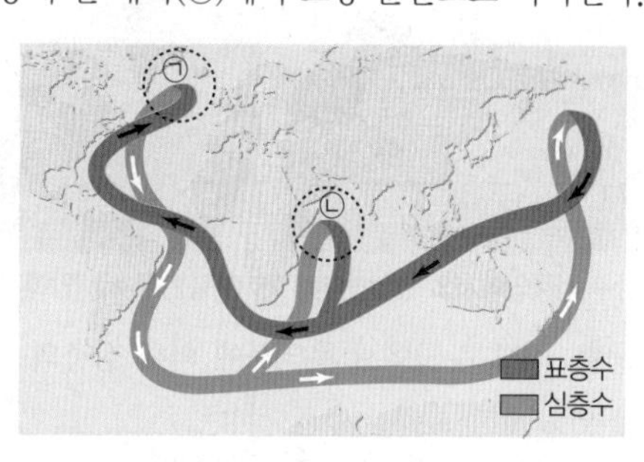

제시한 내용이 옳은 학생만을 있는 대로 고른 것은?

① A ② B ③ C ④ A, C ⑤ B, C

11 대기와 해양의 상호 작용

출제 개념
- 용승과 침강
- 엘니뇨와 라니냐 시기의 대기 순환
- 엘니뇨와 라니냐 시기의 서태평양과 동태평양의 용승, 표층 수온, 기압, 강수량 등

1 용승과 침강

(1) **용승**: 표층 해수가 이동할 때 심층의 찬 해수가 표층으로 올라오는 현상 ➡ 영양 염류가 풍부한 심층의 해수가 공급

(2) **침강**: 표층에 있던 해수가 심층으로 내려가는 현상

(3) **용승과 침강의 종류**

① 연안 용승: 대륙의 연안에서 바람에 의해 표층 해수가 먼 바다 쪽으로 이동하고, 심층으로부터 찬 해수가 올라오는 현상

② 연안 침강: 대륙의 연안에서 바람에 의해 표층 해수가 연안 쪽으로 이동하고, 쌓인 해수가 심층으로 가라앉는 현상

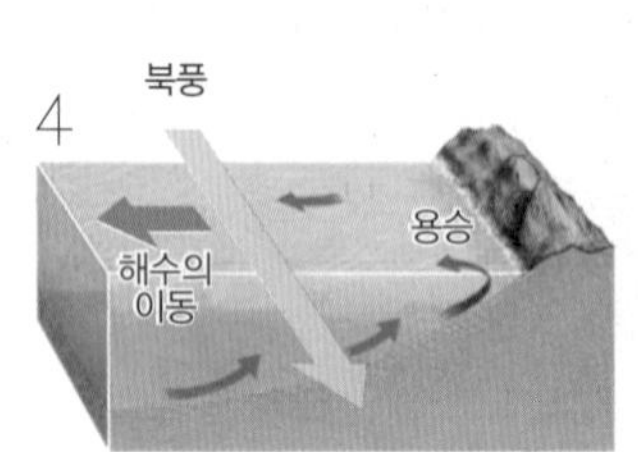

북반구 서해안에서의 연안 용승

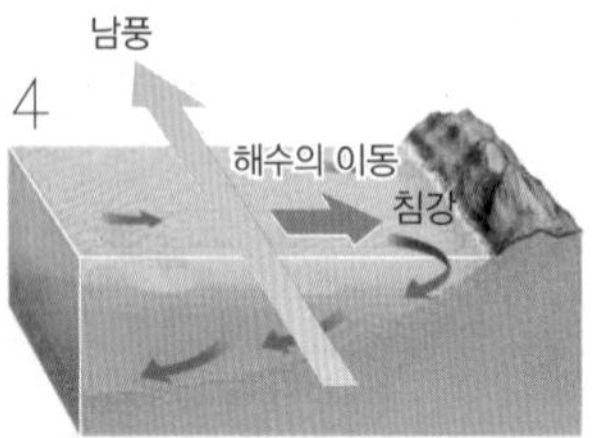

북반구 서해안에서의 연안 침강

③ 적도 용승: 적도 부근에서 무역풍에 의해 심층의 찬 해수가 올라오는 현상

④ 저기압과 고기압 해역에서의 용승과 침강
- 북반구의 저기압: 시계 반대 방향으로 부는 바람에 의한 용승
- 북반구의 고기압: 시계 방향으로 부는 바람에 의한 침강

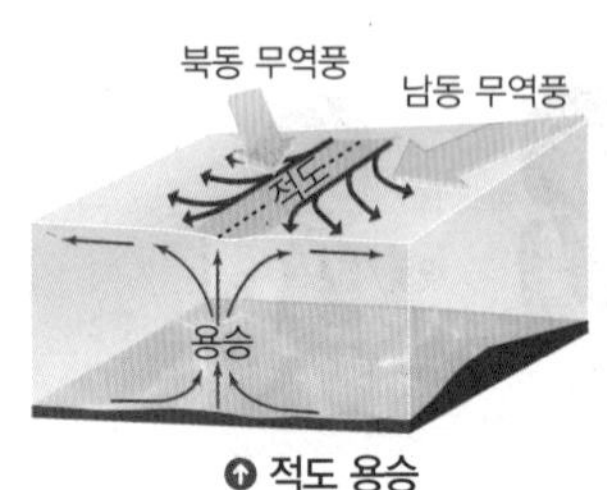

적도 용승

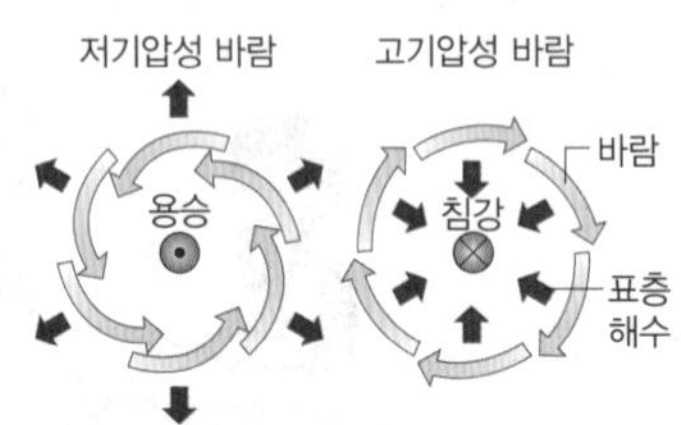

저기압과 고기압에 의한 용승과 침강 (북반구)

고빈출

2 엘니뇨와 라니냐

(1) **엘니뇨**: 무역풍이 약화되어 적도 부근 동태평양의 표층 수온이 평상시보다 0.5 °C 이상 높은 상태로 6개월 이상 지속되는 현상

(2) **라니냐**: 무역풍이 강화되어 적도 부근 동태평양의 표층 수온이 평상시보다 0.5 °C 이상 낮은 상태로 6개월 이상 지속되는 현상

구분	엘니뇨 시기	평상시	라니냐 시기
발생 과정	무역풍 약화 ➡ 따뜻한 해수가 서쪽에서 동쪽으로 이동	무역풍에 의해 따뜻한 해수가 동쪽에서 서쪽으로 이동	무역풍 강화 ➡ 따뜻한 해수가 동쪽에서 서쪽으로 많이 이동
동태평양	용승 약화 ➡ 표층 수온 상승, 온난 수역 두께 증가	용승에 의해 표층 수온 낮음, 온난 수역 두께 얇음	용승 강화 ➡ 표층 수온 하강, 온난 수역 두께 감소
서태평양	표층 수온 하강, 온난 수역 두께 감소	해수의 이동으로 표층 수온 높음, 온난 수역 두께 두꺼움	표층 수온 상승, 온난 수역 두께 증가

3 남방 진동과 기후 변화

고빈출

(1) **워커 순환**: 동태평양과 서태평양 사이에서 나타나는 동서 방향의 거대한 대기 순환 ➡ 동태평양에는 고기압, 서태평양에는 저기압 형성

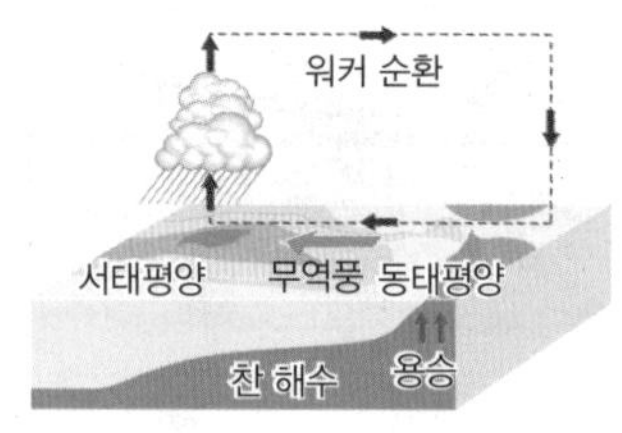

평상시의 워커 순환

① 엘니뇨 시기의 대기 순환과 기후

동태평양	저기압 형성 → 강수량 증가 → 홍수와 폭우
서태평양	고기압 형성 → 강수량 감소 → 건조한 날씨, 가뭄

② 라니냐 시기의 대기 순환과 기후

동태평양	고기압 형성 → 강수량 감소 → 건조한 날씨, 가뭄
서태평양	저기압 형성 → 강수량 증가 → 홍수와 폭우

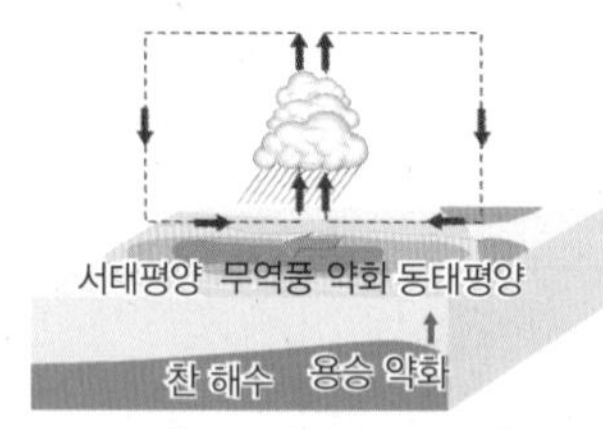

엘니뇨 시기의 워커 순환

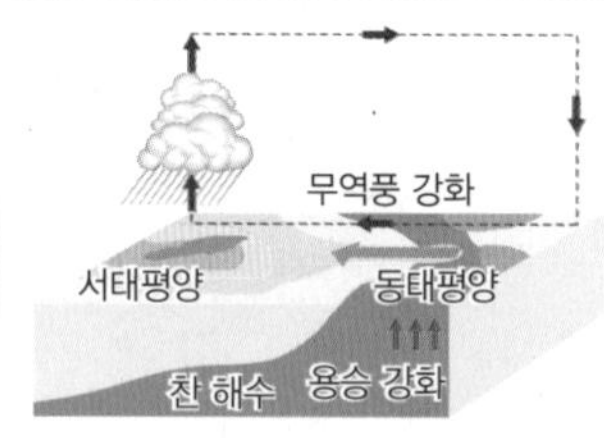

라니냐 시기의 워커 순환

(2) **남방 진동**: 동태평양과 서태평양의 기압 분포가 반대로 나타나는 주기적인 현상 ➡ 서태평양의 기압이 평상시보다 높아지면 동태평양의 기압은 평상시보다 낮아짐

4 엘니뇨 남방 진동(엔소, ENSO)

(1) **엘니뇨 남방 진동**: 엘니뇨와 라니냐, 남방 진동은 대기와 해양의 끊임없는 상호 작용으로 일어나므로 엘니뇨 남방 진동 또는 엔소(ENSO)라고 함

(2) **남방 진동 지수**: 적도 태평양 동쪽과 서쪽의 월 평균 기압 차이를 나타내는 지수 ➡ 엘니뇨 시기에는 (−) 값, 평상시에는 (+) 값, 라니냐 시기에는 큰 (+) 값으로 나타남

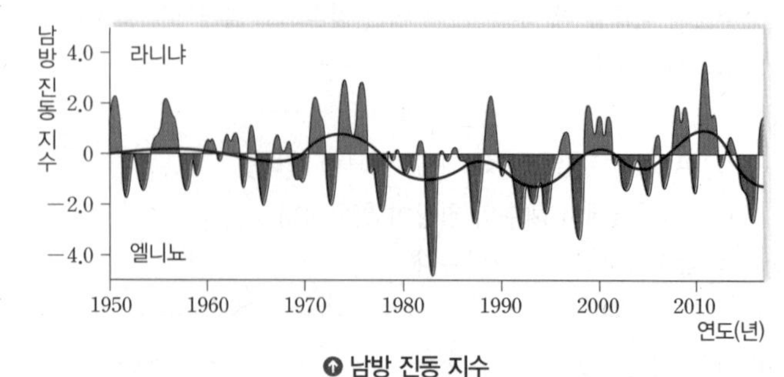

남방 진동 지수

대표 기출 문제

154

수능 기출

그림 (가)는 태평양 적도 부근 해역에서 관측한 바람의 동서 방향 풍속 편차를, (나)는 이 해역에서 A와 B 중 어느 한 시기에 관측된 20 °C 등수온선의 깊이 편차를 나타낸 것이다. A와 B는 각각 엘니뇨와 라니냐 시기 중 하나이고, (+)는 서풍, (−)는 동풍에 해당한다. 편차는 (관측값−평년값)이다.

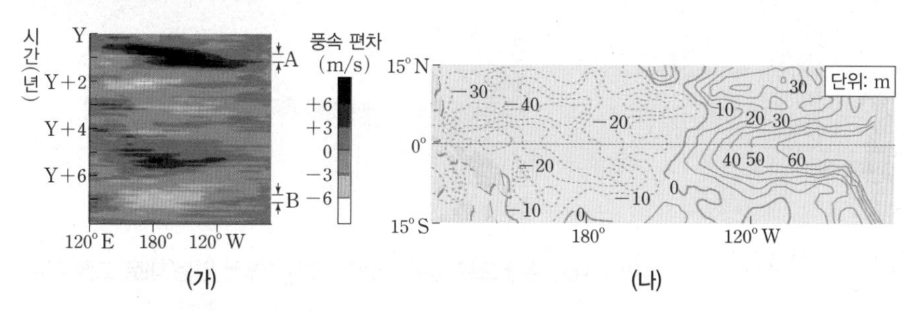

(가) (나)

이에 대한 설명으로 옳은 것만을 〈보기〉에서 있는 대로 고른 것은? [3점]

| 보기 |

ㄱ. (나)는 B에 해당한다.
ㄴ. 동태평양 적도 부근 해역에서 해수면 높이는 B가 평년보다 낮다.
ㄷ. 적도 부근의 (동태평양 해면 기압−서태평양 해면 기압) 값은 A가 B보다 크다.

① ㄱ ② ㄴ ③ ㄷ ④ ㄱ, ㄷ ⑤ ㄴ, ㄷ

문항 분석
태평양 적도 부근 해역에서 관측한 동서 방향의 풍속 편차, 20 °C 등수온선의 깊이 편차를 통해 각각 엘니뇨와 라니냐 시기를 판단할 수 있어야 한다.

꼭 기억해야 할 개념
동태평양의 해수면 높이는 엘니뇨 시기가 라니냐 시기보다 높고, 동태평양의 해면 기압은 엘니뇨 시기가 라니냐 시기보다 낮다.

선지별 선택 비율

①	②	③	④	⑤
7 %	48 %	10 %	25 %	8 %

155

평가원 기출

그림 (가)는 동태평양 적도 해역과 서태평양 적도 해역의 시간에 따른 해면 기압 편차를, (나)는 (가)의 A와 B 중 한 시기의 태평양 적도 해역의 깊이에 따른 수온 편차를 나타낸 것이다. A와 B는 각각 엘니뇨 시기와 라니냐 시기 중 하나이고, 편차는 (관측값−평년값)이다.

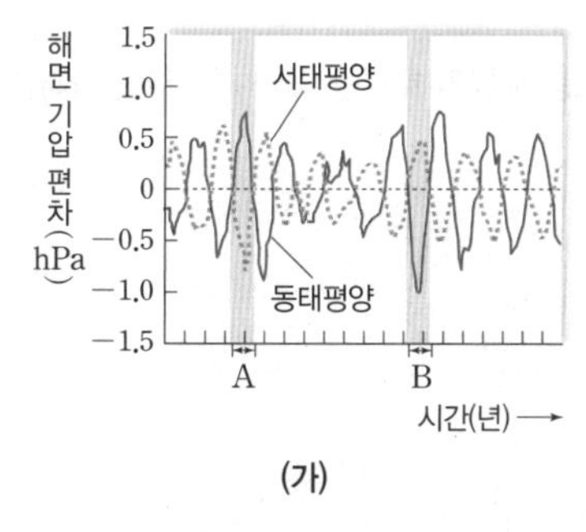

(가)

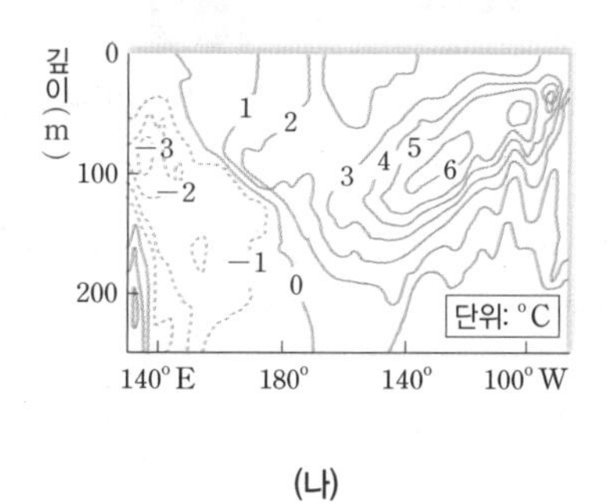

(나)

이에 대한 설명으로 옳은 것만을 〈보기〉에서 있는 대로 고른 것은?

| 보기 |

ㄱ. (나)는 B에 측정한 것이다.
ㄴ. 적도 부근에서 (서태평양 평균 표층 수온 편차−동태평양 평균 표층 수온 편차) 값은 A가 B보다 크다.
ㄷ. 적도 부근에서 $\frac{\text{동태평양 평균 해면 기압}}{\text{서태평양 평균 해면 기압}}$은 A가 B보다 크다.

① ㄱ ② ㄷ ③ ㄱ, ㄴ ④ ㄴ, ㄷ ⑤ ㄱ, ㄴ, ㄷ

문항 분석
(가)의 태평양 적도 해역의 해면 기압 편차를 통해 A와 B가 엘니뇨 시기와 라니냐 시기 중 어느 것인지 판단해야 하고, (나)의 깊이에 따른 수온 편차를 해석하여 엘니뇨 시기인지 라니냐 시기인지 판단할 수 있어야 한다.

꼭 기억해야 할 개념
태평양 적도 해역에서는 엘니뇨 시기와 라니냐 시기에 대기의 기압 분포의 시소 현상(남방 진동)이 나타난다. 서태평양의 기압이 평년보다 높아지면 동태평양의 기압은 평년보다 낮아지고, 서태평양의 기압이 평년보다 낮아지면 동태평양의 기압은 평년보다 높아진다.

선지별 선택 비율

①	②	③	④	⑤
5 %	9 %	11 %	8 %	65 %

156

상 중 하

그림 (가)는 울산 인근 해역 A의 위치를, (나)는 이 해역에서 연안 용승이 발생했던 시기에 측정한 수온의 연직 분포를 나타낸 것이다.

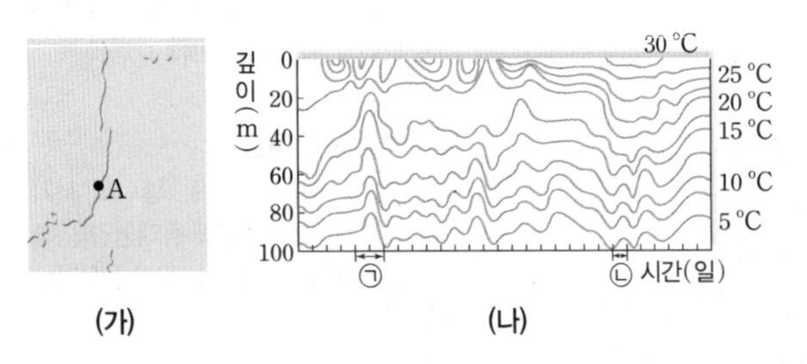

이 해역에 대한 설명으로 옳은 것만을 <보기>에서 있는 대로 고른 것은?

| 보기 |

ㄱ. ㉠ 시기에는 주로 남풍이 불었을 것이다.
ㄴ. 연안 용승은 ㉠ 시기보다 ㉡ 시기에 더 활발하였다.
ㄷ. 표층에서 플랑크톤 농도는 ㉠ 시기보다 ㉡ 시기에 높았을 것이다.

① ㄱ ② ㄴ ③ ㄱ, ㄷ ④ ㄴ, ㄷ ⑤ ㄱ, ㄴ, ㄷ

157

| 신유형 |

상 중 하

그림은 어느 해 7월 8일 북아메리카 서부 해안에서의 표층 수온(°C)을 나타낸 것이다.

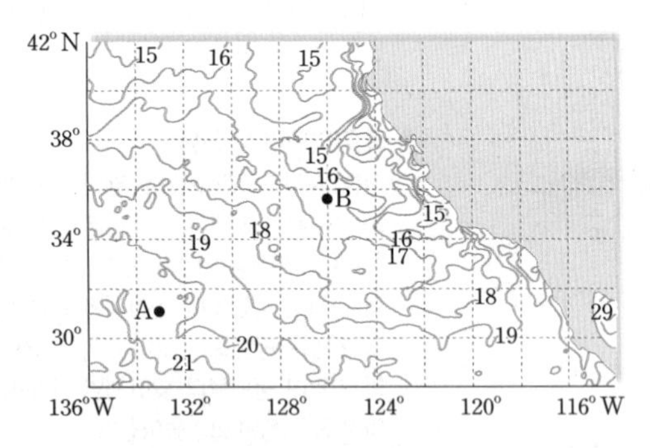

이에 대한 설명으로 옳은 것만을 <보기>에서 있는 대로 고른 것은? (단, A, B 지점 표층 해수의 염분 차이는 거의 없다.)

| 보기 |

ㄱ. 표층 해수는 A 쪽에서 B 쪽으로 이동하였다.
ㄴ. 주로 남풍 계열의 바람이 불었을 것이다.
ㄷ. 해수의 밀도는 A보다 B에서 클 것이다.

① ㄱ ② ㄷ ③ ㄱ, ㄴ ④ ㄴ, ㄷ ⑤ ㄱ, ㄴ, ㄷ

158

상 중 하

그림은 태평양에 분포하는 주요 용승 해역을 나타낸 것이다.

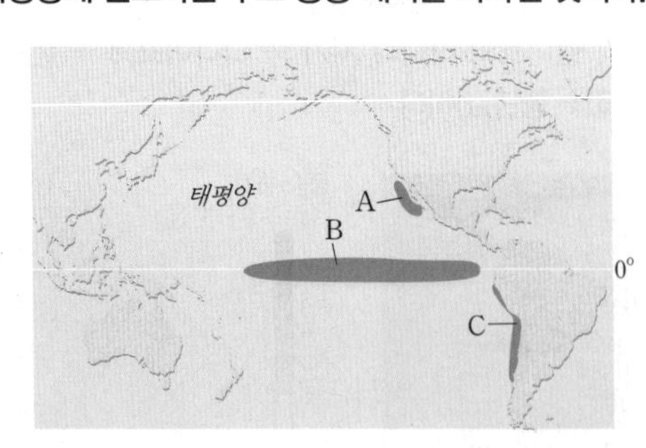

이에 대한 설명으로 옳은 것만을 <보기>에서 있는 대로 고른 것은?

| 보기 |

ㄱ. A~C는 주변 해역보다 수온 약층이 시작되는 깊이가 얕다.
ㄴ. 남동 무역풍이 강할수록 용승이 활발해지는 곳은 B와 C이다.
ㄷ. 엘니뇨가 발생하면 C 해역에서의 용승은 평년보다 강해진다.

① ㄱ ② ㄴ ③ ㄱ, ㄴ ④ ㄱ, ㄷ ⑤ ㄴ, ㄷ

159

상 중 하

그림은 북반구의 주요 표층 해류가 흐르는 해역 A~D를 나타낸 것이다.

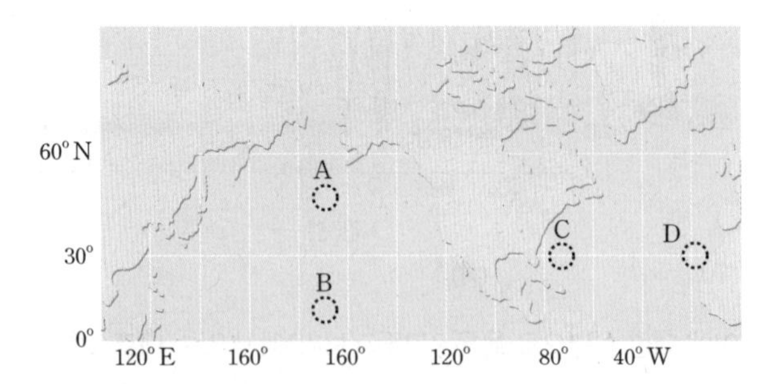

이에 대한 설명으로 옳은 것만을 <보기>에서 있는 대로 고른 것은?

| 보기 |

ㄱ. A 해역에 흐르는 해류는 직접 순환의 영향을 받는다.
ㄴ. B 해역에 흐르는 해류는 평상시보다 엘니뇨 시기에 강하게 흐른다.
ㄷ. 표층 해수의 염분은 C 해역이 D 해역보다 높다.

① ㄱ ② ㄷ ③ ㄱ, ㄴ ④ ㄱ, ㄷ ⑤ ㄴ, ㄷ

160

상 중 하

그림은 태평양 적도 부근 해역의 모습을 나타낸 것이다. (가)와 (나)는 각각 엘니뇨와 라니냐 시기 중 하나이다.

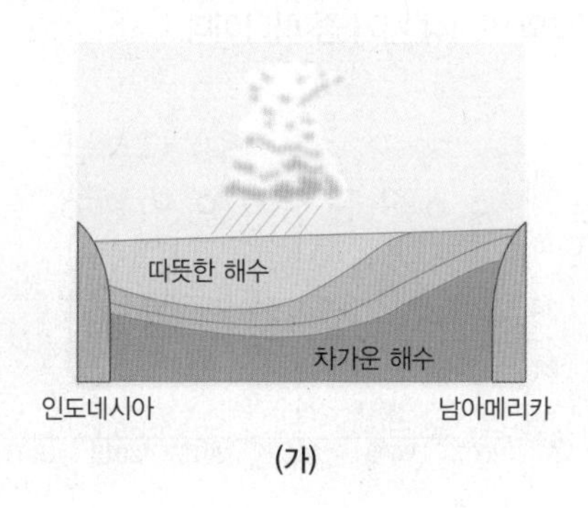

(가)

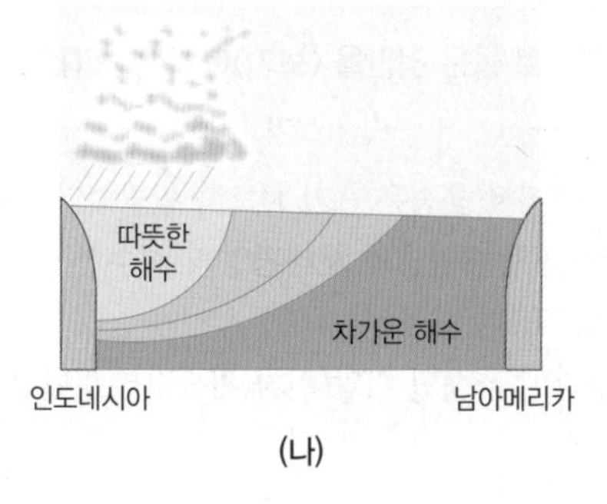

(나)

이에 대한 설명으로 옳은 것만을 〈보기〉에서 있는 대로 고른 것은?

| 보기 |

ㄱ. 엘니뇨 시기는 (나)이다.
ㄴ. 적도 부근 동태평양 해역의 해수면은 (가)가 (나)보다 높다.
ㄷ. 인도네시아와 남아메리카 해안 지역의 해면 기압 차이는 (가)가 (나)보다 크다.

① ㄱ ② ㄴ ③ ㄱ, ㄷ ④ ㄴ, ㄷ ⑤ ㄱ, ㄴ, ㄷ

161

상 중 하

그림은 엘니뇨와 라니냐 시기 중 어느 한 시기에 태평양 적도 부근 해역의 날씨를 평상시와 비교하여 나타낸 것이다.

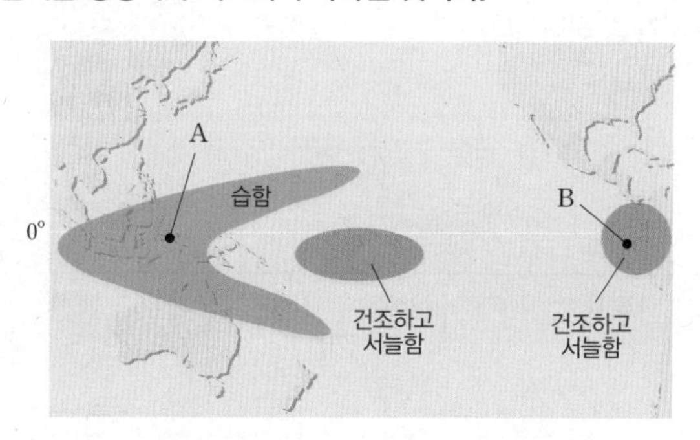

이에 대한 설명으로 옳은 것만을 〈보기〉에서 있는 대로 고른 것은?

| 보기 |

ㄱ. A 해역의 강수량은 평상시보다 많다.
ㄴ. A 해역과 B 해역의 해면 기압 차이는 평상시보다 크다.
ㄷ. B 해역에서 수온 약층이 시작되는 깊이는 평상시보다 얕다.

① ㄱ ② ㄷ ③ ㄱ, ㄴ ④ ㄴ, ㄷ ⑤ ㄱ, ㄴ, ㄷ

162

| 신유형 |

상 중 하

그림은 북반구의 어느 지역에서 평상시와 엘니뇨 시기의 월평균 강수량을 나타낸 것이다.

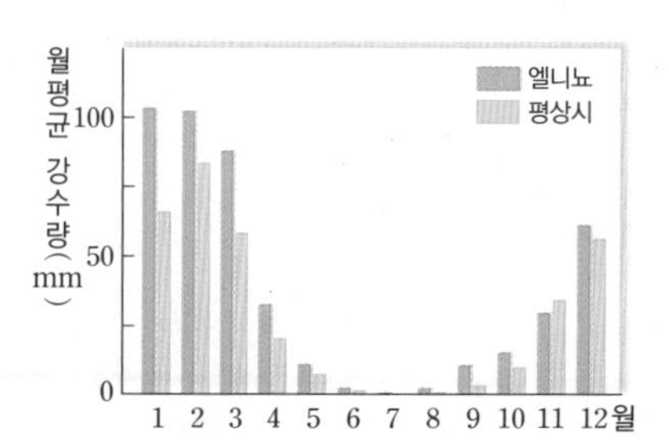

이 지역에 대한 설명으로 옳은 것만을 〈보기〉에서 있는 대로 고른 것은?

| 보기 |

ㄱ. 우기는 겨울철이다.
ㄴ. 엘니뇨가 발생하면 강수량이 증가한다.
ㄷ. 태평양의 서쪽 연안에 위치한다.

① ㄱ ② ㄷ ③ ㄱ, ㄴ ④ ㄴ, ㄷ ⑤ ㄱ, ㄴ, ㄷ

163

상 중 하

그림 (가)와 (나)는 태평양 적도 해역의 20 °C 등수온선 수심 편차(관측값－평년값)를 나타낸 것이다. (가)와 (나)는 각각 엘니뇨 시기와 라니냐 시기 중 하나이다.

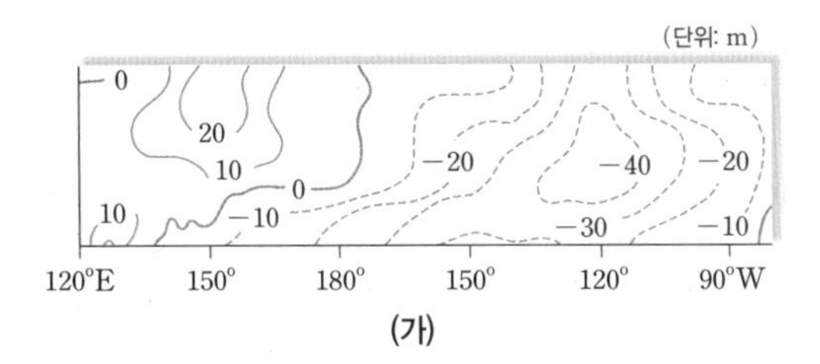

(가)

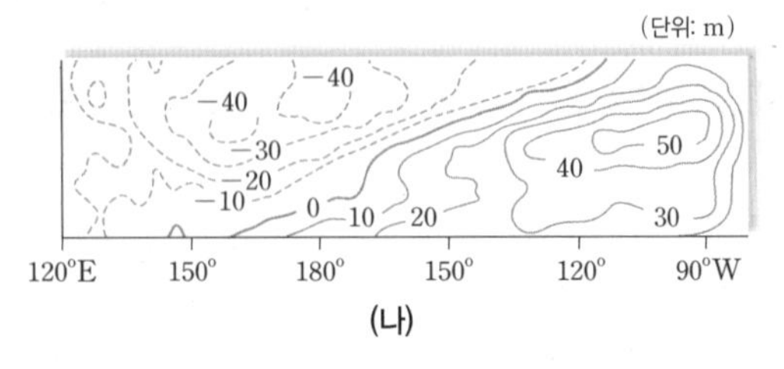

(나)

이에 대한 설명으로 옳은 것만을 〈보기〉에서 있는 대로 고른 것은?

| 보기 |

ㄱ. 적도 부근 동태평양과 서태평양의 표층 수온 차이는 (가)가 (나)보다 크다.
ㄴ. 적도 부근 동태평양에서 용승은 (가)가 (나)보다 강하다.
ㄷ. 적도 부근 (동태평양 해면 기압－서태평양 해면 기압) 값은 (가)가 (나)보다 작다.

① ㄱ ② ㄷ ③ ㄱ, ㄴ ④ ㄴ, ㄷ ⑤ ㄱ, ㄴ, ㄷ

164

상 중 하

그림은 2007년~2017년에 동태평양과 서태평양 적도 부근 해역에서 각각 관측한 표층 수온을 ○와 ×로 순서 없이 나타낸 것이다. A와 B는 각각 엘니뇨와 라니냐 시기 중 하나이다.

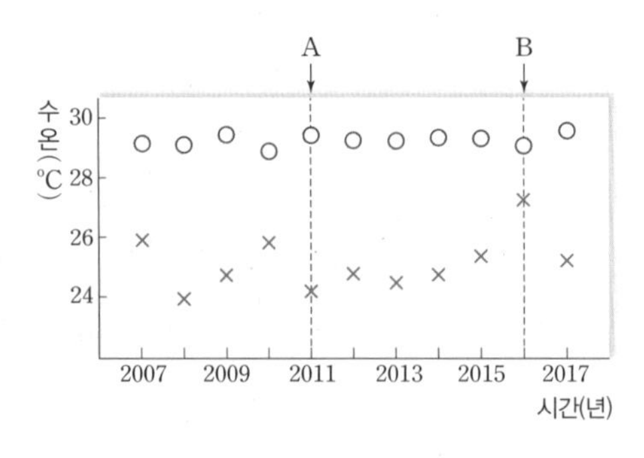

이에 대한 설명으로 옳은 것만을 〈보기〉에서 있는 대로 고른 것은?

| 보기 |

ㄱ. 동태평양에서 용승은 A가 B보다 활발하다.
ㄴ. 적도 부근 동태평양과 서태평양의 해수면 높이 차는 B가 평년보다 크다.
ㄷ. 서태평양에서 해면 기압 편차(관측값－평년값)는 B가 A보다 크다.

① ㄱ ② ㄷ ③ ㄱ, ㄴ ④ ㄱ, ㄷ ⑤ ㄴ, ㄷ

165

| 신유형 |

상 중 하

그림 (가)와 (나)는 엘니뇨 시기와 라니냐 시기에 태평양에서 측정한 표층 수온 편차(관측값－평년값) 분포를 순서 없이 나타낸 것이다.

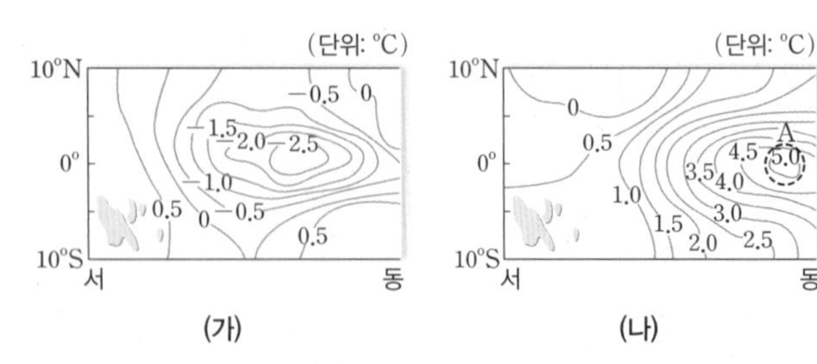

(가) (나)

이에 대한 설명으로 옳은 것만을 〈보기〉에서 있는 대로 고른 것은?

| 보기 |

ㄱ. (가)는 라니냐 시기이다.
ㄴ. $\frac{\text{서태평양의 평균 해면 기압}}{\text{동태평양의 평균 해면 기압}}$ 값은 (나)가 (가)보다 크다.
ㄷ. (나)일 때 A 해역의 해수면은 평년보다 높다.

① ㄱ ② ㄷ ③ ㄱ, ㄴ ④ ㄴ, ㄷ ⑤ ㄱ, ㄴ, ㄷ

166

상 중 하

그림 (가)와 (나)는 서로 다른 시기의 태평양 적도 부근 해역의 해수면 높이 편차(관측값－평년값)를 나타낸 것이다. (가)와 (나)는 각각 엘니뇨 시기와 라니냐 시기 중 하나이다.

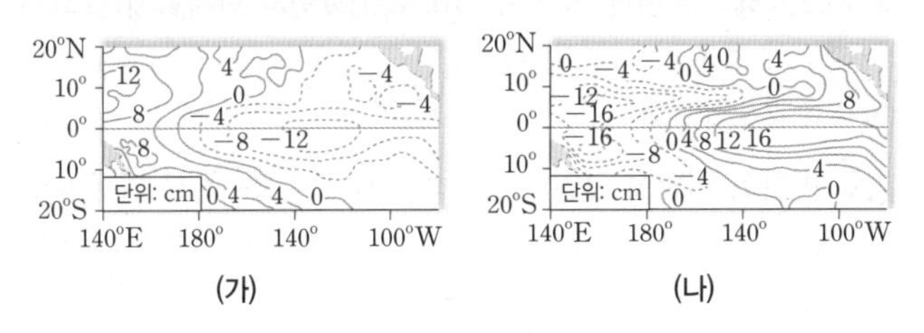

(가)보다 (나)일 때 더 큰 값으로 옳은 것만을 〈보기〉에서 있는 대로 고른 것은?

| 보기 |

ㄱ. 무역풍의 세기
ㄴ. 동태평양 적도 부근 해역의 따뜻한 해수층의 두께
ㄷ. 서태평양 적도 부근 해역의 강수량

① ㄱ ② ㄴ ③ ㄷ ④ ㄱ, ㄴ ⑤ ㄴ, ㄷ

167

상 중 하

그림은 2020년 12월부터 2021년 1월까지 태평양 적도 부근 해역의 해면 기압 편차(관측값－평년값)를 나타낸 것이다. 이 기간은 엘니뇨 시기와 라니냐 시기 중 하나이다.

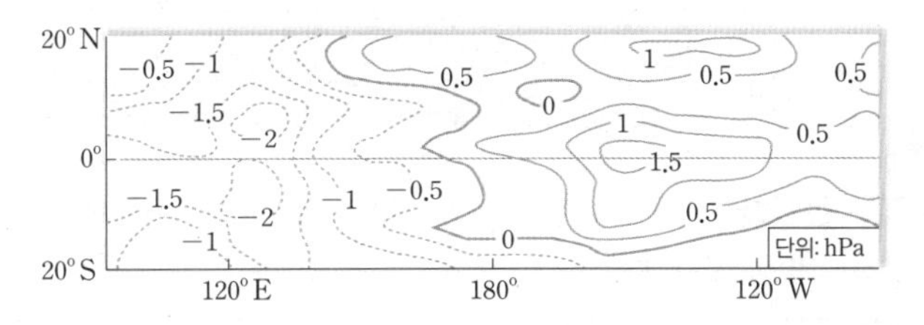

이 시기에 대한 설명으로 옳은 것만을 〈보기〉에서 있는 대로 고른 것은?

| 보기 |

ㄱ. 남적도 해류가 평년보다 강하다.
ㄴ. 동태평양 적도 부근 해역에서 상승 기류는 평년보다 활발하다.
ㄷ. 서태평양 적도 부근 해역에서 우주 공간으로 방출되는 복사 에너지양은 평년보다 증가한다.

① ㄱ ② ㄷ ③ ㄱ, ㄴ ④ ㄴ, ㄷ ⑤ ㄱ, ㄴ, ㄷ

168 | 신유형 |

상 중 하

그림은 엘니뇨 또는 라니냐가 발생한 시기에 기상 위성에서 관측한 적외선 복사 에너지 세기의 편차(관측값－평년값) 분포를 나타낸 것이다.

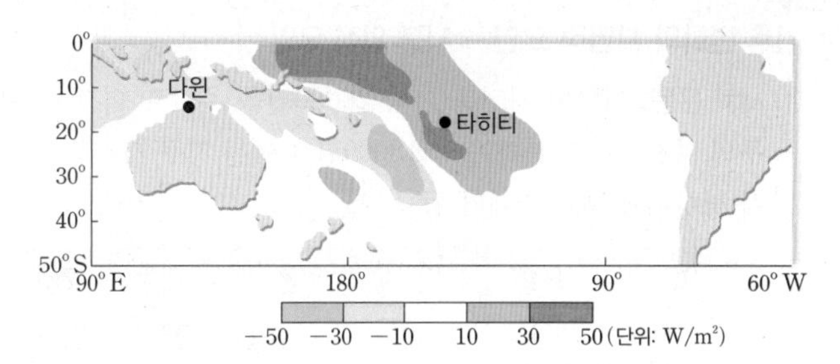

이 시기 적도 부근 해역에 대한 설명으로 옳은 것만을 〈보기〉에서 있는 대로 고른 것은?

| 보기 |

ㄱ. 타히티에서의 강수량은 평년보다 증가한다.
ㄴ. (타히티의 해면 기압－다윈의 해면 기압) 값은 평년보다 크다.
ㄷ. 동태평양에서 수온 약층이 나타나는 깊이는 평년보다 깊어진다.

① ㄱ ② ㄴ ③ ㄱ, ㄷ ④ ㄴ, ㄷ ⑤ ㄱ, ㄴ, ㄷ

169 | 신유형 |

상 중 하

그림은 1979년~2023년 동안의 남방 진동 지수를 나타낸 것이다.

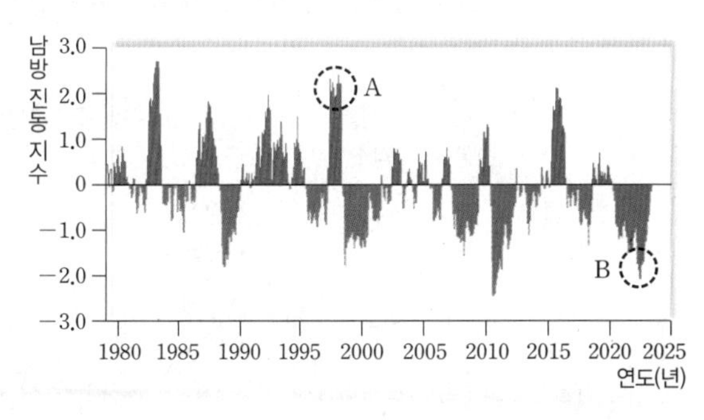

A 시기보다 B 시기에 더 큰 값으로 옳은 것만을 〈보기〉에서 있는 대로 고른 것은?

| 보기 |

ㄱ. 워커 순환의 세기
ㄴ. 동태평양 적도 부근 해역의 강수량
ㄷ. 동태평양 적도 부근 해역의 플랑크톤 평균 농도

① ㄱ ② ㄴ ③ ㄱ, ㄷ ④ ㄴ, ㄷ ⑤ ㄱ, ㄴ, ㄷ

12 지구의 기후 변화

출제 개념

- 지구 자전축 경사각 변화
- 세차 운동과 지구 자전축 경사각 변화
- 세차 운동과 지구 공전 궤도 이심률의 변화
- 대기 중 CO_2 농도와 지구의 평균 기온 변화

1 기후 변화의 요인

(1) **고기후**: 빙하 코어 분석, 시상 화석, 나무의 나이테 등을 연구하여 알아냄

(2) **기후 변화의 자연적 요인 – 지구 외적 요인**

① 세차 운동: 지구의 자전축은 약 26000년을 주기로 회전 ➡ 지구의 자전축이 회전하여 약 13000년 후에는 지구 자전축의 경사 방향이 현재와 반대가 됨

	구분	여름	겨울		구분	여름	겨울
북반구	현재	원일점	근일점	남반구	현재	근일점	원일점
	13000년 후	근일점	원일점		13000년 후	원일점	근일점
	기후 변화	기온↑	기온↓		기후 변화	기온↓	기온↑
		연교차↑				연교차↓	

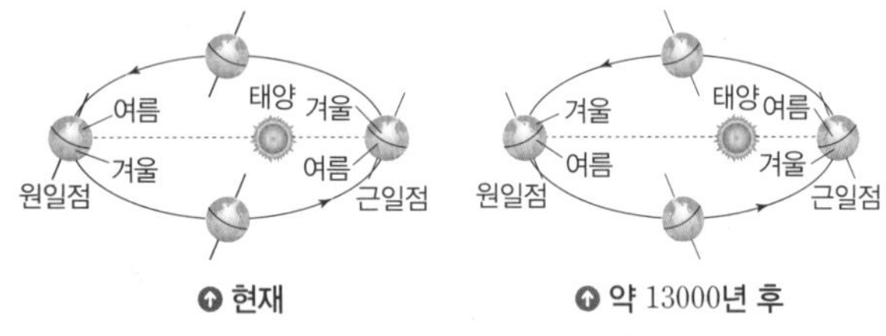

⊙ 현재 ⊙ 약 13000년 후

② 지구 자전축 경사각 변화: 지구 자전축의 경사각은 약 41000년을 주기로 21.5°~24.5° 사이에서 변화 ➡ 다른 요인의 변화가 없다면 지구 자전축 경사각이 커질수록 기온의 연교차가 커짐

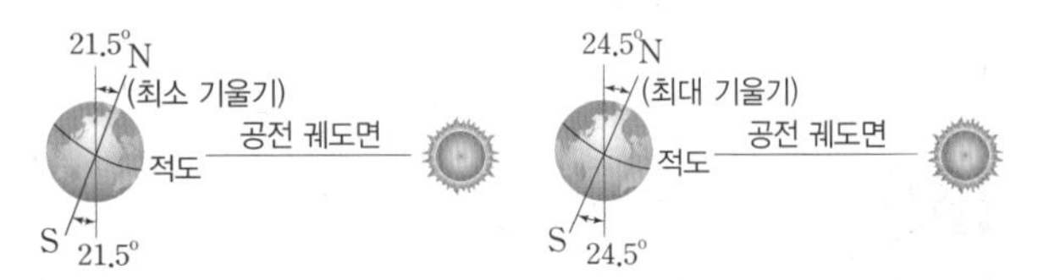

③ 지구 공전 궤도 이심률의 변화: 지구 공전 궤도 이심률은 약 10만 년을 주기로 변함

	구분	이심률 증가	이심률 감소		구분	이심률 증가	이심률 감소
북반구	원일점 (여름)	기온↓	기온↑	남반구	원일점 (겨울)	기온↓	기온↑
	근일점 (겨울)	기온↑	기온↓		근일점 (여름)	기온↑	기온↓
	기후 변화	연교차↓	연교차↑		기후 변화	연교차↑	연교차↓

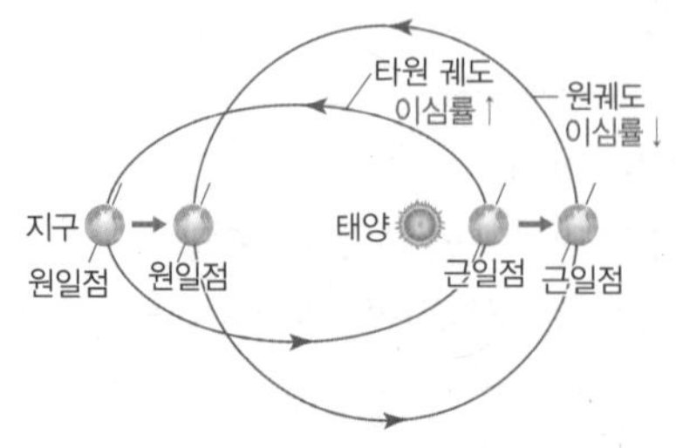

⊙ 지구 공전 궤도 이심률의 변화

④ 태양 활동의 변화: 태양 표면의 흑점 수는 약 11년을 주기로 증감

(3) **기후 변화의 자연적 요인 – 지구 내적 요인**

① 화산 활동: 화산 폭발에 의한 화산재 분출 ➡ 지구의 반사율이 커져 지구의 평균 기온이 하강함

② 지표면 상태의 변화: 빙하량 감소로 지표면의 반사율이 감소 ➡ 지구의 평균 기온이 상승함

③ 수륙 분포의 변화

(4) **기후 변화의 인위적 요인**: 삼림 파괴 및 도시화, 온실 기체의 증가, 에어로졸 배출, 사막화 등

2 기후 변화의 영향

(1) **온실 효과**: 온실 기체가 태양 복사 에너지는 통과시키고 지구 복사 에너지는 흡수했다가 지표로 다시 방출하면서 지표면의 온도가 상승하는 현상

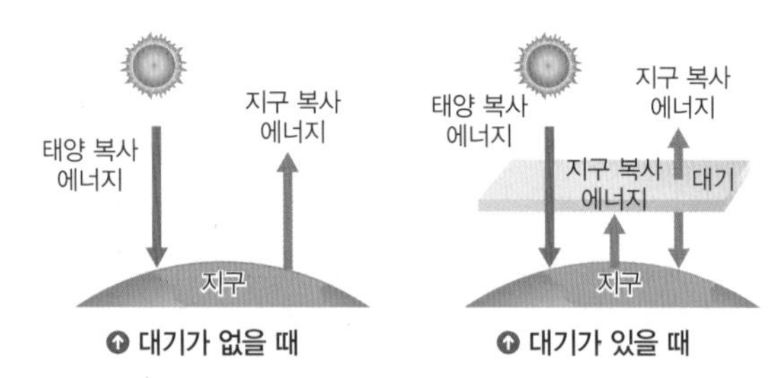

⊙ 대기가 없을 때 ⊙ 대기가 있을 때

(2) **지구의 복사 평형과 열수지**: 지구가 태양 복사 에너지를 흡수한 만큼 지구 복사 에너지를 방출하여 복사 평형을 이룸

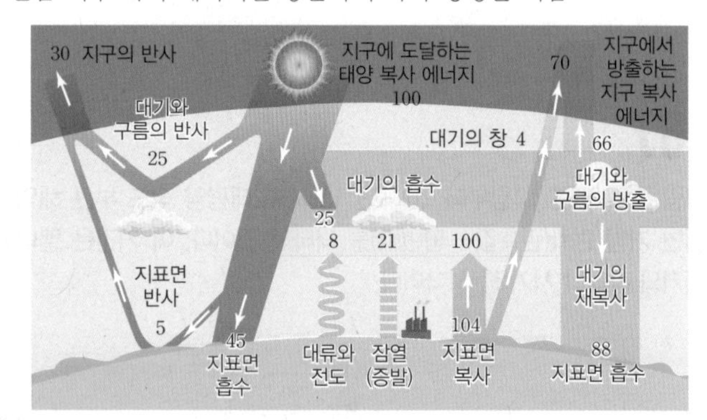

고빈출

(3) **지구 온난화**: 지구의 온실 효과가 강화되어 지구의 평균 기온이 점점 상승하는 현상

발생 원인	산업 혁명 이후 화석 연료의 사용 증가, 무분별한 삼림 개발 ➡ 대기 중 온실 기체의 양 증가
영향	해수면 상승, 기상 이변, 기후대 변화, 생태계 변화, 해수 순환의 변화, 사회적 문제

(4) **우리나라 기후 변화**: 평균 기온 상승, 강수량 증가, 계절의 길이 변화, 봄꽃의 개화 시기 변화, 아열대 기후 지역의 확대, 악기상의 발생 빈도 증가, 해양의 산성화 등

(5) **기후 변화 대응 방안**: 온실 기체 배출량 감소, 대기 중 온실 기체 제거, 지구의 태양 복사 에너지 흡수량 감소, 기후 변화 협약

대표 기출 문제

170

평가원 기출

그림 (가)는 지구의 공전 궤도를, (나)는 지구 자전축 경사각의 변화를 나타낸 것이다. 지구 자전축 세차 운동의 방향은 지구 공전 방향과 반대이고 주기는 약 26000년이다.

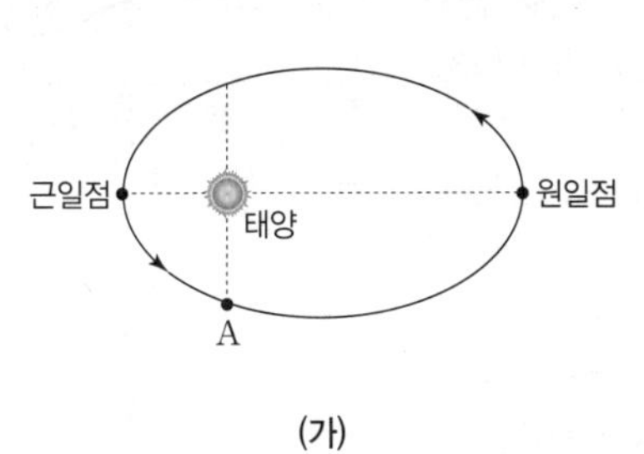

(가)

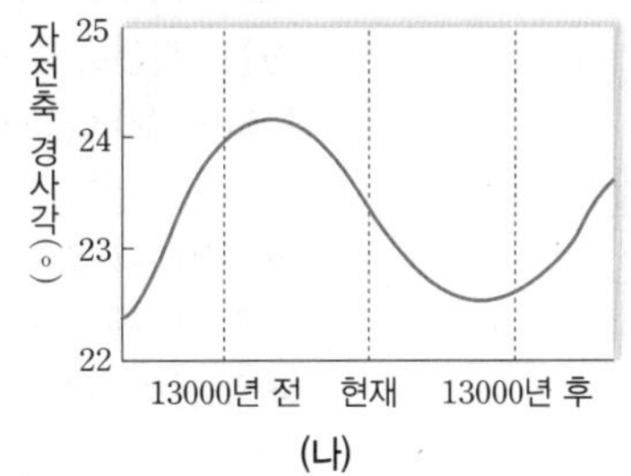

(나)

이에 대한 설명으로 옳은 것만을 〈보기〉에서 있는 대로 고른 것은? (단, 지구 자전축 세차 운동과 지구 자전축 경사각 이외의 요인은 변하지 않는다고 가정한다.) [3점]

| 보기 |

ㄱ. 약 6500년 전 지구가 A 부근에 있을 때 북반구는 겨울철이다.
ㄴ. 35°N에서 기온의 연교차는 약 6500년 전이 현재보다 작다.
ㄷ. 35°S에서 여름철 평균 기온은 약 13000년 후가 현재보다 낮다.

① ㄱ ② ㄴ ③ ㄱ, ㄷ ④ ㄴ, ㄷ ⑤ ㄱ, ㄴ, ㄷ

문항 분석
세차 운동에 의한 지구의 공전 궤도상에서 계절의 변화와 지구 자전축 경사각의 변화에 의한 계절별 기온의 변화를 분석할 수 있어야 한다.

꼭 기억해야 할 개념
지구 자전축의 경사 방향이 변하는 세차 운동의 영향으로 근일점과 원일점에서 계절이 달라지고, 지구 자전축 경사각의 변화로 각 위도에서 받는 일사량이 달라진다.

선지별 선택 비율

①	②	③	④	⑤
8 %	7 %	63 %	12 %	7 %

171

수능 기출

그림 (가)는 전 지구와 안면도의 대기 중 CO_2 농도를, (나)는 전 지구와 우리나라의 기온 편차(관측값−평년값)를 나타낸 것이다.

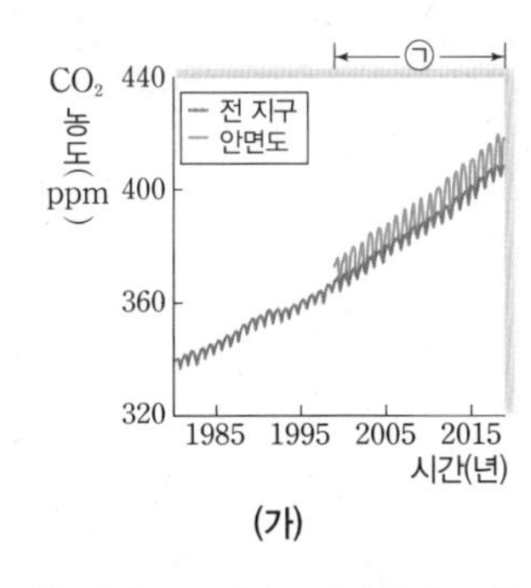

(가)

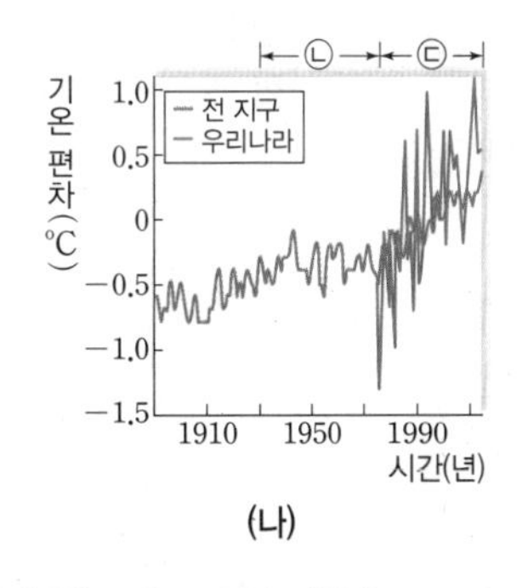

(나)

이 자료에 대한 설명으로 옳은 것만을 〈보기〉에서 있는 대로 고른 것은?

| 보기 |

ㄱ. ㉠ 시기 동안 CO_2 평균 농도는 안면도가 전 지구보다 낮다.
ㄴ. ㉢ 시기 동안 기온 상승률은 전 지구가 우리나라보다 작다.
ㄷ. 전 지구 해수면의 평균 높이는 ㉡ 시기가 ㉢ 시기보다 낮다.

① ㄱ ② ㄷ ③ ㄱ, ㄴ ④ ㄴ, ㄷ ⑤ ㄱ, ㄴ, ㄷ

문항 분석
온실 기체인 CO_2의 대기 중 농도 변화와 지구 기온 변화의 관계를 이해하고 있어야 한다.

꼭 기억해야 할 개념
대기 중 CO_2 평균 농도가 높을수록 지구의 기온이 높아지며, 기온이 높아질수록 해수의 열팽창과 빙하의 융해로 인해 전 지구 해수면의 평균 높이가 높아진다.

선지별 선택 비율

①	②	③	④	⑤
1 %	5 %	2 %	88 %	3 %

적중 예상 문제

172

(상 중 하)

그림은 약 4억 년 전부터 현재까지 대륙 빙하가 분포하는 위도와 대기 중 CO_2 농도 변화를 나타낸 것이다.

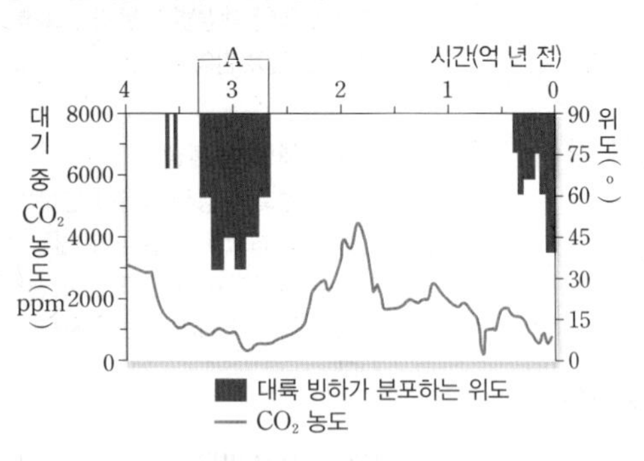

이에 대한 설명으로 옳은 것만을 〈보기〉에서 있는 대로 고른 것은?

| 보기 |

ㄱ. 대기 중 CO_2의 농도가 높았던 시기에는 대륙 빙하의 면적이 좁았다.
ㄴ. A 시기에는 산호의 서식지가 더 고위도로 확대되었다.
ㄷ. 대륙 빙하 속의 $\frac{^{18}O}{^{16}O}$비는 3억 년 전이 2억 년 전보다 컸을 것이다.

① ㄱ ② ㄴ ③ ㄱ, ㄷ ④ ㄴ, ㄷ ⑤ ㄱ, ㄴ, ㄷ

173

(상 중 하)

다음은 지질 시대에 있었던 소빙하기인 영거 드라이아스기에 대한 설명이다.

약 1만 3천 년 전에 북아메리카 대륙에 있던 ㉠ 빙하가 녹아 생긴 담수가 북대서양으로 흘러들어갔다. 담수의 대량 유입으로 ㉡ 그린란드 근해에서 해수의 침강이 중단되었다. 그 결과, 저위도의 에너지가 고위도로 운반되지 못해 북유럽에 빙하기가 찾아왔다. 빙하기는 ㉢ 약 1천 년 이상 지속되었다.

이에 대한 설명으로 옳은 것만을 〈보기〉에서 있는 대로 고른 것은?

| 보기 |

ㄱ. ㉠의 영향으로 주변 바다의 해수면이 상승했을 것이다.
ㄴ. ㉡의 원인은 표층 염분이 낮아졌기 때문이다.
ㄷ. ㉢ 기간에 심층 순환은 현재보다 활발했을 것이다.

① ㄱ ② ㄷ ③ ㄱ, ㄴ ④ ㄴ, ㄷ ⑤ ㄱ, ㄴ, ㄷ

174 | 신유형 |

(상 중 하)

그림은 지구 공전 궤도 이심률, 세차 운동에 의한 자전축 경사 방향, 자전축의 경사각 변화를 나타낸 것이다.

이에 대한 설명으로 옳은 것만을 〈보기〉에서 있는 대로 고른 것은? (단, 지구 공전 궤도 이심률, 세차 운동, 자전축 경사각 이외의 요인은 고려하지 않는다.)

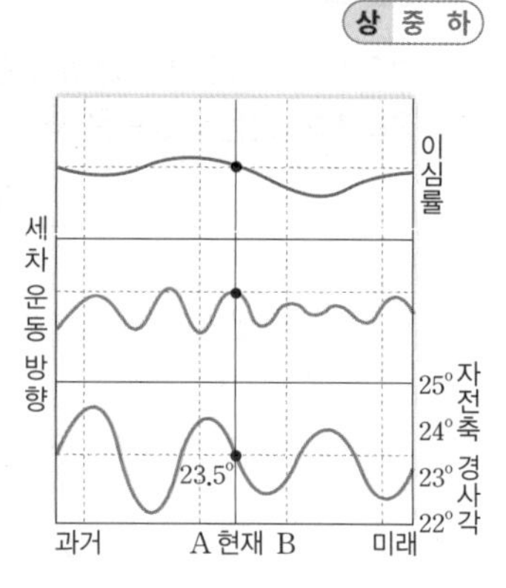

| 보기 |

ㄱ. A 시기에 지구가 근일점을 지날 때 북반구는 여름철이다.
ㄴ. 남반구 중위도에서 기온의 연교차는 현재보다 B 시기에 크다.
ㄷ. 근일점에서 지구 전체가 받는 태양 복사 에너지양은 A 시기가 B 시기보다 많다.

① ㄱ ② ㄴ ③ ㄱ, ㄷ ④ ㄴ, ㄷ ⑤ ㄱ, ㄴ, ㄷ

175 | 신유형 |

(상 중 하)

그림 (가)는 현재 지구가 공전하는 모습을, (나)와 (다)는 각각 5만 년 전부터 5만 년 후까지 지구 자전축의 경사각 변화와 지구가 ㉠에 위치할 때 태양과 지구 사이의 거리 변화를 나타낸 것이다.

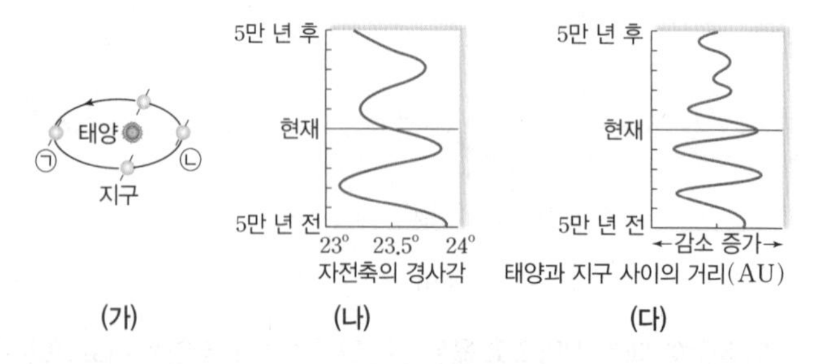

이에 대한 설명으로 옳은 것만을 〈보기〉에서 있는 대로 고른 것은?

| 보기 |

ㄱ. 현재 북반구 중위도 지방에서 하루 동안 받는 태양 복사 에너지양은 ㉠보다 ㉡에서 많다.
ㄴ. (나)만 고려하면 남반구 중위도의 여름철 평균 기온은 현재보다 3만 년 전이 낮았을 것이다.
ㄷ. 지구 공전 궤도 이심률은 현재보다 3만 년 후가 더 크다.

① ㄱ ② ㄴ ③ ㄱ, ㄷ ④ ㄴ, ㄷ ⑤ ㄱ, ㄴ, ㄷ

176

상 중 하

그림 (가)는 지구 공전 궤도 이심률의 변화와 자전축 경사각의 변화를 A와 B로 순서 없이 나타낸 것이고, (나)는 ㉠ 또는 ㉡ 시기에 지구로 입사하는 태양 복사 에너지의 변화량(추정값－기준값)을 나타낸 것이다. 기준값은 ㉠ 또는 ㉡ 시기 중 하나의 값이다.

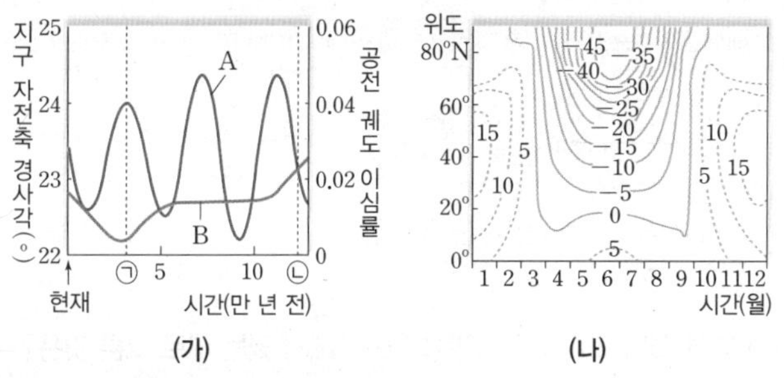

(가) (나)

이에 대한 설명으로 옳은 것만을 <보기>에서 있는 대로 고른 것은? (단, 공전 궤도 이심률과 지구 자전축 경사각 이외의 요인은 변하지 않는다고 가정한다.)

| 보기 |

ㄱ. B는 지구 공전 궤도 이심률이다.
ㄴ. A만 고려하면 1년 동안 지구에 입사하는 평균 태양 복사 에너지양은 ㉠ 시기가 ㉡ 시기보다 많다.
ㄷ. (나)는 ㉠ 시기에 해당한다.

① ㄱ ② ㄴ ③ ㄷ ④ ㄱ, ㄴ ⑤ ㄴ, ㄷ

177 | 신유형 |

상 중 하

그림 (가)와 (나)는 2000년, 2020년의 3월과 9월에 북극 주변의 빙하 분포를 나타낸 것이다.

(가) 3월

(나) 9월

이에 대한 설명으로 옳은 것만을 <보기>에서 있는 대로 고른 것은? (단, 빙하 분포 이외의 다른 요인은 고려하지 않는다.)

| 보기 |

ㄱ. 북극 주변 해역의 표층 염분은 3월보다 9월에 높다.
ㄴ. 북극 주변의 지표 반사율은 2000년이 2020년보다 크다.
ㄷ. 북대서양에서 저위도와 고위도의 표층 수온 차는 2000년이 2020년보다 크다.

① ㄱ ② ㄴ ③ ㄱ, ㄴ ④ ㄱ, ㄷ ⑤ ㄴ, ㄷ

178

상 중 하

그림은 대류권과 성층권 하부에서 측정한 기온 편차(측정값－기준값)를 나타낸 것이다. 기준값은 1979년~1995년의 평균값이다.

이에 대한 설명으로 옳은 것만을 <보기>에서 있는 대로 고른 것은?

| 보기 |

ㄱ. 화산 활동에 따른 전 지구적인 기온 변화는 즉각적으로 나타난다.
ㄴ. 화산 활동으로 분출된 화산재는 지구의 반사율을 높인다.
ㄷ. 화산 활동에 따른 기온 변화는 성층권 하부보다 대류권에서 더 크게 나타난다.

① ㄱ ② ㄴ ③ ㄷ ④ ㄱ, ㄴ ⑤ ㄴ, ㄷ

179 | 신유형 |

상 중 하

다음은 최근의 지구 환경 변화를 우려하는 신문 기사의 일부이고, 그림은 복사 평형 상태에 있는 지구의 열수지를 나타낸 것이다.

> 최근 (가)대기 중의 이산화 탄소 농도가 증가하면서 지구의 평균 기온은 점점 상승하고 있다. 지구의 평균 기온 상승으로 빙하 면적은 점점 줄어들고 있다. 이것은 (나)지구 표면의 반사율을 변화시켜 다시 기후 변화에 영향을 미치고 있다.

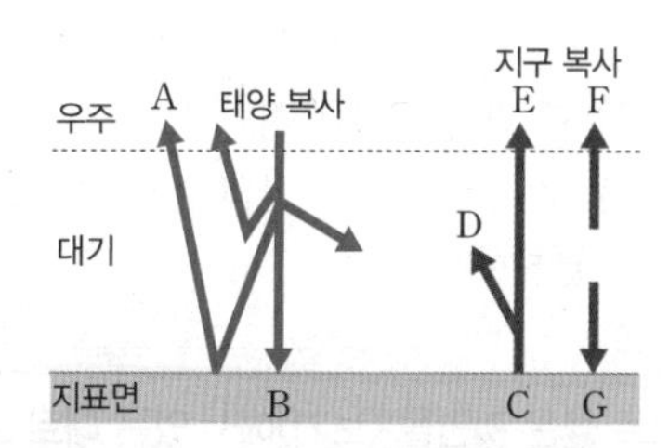

이에 대한 설명으로 옳은 것만을 <보기>에서 있는 대로 고른 것은?

| 보기 |

ㄱ. (가) 현상이 계속되면 D, F, G는 증가하고, E는 감소한다.
ㄴ. (나) 현상이 계속되면 A는 감소하고, B는 증가한다.
ㄷ. C=B+G이다.

① ㄱ ② ㄴ ③ ㄱ, ㄷ ④ ㄴ, ㄷ ⑤ ㄱ, ㄴ, ㄷ

180

상 중 **하**

그림은 복사 평형을 이루고 있는 지구의 열수지를 나타낸 것이다.

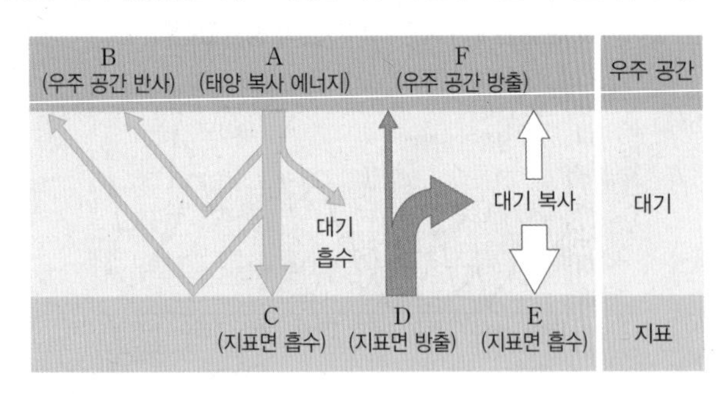

이에 대한 설명으로 옳은 것만을 <보기>에서 있는 대로 고른 것은?

| 보기 |

ㄱ. (A−B)는 (E+F)와 같다.
ㄴ. 지구 온난화가 심해질수록 E가 증가한다.
ㄷ. 복사 에너지의 평균 파장은 C가 D보다 짧다.

① ㄱ ② ㄴ ③ ㄱ, ㄷ ④ ㄴ, ㄷ ⑤ ㄱ, ㄴ, ㄷ

181

상 **중** 하

다음은 지구 온난화가 일어나는 원인을 알아보기 위한 실험 과정이다.

| 실험 과정

(가) 고무마개에 온도계를 꽂고, A, B 플라스크 내부의 온도가 같아질 때까지 기다린다.

(나) A의 가지달린 플라스크의 가지에 이산화 탄소를 가득 채운 고무풍선을 꽂는다.

(다) A와 B로부터 같은 거리에 적외선등을 설치한다.

(라) 적외선등을 켜고 플라스크 안의 온도가 일정해질 때까지 변화를 관찰한다.

이에 대한 설명으로 옳은 것만을 <보기>에서 있는 대로 고른 것은?

| 보기 |

ㄱ. 온실 효과는 A에서만 나타난다.
ㄴ. (라)의 결과 온도는 A가 B보다 높다.
ㄷ. (나)에서 고무풍선에 이산화 탄소 대신 수증기를 넣어도 (라)의 결과 온도는 A가 B보다 높다.

① ㄱ ② ㄷ ③ ㄱ, ㄴ ④ ㄴ, ㄷ ⑤ ㄱ, ㄴ, ㄷ

182

상 중 **하**

그림은 지구 온난화와 관련하여 연쇄적으로 일어날 수 있는 현상의 일부를 나타낸 것이다.

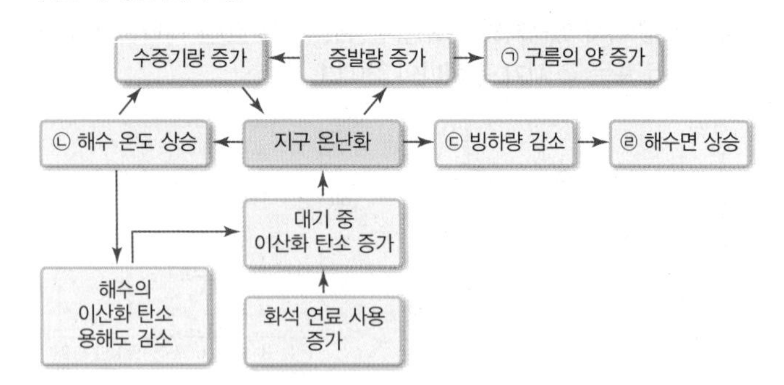

이에 대한 설명으로 옳은 것만을 <보기>에서 있는 대로 고른 것은?

| 보기 |

ㄱ. ㉠은 지구 온난화를 촉진시키는 역할을 한다.
ㄴ. ㉡으로 인해 ㉣이 일어날 수 있다.
ㄷ. ㉢은 극지방의 반사율을 증가시킨다.

① ㄱ ② ㄴ ③ ㄱ, ㄷ ④ ㄴ, ㄷ ⑤ ㄱ, ㄴ, ㄷ

183

상 **중** 하

그림은 1988년~2017년에 하와이섬에서 측정한 대기 중 CO_2 농도의 변화와 하와이섬 근처 표층 해수의 pH 변화를 나타낸 것이다.

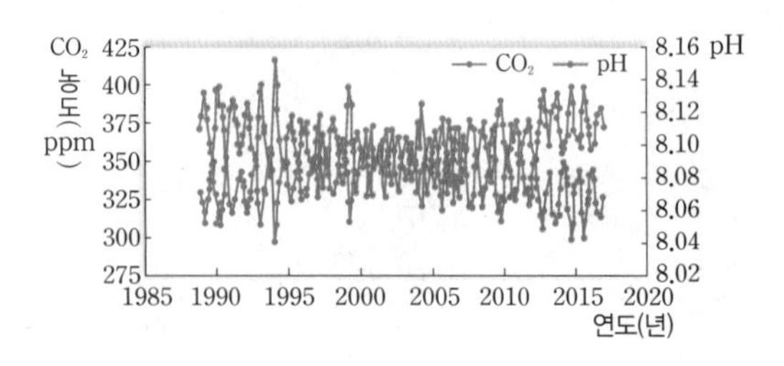

이에 대한 설명으로 옳은 것만을 <보기>에서 있는 대로 고른 것은?

| 보기 |

ㄱ. 대기 중 CO_2 농도가 증가하면 표층 해수의 pH는 낮아진다.
ㄴ. 대기 중 CO_2 농도가 증가한 주된 원인은 해양에서 방출하는 양이 증가하기 때문이다.
ㄷ. CO_2 농도 변화와 pH 변화는 모두 해양 생태계에 긍정적인 영향을 준다.

① ㄱ ② ㄴ ③ ㄱ, ㄷ ④ ㄴ, ㄷ ⑤ ㄱ, ㄴ, ㄷ

184 | 개념 통합 |

상 중 하

그림은 폐색 전선을 동반한 온대 저기압 주변 지표면에서의 풍향과 풍속 분포를 강수량 분포와 함께 나타낸 것이다. 동일한 위도상에 위치하는 지표면의 구간 X－X′와 Y－Y′에서의 강수량 분포는 A와 B 중 하나이다.

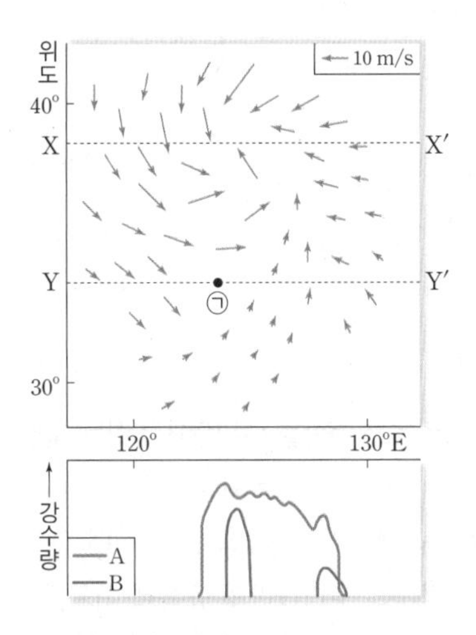

이에 대한 설명으로 옳은 것만을 〈보기〉에서 있는 대로 고른 것은?

| 보기 |

ㄱ. 이 온대 저기압은 남반구에서 형성되었다.
ㄴ. Y－Y′에서의 강수량 분포는 B이다.
ㄷ. ㉠ 지점의 상공에는 전선면이 있다.

① ㄱ ② ㄷ ③ ㄱ, ㄴ ④ ㄴ, ㄷ ⑤ ㄱ, ㄴ, ㄷ

185

상 중 하

그림은 온대 저기압이 우리나라 부근을 통과하는 동안 어느 관측소에서 관측한 하루 동안의 풍향 빈도를 나타낸 것이다.

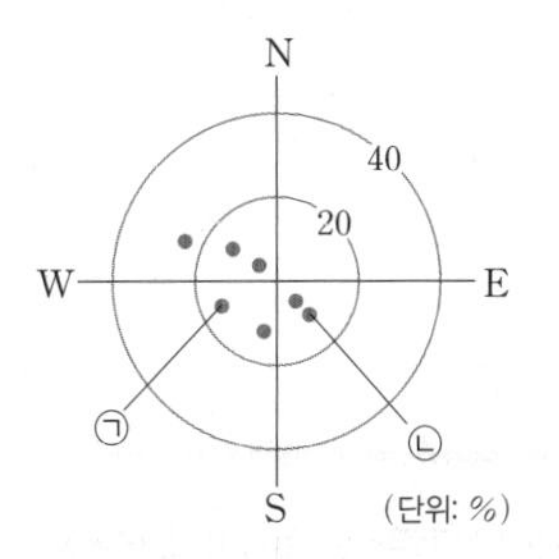

이에 대한 설명으로 옳은 것만을 〈보기〉에서 있는 대로 고른 것은?

| 보기 |

ㄱ. 온대 저기압의 중심은 관측소의 남쪽을 통과하였다.
ㄴ. ㉠보다 ㉡을 먼저 관측하였다.
ㄷ. 기온은 ㉠보다 ㉡을 관측한 시기에 높았다.

① ㄱ ② ㄴ ③ ㄷ ④ ㄱ, ㄴ ⑤ ㄱ, ㄷ

186 | 신유형 |

상 중 하

그림은 서로 다른 시기에 우리나라에 영향을 준 태풍 A와 B의 이동 경로를 나타낸 것이다.

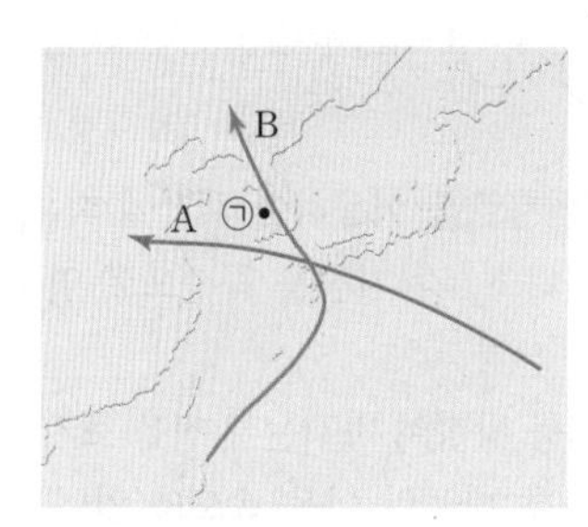

이에 대한 설명으로 옳은 것만을 〈보기〉에서 있는 대로 고른 것은?

| 보기 |

ㄱ. 두 태풍 모두 편서풍 지대에서 서에서 동으로 이동하였다.
ㄴ. 태풍이 ㉠ 주변을 통과할 때 ㉠ 지점의 풍향이 시계 방향으로 변해가는 태풍은 A이다.
ㄷ. B 태풍은 육지에 상륙하면 중심 기압이 높아진다.

① ㄱ ② ㄷ ③ ㄱ, ㄴ ④ ㄴ, ㄷ ⑤ ㄱ, ㄴ, ㄷ

187 | 개념 통합 |

상 중 하

그림은 어느 해역에 위치해 있는 열대 저기압의 등압선과 풍속 및 풍향 분포를 나타낸 것이다.

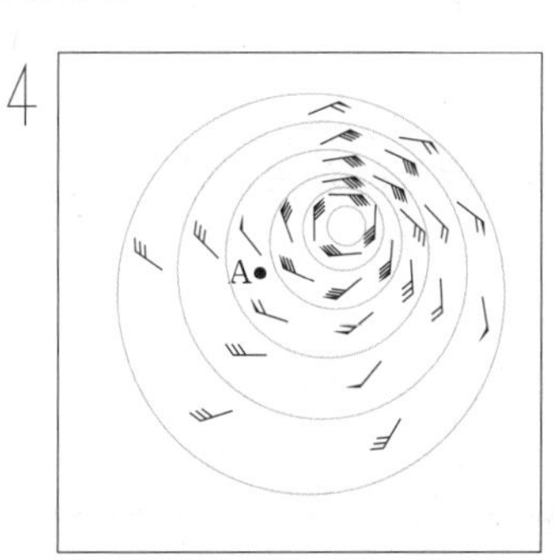

이에 대한 설명으로 옳은 것만을 〈보기〉에서 있는 대로 고른 것은?

| 보기 |

ㄱ. 이 열대 저기압은 북반구에 위치하고 있다.
ㄴ. A 지역은 위험 반원에 위치한다.
ㄷ. 이 열대 저기압은 북동쪽으로 이동하고 있다.

① ㄱ ② ㄴ ③ ㄷ ④ ㄱ, ㄴ ⑤ ㄱ, ㄷ

188 | 신유형 |

상 중 하

다음은 어느 태풍의 이동 경로와 이동 속도 변화를 알아보기 위한 탐구 과정이다.

| 탐구 과정

(가) 표의 태풍 자료를 이용하여 시간에 따른 태풍 중심 위치를 표시하고, 각 지점을 곡선으로 연결하여 이동 경로를 그려 본다.

(나) 태풍의 이동 방향이 바뀌는 지점을 표시한다.

(다) 시간에 따른 태풍의 이동 속도를 알아보기 위하여 지도에 표시된 이동 거리를 비교해 본다.

일시	태풍 중심 위치		중심 기압 (hPa)
	위도(°N)	경도(°E)	
3일 21시	25.8	126.7	930
4일 9시	28.5	126.5	930
4일 21시	31.0	126.4	945
5일 9시	35.9	128.7	965
5일 21시	39.3	134.8	980

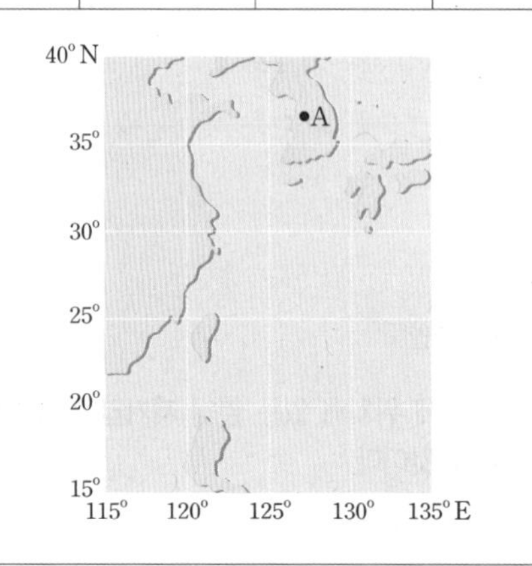

이에 대한 설명으로 옳은 것만을 <보기>에서 있는 대로 고른 것은?

| 보기 |

ㄱ. 태풍의 세력은 시간이 지날수록 강해진다.

ㄴ. 태풍의 이동 속도는 4일 12시보다 5일 12시에 더 빠르다.

ㄷ. 4일 21시부터 5일 21시까지 A에서 풍향은 시계 방향으로 변한다.

① ㄱ ② ㄴ ③ ㄱ, ㄷ ④ ㄴ, ㄷ ⑤ ㄱ, ㄴ, ㄷ

189 | 신유형 |

상 중 하

그림 (가)와 (나)는 봄철에 황사가 발생했을 때, 서울과 울릉도에서 측정한 황사 농도를 순서 없이 나타낸 것이다.

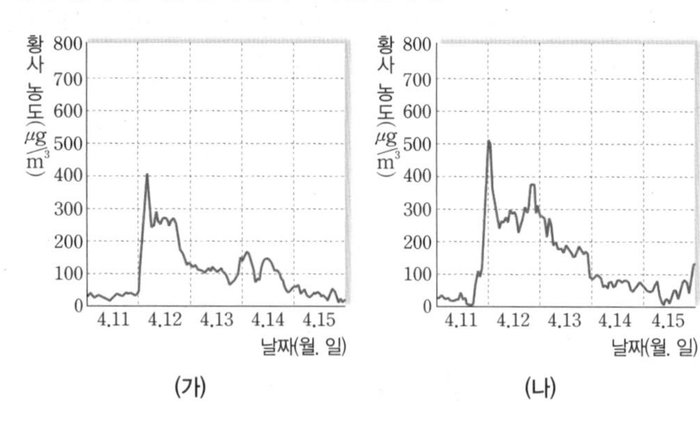

이에 대한 설명으로 옳은 것만을 <보기>에서 있는 대로 고른 것은?

| 보기 |

ㄱ. 서울에서 측정한 황사 농도는 (나)이다.

ㄴ. 황사의 발원지는 우리나라의 동쪽에 위치한다.

ㄷ. 발원지에서 4월 12일에 황사가 발생하였다.

① ㄱ ② ㄴ ③ ㄷ ④ ㄱ, ㄴ ⑤ ㄱ, ㄷ

190

상 중 하

그림은 북반구에서 위도에 따른 표층 해수의 수온과 밀도 분포를 나타낸 것이다.

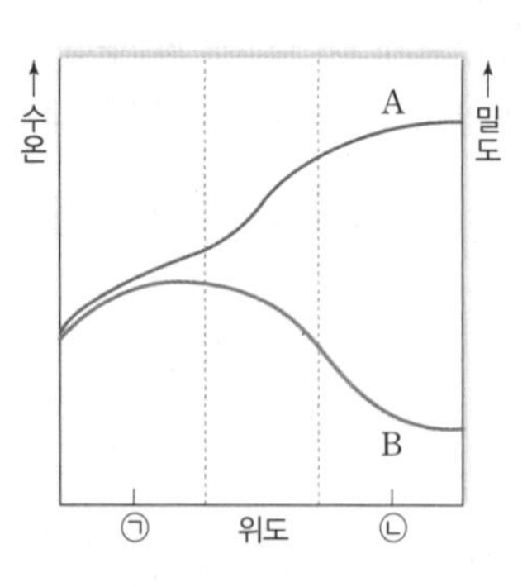

이에 대한 설명으로 옳은 것만을 <보기>에서 있는 대로 고른 것은?

| 보기 |

ㄱ. A는 수온, B는 밀도이다.

ㄴ. ㉠은 ㉡보다 저위도이다.

ㄷ. 수온이 밀도 변화에 영향을 미치는 정도는 ㉡이 ㉠보다 크다.

① ㄱ ② ㄴ ③ ㄷ ④ ㄱ, ㄴ ⑤ ㄱ, ㄷ

191 | 신유형 |

상 중 하

그림 (가)와 (나)는 같은 시기에 측정한 서로 다른 해역의 수심에 따른 수온과 염분을 수온－염분도에 나타낸 것이고, (다)는 이 중 한 해역의 수심에 따른 수온과 염분 분포이다.

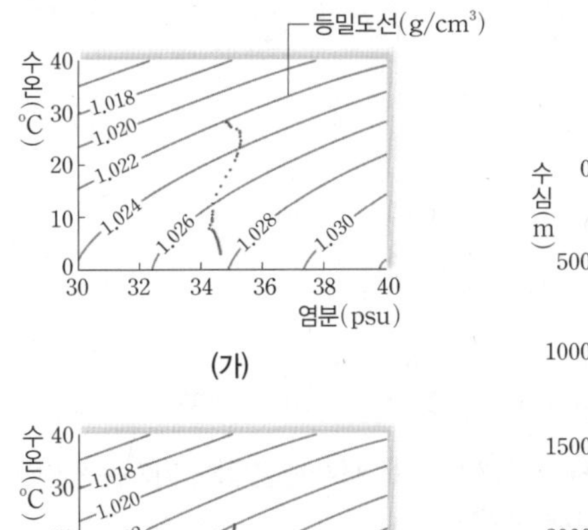

(가)

(나)

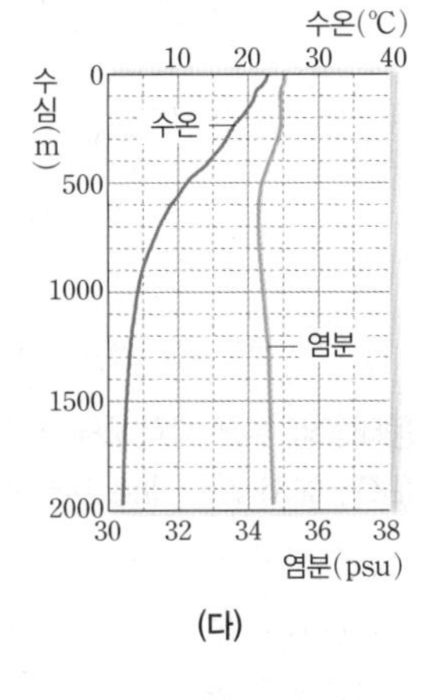

(다)

이에 대한 설명으로 옳은 것만을 〈보기〉에서 있는 대로 고른 것은?

| 보기 |

ㄱ. (가)는 (나)보다 저위도에 위치한다.
ㄴ. (다)에 해당하는 수온 염분도는 (가)이다.
ㄷ. (가), (나) 해역 모두 해수의 밀도는 수심이 깊어질수록 커진다.

① ㄱ ② ㄴ ③ ㄷ ④ ㄱ, ㄴ ⑤ ㄱ, ㄷ

192 | 개념 통합 |

상 중 하

그림 (가)는 지구 대기 대순환의 모습을, (나)는 표층 해류가 흐르는 해역 A~C를 나타낸 것이다.

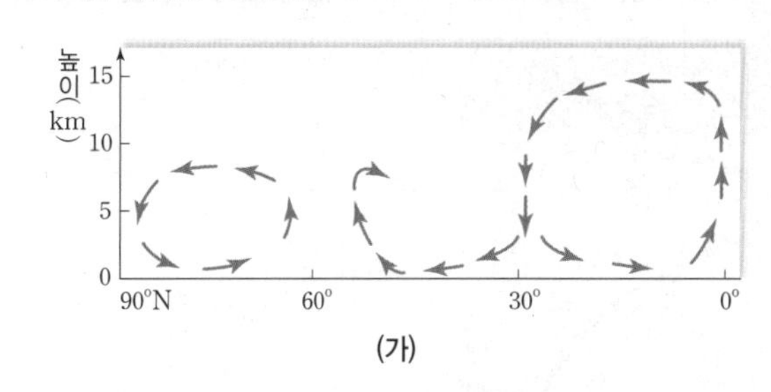

(가)

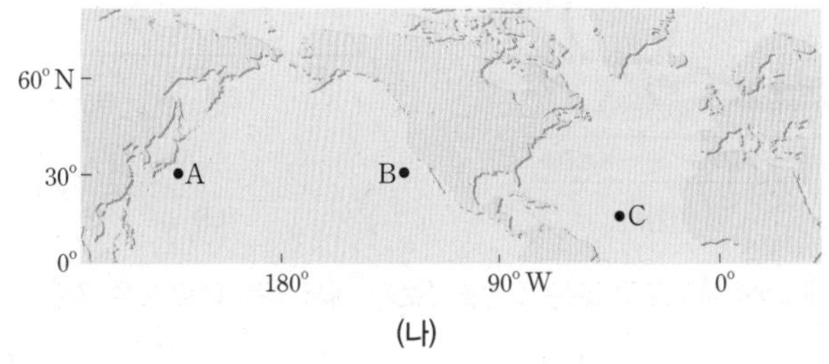

(나)

이에 대한 설명으로 옳은 것은?

① 위도 30°N 부근에는 저압대가 형성된다.
② 위도 30°N~60°N의 지표에는 동풍 계열의 바람이 우세하다.
③ 해수가 고위도로 수송하는 열량은 A 해역이 B 해역보다 많다.
④ A 해역 부근의 기후는 B 해역 부근의 기후보다 한랭하다.
⑤ C 해역의 표층 해류는 편서풍에 의해 서쪽으로 흐른다.

193

상 중 하

그림 (가)는 남태평양의 주요 표층 해류가 흐르는 해역 A~D를, (나)는 우리나라 주변 해류를 나타낸 것이다.

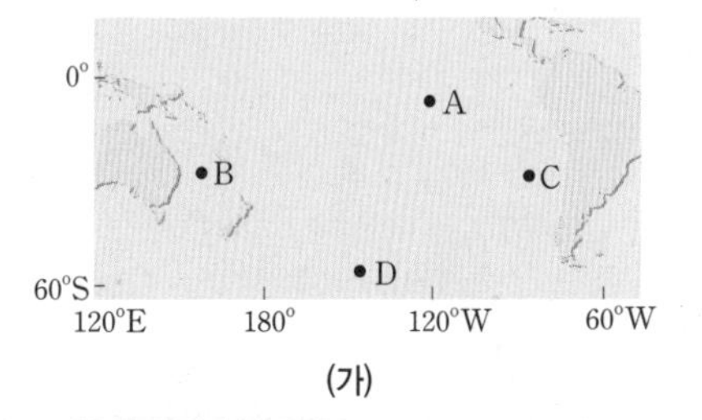

(가)

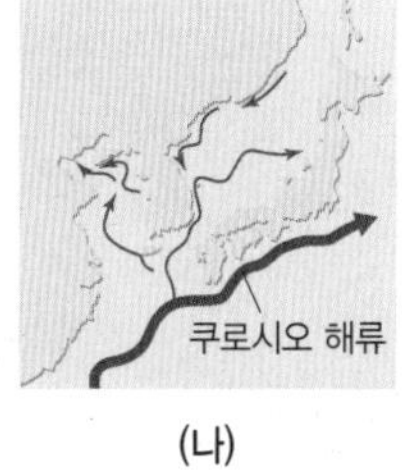

(나)

이에 대한 설명으로 옳은 것만을 〈보기〉에서 있는 대로 고른 것은?

| 보기 |

ㄱ. 표층 해수의 용존 산소량은 A보다 D에서 많다.
ㄴ. D는 극동풍에 의해 형성된다.
ㄷ. 쿠로시오 해류의 성질은 B에 흐르는 해류보다 C에 흐르는 해류와 비슷하다.

① ㄱ ② ㄷ ③ ㄱ, ㄴ ④ ㄴ, ㄷ ⑤ ㄱ, ㄴ, ㄷ

194 | 개념 통합 | (상 중 하)

그림 (가)는 대서양의 해수 순환의 모식도를, (나)는 ㉠과 ㉡에서 형성되는 수괴를 수온－염분도에 A와 B로 순서 없이 나타낸 것이다.

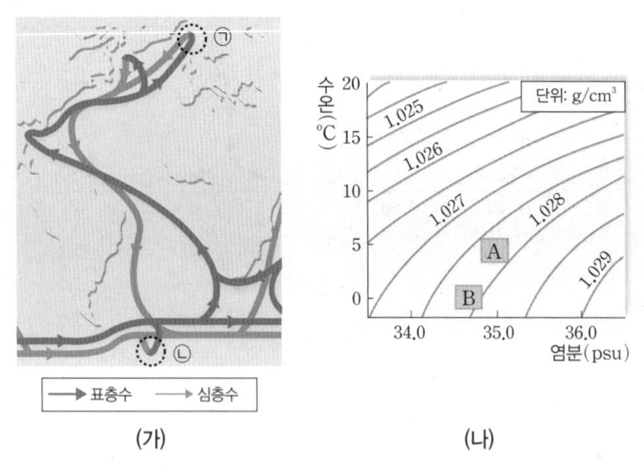

이에 대한 설명으로 옳은 것만을 〈보기〉에서 있는 대로 고른 것은?

| 보기 |

ㄱ. 형성되는 수괴의 밀도는 ㉠이 ㉡보다 크다.
ㄴ. A와 B의 밀도 차이는 수온보다 염분의 영향을 크게 받는다.
ㄷ. 대서양에는 심층 순환이 용승하는 해역이 없다.

① ㄱ　② ㄷ　③ ㄱ, ㄴ　④ ㄴ, ㄷ　⑤ ㄱ, ㄴ, ㄷ

195 | 개념 통합 | (상 중 하)

그림은 태평양 적도 부근 해역에서 측정한 무역풍의 풍속 편차(관측값－평년값)를 나타낸 것이다. A와 B 시기는 각각 엘니뇨 시기와 라니냐 시기 중 하나이다.

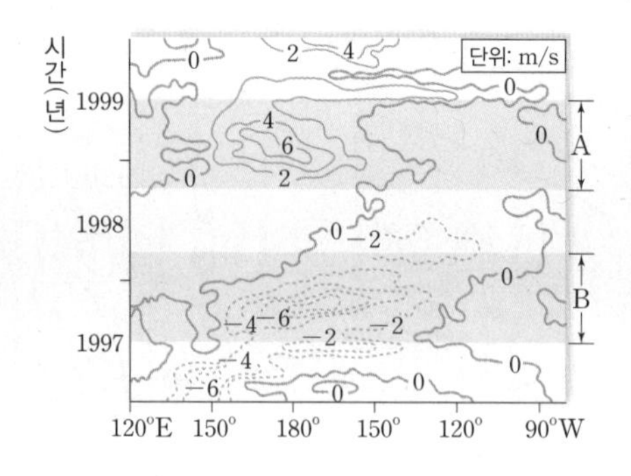

동태평양 부근 해역에서 A 시기보다 B 시기에 큰 값을 가지는 것만을 〈보기〉에서 있는 대로 고른 것은?

| 보기 |

ㄱ. 강수량
ㄴ. 평균 해면 기압
ㄷ. 수온 약층이 시작되는 깊이

① ㄱ　② ㄷ　③ ㄱ, ㄴ　④ ㄱ, ㄷ　⑤ ㄴ, ㄷ

196 | 신유형 | (상 중 하)

그림은 적도 부근 서태평양과 중앙 태평양 중 어느 한 해역에서 최근 40년 동안 매년 같은 시기에 기상 위성으로 관측한 적외선 방출 복사 에너지 편차와 수온 편차를 나타낸 것이다. 편차는 (관측값－평년값)이며, A는 라니냐 시기에 관측한 것이다.

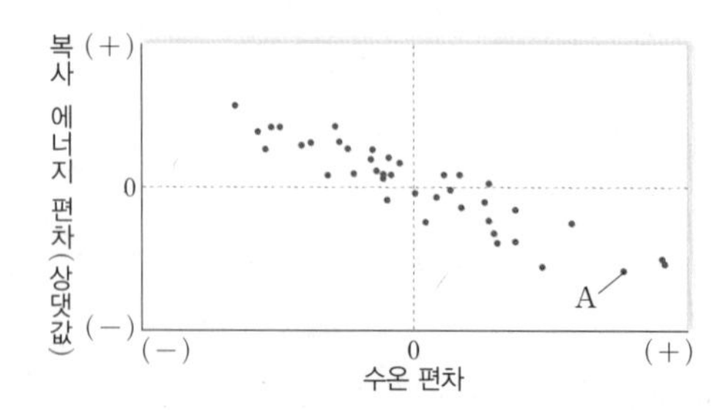

이 해역에 대한 설명으로 옳은 것만을 〈보기〉에서 있는 대로 고른 것은?

| 보기 |

ㄱ. 중앙 태평양에 위치한다.
ㄴ. 강수량은 A 시기가 평년보다 많다.
ㄷ. 평균 해면 기압은 A 시기가 평년보다 낮다.

① ㄱ　② ㄴ　③ ㄷ　④ ㄱ, ㄷ　⑤ ㄴ, ㄷ

197 | 신유형 | 개념 통합 |

상 중 하

그림 (가)는 현재의 지구 공전 궤도와 자전축 경사각을, (나)는 지구상의 위도가 서로 다른 세 지점 A, B, C에서 계절에 따른 일사량을 나타낸 것이다.

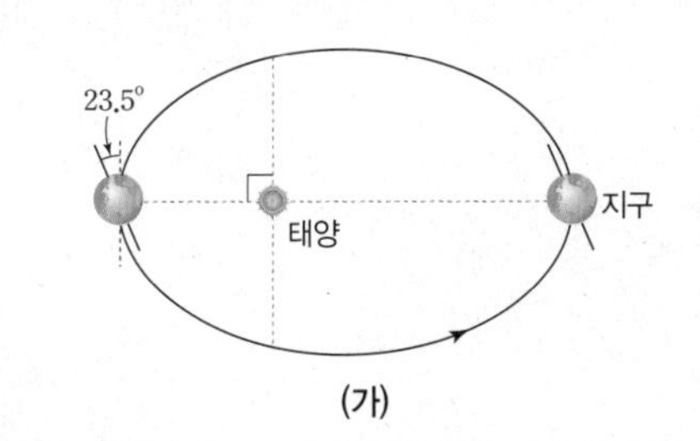

(가)

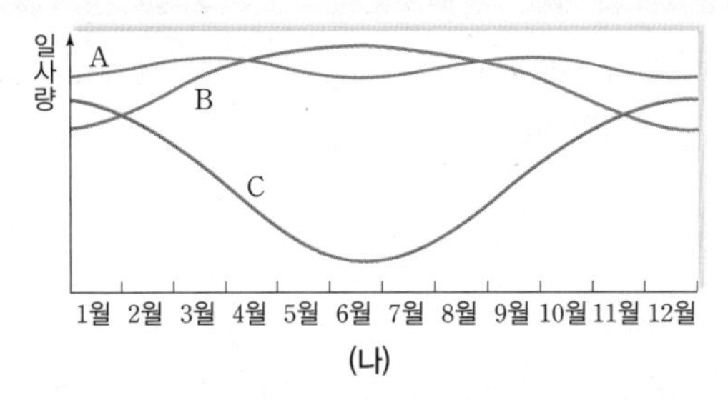

(나)

이에 대한 설명으로 옳은 것만을 〈보기〉에서 있는 대로 고른 것은?

| 보기 |

ㄱ. B는 북반구에 위치한다.
ㄴ. 위도는 A<B<C이다.
ㄷ. 지구 자전축 경사각이 커지면 B와 C의 6월 일사량 차이는 커진다.

① ㄱ ② ㄴ ③ ㄱ, ㄷ ④ ㄴ, ㄷ ⑤ ㄱ, ㄴ, ㄷ

198 | 신유형 | 개념 통합 |

상 중 하

그림 (가)는 지구 자전축 경사각의 변화를, (나)는 지구 자전축의 경사각이 다른 두 시기 ㉠, ㉡에 하짓날 태양의 남중 고도가 90°인 위도를 A 시기, B 시기로 순서 없이 나타낸 것이다.

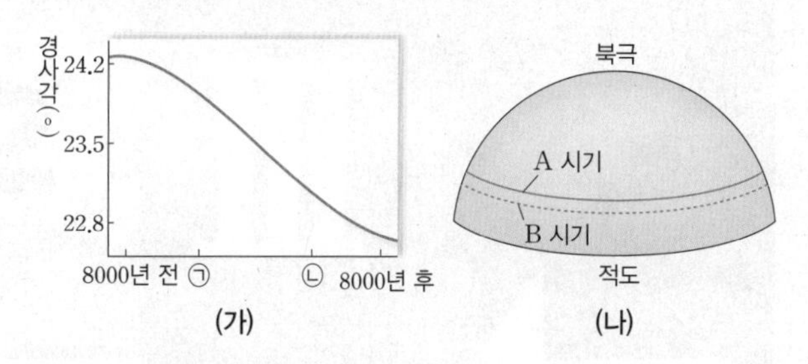

(가) (나)

이에 대한 설명으로 옳은 것만을 〈보기〉에서 있는 대로 고른 것은? (단, 지구 자전축의 경사각 변화 이외의 요인은 변하지 않는다고 가정한다.)

| 보기 |

ㄱ. A는 ㉠ 시기에 해당한다.
ㄴ. 우리나라에서 동짓날 태양의 남중 고도는 A 시기보다 B 시기일 때 낮다.
ㄷ. 지구 전체에 입사하는 태양 복사 에너지양은 ㉠ 시기가 ㉡ 시기보다 많다.

① ㄱ ② ㄴ ③ ㄱ, ㄷ ④ ㄴ, ㄴ ⑤ ㄱ, ㄴ, ㄷ

199

상 중 하

그림은 약 40만 년 동안 대기의 이산화 탄소 농도 변화를 나타낸 것이다.

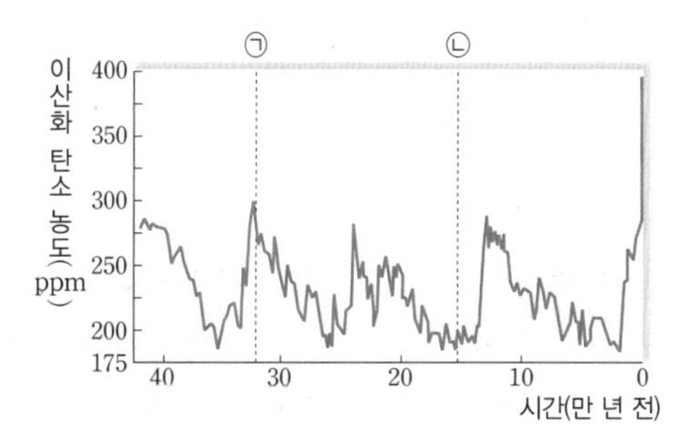

이에 대한 설명으로 옳은 것만을 〈보기〉에서 있는 대로 고른 것은?

| 보기 |

ㄱ. 극지방에서 지표면의 반사율은 ㉠ 시기보다 ㉡ 시기에 컸을 것이다.
ㄴ. 빙하가 분포하는 위도 범위는 ㉠ 시기보다 ㉡ 시기에 넓었을 것이다.
ㄷ. 해양 생물 화석으로부터 구한 산소 동위 원소비$\left(\frac{^{18}O}{^{16}O}\right)$는 ㉠ 시기보다 ㉡ 시기가 작을 것이다.

① ㄱ ② ㄷ ③ ㄱ, ㄴ ④ ㄱ, ㄷ ⑤ ㄴ, ㄷ

Ⅲ 우주

◆ 이렇게 출제되었다!

2015 개정 교육과정이 적용된 수능, 평가원, 교육청 기출 문제를 철저히 분석했습니다.

1. 별과 외계 행성계

별의 물리량, 주계열성의 진화와 에너지원 및 내부 구조를 연계하여 묻는 통합형 문제가 가장 자주 출제되었고, 외계 행성계 탐사 방법에 대해 묻는 문제도 출제 빈도가 높았다. 이 단원은 고난도 문제의 출제율이 높은 편이었다.

2. 외부 은하와 우주 팽창

허블 법칙과 우주 팽창에 대해 묻는 자료 분석형 문제와 암흑 물질과 암흑 에너지, 표준 우주 모형에 대한 문제가 가장 많이 출제되었으며, 대부분 정답률이 낮은 고난도 문제였다. 특이 은하의 사진을 제시하고 종류와 특징을 묻는 문제도 매년 출제되고 있다.

학습 가이드

어떻게 공부해야 할까?

13 별의 물리량과 H−R도

별의 광도와 반지름, 표면 온도를 비교하는 문제가 자료 분석형으로 출제되므로 다양한 자료를 분석하여 별의 여러 가지 물리량의 관계를 파악하는 연습을 해야 한다. 또 H−R도에 나타나는 별의 종류에 따른 물리적 특성을 종합적으로 이해하고 분석할 수 있도록 해야 한다.

14 별의 진화와 에너지원

별의 탄생과 진화 과정 및 특징에 대해 묻는 문제가 자주 출제되므로 주계열성의 질량에 따른 별의 진화 과정을 비교하여 기억해야 하며, 주계열성의 질량에 따른 내부 구조 및 우세하게 일어나는 핵융합 반응의 종류를 구분하여 알아두어야 한다.

15 외계 행성계와 외계 생명체 탐사

외계 행성계를 탐사하는 방법에 대해 묻는 문제가 매년 자료 분석형, 고난도로 출제되고 있으므로 각 방법과 그 특징을 정리해 두어야 하며, 자료 분석 방법을 익혀야 한다. 특히, 식 현상과 중심별의 시선 속도 변화 자료는 함께 제시하는 경우가 많다. 주어진 자료에서 중심별과 행성의 위치 및 시기를 파악할 수 있도록 학습해야 한다. 한편, 주계열성인 중심별의 질량, 표면 온도, 광도에 따른 생명 가능 지대의 특성에 대해 묻는 문제도 대비해야 한다.

16 외부 은하

허블의 은하 분류 기준과 외부 은하의 종류 및 특징에 대해 묻는 문제가 출제된다. 특히, 특이 은하의 사진을 제시하고 그 특징에 대해 묻는 문제가 주로 출제되므로 각각의 구조와 관측 특징을 확실하게 비교하여 학습해야 한다.

17 우주 팽창과 빅뱅 우주론

우주 팽창과 허블 상수에 따른 외부 은하의 후퇴 속도, 우주의 나이와 크기 변화를 이해하는지 묻는 자료 분석형 문제에 대비해야 한다. 또, 출제 빈도가 높은 빅뱅 우주론, 정상 우주론, 급팽창 우주론을 비교할 수 있어야 하며, 우주 팽창, 암흑 물질과 암흑 에너지, 우주 배경 복사 등을 연계하여 종합적으로 이해해야 한다.

13 별의 물리량과 H-R도

✓ 출제 개념
- 별의 분광형에 따른 표면 온도와 흡수선의 상대적 세기
- 별의 표면 온도, 절대 등급, 광도, 반지름 관계
- H−R도와 별의 물리량

빈출

1 별의 표면 온도와 색

(1) 빈의 변위 법칙: 흑체의 표면 온도(T)가 높을수록 최대 복사 에너지를 방출하는 파장(λ_{max})이 짧아짐

$$\lambda_{max}=\frac{a}{T}\ (a: \text{빈의 변위 상수})$$

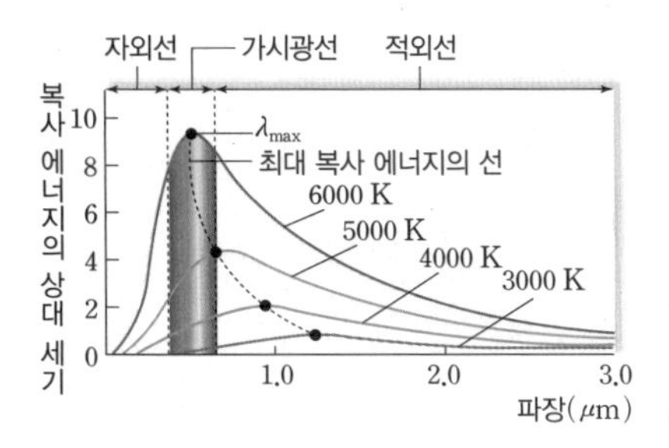

◆ 플랑크 곡선

(2) 별의 표면 온도와 색

표면 온도가 높은 별	별의 표면 온도↑ ➡ 파장(λ_{max}) 길이↓ ➡ 파란색
표면 온도가 낮은 별	별의 표면 온도↓ ➡ 파장(λ_{max}) 길이↑ ➡ 붉은색

(3) 별의 표면 온도와 색지수: 별의 표면 온도가 높을수록 색지수가 작음 ➡ U, B, V 세 종류의 필터로 정해지는 겉보기 등급을 각각 U, B, V 등급이라고 하며, 보통 $B-V$를 색지수로 활용함

표면 온도	고온의 별	10000 K의 별	저온의 별
B 등급과 V 등급	$B<V$	$B=V$	$B>V$
색지수($B-V$)	(−) 값	0	(+) 값

2 별의 분광형과 표면 온도

(1) 분광형: 별의 표면 온도에 따라 스펙트럼에 나타나는 흡수선의 종류와 세기를 기준으로 하여 고온에서 저온 순으로 O, B, A, F, G, K, M형으로 분류함

(2) 별의 분광형과 스펙트럼

분광형	색	표면 온도(K)	스펙트럼의 모습
O	파란색	28000 이상	30000 K, H선, He선
B	청백색	10000~28000	20000 K, He선, C선
A	흰색	7500~10000	10000 K, Ca선, Fe선
F	황백색	6000~7500	7000 K, Fe선, O선, Mg선, Na선
G	노란색	5000~6000	6000 K, O선
K	주황색	3500~5000	4000 K, 여러 가지 분자선
M	붉은색	3500 이하	3000 K, 여러 가지 분자선

고빈출

3 별의 광도와 크기

(1) 별의 광도: 별이 단위 시간 동안 방출하는 에너지의 양 ➡ 별의 절대 등급이 작을수록 광도가 큼

(2) 별의 크기 측정

① 슈테판·볼츠만 법칙: 흑체가 단위 시간 동안 단위 면적에서 방출하는 에너지양(E)은 표면 온도(T)의 4제곱에 비례함

$$E=\sigma T^4\ (\sigma: \text{슈테판·볼츠만 상수})$$

② 별의 광도(L): 별의 표면적($4\pi R^2$)과 별이 단위 시간 동안 단위 면적에서 방출하는 에너지양(E)의 곱 ➡ 별의 광도는 반지름의 제곱에 비례하고, 표면 온도의 4제곱에 비례함

$$L=4\pi R^2\cdot\sigma T^4\ (R: \text{별의 반지름})$$

③ 별의 크기: 별의 광도(L)와 표면 온도(T)를 알면 별의 반지름(R)을 구할 수 있음

$$L=4\pi R^2\cdot\sigma T^4 \Rightarrow R\propto\frac{\sqrt{L}}{T^2}$$

고빈출

4 H−R도와 별의 종류

(1) H−R도: 별의 분광형(또는 표면 온도)과 절대 등급(또는 광도) 사이의 관계를 나타낸 그래프

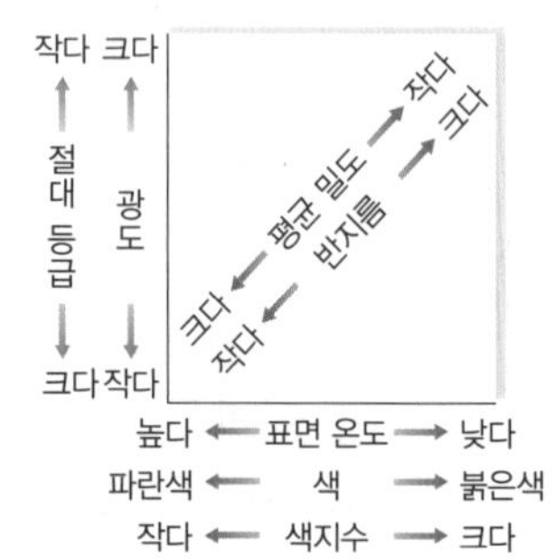

(2) H−R도와 별의 종류

구분	H−R도에서 별의 위치와 특징
주계열성	• H−R도의 왼쪽 위에서 오른쪽 아래로 대각선을 따라 분포 • 모든 별의 약 80 %~90 %가 주계열성에 속함 • H−R도에서 왼쪽 위에 분포할수록 표면 온도, 광도, 반지름, 질량이 큼
적색 거성	• H−R도에서 주계열의 오른쪽 위에 거의 수평으로 분포 • 표면 온도가 낮아 붉은색을 띠지만 반지름이 커서 광도가 큼
초거성	• H−R도에서 적색 거성보다 위에 분포 • 적색 거성보다 반지름이 더 크고, 광도가 매우 크며, 평균 밀도가 매우 작음
백색 왜성	• H−R도에서 주계열성보다 왼쪽 아래에 분포 • 표면 온도가 높아 백색을 띠지만 반지름이 매우 작아 광도가 매우 작으며, 평균 밀도가 매우 큼

(3) 광도 계급: 별들을 광도에 따라 계급으로 분류한 것 ➡ 광도가 큰 Ⅰ에서 광도가 작은 Ⅶ까지 7개의 계급으로 분류하며, 초거성(Ⅰ)은 밝기에 따라 다시 Ⅰa와 Ⅰb로 나누어짐 예 태양: G2Ⅴ

대표 기출 문제

200

평가원 기출

그림은 분광형이 서로 다른 별 (가), (나), (다)가 방출하는 복사 에너지의 상대적 세기를 파장에 따라 나타낸 것이다. (가)의 분광형은 O형이고, (나)와 (다)는 각각 A형과 G형 중 하나이다.
이 자료에 대한 설명으로 옳은 것만을 〈보기〉에서 있는 대로 고른 것은? [3점]

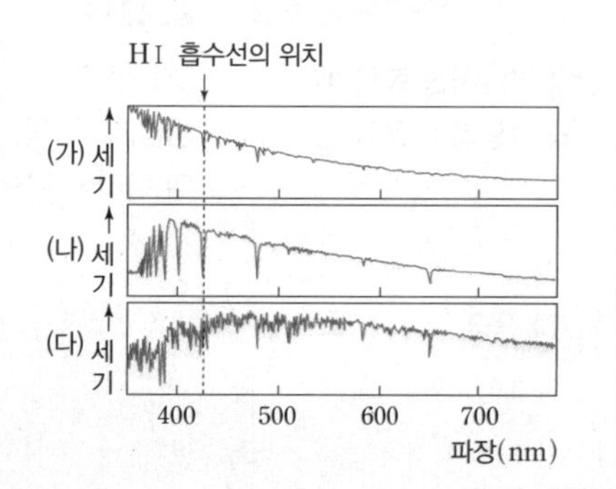

| 보기 |

ㄱ. HⅠ 흡수선의 세기는 (가)가 (나)보다 강하게 나타난다.
ㄴ. 복사 에너지를 최대로 방출하는 파장은 (나)가 (다)보다 길다.
ㄷ. 표면 온도는 (나)가 태양보다 높다.

① ㄱ　② ㄴ　③ ㄷ　④ ㄱ, ㄴ　⑤ ㄴ, ㄷ

문항 분석
분광형에 따른 별의 표면 온도와 표면 온도에 따른 흡수선의 특징을 이해하고 있는지 묻는 문항이다.

꼭 기억해야 할 개념
표면 온도가 약 10000 K인 A0형 별에서는 중성 수소(HⅠ)에 의한 흡수선이 강하게 나타난다.

선지별 선택 비율

①	②	③	④	⑤
15 %	6 %	58 %	14 %	5 %

201

수능 기출

표는 별 (가), (나), (다)의 분광형, 반지름, 광도를 나타낸 것이다.

별	분광형	반지름(태양=1)	광도(태양=1)
(가)	(　)	10	10
(나)	A0	5	(　)
(다)	A0	(　)	10

(가), (나), (다)에 대한 설명으로 옳은 것만을 〈보기〉에서 있는 대로 고른 것은? [3점]

| 보기 |

ㄱ. 복사 에너지를 최대로 방출하는 파장은 (가)가 가장 짧다.
ㄴ. 절대 등급은 (나)가 가장 작다.
ㄷ. 반지름은 (다)가 가장 크다.

① ㄱ　② ㄴ　③ ㄷ　④ ㄱ, ㄴ　⑤ ㄴ, ㄷ

문항 분석
표면 온도와 복사 에너지를 최대로 방출하는 파장, 광도와 절대 등급 등 연계된 개념을 통합적으로 이해해야 한다.

꼭 기억해야 할 개념
1. 별의 표면 온도가 높을수록 색지수는 작아지고, 복사 에너지를 최대로 방출하는 파장은 짧아진다.
2. 별의 광도는 반지름의 제곱에, 표면 온도의 4제곱에 비례한다.

선지별 선택 비율

①	②	③	④	⑤
10 %	58 %	11 %	11 %	7 %

적중 예상 문제

202

(상 중 하)

그림은 별 ㉠, ㉡, ㉢의 단위 표면적에서 단위 시간당 방출하는 복사 에너지의 상대 세기를 파장에 따라 나타낸 것이고, 표는 세 별의 절대 등급을 나타낸 것이다.

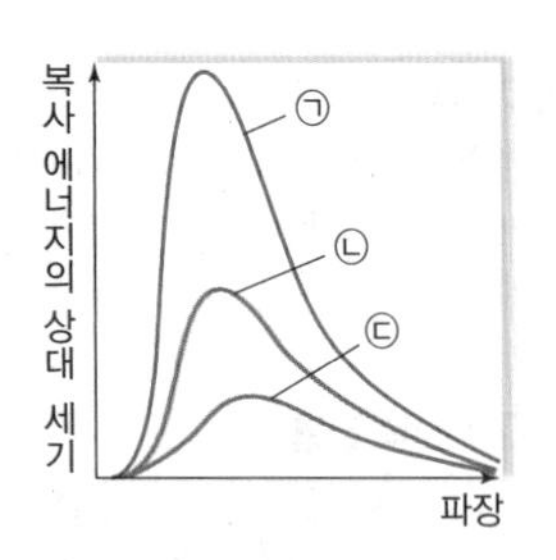

별	절대 등급
㉠	+3.0
㉡	+1.0
㉢	−2.0

이에 대한 설명으로 옳은 것만을 〈보기〉에서 있는 대로 고른 것은?

| 보기 |

ㄱ. 표면 온도는 ㉠이 ㉡보다 높다.
ㄴ. 별이 단위 시간당 방출하는 에너지양은 ㉠이 ㉢의 100배이다.
ㄷ. 별의 반지름은 ㉢이 가장 크다.

① ㄱ ② ㄴ ③ ㄱ, ㄷ ④ ㄴ, ㄷ ⑤ ㄱ, ㄴ, ㄷ

203 | 신유형 |

(상 중 하)

그림은 지구 대기권 밖에서 단위 시간 동안 단위 면적에서 입사된 두 별 A와 B의 복사 에너지 세기를 파장에 따라 나타낸 것이다. A와 B는 절대 등급이 같으며, 그래프와 가로축 사이의 면적은 B가 A의 약 2.5배이다.

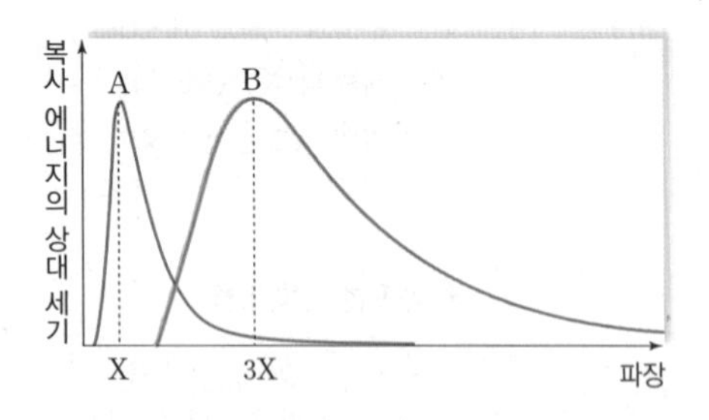

이에 대한 설명으로 옳은 것만을 〈보기〉에서 있는 대로 고른 것은?

| 보기 |

ㄱ. 표면 온도는 A가 B의 3배이다.
ㄴ. 반지름은 B가 A의 9배이다.
ㄷ. 지구로부터 별까지 거리는 A가 B의 약 $\sqrt{2.5}$배이다.

① ㄱ ② ㄷ ③ ㄱ, ㄴ ④ ㄴ, ㄷ ⑤ ㄱ, ㄴ, ㄷ

204

(상 중 하)

그림은 주계열성 ㉠, ㉡, ㉢의 B 등급과 V 등급을 나타낸 것이다. B 등급과 V 등급은 각각 B 필터와 V 필터를 통과한 빛의 양을 측정하여 나타낸 겉보기 등급이다.

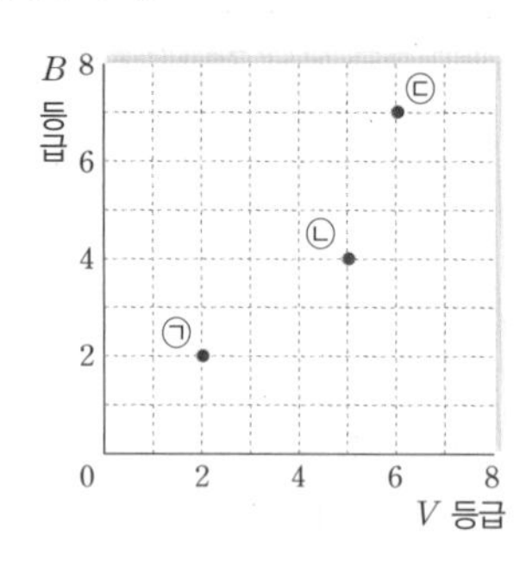

이에 대한 설명으로 옳은 것만을 〈보기〉에서 있는 대로 고른 것은?

| 보기 |

ㄱ. ㉠은 흰색 별이다.
ㄴ. 표면 온도는 ㉡이 ㉢보다 높다.
ㄷ. 별의 질량은 ㉢이 가장 크다.

① ㄱ ② ㄷ ③ ㄱ, ㄴ ④ ㄴ, ㄷ ⑤ ㄱ, ㄴ, ㄷ

205 | 신유형 |

(상 중 하)

표는 세 별 (가), (나), (다)의 분광형을, 그림은 (가), (나), (다)의 파장에 따른 복사 에너지 세기를 순서 없이 ㉠, ㉡, ㉢으로 나타낸 것이다.

별	분광형
(가)	A0
(나)	G2
(다)	O5

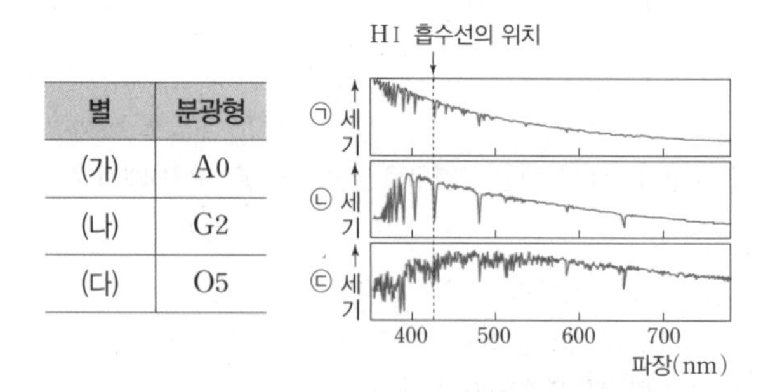

이에 대한 설명으로 옳은 것만을 〈보기〉에서 있는 대로 고른 것은?

| 보기 |

ㄱ. (가)는 흰색 별이다.
ㄴ. 복사 에너지를 최대로 방출하는 파장은 ㉠이 ㉡보다 길다.
ㄷ. 태양 스펙트럼에서 관측되는 HⅠ 흡수선의 상대적 세기는 ㉢에 가장 가깝다.

① ㄱ ② ㄴ ③ ㄱ, ㄷ ④ ㄴ, ㄷ ⑤ ㄱ, ㄴ, ㄷ

206 | 신유형 |

상 중 하

그림은 별의 스펙트럼에 나타난 흡수선의 상대적 세기를 표면 온도에 따라 나타낸 것이다. 흡수선 X와 Y는 각각 He Ⅱ 흡수선과 TiO 흡수선 중 하나이다.

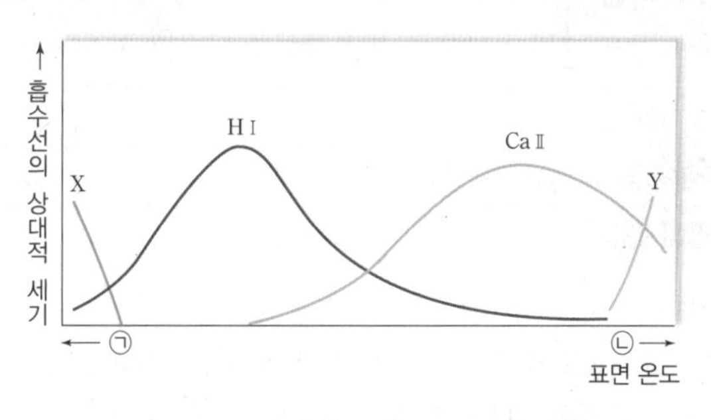

이에 대한 설명으로 옳은 것만을 〈보기〉에서 있는 대로 고른 것은?

| 보기 |

ㄱ. 표면 온도의 증가 방향은 ㉡이다.
ㄴ. X는 TiO 흡수선이다.
ㄷ. 적색 거성의 스펙트럼에서는 Ca Ⅱ 흡수선이 H Ⅰ 흡수선보다 강하게 나타난다.

① ㄱ ② ㄷ ③ ㄱ, ㄴ ④ ㄴ, ㄷ ⑤ ㄱ, ㄴ, ㄷ

207

상 중 하

그림은 별 A와 B에서 단위 시간당 동일한 양의 복사 에너지를 방출하는 별의 표면적을 나타낸 것이다. A의 광도는 B의 40배이며, 지구에서 관측되는 두 별의 겉보기 등급은 같다.

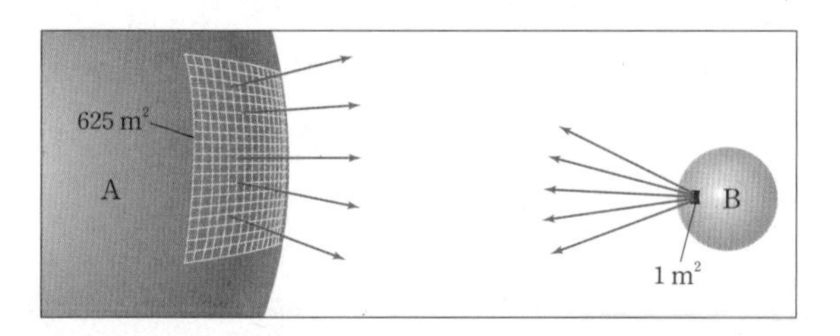

이에 대한 설명으로 옳은 것만을 〈보기〉에서 있는 대로 고른 것은? (단, A, B는 흑체로 가정한다.)

| 보기 |

ㄱ. 복사 에너지를 최대로 방출하는 파장은 A가 B의 5배이다.
ㄴ. 반지름은 A가 B의 500배이다.
ㄷ. 지구로부터 별까지 거리는 A가 B의 5배보다 작다.

① ㄱ ② ㄷ ③ ㄱ, ㄴ ④ ㄴ, ㄷ ⑤ ㄱ, ㄴ, ㄷ

208

상 중 하

표는 별 ㉠, ㉡, ㉢의 표면 온도, 절대 등급, 반지름을 나타낸 것이다. ㉠, ㉡, ㉢ 중 주계열성은 2개이다.

별	표면 온도(상댓값)	절대 등급	반지름(상댓값)
㉠	1	+5.0	1
㉡	$\sqrt{10}$	(　)	1
㉢	0.5	(　)	(　)

이에 대한 설명으로 옳은 것만을 〈보기〉에서 있는 대로 고른 것은?

| 보기 |

ㄱ. 별의 단위 면적에서 단위 시간 동안 방출하는 복사 에너지양은 ㉠이 ㉢의 16배이다.
ㄴ. ㉡의 절대 등급은 1.0보다 작다.
ㄷ. ㉢은 주계열성이다.

① ㄱ ② ㄷ ③ ㄱ, ㄴ ④ ㄴ, ㄷ ⑤ ㄱ, ㄴ, ㄷ

209

상 중 하

그림은 별 A, B, C의 반지름과 절대 등급을 나타낸 것이다. A, B, C는 각각 초거성, 거성, 주계열성 중 하나이다.

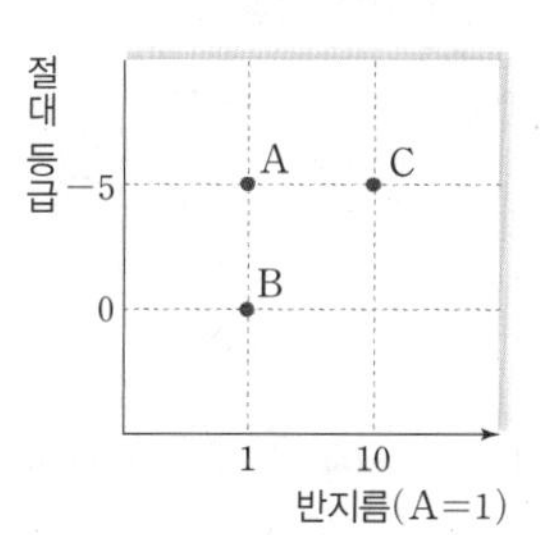

이에 대한 설명으로 옳은 것만을 〈보기〉에서 있는 대로 고른 것은?

| 보기 |

ㄱ. 표면 온도는 A가 가장 높다.
ㄴ. B는 주계열성이다.
ㄷ. 광도 계급의 숫자는 C가 가장 작다.

① ㄱ ② ㄴ ③ ㄱ, ㄷ ④ ㄴ, ㄷ ⑤ ㄱ, ㄴ, ㄷ

적중 예상 문제

210
(상 중 하)

표는 별 (가)와 (나)의 광도 계급과 표면 온도를 나타낸 것이다.

별	광도 계급	표면 온도(K)
(가)	Ⅴ	10000
(나)	Ⅱ	6000

이에 대한 설명으로 옳은 것만을 <보기>에서 있는 대로 고른 것은?

| 보기 |

ㄱ. (가)의 색지수($B-V$)는 태양보다 작다.
ㄴ. (나)는 태양보다 절대 등급이 작다.
ㄷ. 별의 평균 밀도는 (가)가 (나)보다 크다.

① ㄱ ② ㄴ ③ ㄱ, ㄷ ④ ㄴ, ㄷ ⑤ ㄱ, ㄴ, ㄷ

211
| 신유형 | (상 중 하)

표는 여러 별들의 절대 등급을 분광형과 광도 계급에 따라 구분하여 나타낸 것이다. (가), (나), (다)는 각각 Ⅰb, Ⅲ, Ⅴ 중 하나이다.

분광형 \ 광도 계급	(가)	(나)	(다)
A0	+0.6	−0.6	−4.9
M0	(㉠)	−0.4	−4.5
G0	+4.4	+0.6	−4.5

이에 대한 설명으로 옳은 것만을 <보기>에서 있는 대로 고른 것은?

| 보기 |

ㄱ. 광도 계급 숫자는 (다)가 가장 작다.
ㄴ. ㉠은 +4.4보다 작다.
ㄷ. 별의 반지름은 (가)의 A0형 별이 (나)의 G0형 별보다 작다.

① ㄱ ② ㄴ ③ ㄱ, ㄷ ④ ㄴ, ㄷ ⑤ ㄱ, ㄴ, ㄷ

212
(상 중 하)

다음은 H−R도를 작성하여 별을 분류하는 탐구이다.

| 탐구 과정

표는 별 a~f의 분광형과 절대 등급을 나타낸 것이다.

별	a	b	c	d	e	f
분광형	A0	B1	G2	M5	M2	B6
절대 등급	+11.0	−3.6	+4.8	+13.2	−3.1	+10.3

(가) 별 a~f의 위치를 H−R도에 표시한다.
(나) H−R도에 표시한 별들을 백색 왜성, 주계열성, 거성으로 분류한다.

| 탐구 결과

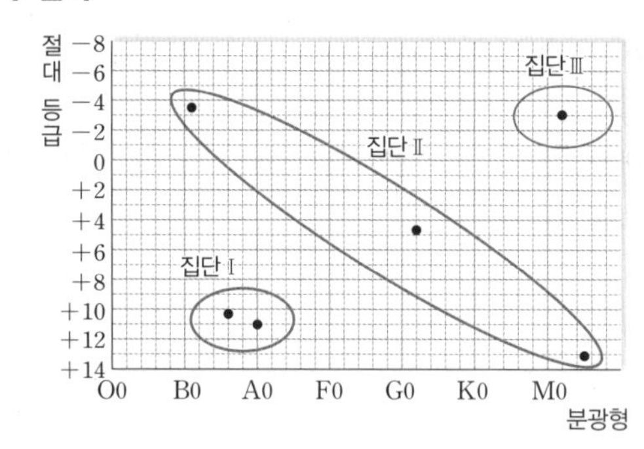

이에 대한 설명으로 옳은 것만을 <보기>에서 있는 대로 고른 것은?

| 보기 |

ㄱ. 집단 Ⅰ은 주계열성이다.
ㄴ. 별 a~f 중 평균 밀도가 가장 작은 별은 e이다.
ㄷ. 집단 Ⅱ에 속한 별들은 절대 등급이 클수록 표면 온도가 높다.

① ㄱ ② ㄴ ③ ㄱ, ㄷ ④ ㄴ, ㄷ ⑤ ㄱ, ㄴ, ㄷ

213

상 중 하

그림은 H－R도에 별의 집단 ㉠, ㉡, ㉢을 나타낸 것이고, 표는 별의 집단 (가), (나), (다)의 특징을 나타낸 것이다. (가), (나), (다)는 각각 ㉠, ㉡, ㉢ 중 하나이다.

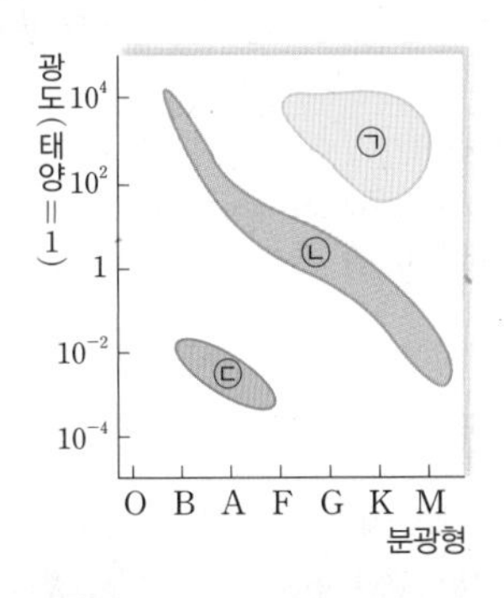

구분	특징
(가)	별의 내부에서 헬륨보다 무거운 원자핵이 만들어진다.
(나)	별이 일생의 대부분을 보내는 단계로, 별의 크기가 거의 일정하게 유지된다.
(다)	별의 중심부에서 핵융합 반응이 일어나지 않는 단계이다.

이에 대한 설명으로 옳은 것만을 〈보기〉에서 있는 대로 고른 것은?

| 보기 |

ㄱ. (가)에 해당하는 별의 집단은 ㉠이다.
ㄴ. (나)에 속한 별은 질량이 클수록 반지름이 크다.
ㄷ. 별의 평균 색지수는 (다)가 가장 크다.

① ㄱ ② ㄷ ③ ㄱ, ㄴ ④ ㄴ, ㄷ ⑤ ㄱ, ㄴ, ㄷ

214

상 중 하

그림 (가)는 별의 집단 X, Y, Z의 광도 계급을, (나)는 (가)의 세 집단 중 어느 한 집단에 속한 별들의 질량－광도 관계를 나타낸 것이다.

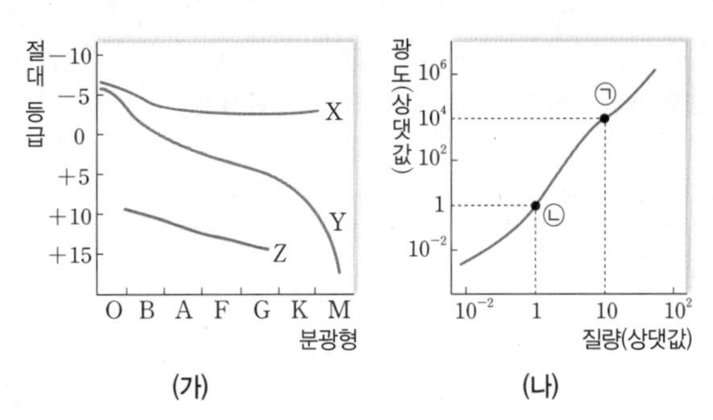

이에 대한 설명으로 옳은 것만을 〈보기〉에서 있는 대로 고른 것은?

| 보기 |

ㄱ. 광도 계급의 숫자는 X>Y>Z이다.
ㄴ. (나)는 Y에 속한 별들의 질량－광도 관계이다.
ㄷ. (나)에서 ㉠은 ㉡보다 색지수가 크다.

① ㄱ ② ㄴ ③ ㄱ, ㄷ ④ ㄴ, ㄷ ⑤ ㄱ, ㄴ, ㄷ

215

상 중 하

표는 별 ㉠~㉣의 절대 등급과 분광형을 나타낸 것이다. ㉠~㉣은 각각 거성, 초거성, 백색 왜성, 주계열성 중 하나이다.

별	절대 등급	분광형
㉠	+12.2	B1
㉡	+2.0	A1
㉢	−1.5	K4
㉣	−7.8	K8

이에 대한 설명으로 옳은 것만을 〈보기〉에서 있는 대로 고른 것은? (단, 태양의 절대 등급은 +5.0이다.)

| 보기 |

ㄱ. H－R도에서 ㉠은 ㉢보다 왼쪽 아래에 위치한다.
ㄴ. ㉡의 중심부에서는 수소 핵융합 반응이 일어난다.
ㄷ. 별의 평균 밀도는 ㉣이 ㉢보다 크다.

① ㄱ ② ㄷ ③ ㄱ, ㄴ ④ ㄴ, ㄷ ⑤ ㄱ, ㄴ, ㄷ

14 별의 진화와 에너지원

✓ 출제 개념
- 질량에 따른 별의 진화 과정
- 별의 진화 과정과 H-R도
- 별의 에너지원과 별의 내부 구조

1 별의 탄생

성간 물질: 우주 공간에 퍼져 있는 물질로, 주로 수소와 헬륨으로 이루어져 있음

⇩

성운: 성간 물질이 모임 ➡ 질량, 중력↑ ➡ 더 많은 물질 밀집

⇩

원시별: 성운의 중력 수축을 에너지원으로 하여 빛과 열이 방출되고, 중심부의 온도는 계속 상승

⇩

주계열성: 내부 온도가 약 1000만 K이 되면 중심부에서 수소 핵융합 반응이 일어나면서 주계열성이 되고, 안정한 상태가 됨

고빈출

2 별의 진화

(1) **원시별**: 성운에서 성간 물질들이 뭉쳐지면서 질량이 커져 별의 모습을 갖춘 것

(2) **주계열성**: 중심에서 수소 핵융합 반응이 일어나는 안정한 상태의 별

(3) **질량이 태양 정도인 별의 진화**: 원시별 → 주계열성 → 적색 거성 → 행성상 성운 → 백색 왜성

(4) **질량이 태양보다 매우 큰 별의 진화**: 원시별 → 주계열성 → 초거성 → 초신성 폭발 → 중성자별 또는 블랙홀

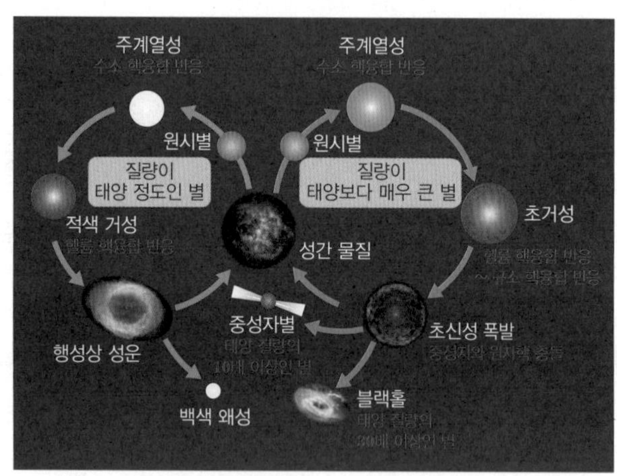

⊙ 질량에 따른 별의 진화 과정과 순환

3 주계열성의 에너지원

(1) **수소 핵융합 반응**: 수소 원자핵 4개가 핵융합 반응하여 헬륨 원자핵 1개가 만들어지는 반응 ➡ 수소 핵융합 반응 과정에서 발생한 질량 결손은 에너지로 전환됨

⊙ 수소 핵융합 반응의 원리

(2) **수소 핵융합 반응의 종류**: 주계열성 중심부의 온도에 따라 일어나는 반응이 다름

구분	양성자·양성자 반응 (p-p 반응)	탄소·질소·산소 순환 반응 (CNO 순환 반응)
조건	중심부 온도가 약 1800만 K 이하인 별	중심부 온도가 약 1800만 K 이상인 별
반응	수소 원자핵 6개가 헬륨 원자핵 1개와 수소 원자핵 2개로 바뀌면서 에너지를 생성하는 과정	탄소, 질소, 산소가 촉매 역할을 하여 수소 원자핵이 헬륨 원자핵으로 바뀌면서 에너지를 생성하는 과정

4 별의 내부 구조

(1) **정역학 평형**: 별 내부에서 기체의 압력 차에 의한 힘과 별의 중심 방향으로 작용하는 중력이 평형을 이루는 상태 ➡ 별의 크기가 거의 일정하게 유지됨

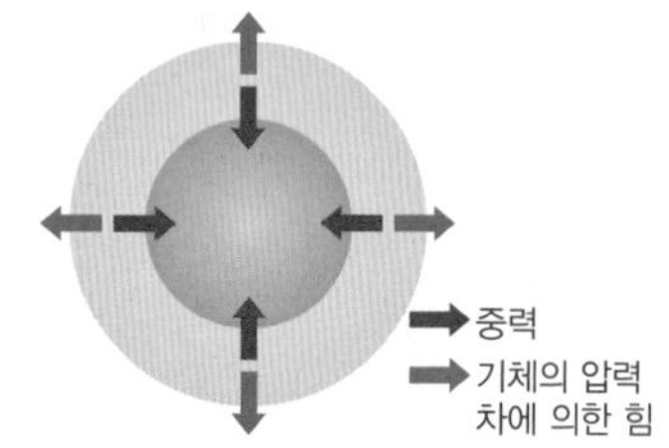

⊙ 정역학 평형 상태

고빈출

(2) **별의 내부 구조**

① 주계열성의 내부 구조와 에너지 전달

질량이 태양 정도인 별	질량이 태양의 약 2배 이상인 별
대류층, 복사층, 중심핵	복사층, 대류핵
핵융합 반응이 일어나는 중심핵이 있고, 차례로 복사층, 대류층이 둘러싸고 있음	중심부에 핵융합 반응과 대류가 함께 일어나는 대류핵이 있고, 그 주위로 복사층이 있음

② 주계열 단계 이후 별의 내부 구조

질량이 태양 정도인 별	질량이 매우 큰 별
수소, 헬륨, 탄소+산소	헬륨, 탄소+산소, 수소, 산소+네온+마그네슘, 규소+황, 철
⊙ 적색 거성의 마지막 단계에서의 내부 구조	⊙ 초거성의 마지막 단계에서의 내부 구조
중심부에서 헬륨 핵융합 반응이 일어나 탄소와 산소로 구성된 핵이 만들어지고, 그 위로 헬륨 연소층, 수소각이 존재	중심부의 온도가 매우 높고, 양파 껍질과 같은 구조를 가지며, 최종적으로 철로 구성된 중심핵이 만들어짐

대표 기출 문제

216

수능 기출

그림은 주계열성 A와 B가 각각 A′와 B′로 진화하는 경로를 H−R도에 나타낸 것이다. B는 태양이다. 이에 대한 설명으로 옳은 것만을 <보기>에서 있는 대로 고른 것은?

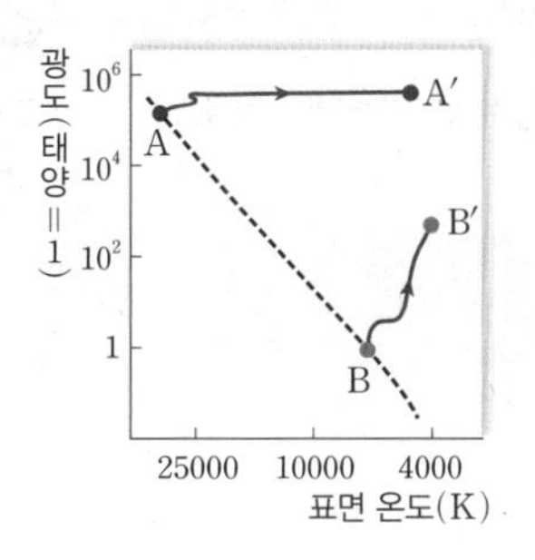

| 보기 |

ㄱ. A가 A′로 진화하는 데 걸리는 시간은 B가 B′로 진화하는 데 걸리는 시간보다 짧다.
ㄴ. B와 B′의 중심핵은 모두 탄소를 포함한다.
ㄷ. A는 B보다 최종 진화 단계에서의 밀도가 크다.

① ㄱ ② ㄷ ③ ㄱ, ㄴ ④ ㄴ, ㄷ ⑤ ㄱ, ㄴ, ㄷ

문항 분석
별의 진화 단계에 따른 내부 구조만을 알고 있다면 함정에 빠지기 쉬운 문항이다. 주계열 단계에서는 p−p 반응과 CNO 순환 반응이 모두 일어난다는 것을 알고 있어야 한다.

꼭 기억해야 할 개념
주계열성은 수소 핵융합 반응에 의해 유지되며, 중심핵의 온도에 따라 p−p 반응과 CNO 순환 반응이 각각 우세하게 일어난다.

선지별 선택 비율

①	②	③	④	⑤
45 %	8 %	8 %	4 %	33 %

217

교육청 기출

그림 (가)는 별의 중심부 온도에 따른 수소 핵융합 반응의 에너지 생산량을, (나)는 주계열성 A와 B의 내부 구조를 나타낸 것이다. A와 B의 중심부 온도는 각각 ㉠과 ㉡ 중 하나이다.

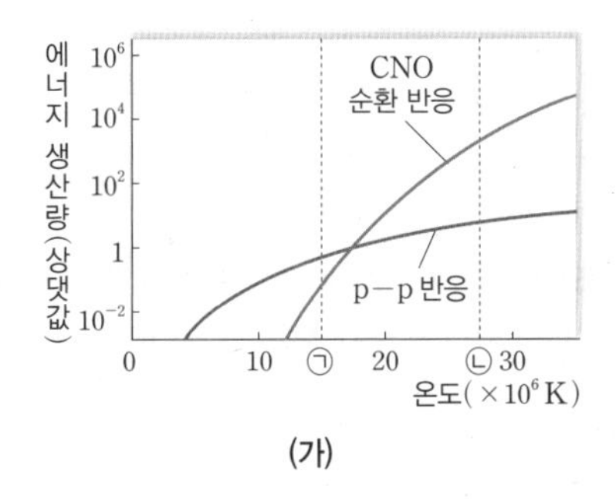

(가)

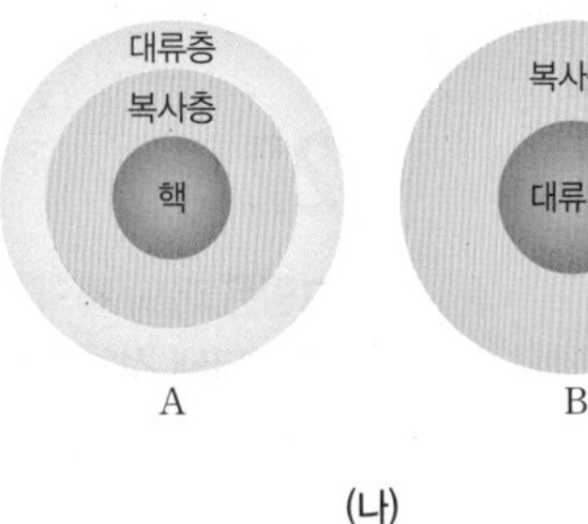

(나)

이에 대한 설명으로 옳은 것만을 <보기>에서 있는 대로 고른 것은? (단, 별의 크기는 고려하지 않는다.) [3점]

| 보기 |

ㄱ. 중심부 온도가 ㉠인 주계열성의 중심부에서는 CNO 순환 반응보다 p−p 반응이 우세하게 일어난다.
ㄴ. 별의 질량은 A보다 B가 크다.
ㄷ. A의 중심부 온도는 ㉡이다.

① ㄱ ② ㄷ ③ ㄱ, ㄴ ④ ㄴ, ㄷ ⑤ ㄱ, ㄴ, ㄷ

문항 분석
별의 질량에 따른 p−p 반응과 CNO 순환 반응의 에너지 효율 및 주계열성의 내부 구조에서 에너지 전달 방법을 묻는 문항이다.

꼭 기억해야 할 개념
질량이 태양 정도인 별은 중심부의 온도가 비교적 낮고, 별 내부의 온도 차가 작아 중심핵−복사층−대류층으로 이루어져 있다. 하지만 질량이 태양의 약 2배 이상인 별은 중심부의 온도가 높고, 표면과의 온도 차가 매우 커서 대류핵−복사층으로 이루어져 있다.

선지별 선택 비율

①	②	③	④	⑤
7 %	6 %	69 %	6 %	9 %

적중 예상 문제

218

(상 중 하)

그림은 주계열성 A, B, C가 원시별에서 주계열성이 되기까지의 경로를 H−R도에 나타낸 것이다.

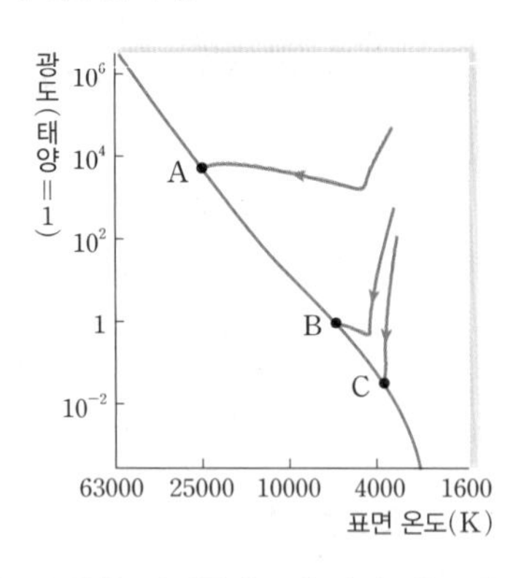

이에 대한 설명으로 옳은 것만을 〈보기〉에서 있는 대로 고른 것은?

| 보기 |

ㄱ. 질량은 A>B>C이다.
ㄴ. 주계열성이 되는 데 걸리는 시간은 A<B<C이다.
ㄷ. A, B, C는 모두 중심부의 온도가 1000만 K보다 높다.

① ㄱ ② ㄴ ③ ㄱ, ㄷ ④ ㄴ, ㄷ ⑤ ㄱ, ㄴ, ㄷ

219

(상 중 하)

그림은 주계열성 A와 B가 각각 A′와 B′로 진화하는 경로를 H−R도에 나타낸 것이다. A′와 B′는 헬륨 핵융합 반응이 시작되기 직전의 위치이다.

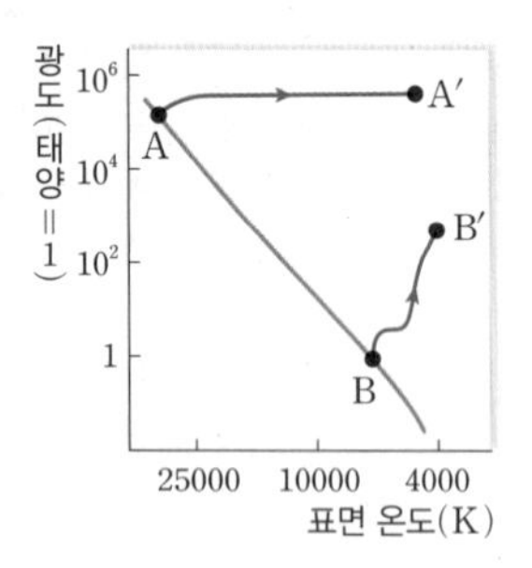

이에 대한 설명으로 옳은 것만을 〈보기〉에서 있는 대로 고른 것은?

| 보기 |

ㄱ. A→A′와 B→B′에서 모두 별의 반지름이 커진다.
ㄴ. A→A′와 B→B′ 과정에서 수소 껍질 연소가 일어난다.
ㄷ. 별의 중심부 온도는 A가 B′보다 높다.

① ㄱ ② ㄷ ③ ㄱ, ㄴ ④ ㄴ, ㄷ ⑤ ㄱ, ㄴ, ㄷ

220

| 신유형 |

(상 중 하)

그림은 원시별 단계에 있는 어느 별의 반지름과 광도 변화를 나타낸 것이다. 이 원시별은 A→A′ 또는 A′→A로 진화하였다.

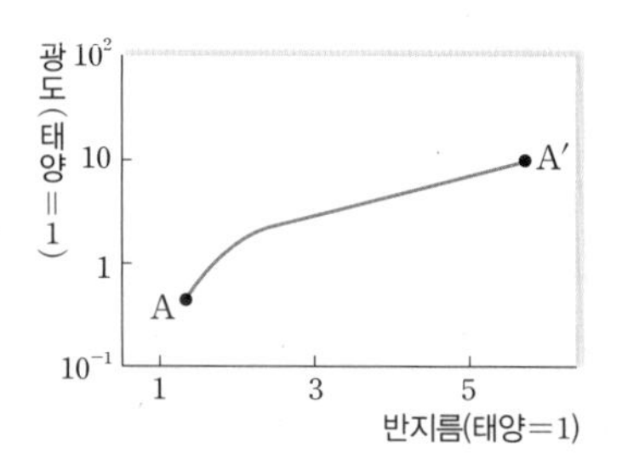

이 별에 대한 설명으로 옳은 것만을 〈보기〉에서 있는 대로 고른 것은?

| 보기 |

ㄱ. 진화 경로는 A′→A이다.
ㄴ. 질량은 태양 질량의 2배 이상이다.
ㄷ. 별의 중심부 밀도는 A가 A′보다 크다.

① ㄱ ② ㄴ ③ ㄱ, ㄷ ④ ㄴ, ㄷ ⑤ ㄱ, ㄴ, ㄷ

221

(상 중 하)

그림은 어느 별의 중심으로부터의 거리에 따른 수소와 헬륨의 질량비를 나타낸 것이다. A와 B는 각각 수소와 헬륨 중 하나이다.

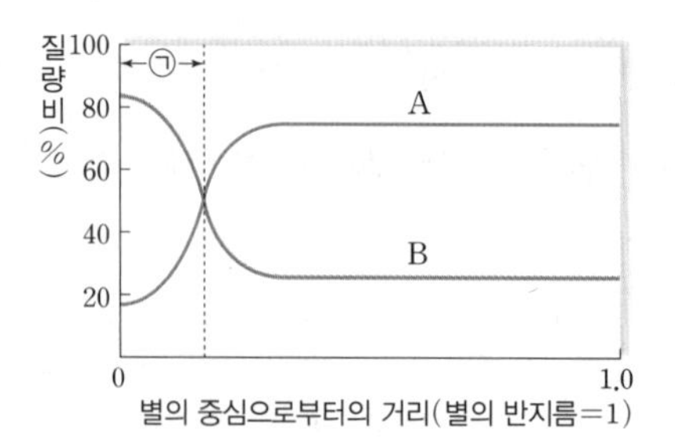

이에 대한 설명으로 옳은 것만을 〈보기〉에서 있는 대로 고른 것은?

| 보기 |

ㄱ. 이 별은 주계열성이다.
ㄴ. A는 헬륨, B는 수소이다.
ㄷ. 중심핵의 반지름은 ㉠ 구간이다.

① ㄱ ② ㄴ ③ ㄱ, ㄷ ④ ㄴ, ㄷ ⑤ ㄱ, ㄴ, ㄷ

222

상 중 하

표는 주계열성 ㉠, ㉡, ㉢의 물리량을, 그림은 별이 주계열성이 되었을 때의 광도와 주계열성의 수명을 나타낸 것이다. A와 B는 광도와 주계열성의 수명 중 하나이다.

별	질량 (태양=1)	표면 온도 (태양=1)	반지름 (태양=1)	광도 (태양=1)
㉠	2.0	1.5	1.7	30
㉡	(　)	1.7	2.5	80
㉢	6.4	(　)	4.0	1000

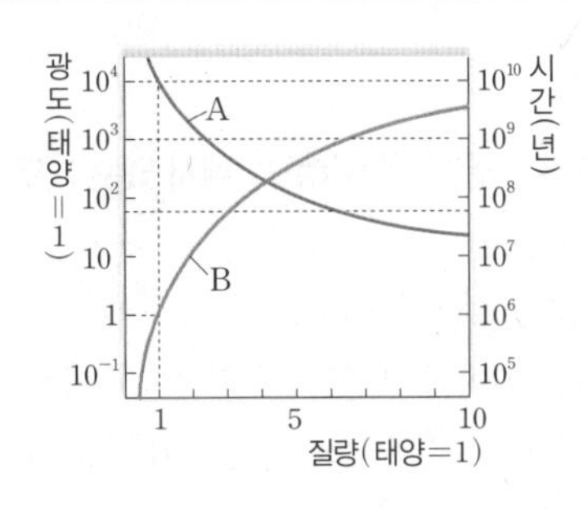

이에 대한 설명으로 옳은 것만을 〈보기〉에서 있는 대로 고른 것은?

| 보기 |

ㄱ. ㉠의 주계열성의 수명은 10^9년보다 짧다.

ㄴ. $\frac{\text{주계열성의 광도}}{\text{주계열성의 질량}}$ 값은 ㉡이 ㉢보다 작다.

ㄷ. 주계열성의 수명이 태양의 $\frac{1}{100}$배인 주계열성은 표면 온도가 태양의 3배보다 낮다.

① ㄱ　② ㄴ　③ ㄱ, ㄷ　④ ㄴ, ㄷ　⑤ ㄱ, ㄴ, ㄷ

223

그림은 질량이 태양 정도인 별이 진화하는 과정에서 나타나는 별의 내부 구조를 나타낸 것이다. 핵융합 반응은 B 영역에서만 일어난다.

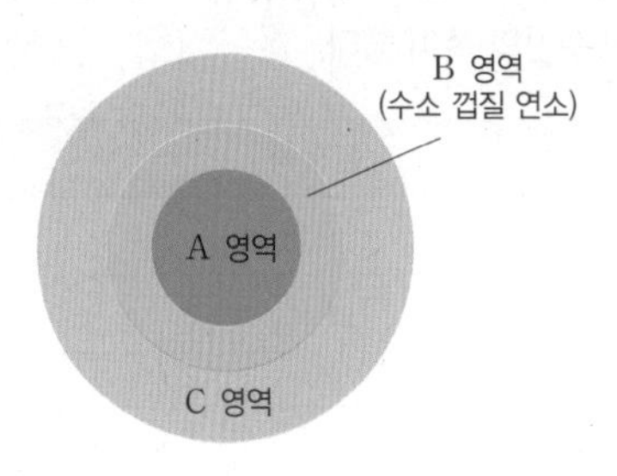

이에 대한 설명으로 옳은 것만을 〈보기〉에서 있는 대로 고른 것은?

| 보기 |

ㄱ. A 영역은 수축하고, B 영역은 팽창한다.

ㄴ. 헬륨 함량 비율(%)은 A 영역이 C 영역보다 높다.

ㄷ. 수소 핵융합 반응에 의한 에너지 생성량은 주계열 단계일 때보다 많다.

① ㄱ　② ㄷ　③ ㄱ, ㄴ　④ ㄴ, ㄷ　⑤ ㄱ, ㄴ, ㄷ

224

상 중 하

그림 (가)는 어느 별의 최후 모습을, (나)는 이 별의 진화 경로를 나타낸 것이다.

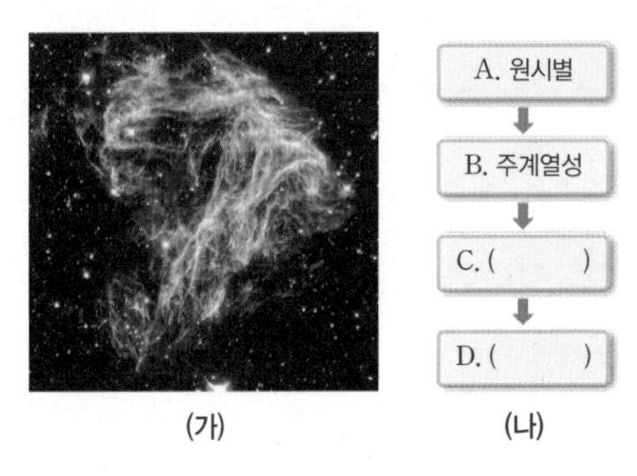

(가)　(나)

이 별에 대한 설명으로 옳은 것만을 〈보기〉에서 있는 대로 고른 것은?

| 보기 |

ㄱ. (가)의 중심부에는 백색 왜성인 D가 존재한다.

ㄴ. A→B 과정을 H−R도에 나타내면 대체로 왼쪽으로 이동한다.

ㄷ. 별의 내부에서 핵융합 반응에 의한 에너지 생성량은 B가 C보다 적다.

① ㄱ　② ㄷ　③ ㄱ, ㄴ　④ ㄴ, ㄷ　⑤ ㄱ, ㄴ, ㄷ

적중 예상 문제

225 | 신유형 |

상 중 **하**

표는 두 별 (가)와 (나)의 물리량을, 그림은 (가)와 (나)의 스펙트럼을 ㉠과 ㉡으로 순서 없이 나타낸 것이다. 별의 평균 밀도가 작을수록 스펙트럼에 나타난 흡수선의 폭이 좁다.

별	분광형	광도 계급
(가)	A0	Ⅶ
(나)	A0	Ⅰa

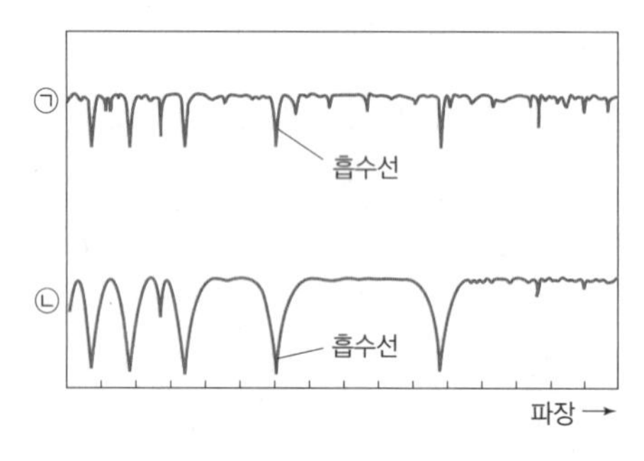

이에 대한 설명으로 옳은 것만을 〈보기〉에서 있는 대로 고른 것은?

| 보기 |

ㄱ. 표면 온도는 (가)가 (나)보다 낮다.
ㄴ. (가)는 ㉡, (나)는 ㉠이다.
ㄷ. 태양이 적색 거성으로 진화하면 스펙트럼에서 관측되는 흡수선의 폭이 현재보다 넓게 나타날 것이다.

① ㄱ ② ㄴ ③ ㄱ, ㄷ ④ ㄴ, ㄷ ⑤ ㄱ, ㄴ, ㄷ

226

상 **중** 하

그림 (가)와 (나)는 질량이 태양 질량의 5배인 어느 별의 중심부에서 일어나는 핵융합 반응을 나타낸 것이다.

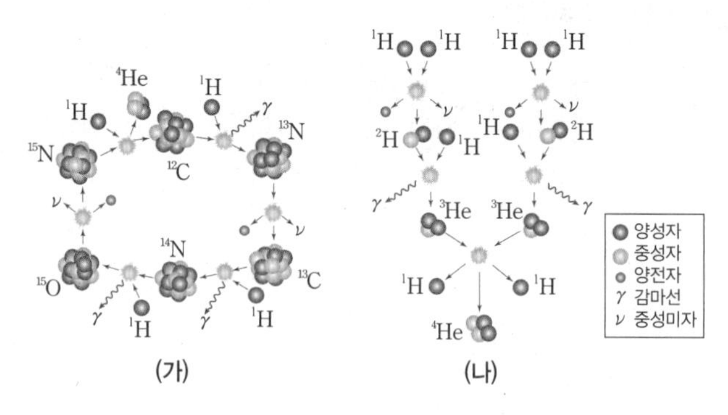

이에 대한 설명으로 옳은 것만을 〈보기〉에서 있는 대로 고른 것은?

| 보기 |

ㄱ. (가)는 CNO 순환 반응이다.
ㄴ. (나)에 의한 에너지 생산량은 이 별이 태양보다 적다.
ㄷ. (가)와 (나)에서 최종적으로 생성되는 원자핵의 종류는 같다.

① ㄴ ② ㄷ ③ ㄱ, ㄴ ④ ㄱ, ㄷ ⑤ ㄱ, ㄴ, ㄷ

227 | 신유형 |

상 중 **하**

그림은 별의 중심 온도에 따른 에너지 생성률을 나타낸 것이다. ㉠, ㉡, ㉢은 각각 p−p 반응, CNO 순환 반응, 헬륨 핵융합 반응이다.

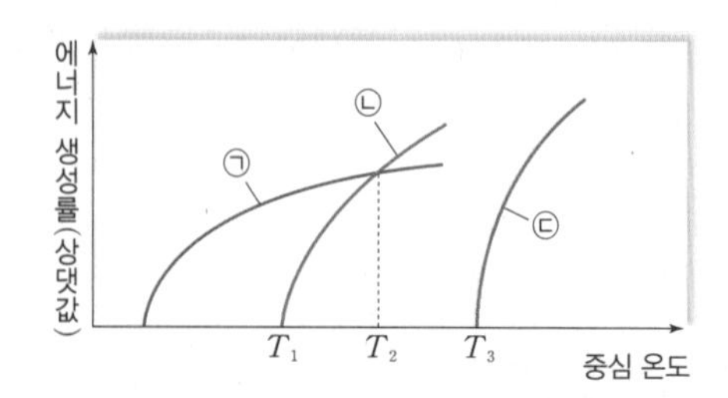

이에 대한 설명으로 옳은 것만을 〈보기〉에서 있는 대로 고른 것은?

| 보기 |

ㄱ. 태양의 중심 온도는 T_1보다 높고, T_2보다 낮다.
ㄴ. ㉢에 의해 헬륨 원자핵이 생성된다.
ㄷ. ㉠, ㉡, ㉢ 모두 반응 과정에서 질량 감소가 일어난다.

① ㄱ ② ㄴ ③ ㄱ, ㄷ ④ ㄴ, ㄷ ⑤ ㄱ, ㄴ, ㄷ

228

(상 중 하)

그림 (가)는 어느 주계열성의 내부 구조를, (나)는 별의 중심부 온도에 따른 수소 핵융합 반응의 에너지 생성률을 나타낸 것이다.

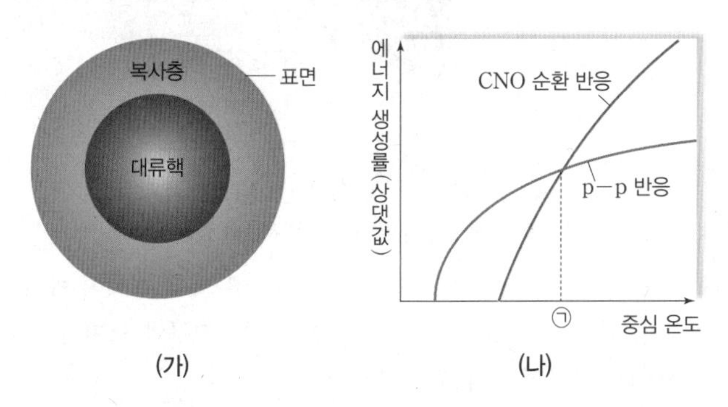

이 별에 대한 설명으로 옳은 것만을 〈보기〉에서 있는 대로 고른 것은?

| 보기 |

ㄱ. 중심부 온도는 ㉠보다 낮다.
ㄴ. 주계열성의 수명은 태양보다 짧다.
ㄷ. 표면에서는 중력이 기체의 압력 차에 의한 힘보다 우세하다.

① ㄴ ② ㄷ ③ ㄱ, ㄴ ④ ㄱ, ㄷ ⑤ ㄱ, ㄴ, ㄷ

229 | 신유형 |

(상 중 하)

그림은 주계열성 내부의 에너지 전달 영역을 주계열성의 질량과 중심으로부터의 누적 질량비에 따라 나타낸 것이다. A 영역과 B 영역은 각각 복사 영역과 대류 영역 중 하나이다.

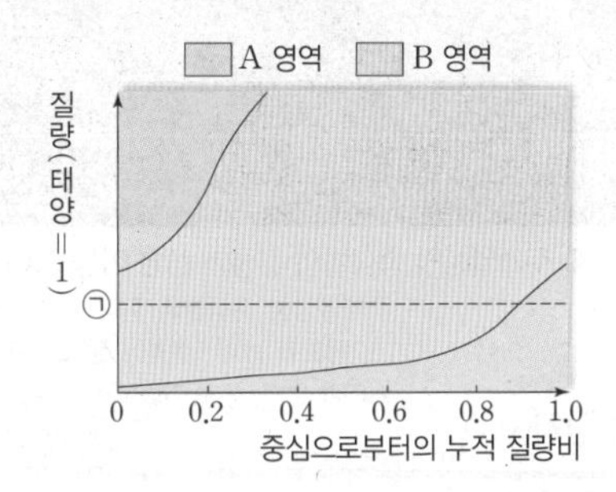

이에 대한 설명으로 옳은 것만을 〈보기〉에서 있는 대로 고른 것은?

| 보기 |

ㄱ. ㉠은 2보다 작다.
ㄴ. A 영역은 주로 복사에 의해 에너지 전달이 일어난다.
ㄷ. 분광형이 K0인 별은 M0인 별보다 대류 영역이 차지하는 질량 비율(%)이 크다.

① ㄱ ② ㄷ ③ ㄱ, ㄴ ④ ㄴ, ㄷ ⑤ ㄱ, ㄴ, ㄷ

230

(상 중 하)

그림은 분광형이 G2인 어느 주계열성의 중심으로부터 표면까지 거리에 따른 수소 함량 비율과 온도를 나타낸 것이다. ㉠과 ㉡은 각각 복사층과 대류층 중 하나이다.

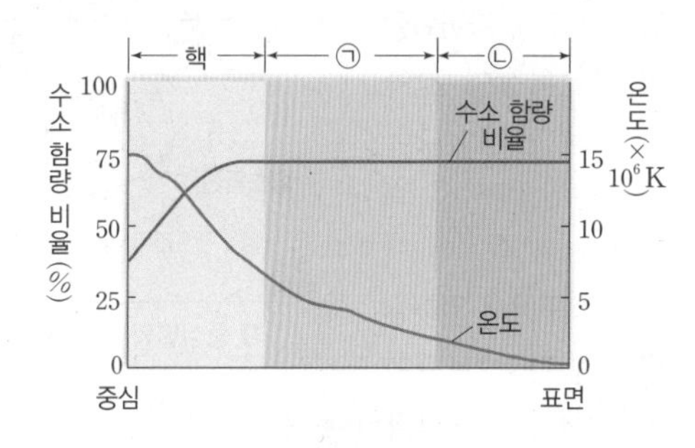

이에 대한 설명으로 옳은 것만을 〈보기〉에서 있는 대로 고른 것은?

| 보기 |

ㄱ. 헬륨 함량 비율은 ㉠ 구간이 ㉡ 구간보다 높다.
ㄴ. 핵에서는 주로 p−p 반응에 의해 에너지가 생성된다.
ㄷ. 중심부 온도가 현재보다 높았다면 별의 내부에서 ㉠ 구간이 현재보다 좁았을 것이다.

① ㄱ ② ㄴ ③ ㄱ, ㄷ ④ ㄴ, ㄷ ⑤ ㄱ, ㄴ, ㄷ

231

(상 중 하)

그림 (가)와 (나)는 질량이 각각 태양의 10배, 1배인 별의 내부 구조를 나타낸 것이다.

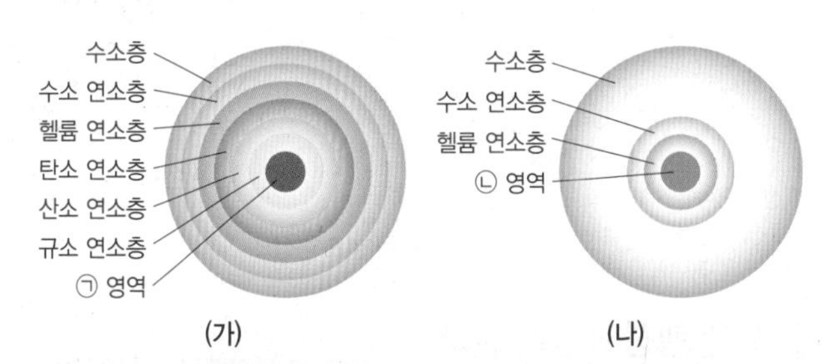

이에 대한 설명으로 옳은 것만을 〈보기〉 에서 있는 대로 고른 것은?

| 보기 |

ㄱ. 단위 시간 동안 방출하는 에너지양은 (가)가 (나)보다 많다.
ㄴ. ㉠ 영역에서는 금, 은, 우라늄 등의 원자핵이 생성되고 있다.
ㄷ. ㉡ 영역에서는 탄소 핵융합 반응이 일어나고 있다.

① ㄱ ② ㄴ ③ ㄱ, ㄷ ④ ㄴ, ㄷ ⑤ ㄱ, ㄴ, ㄷ

15 외계 행성계와 외계 생명체 탐사

출제 개념
- 외계 행성계 탐사 방법(시선 속도 변화와 식 현상을 이용, 미세 중력 렌즈 현상과 식 현상을 이용)
- 여러 가지 물리량과 생명 가능 지대

고빈출

1 외계 행성계 탐사 방법

(1) **중심별의 시선 속도 변화 이용**: 중심별의 스펙트럼에서 흡수선의 파장 변화를 측정하여 외계 행성의 존재를 확인 ➡ 행성의 질량이 클수록 발견하기 쉬움

① 중심별이 지구에 가까워질 때: 별빛의 파장이 짧아지므로 청색 편이가 나타남 ➡ 중심별의 시선 속도 (−)

② 중심별이 지구에서 멀어질 때: 별빛의 파장이 길어지므로 적색 편이가 나타남 ➡ 중심별의 시선 속도 (+)

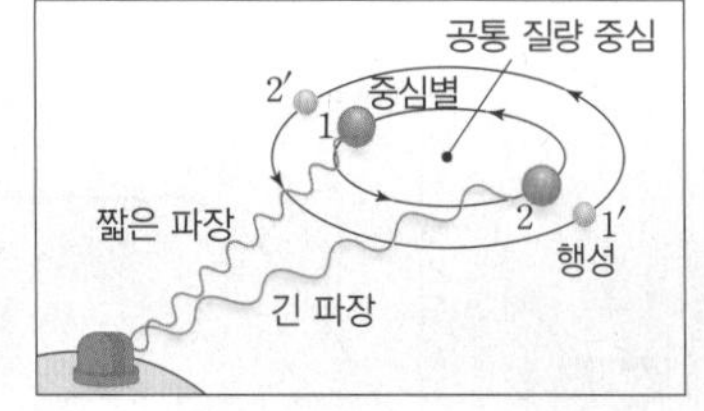

⊙ 중심별의 시선 속도 변화

(2) **식 현상 이용**: 중심별 주위를 공전하는 행성이 중심별의 앞면을 지날 때 중심별의 밝기가 감소함 ➡ 중심별의 주기적인 밝기 변화로 외계 행성의 존재를 확인

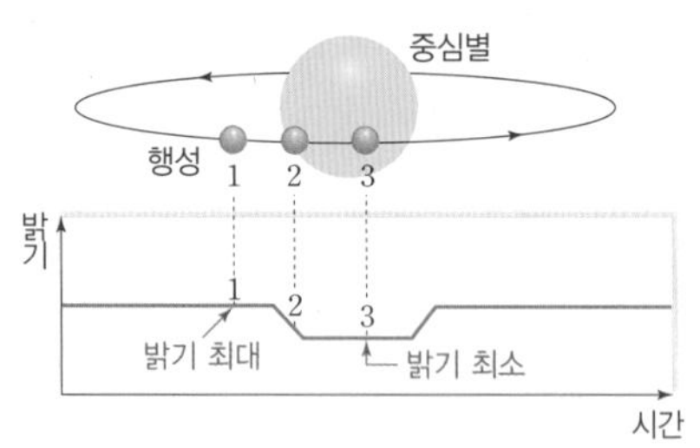

⊙ 식 현상에 의한 중심별의 밝기 변화

(3) **미세 중력 렌즈 현상 이용**: 관측자와 멀리 있는 별 사이에 행성을 거느린 별이 있으면, 멀리 있는 별의 밝기가 가까이 있는 별과 행성의 중력 때문에 불규칙하게 변함. 이 현상을 이용하여 외계 행성의 존재를 확인 ➡ 공전 궤도 반지름이 큰 행성이나 질량이 작은 행성을 찾는 데 유리

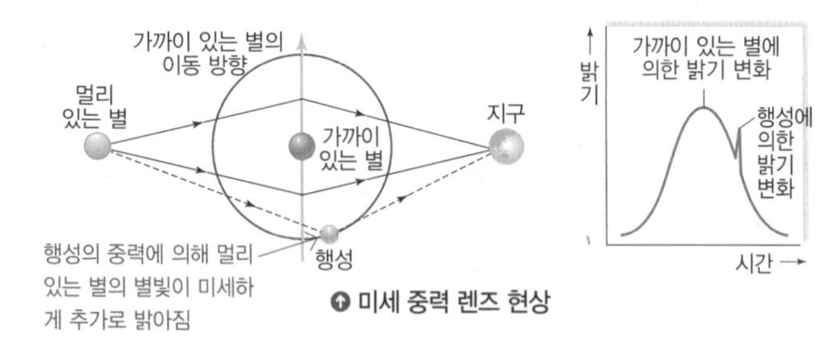

⊙ 미세 중력 렌즈 현상

2 외계 행성계 탐사 결과

(1) **외계 행성의 수**: 현재까지 수천 개의 외계 행성 발견 ➡ 시선 속도 변화, 식 현상으로 발견된 외계 행성이 많음

(2) **외계 행성의 공전 궤도 반지름과 질량**

① 시선 속도 변화를 이용하여 발견한 외계 행성: 대부분 질량이 큼

② 식 현상을 이용하여 발견한 외계 행성: 대부분 공전 궤도 반지름이 작음

③ 미세 중력 렌즈 현상을 이용하여 발견한 외계 행성: 대부분 공전 궤도 반지름이 큼

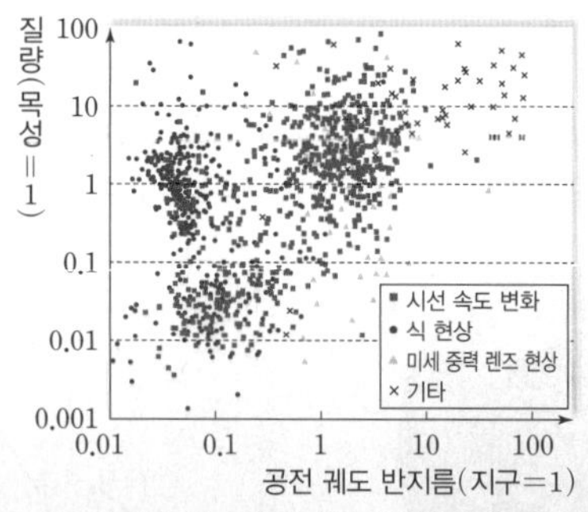

⊙ 외계 행성의 공전 궤도 반지름과 질량

(3) 탐사 초기에는 질량이 크고 중심별과 가까운 외계 행성이 발견되었지만, 케플러 우주 망원경 발사 이후에는 지구와 크기나 질량이 비슷한 외계 행성이 많이 발견됨

3 외계 생명체 탐사

(1) **외계 생명체가 존재하기 위한 조건**

① 액체 상태의 물

② 적당한 두께의 대기와 자기장의 존재

③ 적당한 중심별의 질량, 적당한 자전축 경사, 위성의 보유 등

고빈출

(2) **생명 가능 지대**: 중심별 주위에서 물이 액체 상태로 존재할 수 있는 거리의 범위 ➡ 중심별의 질량(광도)이 클수록 생명 가능 지대가 중심별로부터 멀어지고, 생명 가능 지대의 폭도 넓어짐

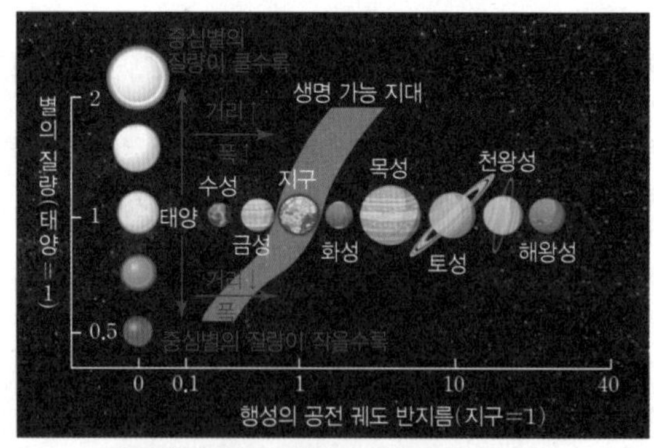

⊙ 주계열성인 중심별의 질량과 생명 가능 지대

주계열성인 중심별의 질량이 클수록 표면 온도가 높고, 광도가 크며, 수명이 짧고, 생명 가능 지대까지의 거리가 멀며, 생명 가능 지대의 폭이 넓음

(3) **외계 생명체 탐사**

① 태양계 내부 생명체 탐사
- 지구로 떨어진 운석을 분석하여 외계 생명체의 흔적 확인
- 태양계 내의 행성이나 위성에 직접 탐사선을 보내 탐사

② 태양계 외부 생명체 탐사
- 세티(SETI) 프로젝트: 외계의 지적 생명체가 보내는 인공 신호를 전파 망원경에서 수신하고 전파를 분석하여 외계 생명체를 탐색
- 우주 망원경의 이용: 생명 가능 지대에 속한 외계 행성을 찾아 생명체가 존재할 수 있는 환경의 여부를 파악

대표 기출 문제

232

평가원 기출

그림 (가)는 중심별과 행성이 공통 질량 중심에 대하여 공전하는 원궤도를, (나)는 중심별의 시선 속도를 시간에 따라 나타낸 것이다. 행성이 A에 위치할 때 중심별의 시선 속도는 -60 m/s이고, 행성의 공전 궤도면은 관측자의 시선 방향과 나란하다.

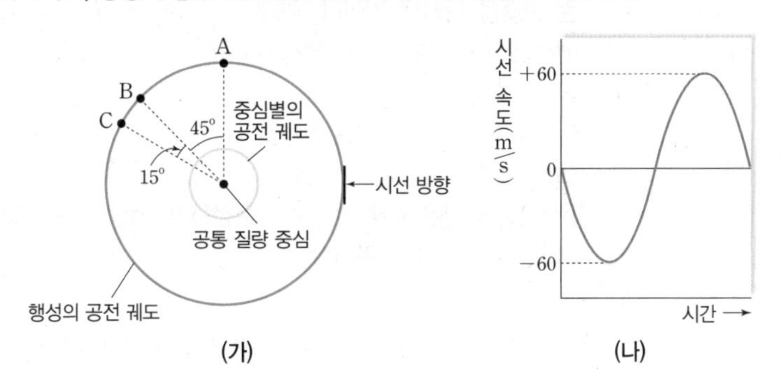

이에 대한 설명으로 옳은 것만을 <보기>에서 있는 대로 고른 것은? (단, 빛의 속도는 3×10^8 m/s이다.) [3점]

| 보기 |

ㄱ. 행성의 공전 방향은 A→B→C이다.
ㄴ. 중심별의 스펙트럼에서 500 nm의 기준 파장을 갖는 흡수선의 최대 파장 변화량은 0.001 nm이다.
ㄷ. 중심별의 시선 속도는 행성이 B를 지날 때가 C를 지날 때의 $\sqrt{2}$배이다.

① ㄱ ② ㄴ ③ ㄱ, ㄷ ④ ㄴ, ㄷ ⑤ ㄱ, ㄴ, ㄷ

문항 분석
중심별의 시선 속도 변화를 분석하는 문제는 자주 출제된다. 관측하는 스펙트럼은 행성의 스펙트럼이 아니라 중심별의 스펙트럼이라는 것을 반드시 알아야 한다.

꼭 기억해야 할 개념
1. 중심별과 외계 행성은 공통 질량 중심을 같은 주기로 공전하며, 공통 질량 중심에 대해 반대 방향에 위치한다.
2. 중심별이 관측자에게 다가올 때는 청색 편이, 관측자에게 멀어질 때는 적색 편이가 나타나며, 이때 파장의 변화량은 시선 속도에 비례한다.

선지별 선택 비율

①	②	③	④	⑤
15 %	16 %	40 %	15 %	12 %

233

수능 기출

표는 주계열성 A와 B의 질량, 생명 가능 지대에 위치한 행성의 공전 궤도 반지름, 생명 가능 지대의 폭을 나타낸 것이다.

주계열성	질량(태양=1)	행성의 공전 궤도 반지름(AU)	생명 가능 지대의 폭(AU)
A	5	(㉠)	(㉢)
B	0.5	(㉡)	(㉣)

이에 대한 설명으로 옳은 것만을 <보기>에서 있는 대로 고른 것은?

| 보기 |

ㄱ. 광도는 A가 B보다 크다.
ㄴ. ㉠은 ㉡보다 크다.
ㄷ. ㉢은 ㉣보다 크다.

① ㄱ ② ㄷ ③ ㄱ, ㄴ ④ ㄴ, ㄷ ⑤ ㄱ, ㄴ, ㄷ

문항 분석
주계열성의 질량과 광도의 관계를 알고, 주계열성의 특징을 이용하여 생명 가능 지대의 변화를 분석할 수 있어야 한다.

꼭 기억해야 할 개념
1. 주계열성은 질량이 클수록 광도가 크다.
2. 중심별의 광도가 클수록 생명 가능 지대가 중심별로부터 멀어지고, 생명 가능 지대의 폭도 넓어진다.

선지별 선택 비율

①	②	③	④	⑤
2 %	2 %	6 %	5 %	85 %

적중 예상 문제

234 | 신유형 |

상 중 **하**

그림은 시간 T일 때, 공통 질량 중심을 원궤도로 공전하고 있는 중심별과 행성의 위치를, 표는 중심별과 행성의 공전 궤도 반지름을 나타낸 것이다.

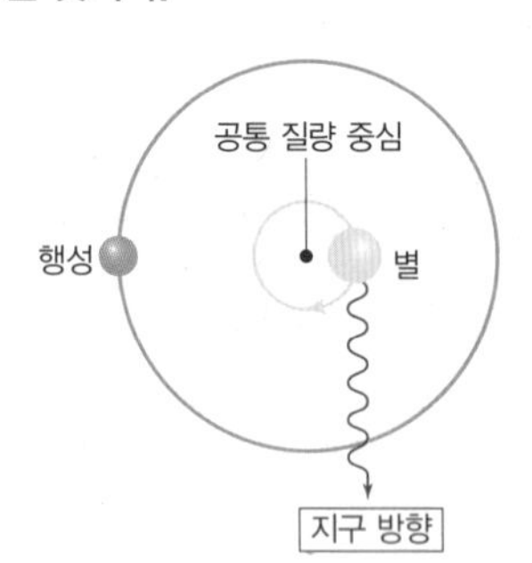

공전 궤도 반지름(상댓값)	
중심별	1
행성	25

이에 대한 설명으로 옳은 것만을 〈보기〉에서 있는 대로 고른 것은?

| 보기 |

ㄱ. T일 때, 행성은 지구로부터 멀어지고 있다.
ㄴ. 질량은 중심별이 행성의 25배이다.
ㄷ. 공전 속도는 행성이 중심별의 5배이다.

① ㄱ ② ㄷ ③ ㄱ, ㄴ ④ ㄴ, ㄷ ⑤ ㄱ, ㄴ, ㄷ

235 | 신유형 |

상 중 하

그림은 어느 외계 행성계에서 중심별의 시선 속도를 관측하여 나타낸 것이다. 행성의 공전 궤도면은 관측자의 시선 방향과 나란하다.

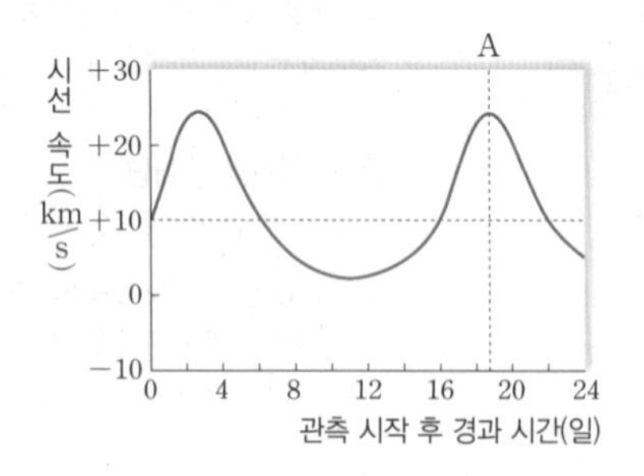

이에 대한 설명으로 옳은 것만을 〈보기〉에서 있는 대로 고른 것은?

| 보기 |

ㄱ. A 시기에 행성으로 인한 식 현상이 관측된다.
ㄴ. 이 외계 행성계의 공통 질량 중심은 지구로부터 멀어진다.
ㄷ. 행성은 원궤도를 따라 공통 질량 중심 주위를 공전한다.

① ㄱ ② ㄴ ③ ㄱ, ㄷ ④ ㄴ, ㄷ ⑤ ㄱ, ㄴ, ㄷ

236

상 **중** 하

그림은 어느 행성과 중심별이 공통 질량 중심을 중심으로 공전하는 모습을 나타낸 것이다. 현재 행성은 A에 위치하며, 행성의 공전 주기는 T이다.

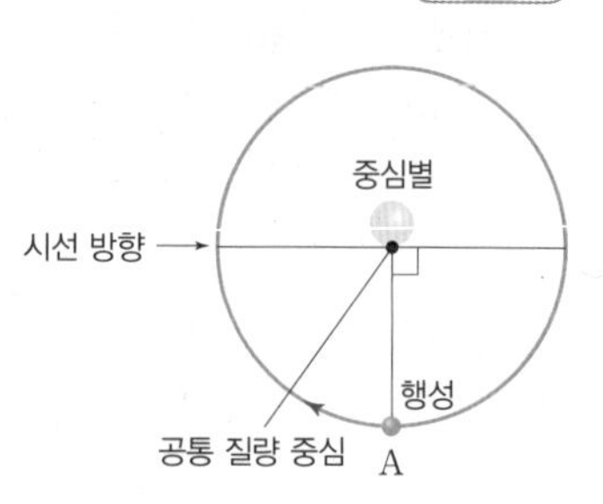

이에 대한 설명으로 옳은 것만을 〈보기〉에서 있는 대로 고른 것은? (단, 행성은 원궤도를 따라 공전하며, 행성의 공전 궤도면은 관측자의 시선 방향과 나란하다.)

| 보기 |

ㄱ. 현재 중심별의 스펙트럼에서는 청색 편이가 나타난다.
ㄴ. 중심별의 밝기는 현재로부터 $\frac{1}{4}T$ 후가 $\frac{3}{4}T$ 후보다 어둡다.
ㄷ. 현재로부터 $\frac{1}{3}T$ 후에 중심별의 시선 속도의 크기는 현재의 0.5배이다.

① ㄱ ② ㄴ ③ ㄱ, ㄷ ④ ㄴ, ㄷ ⑤ ㄱ, ㄴ, ㄷ

237

상 **중** 하

그림은 외계 행성의 식 현상에 의해 일어나는 중심별의 밝기 변화를 나타낸 것이다.

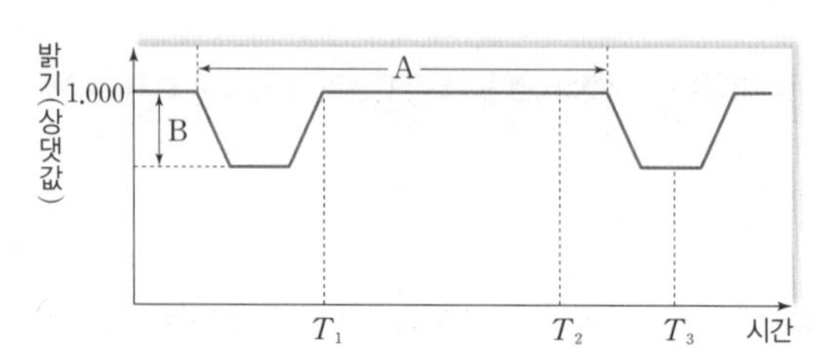

이에 대한 설명으로 옳은 것만을 〈보기〉에서 있는 대로 고른 것은?

| 보기 |

ㄱ. A 기간은 행성의 공전 궤도 반지름이 클수록 길어진다.
ㄴ. 중심별의 반지름이 2배가 되면 B는 $\frac{1}{2}$배가 된다.
ㄷ. 중심별의 스펙트럼에서 흡수선의 파장은 $T_1 < T_3 < T_2$이다.

① ㄱ ② ㄴ ③ ㄱ, ㄷ ④ ㄴ, ㄷ ⑤ ㄱ, ㄴ, ㄷ

238

상 중 하

표는 식 현상이 나타나는 서로 다른 외계 행성계 (가)와 (나)의 특징을 나타낸 것이다. (가)와 (나)에서 각 행성은 원궤도를 따라 공전하며, 행성의 공전 궤도면은 관측자의 시선 방향과 나란하다.

외계 행성계	중심별의 반지름 (태양=1)	행성의 반지름 (태양=1)	행성의 공전 궤도 반지름 (AU)	행성의 공전 속도 (상댓값)
(가)	1	0.05	1.0	1.0
(나)	2	0.1	1.0	1.5

이에 대한 설명으로 옳은 것만을 <보기>에서 있는 대로 고른 것은?

| 보기 |

ㄱ. 식 현상에 의한 중심별의 밝기 변화 비율(%)은 (가)와 (나)에서 같다.
ㄴ. 식 현상이 나타나는 주기는 (가)가 (나)보다 길다.
ㄷ. 식 현상이 지속되는 시간은 (가)가 (나)의 $\frac{3}{4}$배이다.

① ㄱ ② ㄷ ③ ㄱ, ㄴ ④ ㄴ, ㄷ ⑤ ㄱ, ㄴ, ㄷ

239

상 중 하

그림은 어느 외계 행성계에서 여러 행성들의 식 현상에 의한 시간에 따른 중심별의 겉보기 밝기 변화를 나타낸 것이다. 이 외계 행성계에서 행성의 공전 궤도면은 모두 관측자의 시선 방향과 나란하다.

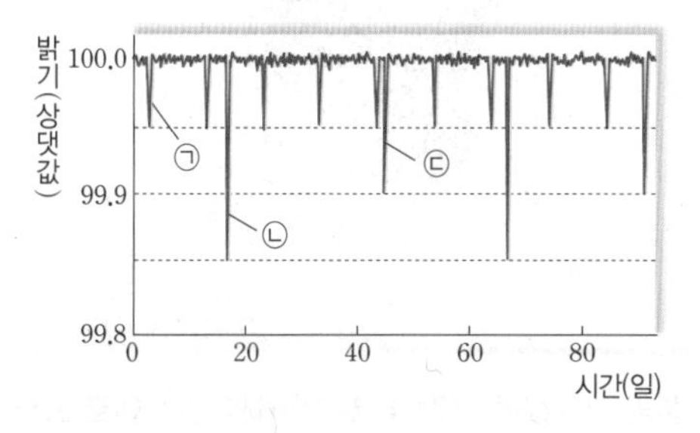

이에 대한 설명으로 옳은 것만을 <보기>에서 있는 대로 고른 것은?

| 보기 |

ㄱ. 이 외계 행성계에서 행성의 수는 최소 3개이다.
ㄴ. 식 현상을 일으킨 행성의 반지름은 ㉠이 ㉡보다 작다.
ㄷ. 중심별의 밝기(%)는 99.85보다 작은 시기가 존재한다.

① ㄱ ② ㄷ ③ ㄱ, ㄴ ④ ㄴ, ㄷ ⑤ ㄱ, ㄴ, ㄷ

240

상 중 하

다음은 영희가 외계 행성 탐사 방법을 이해하기 위해 가설을 세우고 수행한 실험이다.

| 가설

○ 행성의 크기에 따라 별의 겉보기 밝기가 달라진다.

| 실험 과정

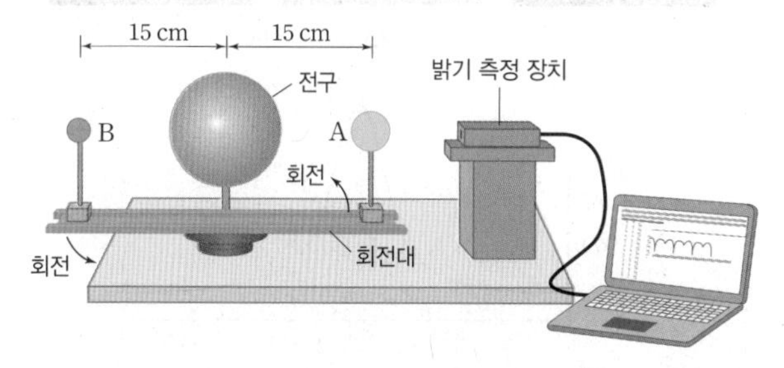

(가) 그림과 같이 크기가 서로 다른 스타이로폼 공 A와 B를 회전대 위에 고정한다.
(나) 회전대를 일정한 속도로 회전시킨다.
(다) A와 B가 전구를 중심으로 회전하는 동안 측정된 전구의 밝기를 기록한다.

| 실험 결과

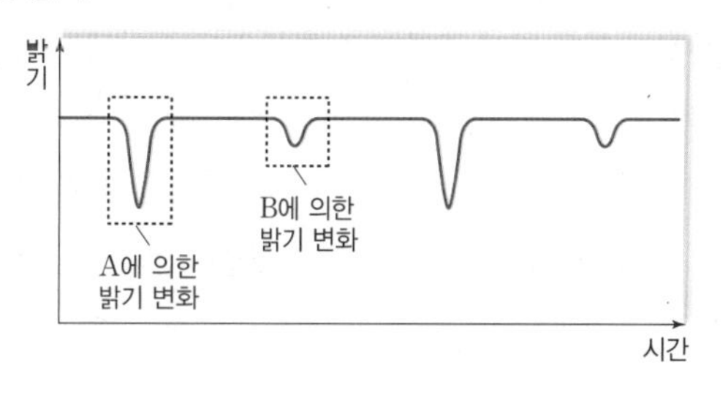

이에 대한 설명으로 옳은 것만을 <보기>에서 있는 대로 고른 것은?

| 보기 |

ㄱ. A의 크기가 클수록 전구의 밝기 변화가 크게 관측된다.
ㄴ. B에 의한 밝기 변화 주기로 지구로부터 외계 행성계까지의 거리를 알 수 있다.
ㄷ. 이 실험과 관련된 외계 행성 탐사 방법은 도플러 효과를 이용한다.

① ㄱ ② ㄷ ③ ㄱ, ㄴ ④ ㄴ, ㄷ ⑤ ㄱ, ㄴ, ㄷ

241

상 중 하

그림 (가)는 시간에 따른 별 A와 B의 상대적 위치 변화를 나타낸 것이고, (나)는 (가)의 관측 기간 동안 A와 B 중 한 별의 밝기 변화를 나타낸 것이다. 지구로부터의 거리는 B가 A보다 멀다.

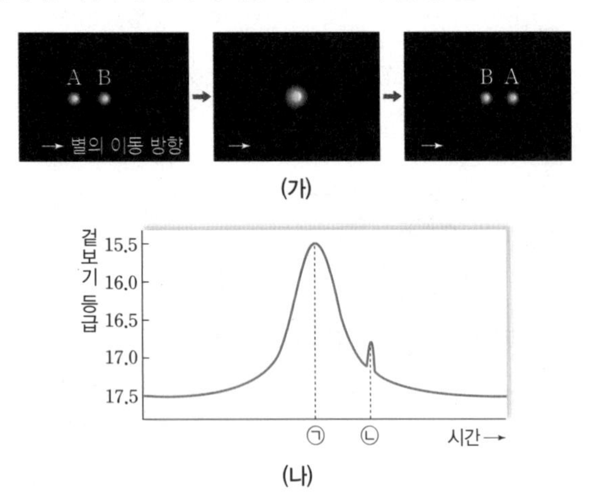

이에 대한 설명으로 옳은 것만을 〈보기〉에서 있는 대로 고른 것은?

| 보기 |

ㄱ. (나)로부터 B의 주변에 행성이 존재한다는 것을 알 수 있다.
ㄴ. (나)에서 별의 미세 중력 렌즈 현상에 의한 겉보기 밝기는 최대 6배보다 크다.
ㄷ. 행성에 의한 미세 중력 렌즈 현상은 ㉡ 시기에 일어났다.

① ㄱ ② ㄴ ③ ㄱ, ㄷ ④ ㄴ, ㄷ ⑤ ㄱ, ㄴ, ㄷ

242

| 신유형 |

상 중 하

그림 (가)는 외계 행성계에서 별과 행성의 상대적 위치를, (나)는 (가)에서 관측된 미세 중력 렌즈 현상에 의한 별 A 또는 B의 밝기 변화를 나타낸 것이다. 별 A와 행성 a는 ㉠ 또는 ㉡ 방향으로 이동하였다.

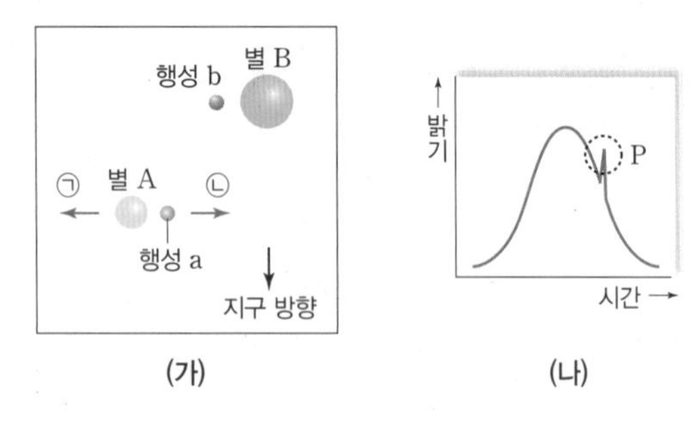

이에 대한 설명으로 옳은 것만을 〈보기〉에서 있는 대로 고른 것은? (단, 행성들의 공전 주기는 관측 기간에 비해 충분히 길다.)

| 보기 |

ㄱ. (나)는 별 B의 밝기 변화를 관측한 것이다.
ㄴ. (나)의 P는 행성 a에 의한 밝기 변화이다.
ㄷ. (가)에서 별 A와 행성 a의 이동 방향은 ㉠이다.

① ㄱ ② ㄷ ③ ㄱ, ㄴ ④ ㄴ, ㄷ ⑤ ㄱ, ㄴ, ㄷ

243

상 중 하

그림은 최근까지 발견된 외계 행성의 공전 궤도 반지름과 질량을 탐사 방법에 따라 나타낸 것이다.

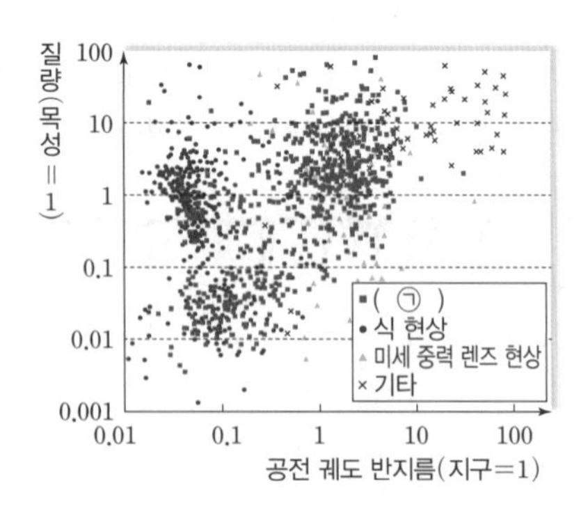

이에 대한 설명으로 옳은 것만을 〈보기〉에서 있는 대로 고른 것은?

| 보기 |

ㄱ. ㉠은 직접 촬영하여 발견한 행성이다.
ㄴ. 발견된 외계 행성의 질량은 대부분 지구보다 크다.
ㄷ. 식 현상을 이용하여 발견한 행성들은 대부분 생명 가능 지대에 위치할 것이다.

① ㄱ ② ㄴ ③ ㄱ, ㄷ ④ ㄴ, ㄷ ⑤ ㄱ, ㄴ, ㄷ

244

상 중 하

그림은 서로 다른 주계열성 A, B, C를 각각 원궤도로 공전하는 행성을 나타낸 것이다.

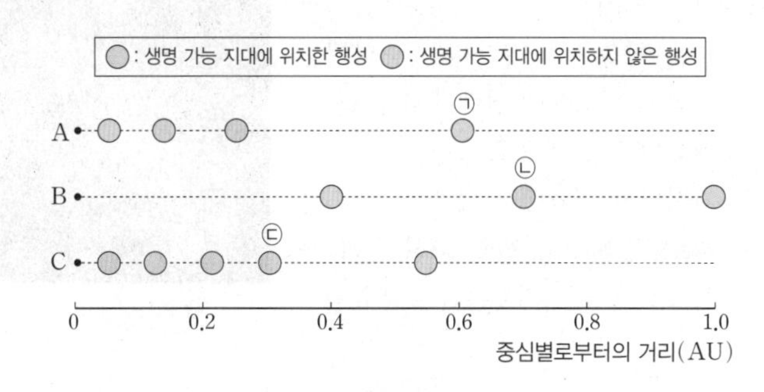

이에 대한 설명으로 옳은 것만을 〈보기〉에서 있는 대로 고른 것은? (단, 행성의 대기 조건은 고려하지 않는다.)

| 보기 |

ㄱ. 행성의 표면 온도는 ㉡>㉠>㉢이다.
ㄴ. 생명 가능 지대의 폭은 A, B, C 중 C가 가장 넓다.
ㄷ. 중심별이 주계열 단계에 머무는 총 기간은 A가 태양보다 짧다.

① ㄱ ② ㄴ ③ ㄱ, ㄷ ④ ㄴ, ㄷ ⑤ ㄱ, ㄴ, ㄷ

245

상 중 하

표는 서로 다른 외계 행성계 (가)와 (나)에 대한 물리량을 나타낸 것이다.

외계 행성계	중심별의 광도 계급	행성의 공전 궤도 반지름 (AU)
(가)	M2 V	1.1
(나)	G2 II	1.0

이에 대한 설명으로 옳은 것만을 〈보기〉에서 있는 대로 고른 것은?

| 보기 |

ㄱ. (가)의 행성은 생명 가능 지대에 위치한다.
ㄴ. 생명 가능 지대의 폭은 (가)가 (나)보다 넓다.
ㄷ. 행성의 단위 면적에 단위 시간 동안 입사하는 중심별의 복사 에너지양은 (나)의 행성이 지구보다 많다.

① ㄱ ② ㄷ ③ ㄱ, ㄴ ④ ㄴ, ㄷ ⑤ ㄱ, ㄴ, ㄷ

246 | 신유형 |

상 중 하

그림은 어느 별이 시간 T_1일 때와 시간 T_2일 때 생명 가능 지대의 범위를 나타낸 것이다. T_1과 T_2는 각각 주계열 단계의 시작과 끝 중 하나이다.

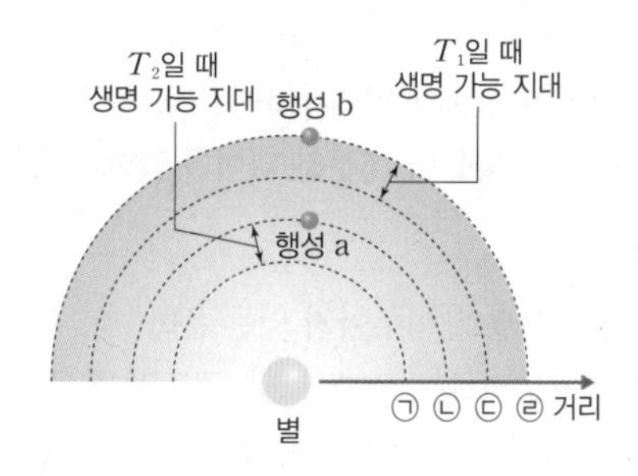

이에 대한 설명으로 옳은 것만을 〈보기〉에서 있는 대로 고른 것은?

| 보기 |

ㄱ. T_1은 영년 주계열에 해당한다.
ㄴ. (㉡−㉠)은 (㉣−㉢)보다 크다.
ㄷ. 행성이 생명 가능 지대에 머물 수 있는 시간은 a가 b보다 길다.

① ㄱ ② ㄷ ③ ㄱ, ㄴ ④ ㄴ, ㄷ ⑤ ㄱ, ㄴ, ㄷ

247 | 신유형 |

상 중 하

그림은 태양이 주계열 단계에 머무는 동안 표면 온도와 반지름의 변화를 나타낸 것이다.

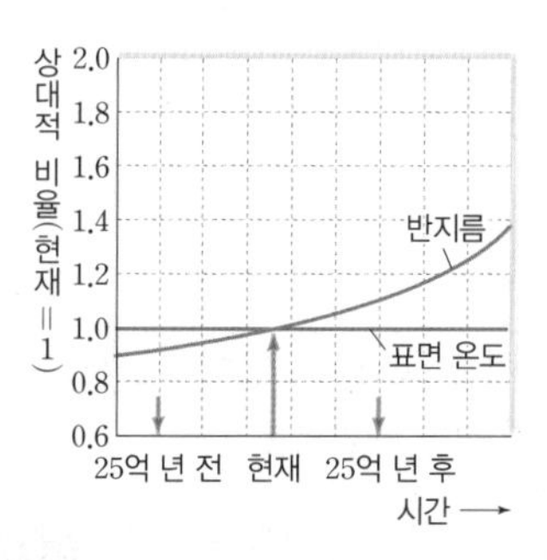

이에 대한 설명으로 옳은 것만을 〈보기〉에서 있는 대로 고른 것은?

| 보기 |

ㄱ. 이 기간 동안 태양의 절대 등급이 증가한다.
ㄴ. 태양계에서 생명 가능 지대의 폭은 25억 년 전이 현재보다 좁다.
ㄷ. 25억 년 후에 금성 표면에는 액체 상태의 물이 존재할 수 있다.

① ㄱ ② ㄴ ③ ㄱ, ㄷ ④ ㄴ, ㄷ ⑤ ㄱ, ㄴ, ㄷ

16 외부 은하

출제 개념
- 외부 은하의 분류와 특징
- 전파 은하
- 세이퍼트은하
- 퀘이사

빈출

1 은하의 분류와 특징(허블의 은하 분류)

가시광선 영역에서 관측되는 형태에 따라 분류

(1) 타원 은하

① 매끄러운 타원 모양이고, 나선팔이 없는 은하 ➡ 성간 물질이 거의 없음

② 타원의 납작한 정도에 따라 E0~E7로 세분

③ 구성하고 있는 별들이 대부분 나이가 많으며, 붉은색을 띰

(2) 나선 은하

① 은하핵과 나선팔로 이루어져 있는 은하

② 은하핵을 가로지르는 막대 모양 구조의 유무에 따라 정상 나선 은하와 막대 나선 은하로 구분

③ 중심부에는 주로 나이가 많고 붉은색 별들이 분포하며, 나선팔에는 성간 물질과 주로 나이가 적고 파란색 별들이 분포

(3) 불규칙 은하

① 규칙적인 형태가 없거나 구조가 명확하지 않은 은하

② 성간 물질이 많으며, 나이가 적은 별들이 주로 분포

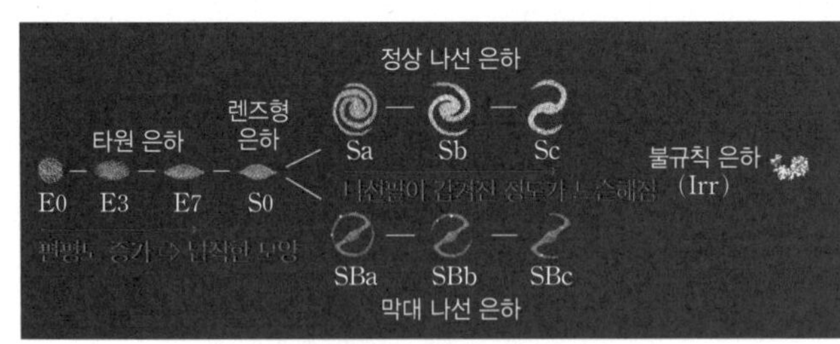

허블의 은하 분류 체계

고빈출

2 특이 은하

허블의 은하 분류 체계로 분류하기 어려운 새로운 유형의 은하 ➡ 전파나 X선 영역에서 강한 에너지를 방출

(1) 전파 은하: 전파 영역에서 일반 은하보다 매우 높은 에너지를 방출하는 특이 은하

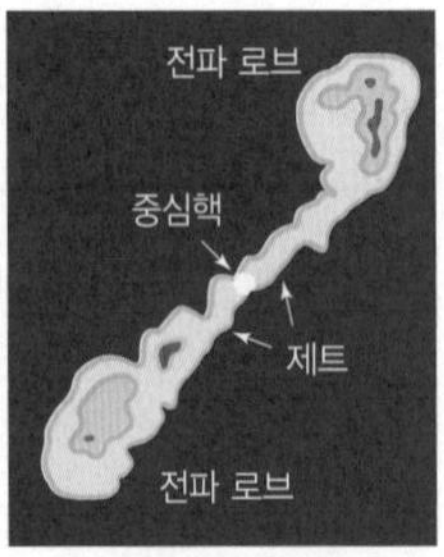

① 중심에 핵이 있고, 중심핵 양쪽에 강력한 전파를 방출하는 로브가 있음

② 로브와 핵은 제트로 연결되어 있으며, 강한 자기장에 의해 X선이 방출됨 ➡ 전파 은하의 중심부에 존재하는 질량이 매우 큰 블랙홀 때문

③ 가시광선 영역에서는 대부분 타원 은하로 관측됨

전파 로브
중심핵
제트
전파 로브

전파 은하의 기본 구조

(2) 세이퍼트은하: 크기가 매우 작지만 스펙트럼에서 넓은 방출선을 나타내는 중심핵을 가진 은하

① 은하 전체의 광도에 비해 중심부의 광도가 매우 큼

② 크기가 매우 작지만 스펙트럼에서 넓은 방출선을 나타내는 중심핵을 가짐 ➡ 중심부에 질량이 매우 큰 블랙홀이 있을 것으로 추정

③ 가시광선 영역에서 대부분 나선 은하로 관측되며, 전체 나선 은하 중 약 2 %가 세이퍼트은하로 분류됨

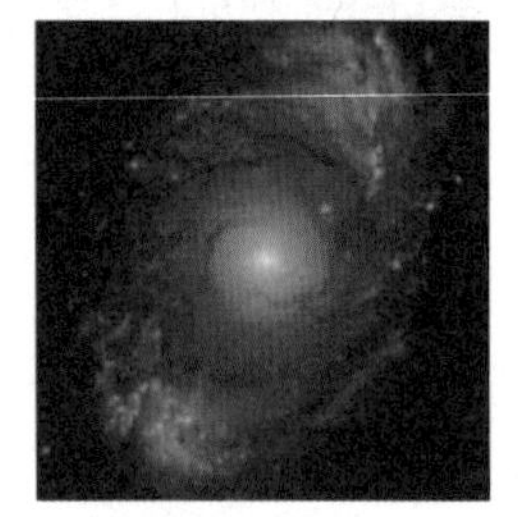

NGC 4151

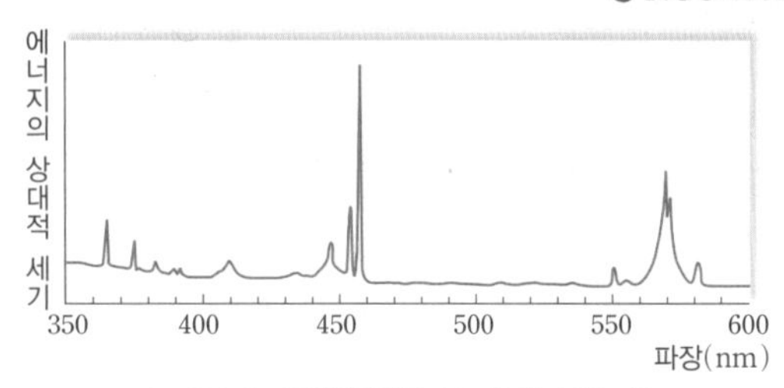

세이퍼트은하(NGC 4151)의 스펙트럼

(3) 퀘이사: 매우 멀리 있어 하나의 별처럼 보이지만 수많은 별들로 이루어져 있어 일반 은하보다 수백 배의 에너지를 방출하는 은하

① 보통의 별과 달리 매우 큰 적색 편이가 나타남 ➡ 매우 먼 거리에 있으며, 우주 생성 초기에 형성되었음

② 에너지가 방출되는 영역의 크기는 태양계 정도이지만 매우 많은 양의 에너지를 방출함 ➡ 중심부에 질량이 매우 큰 블랙홀이 있을 것으로 추정

③ 은하 전체 광도에 대한 중심부의 광도는 세이퍼트은하보다 훨씬 큼

퀘이사

(4) 충돌 은하: 은하와 은하가 충돌하는 과정에서 생긴 은하

① 별의 크기에 비해 별 사이의 거리가 훨씬 멀기 때문에 은하의 충돌이 일어나는 동안에도 별들은 거의 충돌하지 않음

② 두 은하가 충돌하여 하나의 은하가 되거나, 큰 은하가 작은 은하를 흡수하기도 함

③ 두 은하가 충돌할 때는 많은 별들이 탄생할 수 있음

NGC 2207, IC 2163

NGC 4038, NGC 4039

대표 기출 문제

248

평가원 기출

그림 (가)와 (나)는 가시광선으로 관측한 어느 타원 은하와 불규칙 은하를 순서 없이 나타낸 것이다.

(가)

(나)

이에 대한 설명으로 옳은 것만을 〈보기〉에서 있는 대로 고른 것은?

| 보기 |

ㄱ. (가)는 불규칙 은하이다.
ㄴ. (나)를 구성하는 별들은 푸른 별이 붉은 별보다 많다.
ㄷ. 은하를 구성하는 별들의 평균 나이는 (가)가 (나)보다 적다.

① ㄱ ② ㄴ ③ ㄱ, ㄷ ④ ㄴ, ㄷ ⑤ ㄱ, ㄴ, ㄷ

문항 분석
가시광선으로 관측한 은하의 모습을 보고, 허블의 은하 분류에 따라 은하의 종류를 파악할 수 있어야 한다.

꼭 기억해야 할 개념
타원 은하는 대체로 붉고 나이가 많은 별들로 구성되어 있으며, 불규칙 은하는 파랗고 나이가 적은 별들로 구성되어 있다.

선지별 선택 비율

①	②	③	④	⑤
4 %	1 %	82 %	1 %	11 %

249

수능 기출

그림은 전파 은하 M87의 가시광선 영상과 전파 영상을 나타낸 것이다.

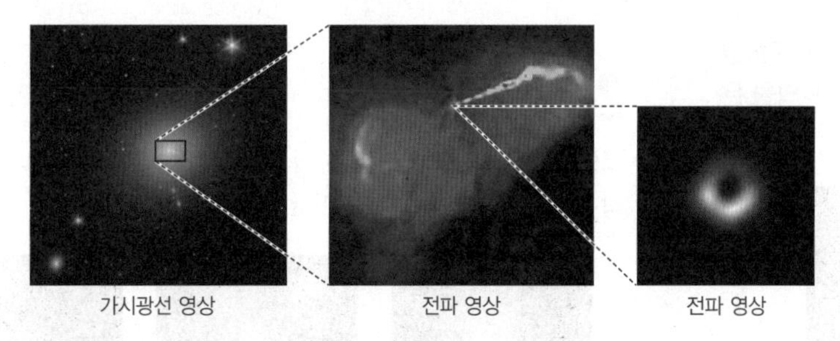
가시광선 영상 전파 영상 전파 영상

이 은하에 대한 설명으로 옳은 것만을 〈보기〉에서 있는 대로 고른 것은?

| 보기 |

ㄱ. 은하를 구성하는 별들은 푸른 별이 붉은 별보다 많다.
ㄴ. 제트에서는 별이 활발하게 탄생한다.
ㄷ. 중심에는 질량이 거대한 블랙홀이 있다.

① ㄱ ② ㄷ ③ ㄱ, ㄴ ④ ㄴ, ㄷ ⑤ ㄱ, ㄴ, ㄷ

문항 분석
전파 은하에서 나타나는 구조에 대해 이해하고 있는지 묻는 문항이다.

꼭 기억해야 할 개념
전파 은하는 가시광선 영역에서 타원 은하의 형태로 관측되며, 전파 은하의 중심부에서 강하게 뿜어져 나오는 물질의 흐름을 제트라고 한다.

선지별 선택 비율

①	②	③	④	⑤
4 %	61 %	3 %	8 %	22 %

250

상 중 하

그림은 외부 은하를 분류하는 과정을 나타낸 것이다.

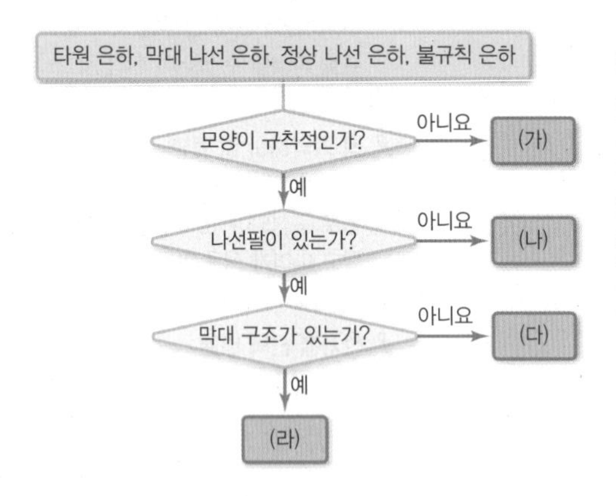

이에 대한 설명으로 옳은 것만을 <보기>에서 있는 대로 고른 것은?

| 보기 |

ㄱ. 우리은하는 (라)에 속한다.
ㄴ. 은하를 구성하는 별들의 평균 색지수는 (나)가 (다)보다 크다.
ㄷ. $\frac{\text{은하의 질량}}{\text{성간 물질의 질량}}$ 값은 (가)가 (나)보다 크다.

① ㄱ ② ㄷ ③ ㄱ, ㄴ ④ ㄱ, ㄷ ⑤ ㄴ, ㄷ

251 | 신유형 |

상 중 하

그림 (가)는 서로 다른 세 은하 A, B, C의 $\frac{\text{성간 물질의 질량}}{\text{은하의 질량}}$ 값과 은하를 구성하는 별들의 평균 색지수를, (나)는 어떤 외부 은하의 모습을 나타낸 것이다. A, B, C는 각각 정상 나선 은하, 불규칙 은하, 타원 은하 중 하나이다.

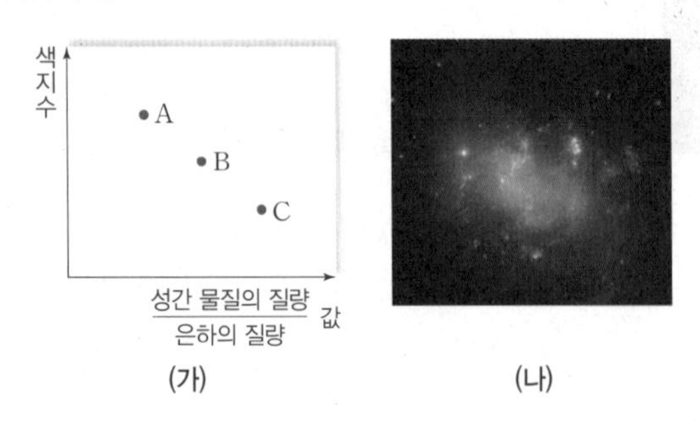

(가) (나)

이에 대한 설명으로 옳은 것만을 <보기>에서 있는 대로 고른 것은?

| 보기 |

ㄱ. A는 타원의 납작한 정도에 따라 E0~E7로 분류한다.
ㄴ. 은하를 구성하는 별들의 평균 연령은 A가 C보다 많다.
ㄷ. (나)는 B에 해당한다.

① ㄱ ② ㄷ ③ ㄱ, ㄴ ④ ㄱ, ㄷ ⑤ ㄴ, ㄷ

252

상 중 하

그림 (가)는 외부 은하를 형태에 따라 분류한 것이고, (나)는 각각의 은하에 속한 별들의 분광형 분포를 나타낸 것이다.

(가)

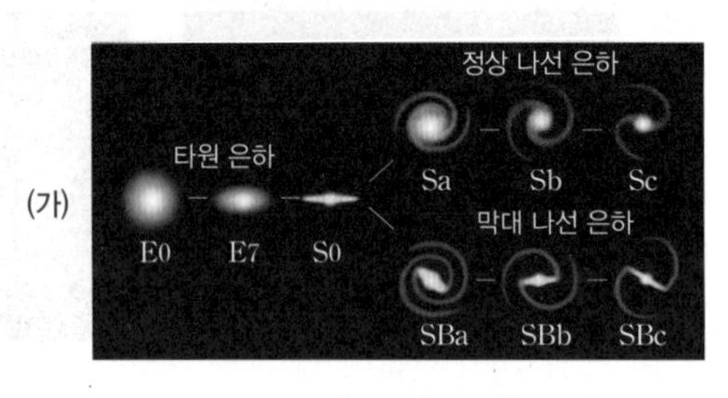

(나)

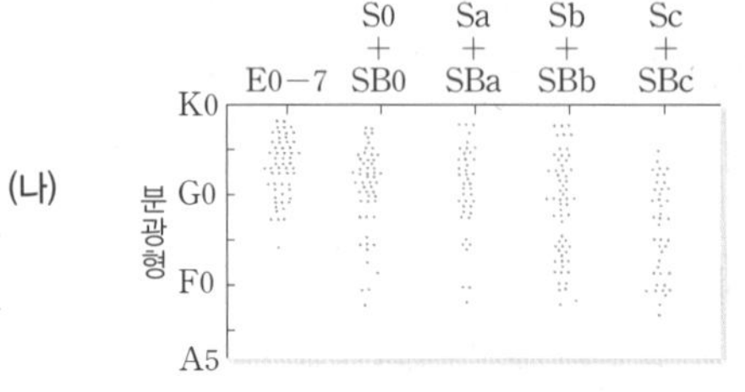

이에 대한 설명으로 옳은 것만을 <보기>에서 있는 대로 고른 것은?

| 보기 |

ㄱ. 나선 은하는 a → b → c로 갈수록 크기가 커진다.
ㄴ. 나선 은하는 c → b → a로 진화한다.
ㄷ. 은하를 구성하는 별들의 평균 색지수는 타원 은하가 나선 은하보다 크다.

① ㄱ ② ㄴ ③ ㄷ ④ ㄱ, ㄷ ⑤ ㄴ, ㄷ

253 | 신유형 |

상 중 하

그림 (가)~(다)는 서로 다른 세 은하의 모습이다. (가), (나), (다)는 각각 나선 은하, 타원 은하, 퀘이사 중 하나이다.

(가) (나) (다)

이에 대한 설명으로 옳은 것만을 <보기>에서 있는 대로 고른 것은?

| 보기 |

ㄱ. 스펙트럼의 적색 편이가 가장 큰 것은 (가)이다.
ㄴ. (다)는 대부분 우주 생성 초기에 만들어진 것이다.
ㄷ. 은하 전체가 방출하는 에너지양은 (나)가 (다)보다 적다.

① ㄱ ② ㄴ ③ ㄱ, ㄷ ④ ㄴ, ㄷ ⑤ ㄱ, ㄴ, ㄷ

254 | 신유형 |

상 중 하

그림 (가)는 서로 다른 두 은하 A와 B가 탄생한 후, 연간 생성된 별의 총질량을 시간에 따라 나타낸 것이고, (나)와 (다)는 서로 다른 은하를 나타낸 것이다.

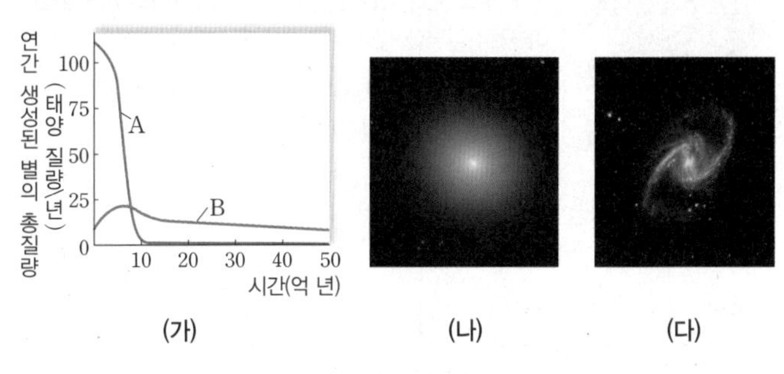

(가) (나) (다)

이에 대한 설명으로 옳은 것만을 〈보기〉에서 있는 대로 고른 것은?

| 보기 |

ㄱ. 현재 은하에서 성간 물질이 차지하는 비율은 A가 B보다 크다.
ㄴ. 은하 탄생 후 30억 년이 지난 시점에서 은하를 구성하는 별들의 평균 표면 온도는 A보다 B가 높다.
ㄷ. A의 모양은 (나)보다는 (다)에 가깝다.

① ㄱ ② ㄴ ③ ㄱ, ㄷ ④ ㄴ, ㄷ ⑤ ㄱ, ㄴ, ㄷ

255

상 중 하

그림은 전파 은하인 센타우루스 A의 X선, 전파, 가시광선 영상을 나타낸 것이다.

X선

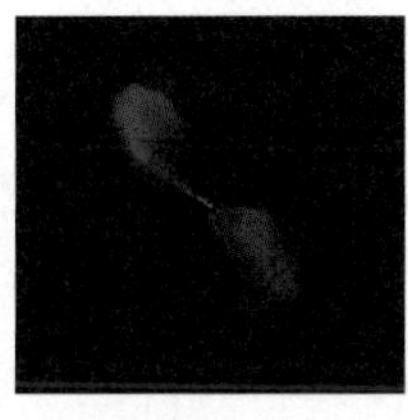
전파

가시광선

이 은하에 대한 설명으로 옳은 것만을 〈보기〉에서 있는 대로 고른 것은?

| 보기 |

ㄱ. 허블의 은하 분류에 따르면 타원 은하에 속한다.
ㄴ. 로브 구조는 가시광선 영역에서 가장 잘 관측된다.
ㄷ. 제트는 블랙홀로부터 분출되는 암흑 물질의 흐름이다.

① ㄱ ② ㄴ ③ ㄱ, ㄷ ④ ㄴ, ㄷ ⑤ ㄱ, ㄴ, ㄷ

256

상 중 하

그림 (가)는 지구에서 관측한 어느 퀘이사 X의 모습을, (나)는 X의 스펙트럼과 H_α 방출선의 파장 변화(→)를 나타낸 것이다. X의 절대 등급은 −26.7이고, 우리은하의 절대 등급은 −20.8이다.

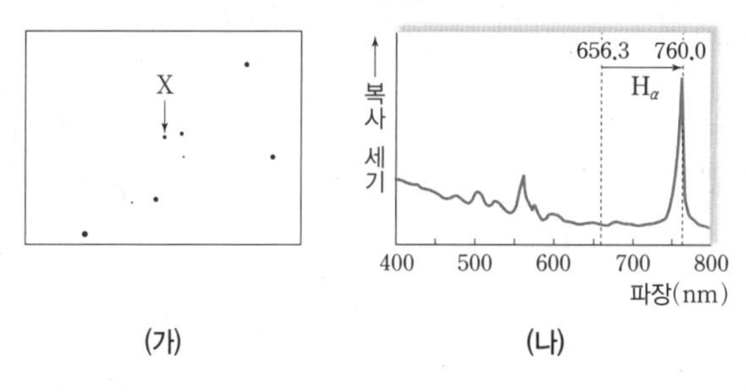

(가) (나)

이에 대한 설명으로 옳은 것만을 〈보기〉에서 있는 대로 고른 것은? (단, 빛의 속도는 3×10^5 km/s이다.)

| 보기 |

ㄱ. X의 중심부에는 블랙홀이 있을 것이다.
ㄴ. $\frac{\text{X의 광도}}{\text{우리은하의 광도}}$는 100보다 크다.
ㄷ. X의 후퇴 속도는 48000 km/s보다 크다.

① ㄱ ② ㄷ ③ ㄱ, ㄴ ④ ㄴ, ㄷ ⑤ ㄱ, ㄴ, ㄷ

257

상 중 하

그림은 우주에서 서로 다른 두 은하가 충돌하는 모습을 나타낸 것이다.
이 은하에 대한 설명으로 옳은 것만을 〈보기〉에서 있는 대로 고른 것은?

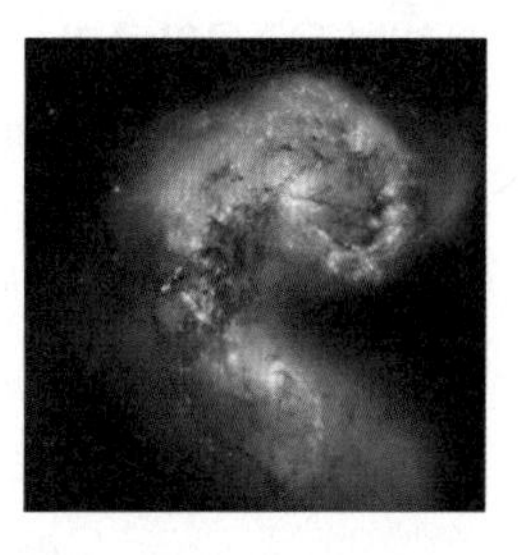

| 보기 |

ㄱ. 충돌하는 두 은하 사이에 작용하는 인력은 우주의 팽창으로 인한 척력보다 크다.
ㄴ. 은하가 충돌하는 과정에서 은하 내부에 존재하는 대부분의 별들이 충돌한다.
ㄷ. 두 은하가 충돌하는 부분에서 은하를 이루는 성간 물질의 밀도는 감소한다.

① ㄱ ② ㄴ ③ ㄱ, ㄷ ④ ㄴ, ㄷ ⑤ ㄱ, ㄴ, ㄷ

17 우주 팽창과 빅뱅 우주론

출제 개념
- 외부 은하의 적색 편이와 우주 팽창
- 빅뱅 우주론
- 암흑 물질과 암흑 에너지
- 표준 우주 모형

1 허블 법칙과 우주 팽창

(1) **외부 은하의 스펙트럼 관측과 후퇴 속도(v)**: 적색 편이량이 큰 은하일수록 후퇴 속도가 빠름

$$v=c\times\frac{\Delta\lambda}{\lambda_0}=cz$$

(c: 광속, λ_0: 기준 파장, $\Delta\lambda$: 파장 변화량, z: 적색 편이)

(2) **허블 법칙**: 외부 은하들의 후퇴 속도(v)는 외부 은하까지의 거리(r)에 비례한다는 법칙

$$v=H\cdot r (H: 허블 상수)$$

(3) **우주 팽창**

우주의 나이(t)	관측 가능한 우주의 크기(r)
$t=\frac{r}{v}=\frac{r}{H\cdot r}=\frac{1}{H}$	$c=H\cdot r \Rightarrow r=\frac{c}{H}$

2 빅뱅 우주론(대폭발 우주론)

(1) **빅뱅 우주론과 정상 우주론**

구분		빅뱅 우주론	정상 우주론
내용		우주가 초고온 · 초고밀도 상태의 한 점으로부터 대폭발하여 생성되었고, 지금까지도 우주가 팽창하고 있다고 설명하는 이론	우주가 팽창하면서 물질이 계속 생성되어 우주의 온도와 밀도는 변하지 않고, 항상 일정한 상태를 유지한다는 이론
우주	질량	일정	증가
	밀도, 온도	감소	일정

빈출

(2) **빅뱅 우주론의 증거**

① **수소와 헬륨의 질량비**: 빅뱅 우주론을 통해 예측한 수소와 헬륨의 질량비는 약 3 : 1로, 별빛의 스펙트럼으로 확인한 관측값과 일치

② **우주 배경 복사**: 빅뱅 약 38만 년 후, 중성 원자가 형성될 때 물질로부터 빠져나와 우주 전체에 균일하게 퍼져 있는 빛 ➡ 현재는 우주가 팽창하여 온도가 낮아지면서 파장이 길어짐

3 급팽창 이론과 우주의 가속 팽창

(1) **급팽창 이론**: 우주가 탄생한 직후에 매우 짧은 시간 동안 급격하게 팽창했다는 이론 ➡ 빅뱅 우주론으로 설명할 수 없는 세 가지 문제를 보완하며 등장

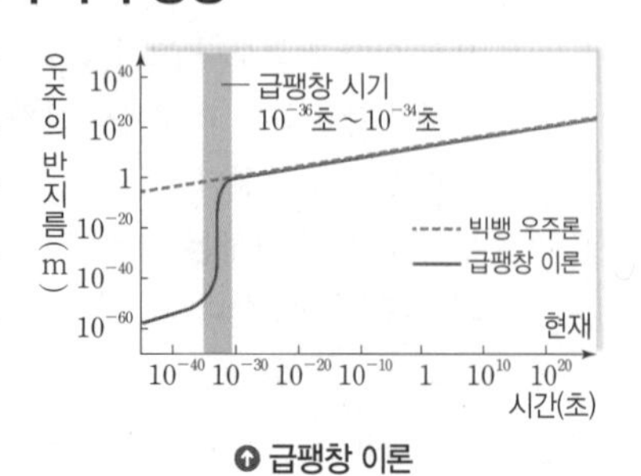

급팽창 이론

(2) **기존 빅뱅 우주론의 문제점을 해결**

우주의 지평선 문제	급팽창 이전의 우주의 크기는 매우 작아서 서로 정보 교환이 가능했기 때문에 우주 배경 복사가 방향에 상관없이 거의 같은 온도로 관측되는 것을 설명할 수 있음
우주의 편평성 문제	우주가 휘어져 있더라도 우리가 관측할 수 있는 영역이 극히 일부에 불과하기 때문에 편평하게 보임
자기 홀극 문제	우주가 급팽창하면서 관측 가능한 자기 홀극 밀도가 감소하여 현재는 발견하기 어려움

(3) **우주의 가속 팽창**: Ⅰa형 초신성의 밝기가 예상보다 더 어둡게 관측되었으므로, 일정한 속도로 팽창하는 우주보다 더 멀리 있는 것으로 관측 ➡ 우주가 가속 팽창하는 것을 알 수 있음

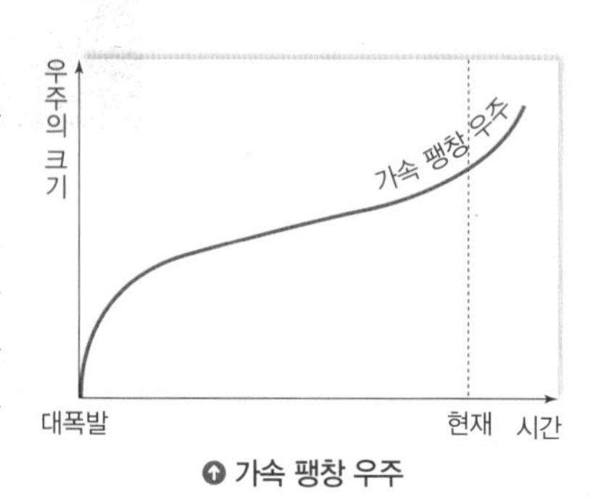

가속 팽창 우주

4 암흑 물질과 암흑 에너지

(1) **보통 물질**: 주변에서 쉽게 관찰할 수 있는 대상을 구성하는 물질

(2) **암흑 물질**: 빛을 방출하지 않아 눈에 보이지 않으며, 중력을 통해서만 존재를 인식할 수 있는 물질

① 암흑 물질은 우주 초기에 별과 은하가 생기는 데 중요한 역할함

② 암흑 물질의 존재를 보여 주는 증거: 중력 렌즈 현상, 나선 은하의 회전 속도, 은하단에 속한 은하들의 이동 속도, 은하의 질량

(3) **암흑 에너지**: 우주 안에서 중력과 반대 방향인 척력으로 작용하며, 우주를 가속 팽창시키는 미지의 우주 구성 요소 ➡ 우주 초기에는 거의 존재하지 않았으나, 우주가 팽창하여 공간이 커지면서 암흑 물질보다 영향이 커지면서 우주를 가속 팽창시킴

5 표준 우주 모형과 우주의 미래

고빈출

(1) **표준 우주 모형**: 급팽창 이론을 포함한 빅뱅 우주론에 암흑 물질과 암흑 에너지의 개념까지 모두 포함된 최신의 우주 모형 ➡ 현재 우주의 구성: 암흑 에너지 > 암흑 물질 > 보통 물질

(2) **우주의 미래 모형(암흑 에너지를 고려하지 않을 경우)**

열린 우주	• 우주의 평균 밀도 < 임계 밀도 ➡ 곡률: (−) • 영원히 팽창하는 우주
평탄 우주	• 우주의 평균 밀도 = 임계 밀도 ➡ 곡률: 0 • 우주의 팽창 속도가 점점 감소하여 0에 수렴
닫힌 우주	• 우주의 평균 밀도 > 임계 밀도 ➡ 곡률: (+) • 우주의 팽창 속도가 점점 감소하다가 수축

(3) **우주 팽창의 실제 모습**: 최근 관측 결과 현재의 우주는 평탄하지만 가속 팽창하고 있음

대표 기출 문제

258

수능 기출

다음은 우리은하와 외부 은하 A, B에 대한 설명이다. 세 은하는 일직선상에 위치하며, 허블 법칙을 만족한다.

- 우리은하에서 A까지의 거리는 20 Mpc이다.
- B에서 우리은하를 관측하면, 우리은하는 2800 km/s의 속도로 멀어진다.
- A에서 B를 관측하면, B의 스펙트럼에서 500 nm의 기준 파장을 갖는 흡수선이 507 nm로 관측된다.

우리은하에서 A와 B를 관측한 결과에 대한 설명으로 옳은 것만을 〈보기〉에서 있는 대로 고른 것은? (단, 허블 상수는 70 km/s/Mpc이고, 빛의 속도는 3×10^5 km/s이다.)

| 보기 |

ㄱ. A의 후퇴 속도는 1400 km/s이다.
ㄴ. 스펙트럼에서 기준 파장이 동일한 흡수선의 파장 변화량은 B가 A의 2배이다.
ㄷ. A와 B는 동일한 시선 방향에 위치한다.

① ㄱ ② ㄷ ③ ㄱ, ㄴ ④ ㄴ, ㄷ ⑤ ㄱ, ㄴ, ㄷ

문항 분석
허블 법칙을 만족하는 은하 사이의 관계를 허블 법칙을 이용하여 분석할 수 있어야 한다.

꼭 기억해야 할 개념
외부 은하의 후퇴 속도(v)는 다음과 같다.
$v=H\cdot r$(H: 허블 상수, r: 거리)
$v=c\times\frac{\Delta\lambda}{\lambda_0}$($c$: 빛의 속도, $\Delta\lambda$: 흡수선의 파장 변화량, λ_0: 흡수선의 기준 파장)

선지별 선택 비율

①	②	③	④	⑤
5 %	12 %	16 %	8 %	56 %

259

수능 기출

표 (가)는 외부 은하 A와 B의 스펙트럼 관측 결과를, (나)는 우주 구성 요소의 상대적 비율을 T_1, T_2 시기에 따라 나타낸 것이다. T_1, T_2는 관측된 A, B의 빛이 각각 출발한 시기 중 하나이고, a, b, c는 각각 보통 물질, 암흑 물질, 암흑 에너지 중 하나이다.

은하	기준 파장	관측 파장
A	120	132
B	150	600

(단위: nm)

(가)

우주 구성 요소	T_1	T_2
a	62.7	3.4
b	31.4	81.3
c	5.9	15.3

(단위: %)

(나)

이 자료에 대한 설명으로 옳은 것만을 〈보기〉에서 있는 대로 고른 것은? (단, 빛의 속도는 3×10^5 km/s이다.)

| 보기 |

ㄱ. 우리은하에서 관측한 A의 후퇴 속도는 3000 km/s이다.
ㄴ. B는 T_2 시기의 천체이다.
ㄷ. 우주를 가속 팽창시키는 요소는 b이다.

① ㄱ ② ㄴ ③ ㄷ ④ ㄱ, ㄴ ⑤ ㄴ, ㄷ

문항 분석
은하의 적색 편이량으로부터 후퇴 속도와 은하까지의 거리를 알아내야 하고, 현재 우주의 암흑 에너지, 암흑 물질, 보통 물질의 상대적 비율과 시간이 지남에 따라 각각의 비율 변화를 알고 자료를 분석해야 한다.

꼭 기억해야 할 개념
1. 외부 은하는 관측자로부터 멀수록 적색 편이가 크고, 후퇴 속도가 빠르며, 먼 과거이다.
2. 빅뱅 이후 시간이 흐름에 따라 공간의 팽창에 의해 암흑 에너지가 차지하는 비율은 계속 증가했고, 암흑 물질이 차지하는 비율은 계속 감소했다.

선지별 선택 비율

①	②	③	④	⑤
10 %	48 %	10 %	13 %	16 %

적중 예상 문제

260

(상 중 하)

표는 퀘이사 A, B, C의 적색 편이(z)와 스펙트럼에서 관측된 어느 방출선 X의 파장을 나타낸 것이다.

구분	적색 편이(z)	스펙트럼에서 관측된 방출선 X의 파장(nm)
A	0.25	(㉠)
B	0.15	690
C	(㉡)	840

이에 대한 설명으로 옳은 것만을 〈보기〉에서 있는 대로 고른 것은?

| 보기 |

ㄱ. ㉠은 750이다.
ㄴ. ㉡은 0.4이다.
ㄷ. X가 각 퀘이사에서 방출된 시점은 C가 가장 최근이다.

① ㄱ ② ㄷ ③ ㄱ, ㄴ ④ ㄴ, ㄷ ⑤ ㄱ, ㄴ, ㄷ

261

(상 중 하)

그림은 은하 A에서 관측한 은하 ㉠, ㉡, ㉢의 후퇴 속도와 ㉠과 ㉡ 사이의 거리를 나타낸 것이다.

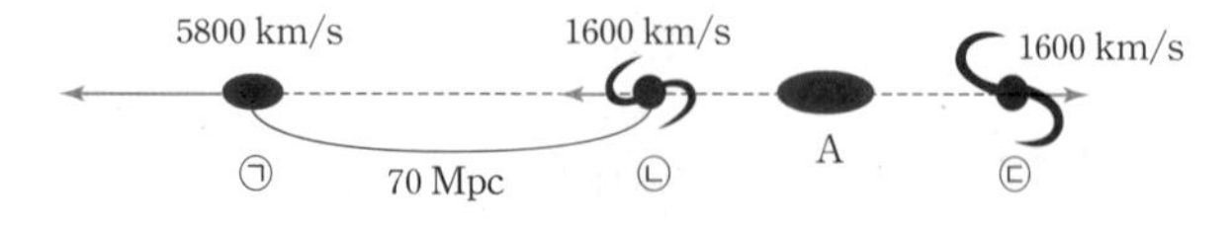

이에 대한 설명으로 옳은 것만을 〈보기〉에서 있는 대로 고른 것은? (단, 은하들은 허블 법칙을 만족한다.)

| 보기 |

ㄱ. 허블 상수는 60 km/s/Mpc이다.
ㄴ. A로부터 ㉡까지의 거리는 35 Mpc이다.
ㄷ. ㉡에서 같은 시각에 방출된 빛은 ㉠과 ㉢에 동시에 도착한다.

① ㄱ ② ㄷ ③ ㄱ, ㄴ ④ ㄴ, ㄷ ⑤ ㄱ, ㄴ, ㄷ

262

(상 중 하)

그림 (가)와 (나)는 빅뱅 우주론과 정상 우주론에 근거하여 시간에 따른 물리량의 변화를 나타낸 것이다.

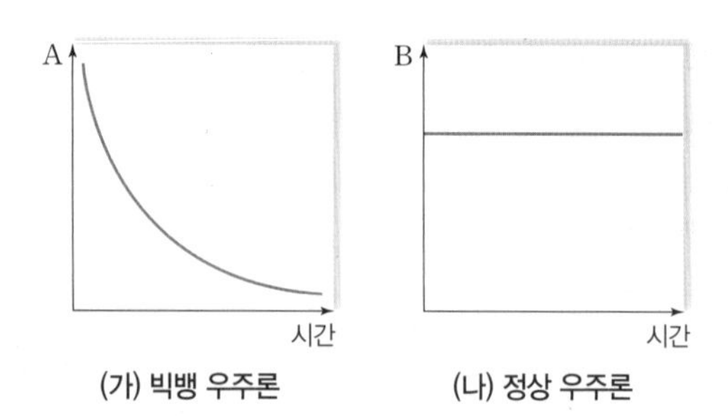

(가) 빅뱅 우주론 (나) 정상 우주론

이에 대한 설명으로 옳은 것만을 〈보기〉에서 있는 대로 고른 것은?

| 보기 |

ㄱ. 우주의 온도는 물리량 A로 적절하다.
ㄴ. 우주의 밀도는 물리량 B로 적절하다.
ㄷ. (나)에서 시간에 따른 우주의 크기는 일정하다.

① ㄱ ② ㄷ ③ ㄱ, ㄴ ④ ㄴ, ㄷ ⑤ ㄱ, ㄴ, ㄷ

263 | 신유형 |

(상 중 하)

그림은 빅뱅 우주론에 대해 학생 A, B, C가 대화하는 모습을 나타낸 것이다.

제시한 내용이 옳은 학생만을 있는 대로 고른 것은?

① A ② B ③ A, C ④ B, C ⑤ A, B, C

264 | 신유형 |

상 중 하

그림은 빅뱅 이후 약 38만 년이 지났을 때와 현재의 우주 온도에 따른 복사 세기 분포를 나타낸 것이다.

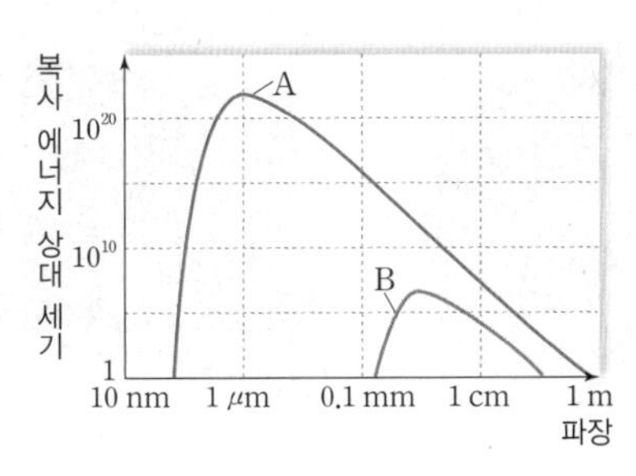

이에 대한 설명으로 옳은 것만을 <보기>에서 있는 대로 고른 것은?

| 보기 |

ㄱ. A는 전자가 양성자와 결합하여 수소 원자를 형성하였을 때의 복사 세기 분포이다.

ㄴ. B는 약 2.7 K의 복사 곡선에 해당한다.

ㄷ. $\frac{\text{B의 최대 에너지를 갖는 빛의 파장}}{\text{A의 최대 에너지를 갖는 빛의 파장}}$은 1000 이하이다.

① ㄱ ② ㄷ ③ ㄱ, ㄴ ④ ㄴ, ㄷ ⑤ ㄱ, ㄴ, ㄷ

265

상 중 하

그림 (가)와 (나)는 우주의 나이가 각각 10만 년과 100만 년일 때 빛이 우주 공간을 진행하는 모습을 순서 없이 나타낸 것이다.

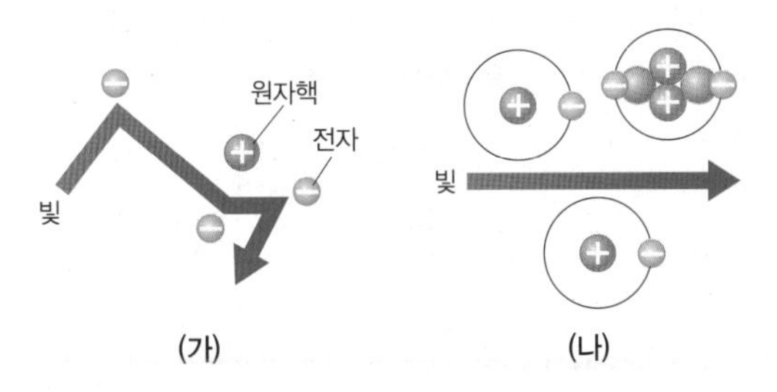

이에 대한 설명으로 옳은 것만을 <보기>에서 있는 대로 고른 것은?

| 보기 |

ㄱ. 우주의 나이가 100만 년일 때는 (나)이다.

ㄴ. (가) 시기에 수소 원자핵에 대한 헬륨 원자핵의 질량비는 약 3 : 1이다.

ㄷ. 우주 배경 복사는 (나) 시기 이후에 방출되었다.

① ㄱ ② ㄷ ③ ㄱ, ㄴ ④ ㄴ, ㄷ ⑤ ㄱ, ㄴ, ㄷ

266

상 중 하

그림은 어느 우주 모형에서 시간에 따른 우주의 크기 변화를, 표는 T_1 시기와 T_2 시기의 우주 구성 요소의 비율을 각각 나타낸 것이다. A, B, C는 각각 보통 물질, 암흑 물질, 암흑 에너지 중 하나이다.

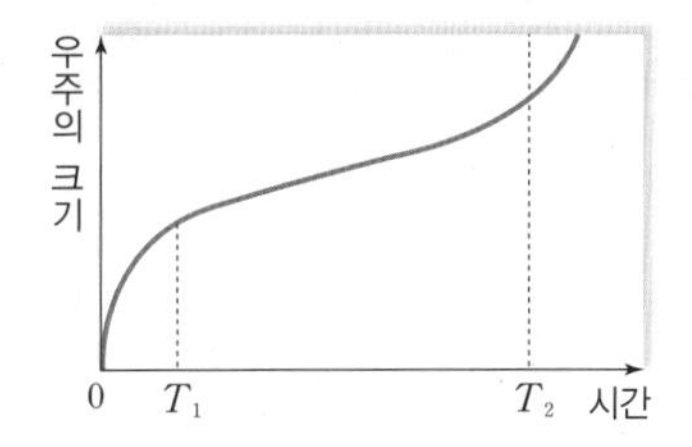

구성 요소	T_1	T_2
A	㉠	68.3
B	㉡	26.8
C	㉢	4.9

이에 대한 설명으로 옳은 것만을 <보기>에서 있는 대로 고른 것은?

| 보기 |

ㄱ. T_1 시기에 우주의 팽창 가속도는 0보다 크다.

ㄴ. 전자기파를 이용해 직접 관측할 수 있는 것은 C이다.

ㄷ. ㉡+㉢은 31.7보다 크다.

① ㄱ ② ㄴ ③ ㄱ, ㄷ ④ ㄴ, ㄷ ⑤ ㄱ, ㄴ, ㄷ

267

상 중 하

그림은 우주 팽창을 설명하기 위한 두 모형 A, B와 외부 은하에서 발견된 Ⅰa형 초신성의 관측 자료를 나타낸 것이다.

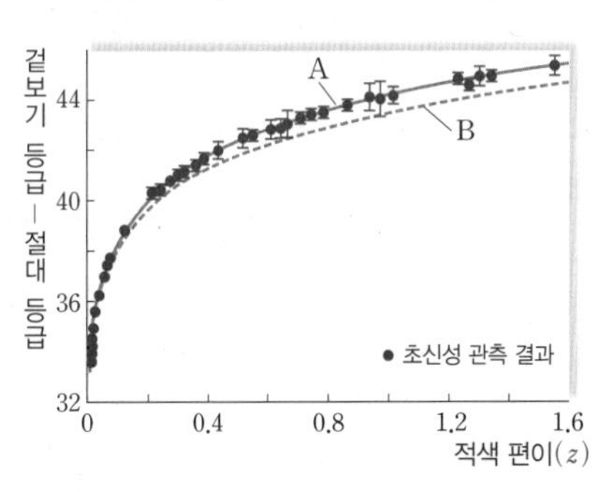

이에 대한 설명으로 옳은 것만을 <보기>에서 있는 대로 고른 것은?

| 보기 |

ㄱ. Ⅰa형 초신성은 최대로 밝아졌을 때 절대 밝기가 거의 일정하다.

ㄴ. z=1.0인 Ⅰa형 초신성의 겉보기 등급 예측값은 A가 B보다 작다.

ㄷ. 암흑 에너지를 고려한 우주 모형은 A이다.

① ㄱ ② ㄴ ③ ㄱ, ㄷ ④ ㄴ, ㄷ ⑤ ㄱ, ㄴ, ㄷ

268 | 신유형 |

상 중 하

그림은 나선 은하 A와 B의 회전 속도 곡선을 나타낸 것이다.

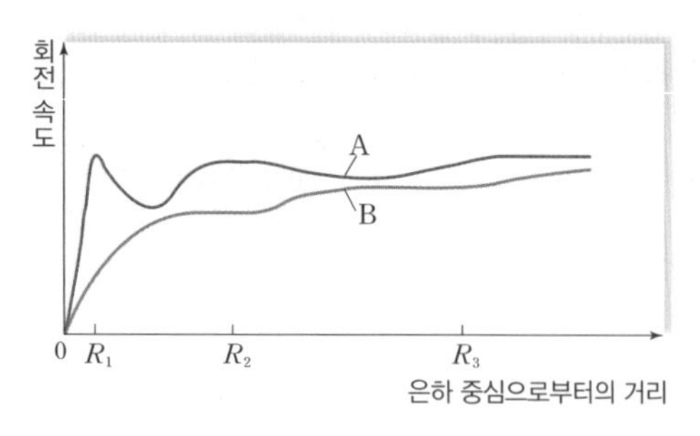

이에 대한 설명으로 옳은 것만을 〈보기〉에서 있는 대로 고른 것은?

| 보기 |

ㄱ. A는 은하 중심으로부터 R_1 이내에서는 중심으로부터 거리가 멀어질수록 질량이 증가한다.
ㄴ. A에서 은하 중심을 회전하는 주기는 R_3에서보다 R_2에서 길다.
ㄷ. B는 질량의 대부분이 은하 중심부에 집중되어 있다.

① ㄱ ② ㄷ ③ ㄱ, ㄴ ④ ㄴ, ㄷ ⑤ ㄱ, ㄴ, ㄷ

269

상 중 하

그림은 빅뱅 우주론에서 시간에 따른 물질과 암흑 에너지의 밀도 변화를 나타낸 것이다.

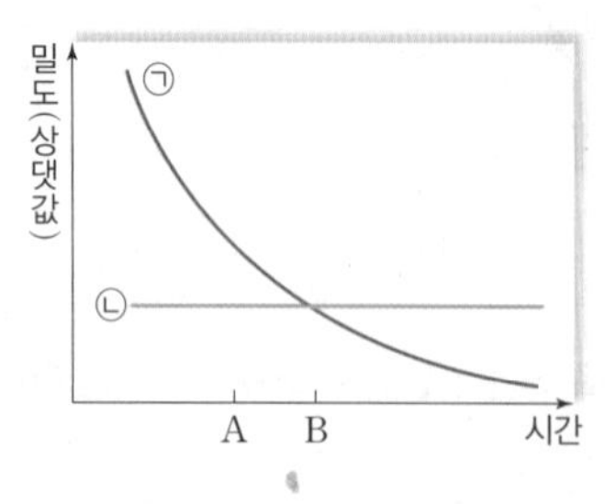

이에 대한 설명으로 옳은 것만을 〈보기〉에서 있는 대로 고른 것은?

| 보기 |

ㄱ. 물질의 밀도 변화는 ㉠이다.
ㄴ. A와 B 중 현재와 가까운 시기는 A이다.
ㄷ. 암흑 에너지의 절대량은 A 시기와 B 시기가 같다.

① ㄱ ② ㄷ ③ ㄱ, ㄴ ④ ㄴ, ㄷ ⑤ ㄱ, ㄴ, ㄷ

270

상 중 하

그림 (가)와 (나)는 평탄 우주와 닫힌 우주 모형을 순서 없이 나타낸 것이다.

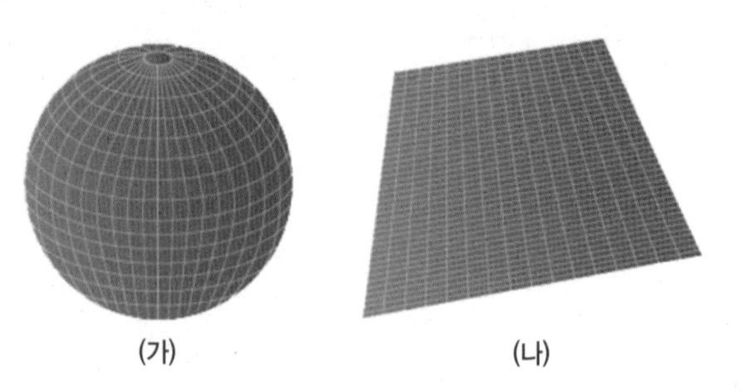

(가) (나)

이에 대한 설명으로 옳은 것만을 〈보기〉에서 있는 대로 고른 것은?

| 보기 |

ㄱ. (가)는 평탄 우주이다.
ㄴ. 현재 우주는 (가)에 해당한다.
ㄷ. (나)에서는 (우주의 평균 밀도 - 임계 밀도) 값이 0이다.

① ㄱ ② ㄷ ③ ㄱ, ㄴ ④ ㄴ, ㄷ ⑤ ㄱ, ㄴ, ㄷ

271

상 중 하

표는 우주 모형 A, B, C에서 임계 밀도(ρ_c)에 대한 물질 밀도(ρ_m)와 암흑 에너지 밀도(ρ_A)를 나타낸 것이다.

우주 모형	$\frac{\rho_m}{\rho_c}$	$\frac{\rho_A}{\rho_c}$
A	0.1	0.9
B	0.6	0.4
C	0.8	0.7

이에 대한 설명으로 옳은 것만을 〈보기〉에서 있는 대로 고른 것은?

| 보기 |

ㄱ. A에서 우주는 가속 팽창한다.
ㄴ. A와 B에서 우주의 곡률은 서로 같다.
ㄷ. C는 열린 우주에 해당한다.

① ㄱ ② ㄷ ③ ㄱ, ㄴ ④ ㄴ, ㄷ ⑤ ㄱ, ㄴ, ㄷ

272 | 신유형 |

상 중 하

표는 별 (가), (나), (다)의 물리량을 나타낸 것이다.

별	색지수($B-V$)	절대 등급	광도 계급
(가)	+0.66	−1.2	(　)
(나)	+0.66	+4.8	V
(다)	+0.01	+2.1	V

이에 대한 설명으로 옳은 것만을 <보기>에서 있는 대로 고른 것은?

| 보기 |

ㄱ. 별의 중심부 온도는 (가)가 가장 높다.
ㄴ. 별의 반지름은 (가)가 (나)의 약 $5\sqrt{10}$배이다.
ㄷ. 중심부에서 p−p 반응에 의한 에너지 생성량은 (다)가 가장 많다.

① ㄱ　② ㄷ　③ ㄱ, ㄴ　④ ㄴ, ㄷ　⑤ ㄱ, ㄴ, ㄷ

273

상 중 하

그림은 원시별 A, B, C를 H−R도에 나타낸 것이다. 점선은 원시별이 탄생한 이후 경과한 시간이 같은 위치를 연결한 것이다.

이에 대한 설명으로 옳은 것만을 <보기>에서 있는 대로 고른 것은?

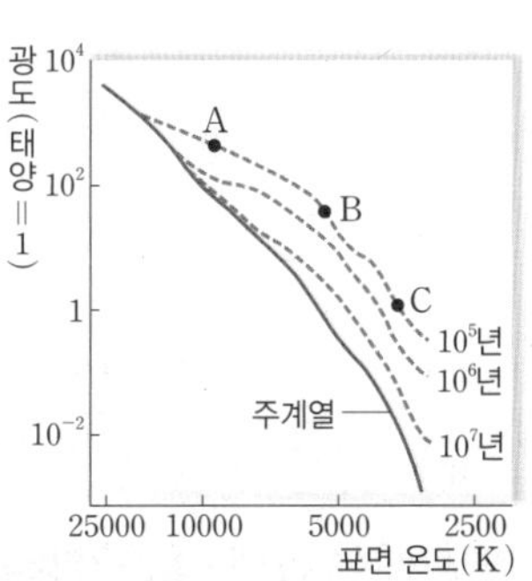

| 보기 |

ㄱ. 주계열성이 되기까지 걸리는 시간은 A가 B보다 길다.
ㄴ. 주계열성이 되기까지 온도 변화량은 B가 C보다 크다.
ㄷ. A, B, C는 모두 중심부에서 기체 압력 차에 의한 힘이 커지고 있다.

① ㄱ　② ㄴ　③ ㄱ, ㄷ　④ ㄴ, ㄷ　⑤ ㄱ, ㄴ, ㄷ

274 | 개념 통합 |

상 중 하

그림은 어느 성단을 이루는 별들을 H−R도에 나타낸 것이다. 성단의 별들은 모두 같은 시기에 원시별에서부터 진화를 시작하였다.

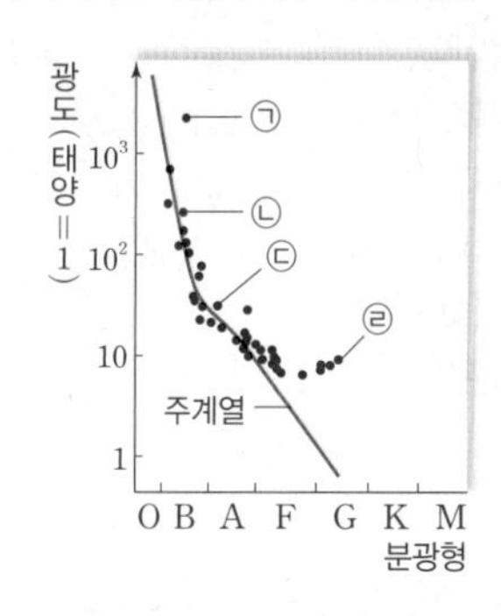

이에 대한 설명으로 옳은 것만을 <보기>에서 있는 대로 고른 것은?

| 보기 |

ㄱ. ㉠은 미래에 초신성 폭발을 일으킬 것이다.
ㄴ. 수소 흡수선의 상대적 세기는 ㉡이 ㉢보다 약하다.
ㄷ. ㉣은 중심부에 헬륨핵이 존재한다.

① ㄱ　② ㄷ　③ ㄱ, ㄴ　④ ㄴ, ㄷ　⑤ ㄱ, ㄴ, ㄷ

275 | 개념 통합 |

상 중 하

그림 (가)는 태양의 예상 진화 경로를 H−R도에 나타낸 것이고, (나)는 (가)의 A~E 중 하나의 내부 구조를 나타낸 것이다.

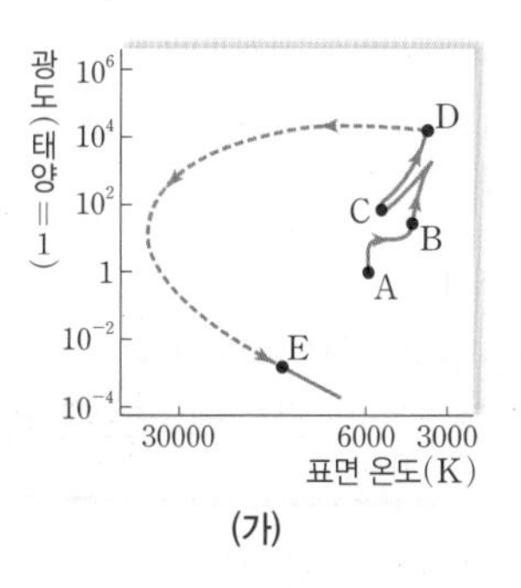

(가)

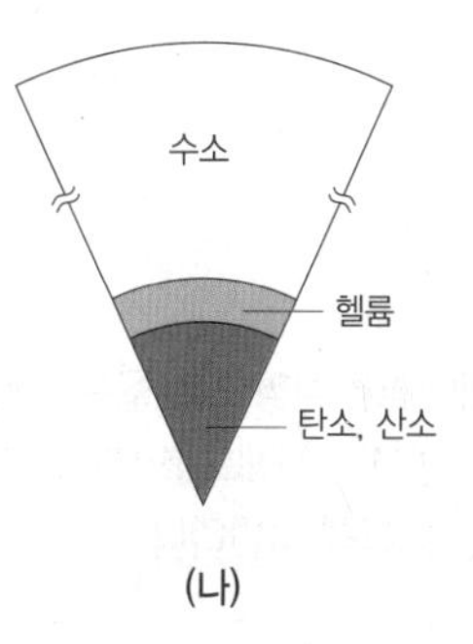

(나)

이에 대한 설명으로 옳은 것만을 <보기>에서 있는 대로 고른 것은?

| 보기 |

ㄱ. (나)는 C의 내부 구조이다.
ㄴ. 행성상 성운은 C→D에서 형성된다.
ㄷ. 반지름이 최대가 되었을 때는 A의 500배 이상이다.

① ㄱ　② ㄴ　③ ㄱ, ㄷ　④ ㄴ, ㄷ　⑤ ㄱ, ㄴ, ㄷ

276 | 신유형 |

상 중 하

그림은 어느 주계열성의 중심으로부터의 거리에 따른 누적 질량을 나타낸 것이다. ㉠, ㉡, ㉢은 각각 중심핵, 대류층, 복사층 중 하나이다.

이 별의 내부 구조에 대한 설명으로 옳은 것만을 <보기>에서 있는 대로 고른 것은?

| 보기 |

ㄱ. 대류층의 질량은 복사층의 질량보다 크다.

ㄴ. $\dfrac{\text{중심핵에 존재하는 헬륨의 양}}{\text{별 전체에 존재하는 헬륨의 총량}}$은 0.5보다 크다.

ㄷ. 이 별에서 핵융합 반응이 일어나는 영역이 차지하는 부피 비율은 3 %보다 작다.

① ㄱ ② ㄴ ③ ㄱ, ㄷ ④ ㄴ, ㄷ ⑤ ㄱ, ㄴ, ㄷ

277

상 중 하

그림은 어느 외계 행성계에서 행성의 식 현상에 의한 중심별의 밝기 변화를 일정한 시간 간격에 따라 나타낸 것이다. 중심별의 반지름(R_s)과 질량은 각각 행성 반지름과 질량의 10배이고, 행성 중심과 중심별 중심 사이의 거리는 $22R_s$이다.

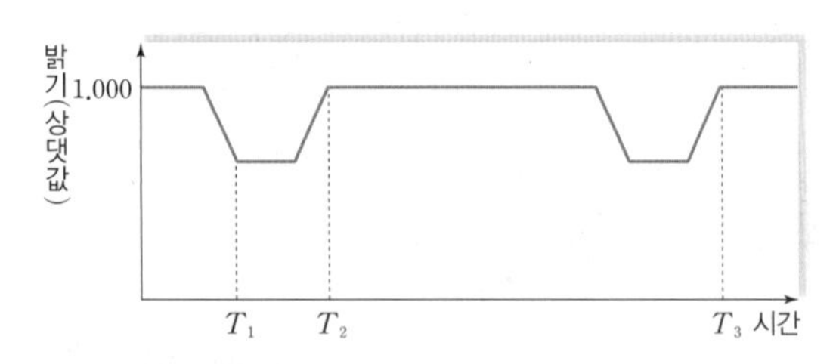

이에 대한 설명으로 옳은 것만을 <보기>에서 있는 대로 고른 것은? (단, 행성은 원궤도를 따라 공전하며, 행성의 공전 궤도면은 관측자의 시선 방향에 나란하다.)

| 보기 |

ㄱ. T_1일 때 중심별의 밝기는 최대 밝기의 99 %이다.

ㄴ. 행성의 공전 속도는 $\dfrac{40\pi R_s}{T_3-T_2}$이다.

ㄷ. 중심별의 시선 속도의 크기는 T_1일 때가 T_2일 때의 $\dfrac{9}{11}$배이다.

① ㄱ ② ㄴ ③ ㄱ, ㄷ ④ ㄴ, ㄷ ⑤ ㄱ, ㄴ, ㄷ

278 | 신유형 | 개념 통합 |

상 중 하

그림은 현재로부터 시간에 따른 태양의 물리량 A, B, C의 변화를 나타낸 것이다. A, B, C는 각각 표면 온도, 반지름, 광도 중 하나이다.

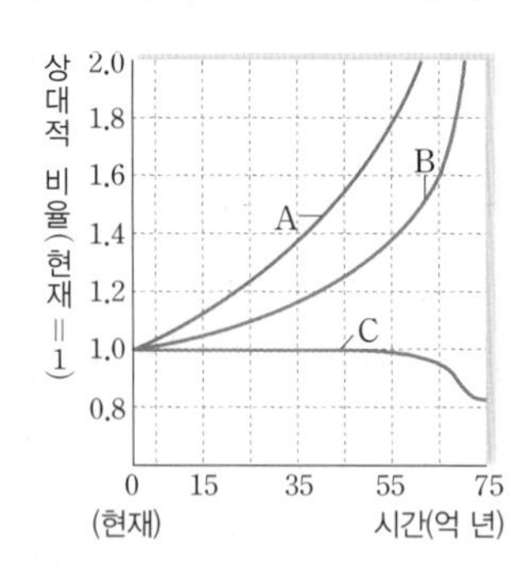

이에 대한 설명으로 옳은 것만을 <보기>에서 있는 대로 고른 것은?

| 보기 |

ㄱ. 반지름은 A이다.

ㄴ. 현재로부터 약 70억 년 후 태양은 적색 거성으로 진화한다.

ㄷ. 이 기간 동안 생명 가능 지대의 폭은 계속 넓어진다.

① ㄱ ② ㄴ ③ ㄱ, ㄷ ④ ㄴ, ㄷ ⑤ ㄱ, ㄴ, ㄷ

279 | 신유형 | 개념 통합 |

상 중 하

그림은 외계 행성계의 중심별 ㉠, ㉡, ㉢의 반지름과 표면 온도를 나타낸 것이다. ㉠, ㉡, ㉢ 주변에는 각각 생명 가능 지대에 행성이 1개씩 존재하며, ㉠, ㉡, ㉢ 중 주계열성은 2개이다.

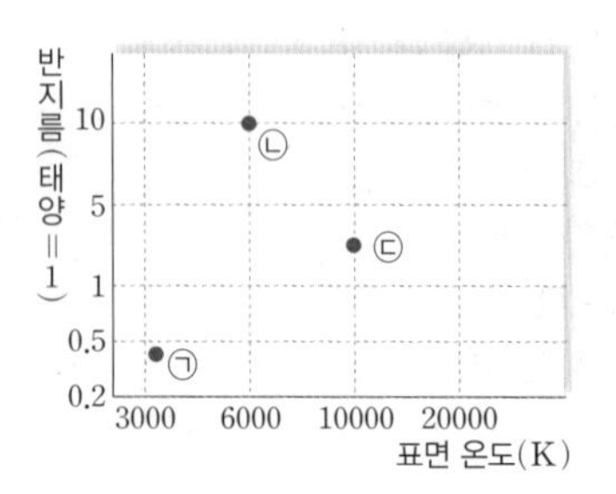

이에 대한 설명으로 옳은 것만을 <보기>에서 있는 대로 고른 것은?

| 보기 |

ㄱ. 생명 가능 지대의 폭은 ㉡에서 가장 넓다.

ㄴ. 행성이 동주기 자전할 가능성은 ㉠의 행성이 가장 크다.

ㄷ. 행성이 생명 가능 지대에 머물 수 있는 기간은 ㉠보다 ㉢에서 길다.

① ㄱ ② ㄷ ③ ㄱ, ㄴ ④ ㄴ, ㄷ ⑤ ㄱ, ㄴ, ㄷ

280 | 개념 통합 |

상 중 하

그림 (가)는 은하 A의 모습을, (나)는 은하 A가 탄생한 후 연간 생성된 별의 총질량을 시간에 따라 나타낸 것이다.

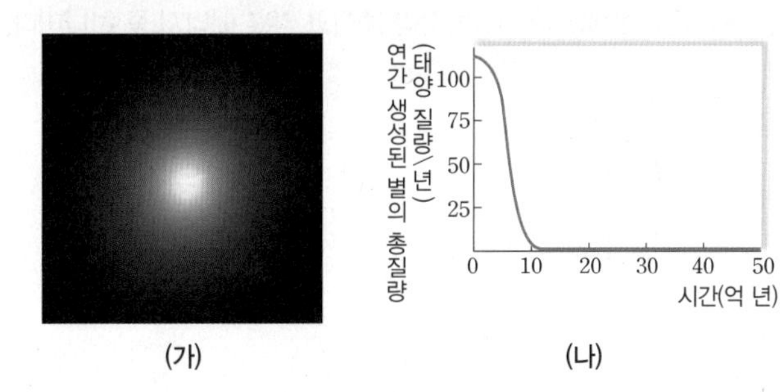

은하 A에 대한 설명으로 옳은 것만을 <보기>에서 있는 대로 고른 것은?

| 보기 |

ㄱ. 허블의 은하 분류에 따르면 E0보다 E7에 가깝다.
ㄴ. 성간 물질의 함량(%)은 은하 탄생 초기가 현재보다 많다.
ㄷ. 시간이 지남에 따라 별들의 평균 색지수는 감소하였다.

① ㄱ ② ㄴ ③ ㄱ, ㄷ ④ ㄴ, ㄷ ⑤ ㄱ, ㄴ, ㄷ

281 | 신유형 |

상 중 하

그림은 은하 (가), (나), (다)에서 관측한 파장에 따른 복사 에너지의 상대적 세기를 나타낸 것이다. (가), (나), (다)는 각각 퀘이사, 세이퍼트은하, 보통 은하 중 하나이다. 화살표(↓)는 수소선 스펙트럼의 관측된 위치이다.

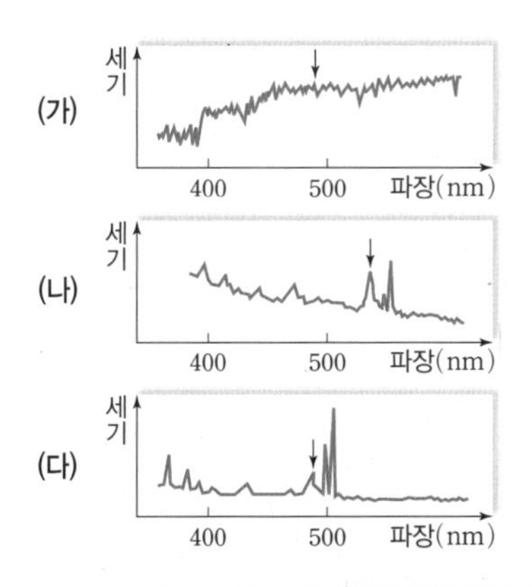

(가), (나), (다)에 대한 설명으로 옳은 것만을 <보기>에서 있는 대로 고른 것은?

| 보기 |

ㄱ. 선 스펙트럼의 폭은 (가)에서 가장 넓게 나타난다.
ㄴ. 적색 편이는 (나)가 가장 크다.
ㄷ. $\left(\frac{\text{은하 중심부의 밝기}}{\text{은하 전체 밝기}}\right)$는 (다)가 가장 크다.

① ㄱ ② ㄴ ③ ㄱ, ㄷ ④ ㄴ, ㄷ ⑤ ㄱ, ㄴ, ㄷ

282 | 개념 통합 |

상 중 하

그림은 A와 B 지점에서 출발한 우주 배경 복사가 현재 우리은하에 도착한 상황을 가정하여 나타낸 것이다. (가), (나), (다)는 우주의 나이가 각각 138억 년, 60억 년, 38만 년이다.

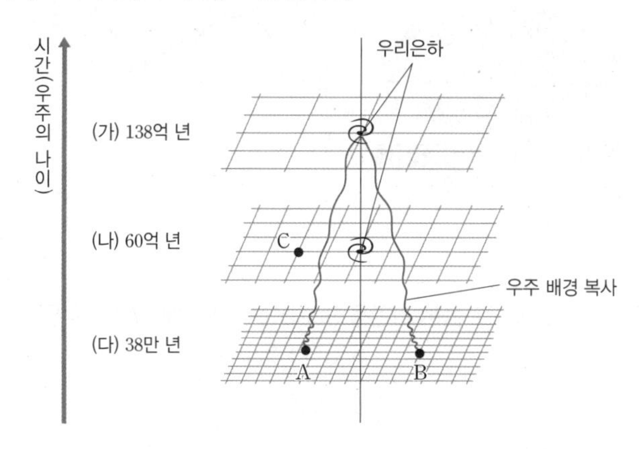

이에 대한 설명으로 옳은 것만을 <보기>에서 있는 대로 고른 것은?

| 보기 |

ㄱ. A에서 출발한 빛과 B에서 출발한 빛의 적색 편이는 같다.
ㄴ. 우주 배경 복사의 파장은 (가)보다 (나)에서 길다.
ㄷ. (나)의 C에서 출발한 빛은 현재 우리은하에서 관측할 수 없다.

① ㄱ ② ㄴ ③ ㄱ, ㄷ ④ ㄴ, ㄷ ⑤ ㄱ, ㄴ, ㄷ

283 | 신유형 | 개념 통합 | (상 중 하)

그림 (가)는 우주 배경 복사 분포를, (나)는 파장에 따른 우주 배경 복사의 세기를 나타낸 것이다.

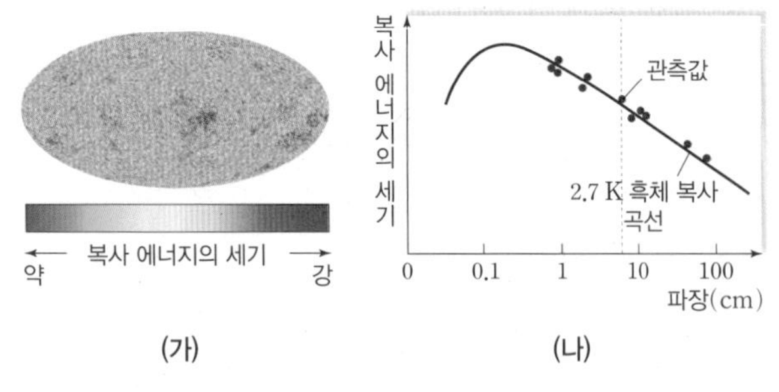

이에 대한 설명으로 옳은 것만을 〈보기〉에서 있는 대로 고른 것은?

| 보기 |

ㄱ. (가)에서 복사 에너지의 세기가 강한 곳은 밀도가 주변보다 높은 영역이다.
ㄴ. (나)에서 최대 복사 에너지 세기를 갖는 파장(λ_{max})은 가시광선 영역에 속한다.
ㄷ. 우주 배경 복사는 우리은하의 중심부에서 가장 강하게 관측된다.

① ㄱ ② ㄴ ③ ㄱ, ㄷ ④ ㄴ, ㄷ ⑤ ㄱ, ㄴ, ㄷ

284 | 신유형 | (상 중 하)

그림은 절대 등급이 같은 두 은하 A와 B의 적색 편이와 겉보기 등급을 나타낸 것이다. A와 B는 허블 법칙을 만족한다.

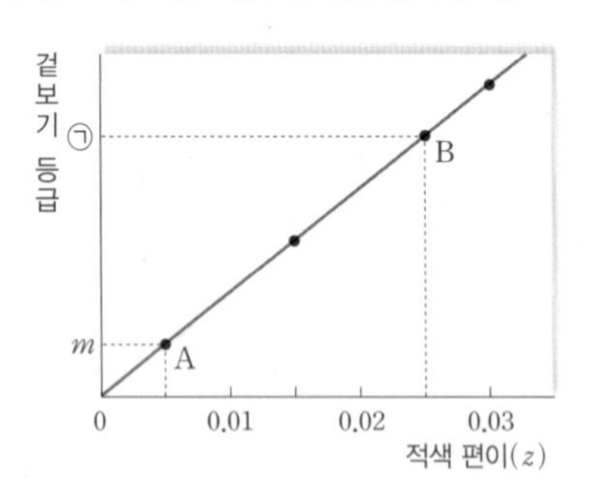

이에 대한 설명으로 옳은 것만을 〈보기〉에서 있는 대로 고른 것은? (단, 빛의 속도는 3×10^5 km/s이다.)

| 보기 |

ㄱ. 지구로부터의 거리는 B가 A의 5배이다.
ㄴ. B의 후퇴 속도는 7500 km/s이다.
ㄷ. ㉠은 $m+3$보다 크다.

① ㄱ ② ㄴ ③ ㄱ, ㄷ ④ ㄴ, ㄷ ⑤ ㄱ, ㄴ, ㄷ

285 (상 중 하)

그림은 우주 모형 A와 B에서 시간에 따른 우주의 상대적 크기를 나타낸 것이고, 표는 A와 B에서 임계 밀도(ρ_c)에 대한 ㉠과 ㉡의 상대적 비율을 나타낸 것이다. ㉠, ㉡은 각각 물질과 암흑 에너지 중 하나이다.

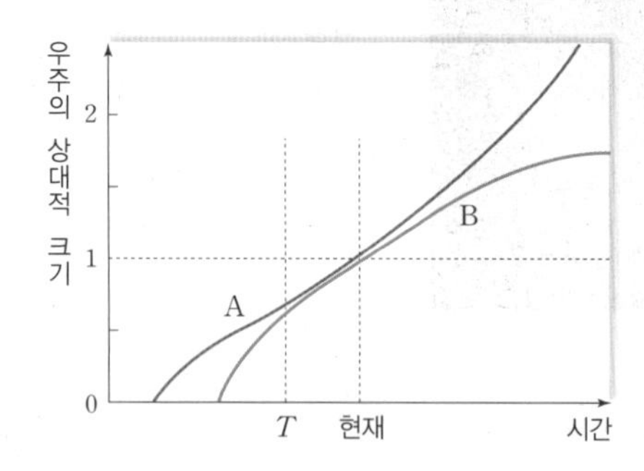

구분	㉠의 밀도 / ρ_c	㉡의 밀도 / ρ_c
A	70 %	30 %
B	0 %	100 %

이에 대한 설명으로 옳은 것만을 〈보기〉에서 있는 대로 고른 것은?

| 보기 |

ㄱ. A에서 암흑 에너지의 상대적 비율은 T보다 현재일 때 크다.
ㄴ. 우주의 나이는 A가 B보다 적다.
ㄷ. 우주 공간의 곡률은 B가 A보다 크다.

① ㄱ ② ㄴ ③ ㄱ, ㄷ ④ ㄴ, ㄷ ⑤ ㄱ, ㄴ, ㄷ

빠른 정답

Ⅰ 고체 지구

01 판 구조론의 정립 007~009쪽
대표 기출 문제 001 ③ 002 ②
적중 예상 문제 003 ③ 004 ③ 005 ⑤ 006 ⑤ 007 ① 008 ② 009 ③

02 대륙 분포의 변화 011~013쪽
대표 기출 문제 010 ② 011 ④
적중 예상 문제 012 ② 013 ⑤ 014 ② 015 ④ 016 ① 017 ⑤ 018 ④ 019 ⑤

03 맨틀 운동과 화성암 015~019쪽
대표 기출 문제 020 ② 021 ⑤
적중 예상 문제 022 ⑤ 023 ⑤ 024 ② 025 ① 026 ③ 027 ③ 028 ① 029 ② 030 ⑤ 031 ④ 032 ② 033 ① 034 ③ 035 ④

04 퇴적 구조와 지질 구조 021~025쪽
대표 기출 문제 036 ③ 037 ⑤
적중 예상 문제 038 ③ 039 ⑤ 040 ③ 041 ④ 042 ① 043 ① 044 ④ 045 ④ 046 ⑤ 047 ① 048 ⑤ 049 ③ 050 ② 051 ⑤

05 지층의 생성 순서와 나이 027~031쪽
대표 기출 문제 052 ① 053 ③
적중 예상 문제 054 ③ 055 ④ 056 ③ 057 ⑤ 058 ③ 059 ② 060 ② 061 ① 062 ③ 063 ② 064 ⑤ 065 ① 066 ③ 067 ①

06 지질 시대의 환경과 생물 033~035쪽
대표 기출 문제 068 ④ 069 ②
적중 예상 문제 070 ④ 071 ⑤ 072 ④ 073 ① 074 ④ 075 ⑤ 076 ② 077 ③

Ⅰ단원 1등급 도전 문제 036~039쪽
078 ① 079 ① 080 ④ 081 ④ 082 ① 083 ② 084 ① 085 ④ 086 ③ 087 ② 088 ① 089 ③ 090 ① 091 ⑤ 092 ①

Ⅱ 대기와 해양

07 기압과 날씨 변화 043~047쪽
대표 기출 문제 093 ③ 094 ⑤
적중 예상 문제 095 ④ 096 ② 097 ② 098 ② 099 ③ 100 ① 101 ③ 102 ④ 103 ⑤ 104 ④ 105 ③ 106 ② 107 ① 108 ① 109 ② 110 ④

08 태풍과 우리나라의 주요 악기상 049~053쪽
대표 기출 문제 111 ② 112 ⑤
적중 예상 문제 113 ① 114 ③ 115 ⑤ 116 ③ 117 ② 118 ② 119 ④ 120 ② 121 ③ 122 ③ 123 ② 124 ① 125 ① 126 ③ 127 ④

09 해수의 성질 055~057쪽
대표 기출 문제 128 ① 129 ③
적중 예상 문제 130 ④ 131 ③ 132 ⑤ 133 ② 134 ④ 135 ③ 136 ① 137 ③

10 해수의 표층 순환과 심층 순환 059~063쪽
대표 기출 문제 138 ② 139 ①
적중 예상 문제 140 ① 141 ① 142 ② 143 ④ 144 ② 145 ④ 146 ④ 147 ② 148 ③ 149 ④ 150 ① 151 ⑤ 152 ① 153 ③

11 대기와 해양의 상호 작용 065~069쪽
대표 기출 문제 154 ② 155 ⑤
적중 예상 문제 156 ① 157 ② 158 ③ 159 ② 160 ② 161 ⑤ 162 ③ 163 ③ 164 ④ 165 ⑤ 166 ② 167 ① 168 ② 169 ②

12 지구의 기후 변화 071~074쪽
대표 기출 문제 170 ③ 171 ④
적중 예상 문제 172 ① 173 ③ 174 ③ 175 ② 176 ① 177 ② 178 ② 179 ⑤ 180 ④ 181 ④ 182 ② 183 ①

Ⅱ단원 1등급 도전 문제 075~079쪽
184 ④ 185 ② 186 ④ 187 ① 188 ② 189 ① 190 ⑤ 191 ⑤ 192 ③ 193 ① 194 ② 195 ④ 196 ⑤ 197 ⑤ 198 ① 199 ③

Ⅲ 우주

13 별의 물리량과 H－R도 083~087쪽
대표 기출 문제 200 ③ 201 ②
적중 예상 문제 202 ③ 203 ⑤ 204 ③ 205 ③ 206 ② 207 ① 208 ⑤ 209 ③ 210 ⑤ 211 ③ 212 ② 213 ③ 214 ② 215 ③

14 별의 진화와 에너지원 089~093쪽
대표 기출 문제 216 ⑤ 217 ③
적중 예상 문제 218 ⑤ 219 ③ 220 ③ 221 ① 222 ④ 223 ④ 224 ④ 225 ② 226 ④ 227 ③ 228 ① 229 ① 230 ② 231 ①

15 외계 행성계와 외계 생명체 탐사 095~099쪽
대표 기출 문제 232 ③ 233 ⑤
적중 예상 문제 234 ③ 235 ② 236 ④ 237 ③ 238 ⑤ 239 ⑤ 240 ① 241 ④ 242 ⑤ 243 ② 244 ① 245 ② 246 ② 247 ②

16 외부 은하 101~103쪽
대표 기출 문제 248 ③ 249 ②
적중 예상 문제 250 ③ 251 ③ 252 ③ 253 ④ 254 ② 255 ① 256 ③ 257 ①

17 우주 팽창과 빅뱅 우주론 105~108쪽
대표 기출 문제 258 ③ 259 ②
적중 예상 문제 260 ③ 261 ① 262 ③ 263 ① 264 ③ 265 ③ 266 ④ 267 ③ 268 ① 269 ① 270 ② 271 ③

Ⅲ단원 1등급 도전 문제 109~112쪽
272 ⑤ 273 ④ 274 ③ 275 ① 276 ④ 277 ⑤ 278 ④ 279 ③ 280 ② 281 ② 282 ③ 283 ① 284 ⑤ 285 ①

메가스터디 N제

과학탐구영역 지구과학 I

수능 완벽 대비 예상 문제집

정답 및 해설

285제

진짜 공부 챌린지 내/가/스/터/디

메가스터디BOOKS

메가스터디 N제

과학탐구영역 지구과학 I

285제

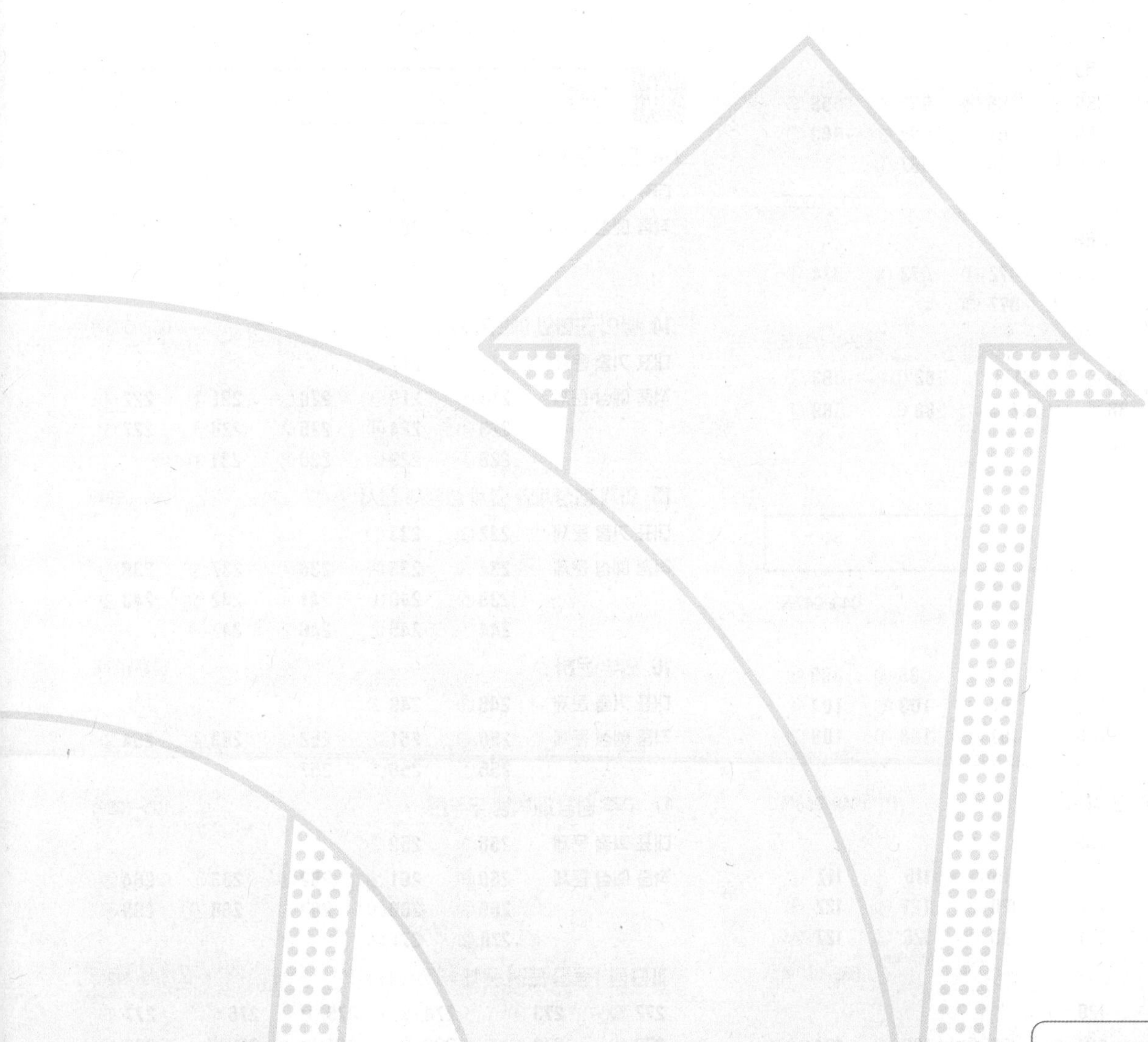

정답 및 해설

빠른 정답

Ⅰ 고체 지구

01 판 구조론의 정립 007~009쪽

대표 기출 문제 001 ③ 002 ②

적중 예상 문제 003 ③ 004 ③ 005 ⑤ 006 ⑤ 007 ① 008 ② 009 ③

02 대륙 분포의 변화 011~013쪽

대표 기출 문제 010 ② 011 ④

적중 예상 문제 012 ② 013 ⑤ 014 ② 015 ④ 016 ① 017 ⑤ 018 ④ 019 ⑤

03 맨틀 운동과 화성암 015~019쪽

대표 기출 문제 020 ② 021 ⑤

적중 예상 문제 022 ⑤ 023 ⑤ 024 ② 025 ① 026 ③ 027 ③ 028 ① 029 ② 030 ⑤ 031 ④ 032 ② 033 ① 034 ③ 035 ④

04 퇴적 구조와 지질 구조 021~025쪽

대표 기출 문제 036 ③ 037 ⑤

적중 예상 문제 038 ③ 039 ⑤ 040 ③ 041 ④ 042 ① 043 ① 044 ④ 045 ④ 046 ⑤ 047 ① 048 ⑤ 049 ③ 050 ② 051 ⑤

05 지층의 생성 순서와 나이 027~031쪽

대표 기출 문제 052 ① 053 ③

적중 예상 문제 054 ③ 055 ④ 056 ③ 057 ⑤ 058 ③ 059 ② 060 ② 061 ① 062 ③ 063 ② 064 ⑤ 065 ① 066 ③ 067 ①

06 지질 시대의 환경과 생물 033~035쪽

대표 기출 문제 068 ④ 069 ②

적중 예상 문제 070 ④ 071 ⑤ 072 ④ 073 ① 074 ④ 075 ⑤ 076 ② 077 ③

Ⅰ단원 1등급 도전 문제 036~039쪽

078 ① 079 ① 080 ④ 081 ④ 082 ① 083 ② 084 ① 085 ④ 086 ③ 087 ② 088 ① 089 ③ 090 ① 091 ⑤ 092 ①

Ⅱ 대기와 해양

07 기압과 날씨 변화 043~047쪽

대표 기출 문제 093 ③ 094 ⑤

적중 예상 문제 095 ④ 096 ② 097 ② 098 ② 099 ③ 100 ① 101 ③ 102 ④ 103 ⑤ 104 ④ 105 ③ 106 ② 107 ① 108 ① 109 ② 110 ④

08 태풍과 우리나라의 주요 악기상 049~053쪽

대표 기출 문제 111 ② 112 ⑤

적중 예상 문제 113 ① 114 ③ 115 ⑤ 116 ③ 117 ② 118 ② 119 ④ 120 ② 121 ③ 122 ③ 123 ② 124 ① 125 ① 126 ③ 127 ④

09 해수의 성질 055~057쪽

대표 기출 문제 128 ① 129 ③

적중 예상 문제 130 ④ 131 ③ 132 ⑤ 133 ② 134 ④ 135 ③ 136 ① 137 ③

10 해수의 표층 순환과 심층 순환 059~063쪽

대표 기출 문제 138 ② 139 ①

적중 예상 문제 140 ① 141 ① 142 ② 143 ④ 144 ② 145 ④ 146 ④ 147 ② 148 ③ 149 ④ 150 ① 151 ⑤ 152 ① 153 ③

11 대기와 해양의 상호 작용 065~069쪽

대표 기출 문제 154 ② 155 ⑤

적중 예상 문제 156 ① 157 ② 158 ③ 159 ② 160 ② 161 ⑤ 162 ③ 163 ③ 164 ④ 165 ⑤ 166 ② 167 ① 168 ② 169 ②

12 지구의 기후 변화 071~074쪽

대표 기출 문제 170 ③ 171 ④

적중 예상 문제 172 ① 173 ③ 174 ③ 175 ② 176 ① 177 ② 178 ② 179 ⑤ 180 ④ 181 ④ 182 ② 183 ①

Ⅱ단원 1등급 도전 문제 075~079쪽

184 ④ 185 ② 186 ④ 187 ① 188 ② 189 ① 190 ⑤ 191 ⑤ 192 ③ 193 ① 194 ② 195 ④ 196 ⑤ 197 ⑤ 198 ① 199 ③

Ⅲ 우주

13 별의 물리량과 H－R도 083~087쪽

대표 기출 문제 200 ③ 201 ②

적중 예상 문제 202 ③ 203 ⑤ 204 ③ 205 ③ 206 ② 207 ① 208 ⑤ 209 ③ 210 ⑤ 211 ③ 212 ② 213 ③ 214 ② 215 ③

14 별의 진화와 에너지원 089~093쪽

대표 기출 문제 216 ⑤ 217 ③

적중 예상 문제 218 ⑤ 219 ③ 220 ③ 221 ① 222 ④ 223 ④ 224 ④ 225 ② 226 ④ 227 ③ 228 ① 229 ① 230 ② 231 ①

15 외계 행성계와 외계 생명체 탐사 095~099쪽

대표 기출 문제 232 ③ 233 ⑤

적중 예상 문제 234 ③ 235 ② 236 ④ 237 ③ 238 ⑤ 239 ⑤ 240 ① 241 ④ 242 ⑤ 243 ② 244 ① 245 ② 246 ② 247 ②

16 외부 은하 101~103쪽

대표 기출 문제 248 ③ 249 ②

적중 예상 문제 250 ③ 251 ③ 252 ③ 253 ④ 254 ② 255 ① 256 ③ 257 ①

17 우주 팽창과 빅뱅 우주론 105~108쪽

대표 기출 문제 258 ③ 259 ②

적중 예상 문제 260 ③ 261 ① 262 ③ 263 ① 264 ③ 265 ③ 266 ④ 267 ③ 268 ① 269 ① 270 ② 271 ③

Ⅲ단원 1등급 도전 문제 109~112쪽

272 ⑤ 273 ④ 274 ③ 275 ① 276 ④ 277 ⑤ 278 ④ 279 ③ 280 ② 281 ② 282 ③ 283 ① 284 ⑤ 285 ①

정답과 해설

I. 고체 지구

01 판 구조론의 정립

007~009쪽

대표 기출 문제 001 ③ 002 ②

적중 예상 문제 003 ③ 004 ③ 005 ⑤ 006 ⑤ 007 ① 008 ② 009 ③

001 음향 측심법과 해저 지형 탐사 답 ③

자료 분석

P_1-P_6 구간의 지점별 수심

지점	P_1으로부터의 거리(km)	시간(초)	수심(m)
P_1	0	7.70	5775.0
P_2	420	7.36	5520.0
P_3	840	6.14	4605.0
P_4	1260	3.95	2962.5 ⇨ 해령 부근
P_5	1680	6.55	4912.5
P_6	2100	6.97	5227.5

알짜 풀이

ㄱ. 해수면상에서 음파를 발사하여 해저면에 반사되어 되돌아오는 데 걸리는 시간이 길수록 수심이 깊으므로, 수심은 P_6이 P_4보다 깊다.

ㄴ. 이 해역의 P_4 지점으로 갈수록 음파 왕복 시간이 짧아지므로, 수심이 얕은 해령이 존재한다. 해령은 발산형 경계에서 발달하는 해저 지형이므로, P_3-P_5 구간에는 발산형 경계가 존재한다.

바로 알기

ㄷ. 해양 지각의 나이는 해령에서 멀어질수록 많아지므로, 해령 부근인 P_4가 P_2보다 적다.

002 해양판의 고지자기 분포 답 ②

자료 분석

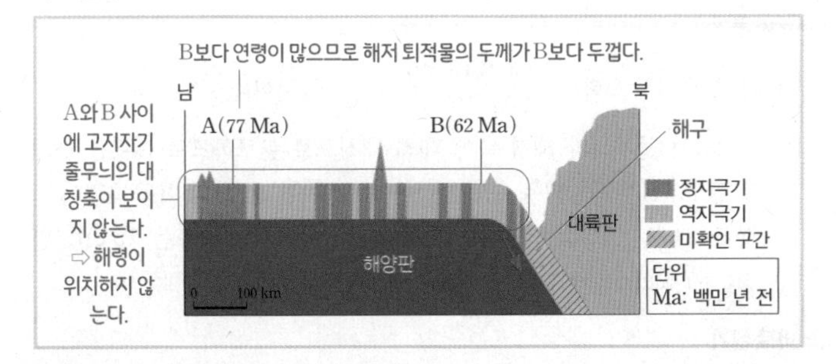

알짜 풀이

ㄴ. 해양판의 이동 속도와 해저 퇴적물이 쌓이는 속도가 일정하므로, 해양 지각의 연령이 많을수록 해저 퇴적물의 두께는 두껍다. 따라서 해저 퇴적물의 두께는 A가 B보다 두껍다.

바로 알기

ㄱ. A와 B 사이에 고지자기 줄무늬의 대칭축이 나타나지 않으므로, 해령은 A와 B 사이에 존재하지 않는다.

ㄷ. A와 B 사이에 해령이 존재하지 않으므로 A와 B는 같은 해양판에 위치한다. 이때 해양판과 대륙판 사이에 해구가 존재하고, 해양판의 이동 속도가 대륙판보다 빠르므로 해양판은 북쪽 방향으로 이동함을 알 수 있다.

003 판 구조론의 정립 과정 답 ③

알짜 풀이

ㄱ. (가)는 대륙 이동의 원동력을 설명한 맨틀 대류설, (나)는 대륙의 분리와 이동을 설명한 대륙 이동설, (다)는 해양 지각의 생성과 이동, 소멸을 설명한 해양저 확장설이다. 따라서 이론이 등장한 순서는 (나) → (가) → (다)이다.

ㄷ. 섭입대에서는 해구에서 대륙쪽으로 갈수록 진원의 깊이가 깊어지는데, 이는 해구에서 오래된 해양 지각이 비스듬하게 섭입하면서 소멸하기 때문이다. 따라서 섭입대의 진원 분포는 (다)를 지지하는 증거이다.

바로 알기

ㄴ. 지구의 탄생 이후 선캄브리아 시대에 여러 차례 초대륙이 형성되고, 분리되었다.

004 대륙 이동설의 증거 답 ③

알짜 풀이

ㄱ. 여러 대륙에서 고생대 말기의 고생물 화석 분포 지역이 연속되는 것은 대륙이 한 덩어리를 이루었기 때문이다. 따라서 남극 대륙과 붙어 있었던 A, B 지역에서는 고생대 말기에 빙하가 분포하였다.

ㄷ. 애팔래치아산맥과 칼레도니아산맥은 북아메리카 대륙, 유럽 대륙, 아프리카 대륙이 합쳐지는 과정에서 조산 운동이 일어나 형성되었으므로 두 산맥에서는 서로 유사한 지질 구조가 나타난다.

바로 알기

ㄴ. 대서양은 고생대 말기~중생대 초기의 판게아가 분리되면서 형성되었다. 애팔래치아산맥은 판게아가 형성되는 과정에서 만들어졌으므로 산맥이 형성될 당시에 대서양은 존재하지 않았다.

005 음향 측심법 답 ⑤

알짜 풀이

ㄱ. 음파의 왕복 시간이 길수록 해저의 수심이 깊으므로 수심이 가장 깊은 곳은 관측점 9이고, 이 곳의 수심이 9000 m보다 깊으므로 해구가 발달한다. 따라서 관측점 9를 경계로 두 해양판이 분포한다.

ㄴ. 관측점 11에서 음파의 왕복 시간이 9.46초이므로 수심$=\frac{1}{2}\times9.46\times1500=7095$(m)이다. 따라서 7000 m보다 깊다.

ㄷ. 해구 부근에 섭입대가 형성되어 있으며, 섭입하는 판의 부분 용융으로 화산 활동이 일어나 호상 열도가 형성된다. 관측점 4에서 호상 열도가 나타나므로 관측점 4가 속한 판보다 관측점 17이 속한 판의 밀도가 더 크다. 따라서 이 판이 관측점 0이 속한 판 아래로 섭입한다.

006 음향 측심법 답 ⑤

자료 분석

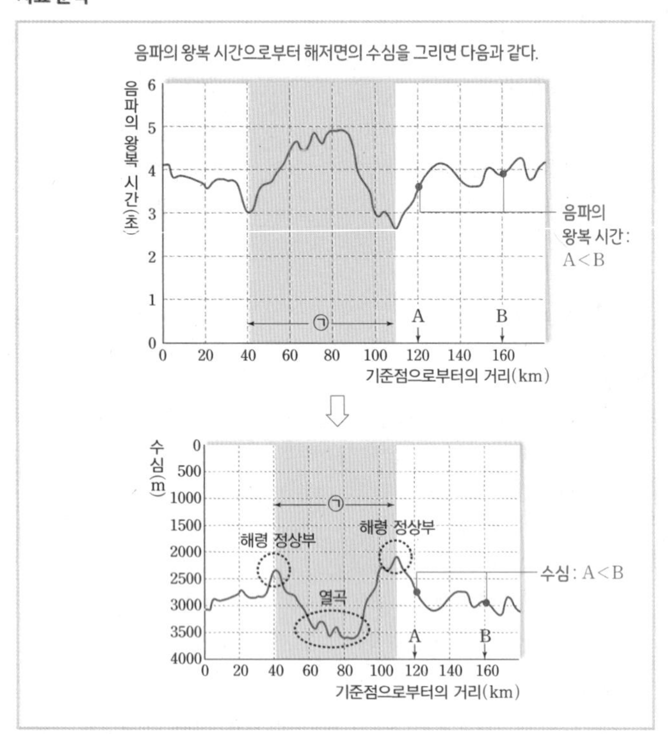

알짜 풀이

ㄱ. 수심$=\frac{1}{2}\times$(음파의 왕복 시간)$\times$(음파의 속력)이므로 음파의 왕복 시간이 길수록 수심이 깊다. 따라서 수심은 A 지점이 B 지점보다 얕다.

ㄴ. 기준점으로부터 거리 40 km 부근과 110 km 부근에 해령의 정상부가 나타나고, 두 지점 사이의 구간(㉠ 해역)에는 열곡이 형성되어 있다. 따라서 ㉠ 해역에는 맨틀 대류의 상승부가 있다.

ㄷ. 해령에서 생성된 해양 지각은 해령의 양쪽으로 멀어지면서 해저가 확장되므로 해령에서 멀어질수록 해양 지각의 연령이 많아진다. 따라서 해양 지각의 연령은 A 지점이 B 지점보다 적다.

007 해양저 확장과 고지자기 답 ①

자료 분석

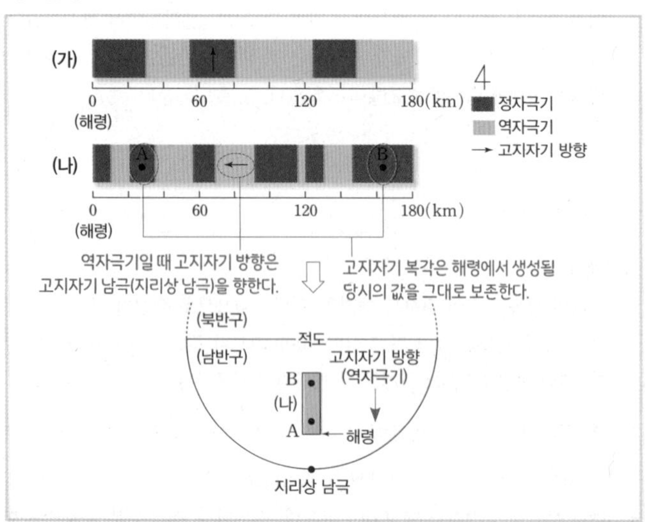

알짜 풀이

ㄱ. 해양저의 확장 속도는 정자극기와 역자극기의 줄무늬 폭이 넓을수록 빠르다. 따라서 (가)는 (나)보다 해양저의 평균 확장 속도가 빠르다.

바로 알기

ㄴ. 고지자기 복각은 해령에서 암석이 생성될 당시의 값을 그대로 보존한다. A와 B의 암석이 생성된 시기에 해령의 위치가 변하지 않았으므로 A와 B는 고지자기 복각이 같다.

ㄷ. 역자극기에 고지자기 방향은 고지자기 남극(지리상 남극)을 향한다. (나)에서 역자극기의 고지자기 방향이 해령을 향하므로 B에서 A로 갈수록 위도가 높아진다. 따라서 A는 B보다 고위도에 위치한다.

008 해양저 확장과 해양 지각의 연령 답 ②

자료 분석

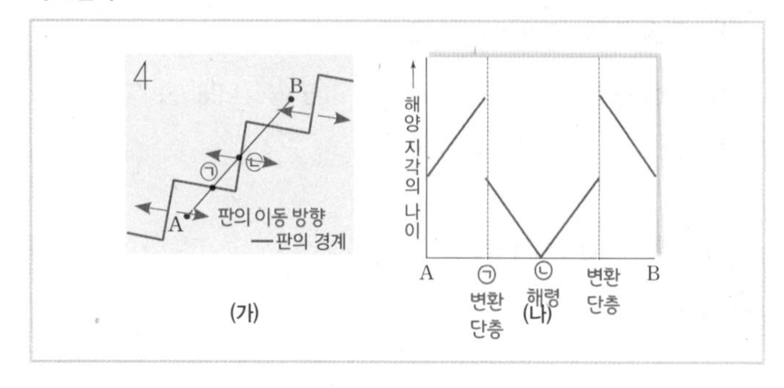

알짜 풀이

ㄴ. A에서 ㉠으로 가면 해양 지각의 연령이 증가하므로 해령으로부터 멀어지는 방향이고, ㉠에서 ㉡으로 가면 해양 지각의 연령이 감소하여 ㉡에서 연령이 0이 된다. 따라서 ㉠에는 변환 단층이 있고, ㉡에는 해령이 있으므로 해양 지각의 연령은 ㉠이 ㉡보다 많다.

바로 알기

ㄱ. A의 서쪽에 있는 판의 경계는 해령이므로 A가 속한 판은 거의 동쪽으로 이동한다.

ㄷ. ㉡에서 B로 가면 해령으로부터 멀어졌다가 변환 단층을 지난 후 해령에 가까워지므로 해저면의 수심은 깊어졌다가 얕아진다.

009 해양 지각의 생성과 해양저 확장 답 ③

자료 분석

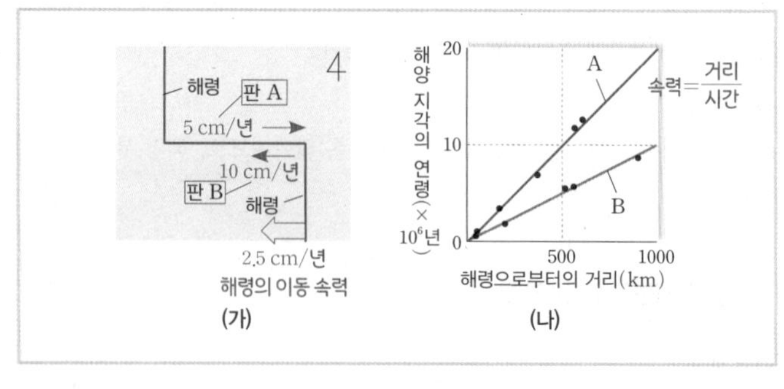

알짜 풀이

ㄱ. 판 A의 이동 속력$=\frac{1000\times10^5\text{ cm}}{20\times10^6\text{년}}=5$ cm/년이다.

ㄴ. 고지자기 줄무늬가 해령 축에 대해 대칭으로 분포하므로 해령을 경계로 판 A, B가 생성되는 속도는 같아야 한다. 판 A, B의 이동 속력이 각각 5 cm/년, 10 cm/년이므로 해양판이 생성되는 속도는 15 cm/년 ÷2=7.5 cm/년이다.

바로 알기

ㄷ. 해령에서 두 해양판이 각각 7.5 cm/년의 속도로 생성되는데, 판 A는 5 cm/년의 속력으로 동쪽으로 이동하고, 판 B는 10 cm/년의 속력으로

서쪽으로 이동한다. 이는 해령이 2.5 cm/년의 속력으로 서쪽으로 이동하기 때문이다.

02 대륙 분포의 변화 011~013쪽

대표 기출 문제 010 ② 011 ④

적중 예상 문제 012 ② 013 ⑤ 014 ② 015 ④ 016 ① 017 ⑤ 018 ④ 019 ⑤

010 대륙의 이동 답 ②

알짜 풀이

ㄴ. 고지자기극에 가까울수록 복각의 절댓값이 크다. 300 Ma일 때 남아메리카 대륙 위의 지점 A와 지자기 남극의 위치는 250 Ma일 때보다 가까우므로, 복각의 절댓값은 300 Ma일 때가 250 Ma일 때보다 컸다.

바로 알기

ㄱ. 지질 시대 동안 지리상 남극은 변하지 않았다고 가정할 때 지자기 남극의 위치 변화는 대륙의 이동에 의해 나타나므로, 현재 남아메리카 대륙 위의 지점 A에서 측정한 과거의 지자기 남극을 현재의 지자기 남극 위치로 이동시키고, 남아메리카 대륙 또한 평행 이동시킨다면 해당 시기에 남아메리카 대륙의 위치를 알 수 있다. 따라서 500 Ma일 때 지자기 남극을 0 Ma 위치로 이동시키고, 남아메리카 대륙 또한 평행 이동시키면 남아메리카 대륙은 그림 반대편의 남반구에 위치한다.

ㄷ. 250 Ma일 때가 170 Ma일 때보다 남아메리카 대륙 위의 지점 A와 지자기 남극 사이의 거리가 가까우므로, 더 남쪽에 위치하였다.

011 대륙 분포의 변화 답 ④

알짜 풀이

ㄴ. 초대륙이 형성될 때 서로 떨어져 있던 대륙들이 충돌하면서 조산 운동에 의해 습곡 산맥이 만들어진다. (나)에서 판게아가 형성되는 과정에서는 곤드와나 대륙이 북상하여 로렌시아 대륙과 충돌하면서 애팔래치아산맥이 만들어졌다.

ㄷ. 고생대 말에 형성되었던 판게아가 중생대에 분리되기 시작하면서 대서양이 만들어졌고, 시간이 흐름에 따라 대륙의 이동에 의해 대서양의 면적이 넓어졌다. (다)는 중생대 말~신생대 초의 대륙 분포에 해당하므로, (다)에서 대서양의 면적은 현재보다 좁다.

바로 알기

ㄱ. (가)의 로디니아는 약 12억 년 전에 형성된 초대륙이며, 고생대 말에 형성된 초대륙은 판게아이다.

012 판의 경계와 지각 변동 답 ②

자료 분석

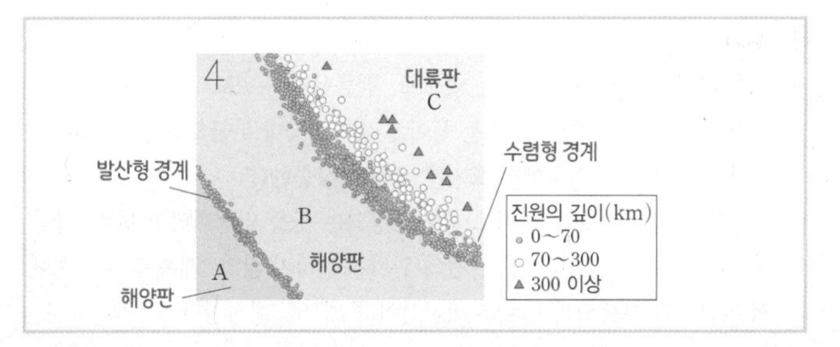

알짜 풀이

ㄷ. 안데스산맥은 나스카판(해양판)이 남아메리카판(대륙판) 아래로 섭입하면서 해구와 나란하게 형성된 습곡 산맥이므로 B−C의 경계 부근에 형성된 습곡 산맥의 예이다.

바로 알기

ㄱ. A−B 사이에는 발산형 경계인 해령이 발달하고, B−C 사이에는 수렴형 경계인 해구가 발달하므로 A와 B는 해양판이고, C는 대륙판이다. 따라서 인접한 두 판의 밀도 차는 B−C 사이가 크다.

ㄴ. B는 해양판이므로 대륙판인 C 아래로 섭입하며, 지하 깊은 곳에서 생성된 마그마가 C를 뚫고 분출하므로 화산 활동은 C에서 활발하게 일어난다.

013 판의 경계와 지각 변동 답 ⑤

알짜 풀이

ㄱ. A는 두 대륙판이 충돌하면서 히말라야산맥이 형성된 곳이고, C는 해양판이 대륙판 아래로 섭입하면서 안데스산맥이 형성된 곳이다. 따라서 A와 C에서는 습곡 산맥이 발달한다.

ㄴ. A에서는 두 대륙판이 충돌하므로 화산 활동이 거의 일어나지 않으며, C에서는 해양판이 대륙판 아래로 섭입하면서 화산 활동이 활발하게 일어난다.

ㄷ. B는 발산형 경계인 동태평양 해령이므로 해양저가 확장하면서 해령 양쪽의 고지자기 줄무늬가 대칭성을 보인다.

014 고지자기와 해양 지각 답 ②

자료 분석

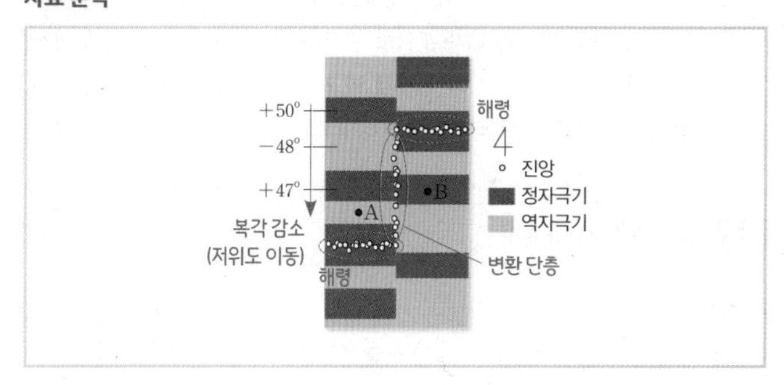

알짜 풀이

ㄷ. 해양 지각의 고지자기 복각은 해령에서 생성될 당시의 값을 그대로 보존한다. 그런데 A 부근의 고지자기 복각은 해령 쪽으로 갈수록 50° → 48° → 47°로 크기가 감소하므로 해령이 저위도 쪽으로 이동한 적이 있다.

바로 알기

ㄱ. A는 정자극기 → 역자극기를 거쳤고, B는 정자극기 → 역자극기 → 정자극기를 거쳤으므로 해양 지각의 연령은 A가 B보다 적다.

ㄴ. A와 B 사이에 진앙이 분포하는 곳은 두 판이 서로 엇갈려 이동하는 변환 단층이므로 화산 활동은 일어나지 않는다.

015 고지자기 복각과 대륙의 이동 답 ④

알짜 풀이

ㄱ. 7100만 년 전~5500만 년 전에는 복각이 (−)이므로 이 기간에 속하는 6000만 년 전에는 대륙이 남반구에 있었다.

ㄷ. 7100만 년 전~5500만 년 전에는 1600만 년 동안 위도가 약 19° 이동하였고, 1000만 년 전~현재에는 1000만 년 동안 위도가 약 7° 이동하였으므로 대륙의 이동 속도는 7100만 년 전~5500만 년 전이 더 빨랐다.

바로 알기

ㄴ. 3500만 년 전에는 대륙이 적도 부근에 있었으므로 대륙 빙하가 형성되지 않았다.

016 고지자기와 대륙의 이동 답 ①

자료 분석

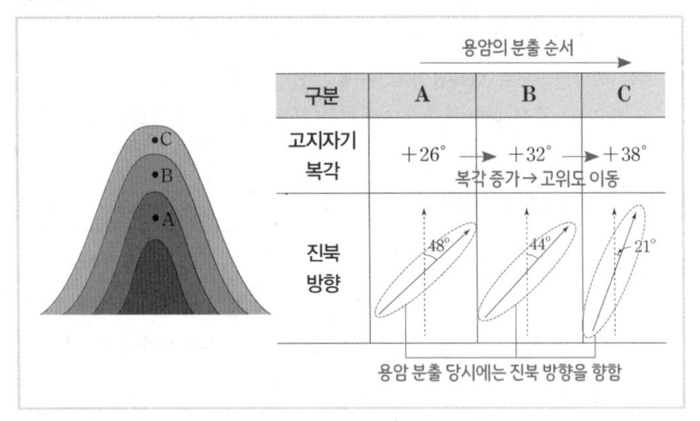

알짜 풀이

ㄱ. 고지자기 복각은 용암이 분출할 당시의 값을 그대로 보존한다. A, B, C의 고지자기 복각이 (+)이므로 지괴는 북반구에 있었다.

바로 알기

ㄴ. 용암이 분출한 순서는 A → B → C이고, 고지자기 복각은 크기가 증가하므로 지괴는 북쪽(고위도) 방향으로 이동하였다.

ㄷ. 용암이 분출할 당시에 고지자기로 추정한 진북 방향(↑)은 진북 방향(↑)과 일치하였으나 현재는 모두 시계 방향으로 회전한 상태이므로 지괴는 시계 방향으로 회전하였다. 즉 C가 분출할 당시와 현재를 비교하면 시계 방향으로 21°, B가 분출할 당시와 현재를 비교하면 시계 방향으로 44°, A가 분출할 당시와 현재를 비교하면 시계 방향으로 48° 회전한 상태이다.

017 초대륙의 형성과 분리 답 ⑤

알짜 풀이

ㄱ. 대륙 지각의 아래에서 맨틀 대류의 상승부가 형성되면 대륙은 양쪽에서 당기는 힘(장력)을 받아 분리되기 시작한다.

ㄴ. 해양저가 확장되면 해구와 섭입대가 형성되고, 대륙의 이동에 의해 두 대륙 사이의 거리가 좁아지면서 해양저는 점차 축소된다. 따라서 (나) → (다)에서 해구 부근의 해양 지각은 소멸한다.

ㄷ. 애팔래치아산맥은 판게아가 형성되는 과정에서 대륙 간의 충돌에 의해 형성되었으므로 (다)에서 형성된 예이다.

018 고지자기와 대륙의 이동 답 ④

자료 분석

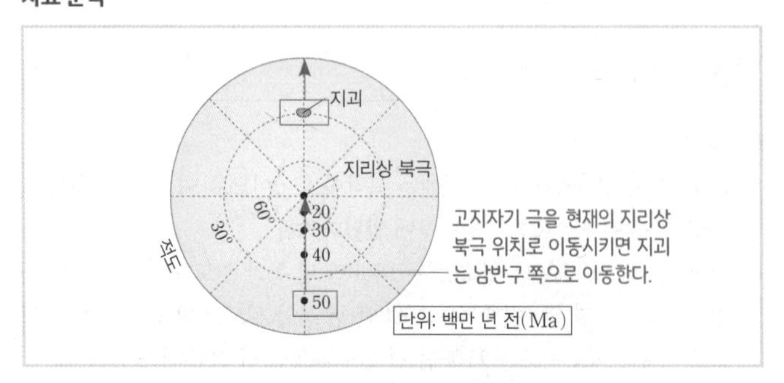

알짜 풀이

ㄴ. 고지자기극은 지리상 북극이고, 그 위치가 변하지 않았으므로 50 Ma일 때도 실제 고지자기극은 현재의 지리상 북극에 위치하였다. 따라서 50 Ma의 고지자기극 위치를 북쪽으로 약 70° 이동시키면 지괴의 위치도 남쪽으로 약 70° 이동하므로 이 시기에 지괴는 남반구(약 40°S)에 있었다.

ㄷ. 40 Ma와 30 Ma의 고지자기극 위치를 각각 현재의 지리상 북극 위치로 이동시키면 지괴는 북쪽으로 이동한다.

바로 알기

ㄱ. 지괴의 이동 속력$=\frac{\text{고지자기극 사이의 위도 간 거리}}{\text{고지자기극 사이의 기간}}$이므로 10 Ma 기간 동안 고지자기극이 이동한 거리를 비교해 보면 지괴의 이동 속력은 40 Ma~30 Ma가 50 Ma~40 Ma보다 느리다.

019 지질 시대의 초대륙 답 ⑤

알짜 풀이

ㄱ. (가)는 약 12억 년 전에 형성된 로디니아 초대륙이고, (나)는 약 2억 7천만 년 전에 형성된 판게아 초대륙이므로 (가)는 (나)보다 앞선 시기의 대륙 분포이다.

ㄴ. (나)의 판게아가 분리되면서 북아메리카 대륙과 유라시아 대륙 사이, 남아메리카 대륙과 아프리카 대륙 사이에 대서양이 형성되었다.

ㄷ. 초대륙이 형성되는 과정에서 여러 대륙이 하나로 모이므로 대륙 간의 충돌에 의해 조산 운동이 일어나 습곡 산맥이 형성된다.

03 맨틀 운동과 화성암 015~019쪽

대표 기출 문제 020 ② 021 ⑤

적중 예상 문제 022 ⑤ 023 ⑤ 024 ② 025 ① 026 ③ 027 ③ 028 ① 029 ② 030 ⑤ 031 ④ 032 ② 033 ① 034 ③ 035 ④

020 플룸 구조론과 열점 답 ②

알짜 풀이

ㄷ. 차가운 플룸이 가라앉아 맨틀과 외핵의 경계부에 도달하면 온도 교란과 물질을 밀어 올리는 작용이 일어나면서 맨틀과 외핵의 경계부에서 대규모의 뜨거운 플룸 상승류가 생성된다.

바로 알기

ㄱ. ㉠은 차가운 플룸이 하강하는 곳으로, 맨틀에서 주위보다 온도가 낮아 밀도가 큰 물질이 하강한다. A는 동아프리카 열곡대 부근으로 맨틀 대류 상승부에 해당하며, 하부에서 뜨거운 플룸이 상승한다.

ㄴ. 뜨거운 플룸이 상승하여 마그마가 생성되는 곳을 열점이라고 하며, 맨틀이 대류하여 판이 이동해도 열점의 위치는 변하지 않고, 계속 같은 위치에서 마그마가 분출되어 새로운 화산섬이나 해산을 형성한다.

021 판의 경계와 마그마의 생성 답 ⑤

자료 분석

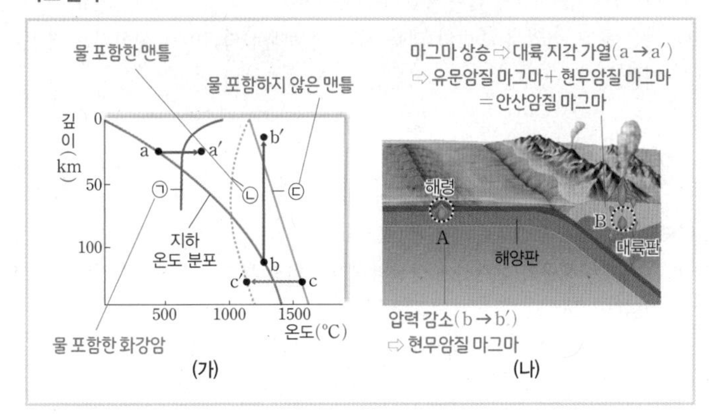

알짜 풀이

ㄱ. 물이 포함되지 않은 암석의 용융 곡선은 깊이가 깊어질수록 암석의 용융 온도가 상승하므로 ㉢이다.

ㄴ. B는 해양판이 대륙판 밑으로 섭입할 때 물의 공급으로 맨틀의 용융점이 지하의 온도보다 낮아져 맨틀이 부분 용융되어 생성된 현무암질 마그마와 지구 내부 온도 상승에 의해 대륙 지각이 부분 용융되어 생성된 유문암질 마그마가 만나 안산암질 마그마가 생성되는 지역이다. 이때 안산암질 마그마가 깊은 곳에서 천천히 냉각되면 심성암인 섬록암이 생성될 수 있다.

ㄷ. A는 해령의 하부로, 맨틀 물질이 상승하면서 압력이 감소하여 맨틀의 용융점이 지하의 온도보다 낮아지면 맨틀 물질이 부분 용융되어 현무암질 마그마가 생성되는 지역이다. 따라서 A에서는 주로 b → b′ 과정에 의해 마그마가 생성된다.

022 판에 작용하는 힘 답 ⑤

알짜 풀이

ㄱ. A에서는 상승하는 맨틀 대류에 의해 솟아오른 해양판이 중력에 의해 해령의 사면을 따라 미끄러지면서 판을 밀어내는 힘이 작용한다.

ㄴ. C에서는 해구 쪽으로 이동하면서 냉각되어 밀도가 커진 판이 해구 아래로 섭입하면서 연결된 판을 잡아당기는 힘이 작용한다. 태평양 주변부에는 해구가 발달하지만 대서양 주변부에는 해구가 거의 없으므로 C에서 작용하는 힘은 태평양 주변부에서 잘 나타난다.

ㄷ. A, B, C에서 판을 움직이는 힘은 맨틀 대류에 의해 생기며, 맨틀 대류는 맨틀 상하부의 온도 차이에 의해 일어난다.

023 맨틀 대류와 판을 움직이는 힘 답 ⑤

알짜 풀이

ㄱ. 수심이 깊을수록 해수면에서 해저면으로 발사한 음파의 왕복 시간이 길어진다. (가)에서는 최대 수심 11 km인 지점이 있으며, 이곳에서 음파의 왕복 시간이 가장 길게 측정된다.

ㄴ. A에서는 판이 서로 다른 방향으로 이동하므로 해령이 분포한다. 해령에서는 맨틀 대류의 상승에 의해 솟아오른 해양판이 해령의 사면을 따라 미끄러지면서 판을 밀어내는 힘이 작용한다.

ㄷ. (가)는 해구가 발달하므로 침강하는 판을 잡아당기는 힘이 작용하지만 (나)는 해구가 없으므로 침강하는 판을 잡아당기는 힘이 작용하지 않는다. 따라서 해양판의 이동 속도는 B 부근이 C 부근보다 빠르다.

024 맨틀 대류와 플룸 구조 답 ②

알짜 풀이

ㄷ. C는 맨틀과 외핵에서 상승하는 뜨거운 플룸으로, 고온의 맨틀 물질이 판을 뚫고 지표로 분출하는 곳에 열점이 형성된다.

바로 알기

ㄱ. 차가운 플룸이 하강하여 맨틀과 외핵의 경계에 도달하면 이곳에서는 뜨거운 플룸이 지표로 상승한다. 따라서 A는 맨틀과 외핵의 경계이다.

ㄴ. B는 섭입대에서 섭입한 해양판이 상부 맨틀과 하부 맨틀의 경계에 머물러 있다가 가라앉는 차가운 플룸이므로 주변 물질보다 온도가 낮다.

025 플룸 구조론과 열점 답 ①

자료 분석

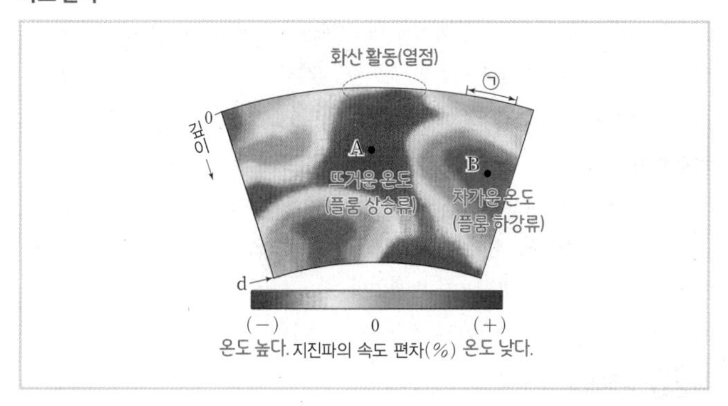

알짜 풀이

ㄱ. 깊이 d에서 플룸 상승류(뜨거운 플룸)가 상승하기 시작하므로 d는 맨틀과 외핵의 경계이다. 차가운 플룸은 섭입대에서 냉각된 해양판이 섭입하여 상부 맨틀과 하부 맨틀의 경계부에 쌓여 있다가 깊이 d까지 하강한다.

바로 알기

ㄴ. A는 지진파의 속도가 느린 영역이므로 온도가 높아 맨틀의 밀도가 작은 곳으로, 플룸 상승류에 해당하고, B는 지진파의 속도가 빠른 영역이므로 온도가 낮아 맨틀의 밀도가 큰 곳이다. 따라서 A는 B보다 맨틀 물질의 밀도가 작다.

ㄷ. 열점은 뜨거운 플룸이 상승하여 지표와 만나는 지점 아래에 마그마가 생성되는 곳이므로 A의 위쪽에 있다.

026 플룸의 연직 이동 원리 답 ③

알짜 풀이

ㄷ. 착색된 물이 가열되면 주위보다 밀도가 작아져 위로 상승한다. 이와 마찬가지로 맨틀과 외핵의 경계에서 공급된 열에 의해 가열된 맨틀은 밀도가 작아져 상승하며, 플룸 상승류(뜨거운 플룸)를 형성한다.

바로 알기

ㄱ. 실험에서 착색된 물은 비커 바닥으로부터 수면까지 상승한다. 따라서 비커 바닥은 실제 지구에서는 맨틀과 외핵의 경계에 해당한다.

ㄴ. ㉡의 물이 상승하는 것은 플룸 상승류에 해당한다. 해구에서는 냉각된 해양판이 섭입하면서 플룸 하강류가 형성되는 맨틀 물질을 공급한다.

027 플룸 상승류와 열점 답 ③

자료 분석

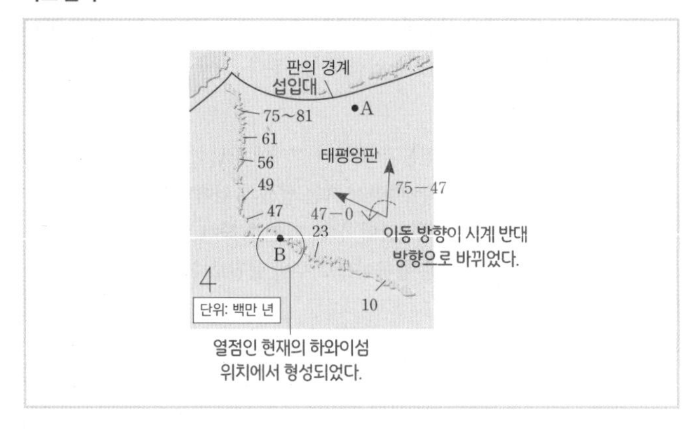

알짜 풀이

ㄱ. A의 북쪽에는 판의 경계인 해구가 있으며, 해구에서 A의 태평양판이 섭입하면 맨틀과 외핵의 경계를 향해 가라앉아 플룸 하강류를 형성한다.

ㄷ. B의 화산섬은 남동쪽에 위치한 열점(하와이섬)에서 화산 활동에 의해 형성되어 현재의 위치로 이동한 것이다. 따라서 B의 화산섬은 플룸 상승류로부터 물질을 공급받아 형성되었다.

바로 알기

ㄴ. 7500만 년 전~4700만 년 전에는 태평양판이 거의 북쪽으로 이동하였으나 4700만 년 전~현재는 태평양판이 북서쪽으로 이동하므로 판의 이동 방향은 시계 반대 방향으로 바뀌었다.

028 열점과 화산 활동 답 ①

알짜 풀이

ㄱ. A에서 절대 연령이 0이고, D로 갈수록 절대 연령이 증가하므로 A는 현재 열점의 위치이고, 열점에서 생성된 화산섬이 고위도로 이동한 것이다.

바로 알기

ㄴ. 열점은 플룸 상승류가 지표면과 만나는 지점 아래에 마그마가 생성되는 곳이므로 현재 플룸 상승류는 A의 하부에 있다.

ㄷ. 화산섬 A~D는 생성될 당시의 고지자기 복각을 보존하고 있으며, 열점의 위치가 변하지 않았으므로 고지자기 복각의 크기도 A~D 모두 +34°로 같다.

029 마그마의 생성 조건 답 ②

자료 분석

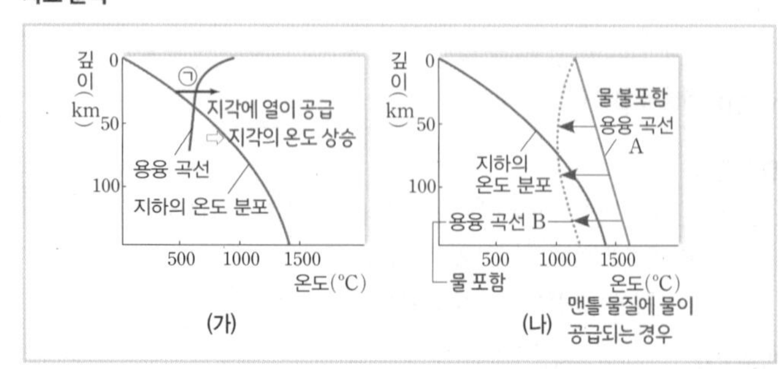

알짜 풀이

ㄴ. 용융 곡선 B는 동일한 깊이의 용융 곡선 A보다 온도가 낮다. 맨틀에 물이 공급되면 맨틀 물질의 용융점이 낮아지므로 용융 곡선은 A에서 B로 변한다.

바로 알기

ㄱ. ㉠은 지각의 온도가 용융 곡선보다 높아져 마그마가 생성되는 과정이다. 따라서 ㉠은 지각에 열이 공급되는 경우이다.

ㄷ. ㉠은 주로 섭입대 주변의 대륙 지각 하부에서 마그마가 생성되는 경우이다.

030 마그마 생성과 화산 활동 답 ⑤

알짜 풀이

ㄱ. A에서는 해구와 나란하게 안산암질 마그마의 분출이 일어나 안산암이 생성된다.

ㄴ. B는 열점이 위치하는 하와이섬이다. 열점에서는 맨틀의 상승에 의한 압력 하강으로 용융점이 낮아져 현무암질 마그마가 생성된다.

ㄷ. B에서는 현무암질 마그마가 생성되고, C에서는 안산암질 마그마가 생성되므로 SiO_2 함량(%)은 B가 C보다 적다.

031 섭입대에서의 마그마 생성 답 ④

자료 분석

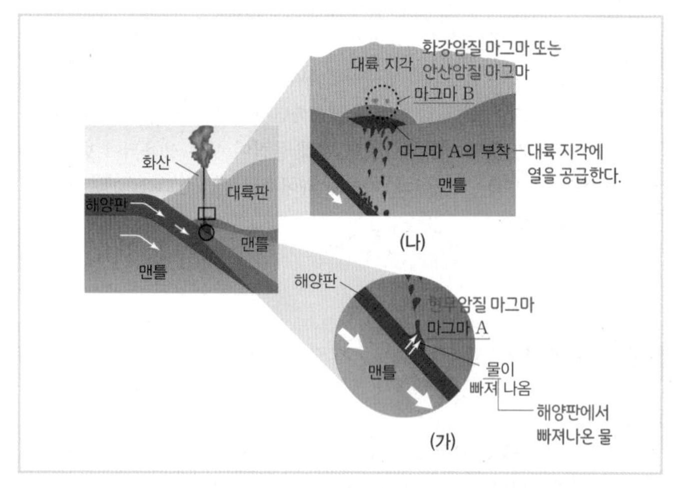

알짜 풀이

ㄴ. (가)에서 생성된 마그마 A는 주위보다 밀도가 작으므로 위로 떠오르고, 대륙 지각의 하부에 도달하면 지각을 가열하여 마그마 B가 생성된다.

ㄷ. A는 현무암질 마그마이고, B는 화강암질 마그마 또는 안산암질 마그마이므로 평균 SiO_2 함량(%)은 A가 B보다 적다.

바로 알기

ㄱ. 섭입대에서 섭입하는 해양 지각은 함수 광물을 포함하고 있으며, 해양 지각이 지하 깊은 곳에 도달하면 함수 광물에서 물이 빠져나와 맨틀에 공급된다.

032 판의 경계와 화산 활동 답 ②

알짜 풀이

ㄷ. B에서 A쪽으로 갈수록 진원의 깊이가 깊어지므로 B가 A 아래로 섭입하고, 안산암질 마그마는 A쪽에 나타난다.

바로 알기

ㄱ. B가 A 아래로 섭입한다.

ㄴ. 천발 지진~심발 지진이 발생하므로 섭입대이다. 맨틀 물질의 압력 감소로 마그마가 생성되는 곳은 해령이나 열점이고, 섭입대에서는 맨틀 물질에 물이 첨가되어 마그마가 생성된다.

033 섭입대에서의 마그마 생성 답 ①

알짜 풀이

ㄱ. A는 SiO_2 함량이 52 %~63 %의 범위에 속하므로 안산암질 마그마이다. ㉠은 SiO_2 함량이 63 % 이상인 유문암질 마그마이고, ㉡은 SiO_2 함량이 52 % 이하인 현무암질 마그마이므로 ㉠과 ㉡이 혼합되면 A가 생성된다.

바로 알기

ㄴ. ㉠은 유문암질 마그마이므로 대륙 지각에 가해진 열에 의해 지각의 일부가 녹아 생성된다.

ㄷ. ㉡은 현무암질 마그마이므로 지하 깊은 곳에서 굳으면 반려암이 된다.

034 화성암의 분류와 특징 답 ③

알짜 풀이

ㄱ. A는 SiO_2 함량이 52 % 이하인 염기성암이고, 결정의 크기가 큰 심성암이므로 반려암이다.

ㄴ. 염기성암은 산성암보다 유색 광물의 함량비가 많아 어두운색을 띤다. B는 염기성암인 현무암이고, C는 산성암인 유문암이므로 유색 광물의 함량비는 B가 C보다 크다.

바로 알기

ㄷ. 열점이나 해령의 하부에서는 주로 현무암질 마그마가 만들어지므로 A 또는 B가 생성된다.

035 우리나라의 화성암 답 ④

알짜 풀이

ㄱ. (가)는 암석이 밝은색을 띠고, (나)는 암석이 어두운색을 띠므로 유색 광물의 함량은 (가)의 암석이 (나)의 암석보다 적다.

ㄴ. 지하 깊은 곳에서 굳은 심성암은 침식에 의해 상부에서 누르는 압력이 감소하면 팽창하여 판상 절리가 형성된다. 따라서 ㉠은 암석에 가해지는 압력이 감소하여 형성되었다.

바로 알기

ㄷ. (나)는 염기성암이고 심성암인 반려암으로 구성된다. 반려암은 SiO_2 함량이 52 % 이하인 마그마가 굳어 형성된다.

04 퇴적 구조와 지질 구조 021~025쪽

대표 기출 문제 036 ③ 037 ⑤

적중 예상 문제 038 ③ 039 ⑤ 040 ③ 041 ④ 042 ① 043 ① 044 ④ 045 ④ 046 ⑤ 047 ① 048 ⑤ 049 ③ 050 ② 051 ⑤

036 퇴적 구조 답 ③

자료 분석

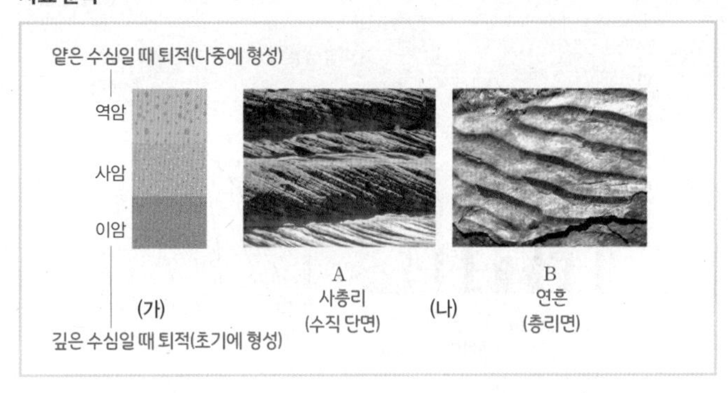

알짜 풀이

ㄷ. 사층리(A)는 물이나 바람의 이동 방향이 퇴적암의 상하 층리면에 대해 엇갈려 비스듬히 나타나는 퇴적 구조로, 단면에서만 관찰할 수 있다. 연흔(B)은 퇴적물 표면에 물결 모양의 흔적이 남아 있는 퇴적 구조로, 층리면과 단면에서 모두 관찰할 수 있다.
퇴적 구조인 사층리, 점이 층리, 연흔, 건열 모두 단면에서 관찰할 수 있고, 그중 연흔, 건열만 층리면에서도 관찰할 수 있다.
따라서 (나)의 사층리(A)와 연흔(B) 중 층리면에서 관찰되는 퇴적 구조는 연흔(B)이다.

바로 알기

ㄱ. (가)는 해수면이 하강하는 과정에서 형성된 퇴적층의 단면이다. 해수면이 하강하면 수심은 점차 낮아지므로, (가)의 퇴적층 중 가장 얕은 수심에서 형성된 것은 가장 나중에 퇴적된 역암층이다.

ㄴ. 사층리(A)와 연흔(B)은 입자 크기가 작은 모래나 점토가 퇴적될 때 주로 형성되므로, 입자 크기가 큰 역암층보다 입자 크기가 작은 사암층이나 셰일층에서 관찰된다.

037 지질 구조 답 ⑤

알짜 풀이

(가)는 정습곡, (나)는 횡와 습곡, (다)는 역단층이다.

ㄱ. 지층이 횡압력을 받아 휘어질 때 아래로 오목한 모양으로 휘어진 부분을 향사라고 한다. 따라서 A에는 향사 구조가 나타난다.

ㄴ. 지층에 횡압력이 작용하면 습곡축면이 거의 수평으로 기울어진 횡와 습곡(나)이나 단층면을 경계로 상반이 하반에 대해 상대적으로 위쪽으로 올라간 역단층(다)이 형성된다. 이때 먼저 쌓인 지층의 일부가 나중에 쌓인 지층의 위로 올라오기 때문에 나이가 많은 지층 아래에 나이가 적은 지층이 나타나는 부분이 있다.

ㄷ. 정습곡(가), 횡와 습곡(나), 역단층(다)은 모두 지층을 양쪽에서 미는 힘인 횡압력에 의해 지층이 휘어지거나 끊어지면서 형성된 지질 구조이다.

038 퇴적암의 생성 과정 답 ③

알짜 풀이

ㄱ. (가) → (나) → (다) 과정에서 퇴적물은 압력을 받아 다져지므로 공극의 총 부피가 감소한다. 따라서 $\frac{\text{공극의 총 부피}}{\text{퇴적물의 총 부피}}$는 감소한다.

ㄷ. 모래가 속성 작용을 받아 생성되는 퇴적암은 사암이다.

바로 알기

ㄴ. 퇴적물은 다짐 작용과 교결 작용을 받아 퇴적암으로 된다. 이 과정에서 교결 물질은 퇴적물 입자를 단단하게 결합시키는 역할을 한다.

039 퇴적물의 종류와 속성 작용 답 ⑤

자료 분석

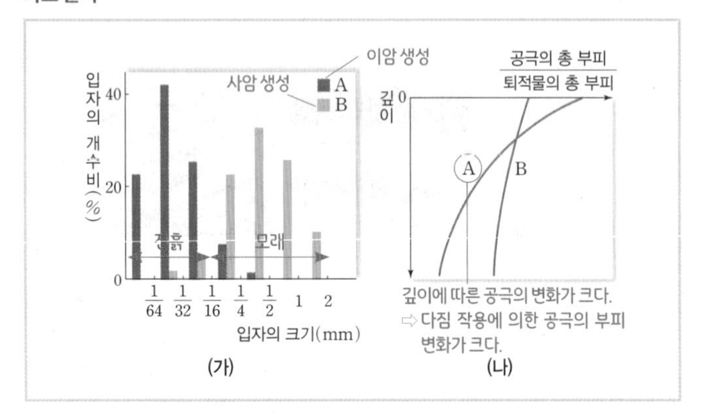

알짜 풀이

ㄱ. A는 입자의 크기가 대부분 $\frac{1}{16}$ mm 이하인 진흙으로 이루어져 있으므로 속성 작용을 받으면 이암이 된다.

ㄴ. 지표면에서 $\frac{\text{공극의 총 부피}}{\text{퇴적물의 총 부피}}$는 A가 B보다 크므로 퇴적물 1 L 중 공극이 차지하는 총 부피는 A가 B보다 크다.

ㄷ. 깊이에 따른 $\frac{\text{공극의 총 부피}}{\text{퇴적물의 총 부피}}$ 변화는 A가 B보다 크게 나타나므로 다짐 작용에 의한 공극의 부피 변화는 A가 B보다 크다.

040 퇴적암의 특징 답 ③

알짜 풀이

ㄱ. 퇴적암의 표면에서 밝은색과 어두운색의 줄무늬가 나란하게 나타나는 것은 서로 다른 퇴적물이 겹겹이 쌓여 만들어진 층상 구조로, 층리라고 한다. ㉠은 퇴적물이 쌓이는 과정에서 생성되는 층리이다.

ㄷ. A, B, C는 퇴적물의 기원은 다르지만 퇴적물이 다짐 작용과 교결 작용을 거쳐 생성되므로 속성 작용을 받아 생성된다.

바로 알기

ㄴ. C는 탄산염 물질로 이루어져 있고, 화석이 관찰되므로 석회암이다. 석회암은 해수에 녹은 칼슘 이온과 탄산염 이온이 화학적으로 결합하거나 생물체에 흡수되어 생성된다.

041 퇴적 환경 답 ④

알짜 풀이

ㄴ. B는 육지의 호수이다. 대규모 홍수가 일어나면 자갈, 모래, 진흙 등의 퇴적물이 한꺼번에 쓸려 내려와 호수로 유입되며, 이때 퇴적물 입자의 크기가 큰 것부터 쌓여 점이 층리가 형성된다.

ㄷ. 유수에 의해 운반되는 퇴적물 입자는 크기가 작을수록 멀리까지 이동하므로 퇴적물 입자의 평균 크기는 A가 C보다 크다.

바로 알기

ㄱ. A는 유속이 빠른 산악 지역이므로 퇴적보다 침식이 우세하게 일어난다.

042 퇴적 환경과 퇴적 구조 답 ①

자료 분석

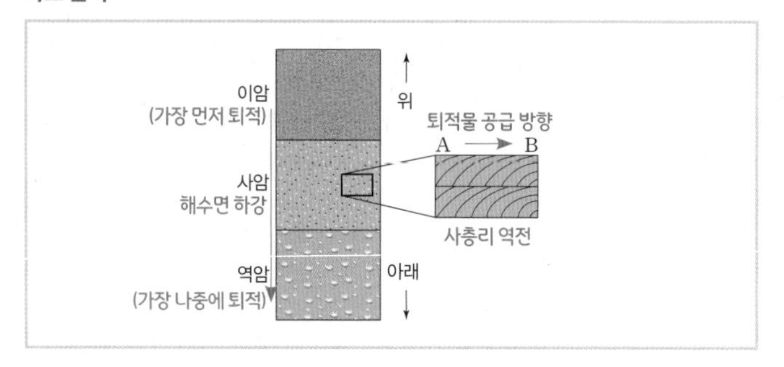

알짜 풀이

ㄱ. 사층리가 역전되었으므로 이암 → 사암 → 역암 순으로 퇴적되었다.

바로 알기

ㄴ. 사층리는 층리가 기울어진 방향으로 퇴적물이 공급된 것이므로 A에서 B 쪽으로 퇴적물이 공급되었다.

ㄷ. 연안 환경에서 퇴적물이 퇴적될 때 입자의 크기가 작을수록 해안선에서 멀리까지 퇴적물이 운반되므로 자갈 → 모래 → 진흙 순으로 운반 거리가 멀고, 수심이 깊어진다. 이 지역은 이암 → 사암 → 역암 순으로 퇴적되었으므로 해수면은 하강하였다.

043 점이 층리의 형성 과정 답 ①

알짜 풀이

ㄱ. 물속에서 입자의 크기가 다양한 퇴적물이 한꺼번에 퇴적될 때는 크기가 큰 것부터 가라앉는다. 따라서 ㉠은 잔자갈의 양이 가장 적고, 모래의 양이 가장 많으므로 원통 속 퇴적물의 윗부분인 A 구간이다.

바로 알기

ㄴ. 해저의 사면에 쌓인 퇴적물이 해저 지진이나 화산 활동에 의해 수심이 깊은 대륙대로 쓸려 내려가면 입자의 크기 순으로 퇴적되어 점이 층리가 생긴다. 따라서 (나)의 실제 퇴적 환경은 수심이 깊은 대륙대이다.

ㄷ. 이 실험에서는 원통의 위로 갈수록 입자의 크기가 작아지므로 점이 층리가 생기는 원리를 알 수 있다.

044 연흔과 건열 답 ④

알짜 풀이

ㄴ. (나)는 퇴적물이 말라 갈라진 건열이므로 수면 아래에서 퇴적물이 쌓인 후 수면 위로 노출되어 형성된다.

ㄷ. (가)는 물결의 흔적이 지층에 보존된 것이고, (나)는 퇴적물이 갈라진 모습이 지층에 보존된 것이므로 층리면에서 관찰된다.

바로 알기

ㄱ. (가)는 연흔(물결 자국)이므로 수심이 얕은 바다에서 형성된다.

045 우리나라의 퇴적암 답 ④

알짜 풀이

ㄴ. 화산재가 쌓여 생성된 퇴적암을 응회암이라고 한다.

ㄷ. (가)는 자갈, 모래, 진흙이 쌓이면서 층리가 형성되었고, (나)는 화산재가 쌓이면서 층리가 형성되었다. 따라서 (가)와 (나) 모두 층리가 나타난다.

바로 알기

ㄱ. (가)에서 연흔과 건열이 나타나므로 수심이 얕은 환경에서 지층이 퇴적되었다.

046 우리나라의 퇴적암 답 ⑤

알짜 풀이

ㄱ. 석회암 사진을 보면 밝은색과 어두운색이 나란하게 줄무늬를 이루므로 ㉠에서는 층리가 발달한다.

ㄴ. 소금 결정은 해수에 녹은 나트륨 이온과 염화 이온이 해수가 증발하면서 결정으로 침전한 것으로, 소금 결정이 쌓여 굳어진 퇴적암을 암염이라고 하며, 화학적 퇴적암에 속한다.

ㄷ. 석회암 내에 소금 흔적이 나타나는 것은 석회암이 퇴적될 당시 이 지역이 건조하였음을 나타낸다.

047 단층 답 ①

자료 분석

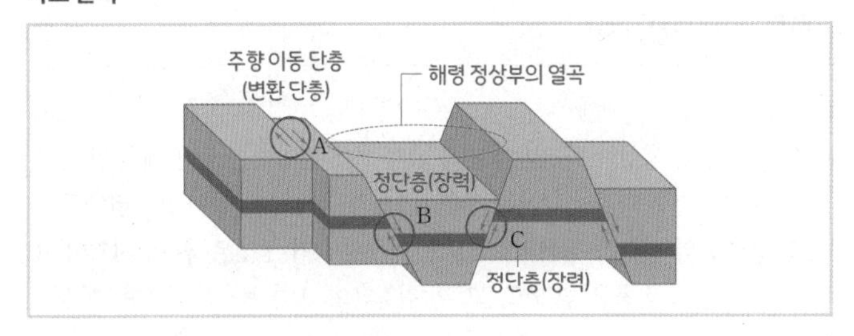

알짜 풀이

ㄱ. 변환 단층은 두 판이 서로 엇갈려 이동하는 보존형 경계에서 나타나는 단층으로, A와 같은 주향 이동 단층이다.

바로 알기

ㄴ. B와 C는 모두 상반이 아래로 이동한 정단층으로, 장력이 작용하여 형성된다. 따라서 B와 C를 형성하는 힘의 종류는 서로 같다.

ㄷ. 정단층은 장력에 의해 형성되므로 발산형 경계인 해령의 열곡에서 잘 발달한다.

048 습곡 구조 답 ⑤

자료 분석

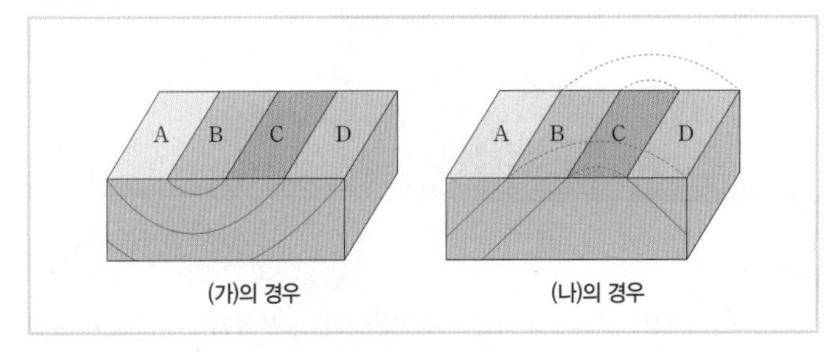

알짜 풀이

ㄱ. (가)의 경우 생성 순서는 D → A(C) → B이므로 향사 구조가 나타나고, A는 B보다 먼저 생성되었다.

ㄴ. (나)의 경우 생성 순서는 C → B(D) → A이므로 배사 구조가 나타나고, C에 배사축이 있다.

ㄷ. (가)와 (나)는 모두 습곡 구조이므로 횡압력이 작용하여 생성된다.

049 판상 절리의 형성 과정 답 ③

알짜 풀이

ㄷ. (가) → (나) 과정에서 화성암 A에 가해지는 압력이 감소하므로 화성암 A는 팽창하여 판상 절리가 형성된다.

바로 알기

ㄱ. (가)에서 화성암 A는 지하 깊은 곳에서 생성된 심성암이므로 조립질 조직이 나타난다.

ㄴ. (가) → (나) 과정은 화성암 A가 생성된 후 위에서 누르는 지층이 침식되면서 화성암 A가 지표로 드러난 것이다.

050 부정합 답 ②

자료 분석

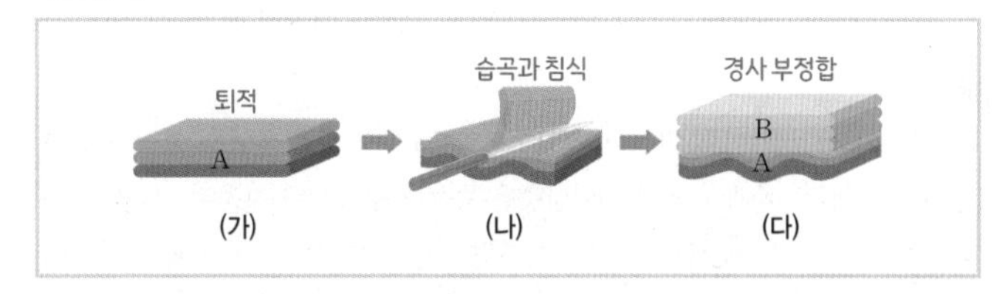

알짜 풀이

ㄷ. (나)는 지층이 융기하여 공기 중에 노출됨으로써 침식을 받는 과정이고, (다)는 지층이 침강하여 침식면 위에 새로운 지층이 쌓이는 과정이므로 (나)와 (다) 사이에 지층의 침강 과정이 있다.

바로 알기

ㄱ. ㉠은 지층의 상부가 풍화와 침식을 받아 침식면이 생기는 과정이므로 단층 작용과는 관련이 없다.

ㄴ. (다)는 부정합면을 경계로 상부와 하부의 지층 경사가 다른 경사 부정합에 해당한다.

051 관입과 포획 답 ⑤

알짜 풀이

ㄱ. (가)에서 B가 A를 관입하였으므로 A → B 순으로 생성되었고, (나)에서 D가 C를 포획하였으므로 C → D 순으로 생성되었다. 따라서 A → B(C) → D 순으로 생성되었고, 가장 먼저 생성된 암석은 A이다.

ㄴ. (가)는 고온의 마그마가 지층 A를 뚫고 들어간 것이므로 A에서는 열에 의한 변성의 흔적이 나타난다.

ㄷ. 관입과 포획은 고온의 마그마가 이동하면서 주변 암석을 관입하거나 포획한 것이므로 B와 D는 화성암이다.

05 지층의 생성 순서와 나이 027~031쪽

대표 기출 문제 052 ① 053 ③

적중 예상 문제 054 ③ 055 ④ 056 ③ 057 ⑤ 058 ③ 059 ② 060 ② 061 ① 062 ③ 063 ② 064 ⑤ 065 ① 066 ③ 067 ①

052 화석에 의한 대비 답 ①

자료 분석

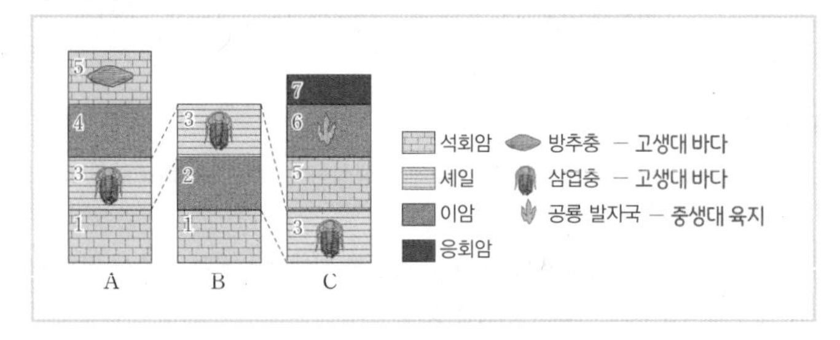

알짜 풀이

ㄱ. A 지역의 가장 위층에서 산출되는 방추충 화석과 B 지역의 가장 위층에서 산출되는 삼엽충 화석은 모두 고생대의 표준 화석이며, C 지역의 이암층에서 산출되는 공룡 발자국 화석은 중생대의 표준 화석이다. 따라서 가장 최근에 생성된 지층은 C 지역의 이암층보다 위층에 퇴적된 응회암층이다.

바로 알기

ㄴ. 지층이 퇴적된 이후 역전이 없었으므로, B 지역에서 삼엽충 화석이 산출되는 셰일층 아래에 퇴적된 이암층은 중생대에 생성된 지층이 아니다.

ㄷ. 방추충과 삼엽충은 고생대에 번성했던 해양 생물이므로 두 생물의 화석이 발견되는 지층은 바다에서 생성되었지만, 공룡은 중생대에 번성했던 육상 생물이므로 C 지역의 이암층은 육지에서 생성되었다.

053 절대 연령 답 ③

자료 분석

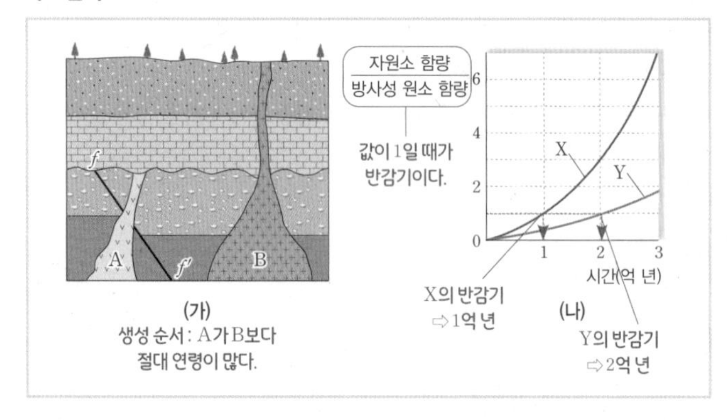

알짜 풀이

ㄱ. 반감기는 방사성 동위 원소가 붕괴하여 모원소의 양이 처음 양의 절반으로 줄어드는 데 걸리는 시간이므로, $\frac{\text{자원소 함량}}{\text{방사성 원소 함량}}$이 1이 되는 데 걸린 시간이다. 따라서 X의 반감기는 1억 년, Y의 반감기는 2억 년이므로, 반감기는 X가 Y의 $\frac{1}{2}$배이다.

ㄴ. 지층과 암석의 생성 순서는 단층 $f-f'$ → A → 부정합 → B이므로, 절대 연령은 A가 B보다 많다. 한편, 방사성 원소의 함량이 처음 양의 25 %일 때 반감기는 2번 지났고, 처음 양의 50 %일 때 반감기가 1번 지난 것이므로, 만약 A에 포함되어 있는 방사성 원소가 X라면 반감기가 2번 지나 절대 연령이 2억 년이고, B는 반감기가 1번 지나 절대 연령이 2억 년이 되어 지층과 암석의 생성 순서가 성립되지 않는다. 따라서 A에 포함되어 있는 방사성 원소는 Y이다.

	A에 X	B에 Y
50 %	1억 년	2억 년
25 %	2억 년	4억 년

	A에 Y	B에 X
50 %	2억 년	1억 년
25 %	4억 년	2억 년

바로 알기

ㄷ. 방사성 원소의 함량은 A에 Y가 처음 양의 25 %, B에 X가 처음 양의 50 % 존재하므로, B의 절대 연령은 X의 반감기가 1번 지나 1억 년이고, A의 절대 연령은 Y의 반감기가 2번 지나 4억 년이다. 따라서 단층 $f-f'$은 4억 년보다 오래되었으므로, (가)에서 단층 $f-f'$은 중생대에 형성되지 않았다.

054 지사학의 법칙 답 ③

알짜 풀이

ㄱ. 수평 퇴적의 법칙에 의하면 퇴적물은 중력의 영향으로 수평면과 나란하게 쌓인다. A와 B가 수평면에 대해 기울어진 것은 퇴적 이후 지각 변동을 받았기 때문이다.

ㄴ. A와 B는 지층의 경사가 서로 다르므로 경사 부정합을 이룬다. 따라서 부정합의 법칙에 따라 B가 퇴적되고 오랜 시간이 지난 후 A가 퇴적되었다.

바로 알기

ㄷ. 관입의 법칙은 화성암과 주변 암석의 생성 순서를 정하는 데 이용된다. A와 B는 퇴적된 지층이므로 관입의 법칙을 적용하지 않는다.

055 지층의 생성 순서 답 ④

알짜 풀이

ㄴ. 화성암 Q를 생성한 마그마가 지층 A와 B를 관입하는 동안 깨진 암석 조각을 포획하면 화성암 Q에는 지층 A, B의 암석 조각 ㉡이 포함된다.

ㄷ. 화성암 P의 상부가 침식되었으므로 화성암 P가 생성된 후 이 지역이 융기하여 침식 작용을 받았고, 그 후 침강하여 A가 퇴적되었으며, 화성암 Q가 생성되었다. 따라서 화성암 P와 Q의 생성 시기 사이에 이 지역은 융기한 적이 있다.

바로 알기

ㄱ. ㉠은 부정합면 위에 쌓인 기저 역암이므로 부정합 이후에 퇴적된 A의 암석 조각은 포함되지 않는다.

056 지질 단면의 해석 답 ③

자료 분석

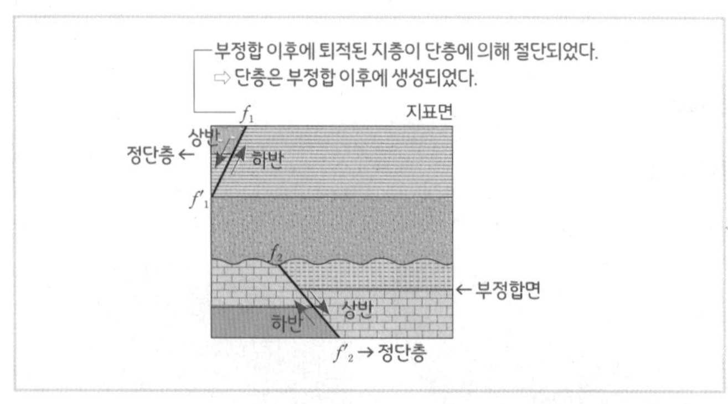

알짜 풀이

ㄱ. $f_1-f'_1$에 의해 절단되어 하반에 위치한 지층은 부정합이 형성된 이후에 퇴적되었다. 따라서 $f_1-f'_1$는 부정합보다 나중에 형성되었다.

ㄴ. $f_1-f'_1$와 $f_2-f'_2$ 모두 상반이 아래로 이동한 정단층이므로 장력이 작용하여 형성되었다.

바로 알기

ㄷ. 지표면에서 $f_1-f'_1$의 상반에 있는 지층은 이 지역에서 가장 새로운 지층이다.

057 지질 단면의 해석 답 ⑤

자료 분석

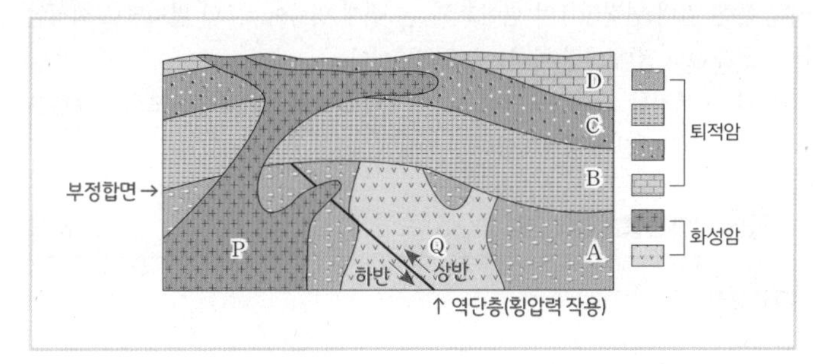

알짜 풀이

ㄱ. A와 Q는 단층에 의해 절단되었고, 상반이 위로 올라갔으므로 횡압력에 의해 역단층이 형성되었다.

ㄴ. Q의 상부와 단층이 부정합면에 의해 절단되었으므로 A와 Q가 생성된 후 지반이 융기하여 부정합이 형성된 후 침강하였다. 또한 현재 이 지역은 침식 환경으로, 지반이 다시 융기한 상태이므로 A는 최소한 2회 융기하였다.

ㄷ. 이 지역의 지질은 A 퇴적 → Q 관입 → 단층 → 부정합 → B 퇴적 → C 퇴적 → D 퇴적 → P 관입 순으로 형성되었다.

058 상대 연령의 해석 답 ③

자료 분석

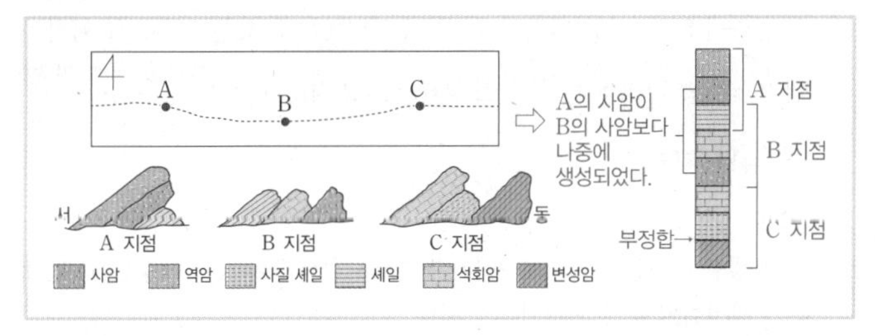

알짜 풀이

ㄱ. 부정합면 아래에 심성암이나 변성암이 있는 부정합을 난정합이라고 한다. C 지점에서는 퇴적암 아래에 열과 압력에 의해 생성된 변성암이 있으므로 난정합이다.

ㄴ. B 지점의 사암이 퇴적된 후 석회암 → 셰일이 퇴적되었고, 그 후에 A 지점의 사암이 퇴적되었다.

바로 알기

ㄷ. A 지점에서는 셰일(진흙) → 사암(모래) → 역암(자갈) 순으로 퇴적되었으므로 위로 갈수록 입자의 크기가 커지며, 해수면은 하강하였다.

059 지층의 대비 답 ②

자료 분석

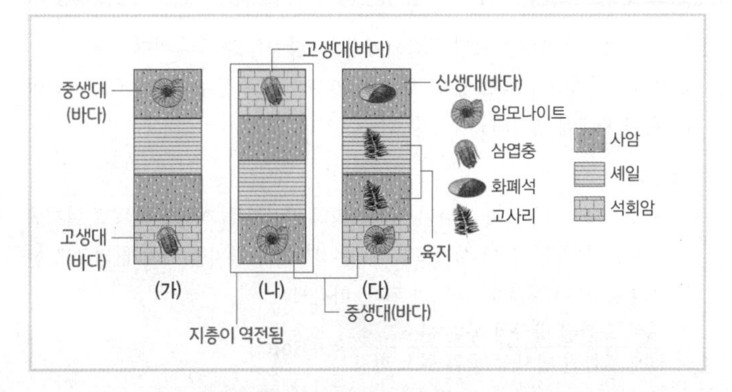

알짜 풀이

ㄷ. (다)에서는 하부에서 상부로 가면서 암모나이트(바다) → 고사리(육지) → 화폐석(바다) 순으로 화석이 산출되므로 퇴적 환경은 바다 → 육지 → 바다로 바뀌었다.

바로 알기

ㄱ. (가)에서 석회암은 삼엽충이 산출되므로 고생대 지층이고, (다)에서 석회암은 암모나이트가 산출되므로 중생대 지층이다. 따라서 (가)의 석회암은 (다)의 석회암보다 먼저 생성되었다.

ㄴ. (나)에서는 최상부의 석회암에서 고생대의 삼엽충이 산출되고, 최하부의 사암에서 중생대의 암모나이트가 산출되므로 지층이 역전되었다. 따라서 (나)에서는 셰일이 석회암보다 나중에 생성되었다.

060 지질 단면의 해석 답 ②

알짜 풀이

ㄴ. B의 하부에는 A가 침식되어 부정합면이 나타나므로 B 하부의 기저 역암은 A의 암석 조각을 포함한다.

바로 알기

ㄱ. 이 지역의 지질은 A(고생대) → 부정합 → B → C(중생대) → F → 단층 → 부정합 → D(중생대) → E 순이다. 따라서 F는 중생대에 관입하였으므로 이 시기에 고생대의 화석인 방추충은 이미 멸종하였다.

ㄷ. C에서는 중생대의 바다에서 번성한 암모나이트가 산출되고, D에서는 중생대의 육지에서 번성한 공룡의 발자국이 산출되므로 이 지역의 중생대 퇴적 환경은 바다에서 육지로 변하였다.

061 지질 단면의 해석 답 ①

자료 분석

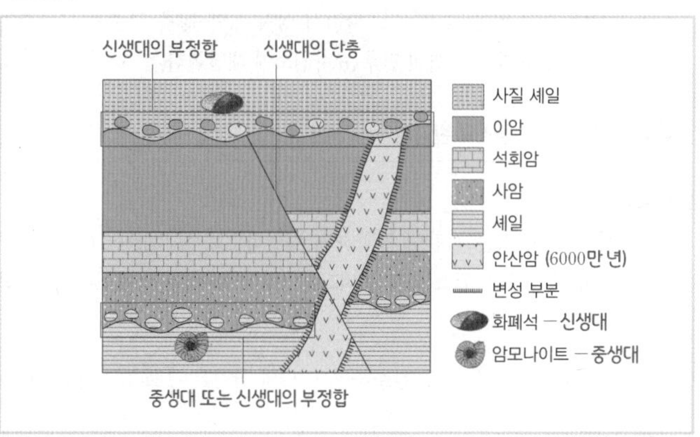

알짜 풀이

ㄱ. 셰일(중생대) → 부정합 → 사암 → 석회암 → 이암 → 안산암(신생대) → 단층 → 부정합 → 사질 셰일(신생대) 순으로 생성되었으므로 단층은 신생대에 형성되었다.

바로 알기

ㄴ. 석회암은 중생대 또는 신생대에 퇴적되었으므로 이 시기에 고생대의 생물인 필석이 번성하지 않았다.

ㄷ. 이 지역에서 상부에는 신생대의 부정합이 나타나고, 하부에는 중생대 또는 신생대의 부정합이 나타난다. 중생대에 2회의 부정합이 나타날 수 없다.

062 상대 연령의 해석 답 ③

자료 분석

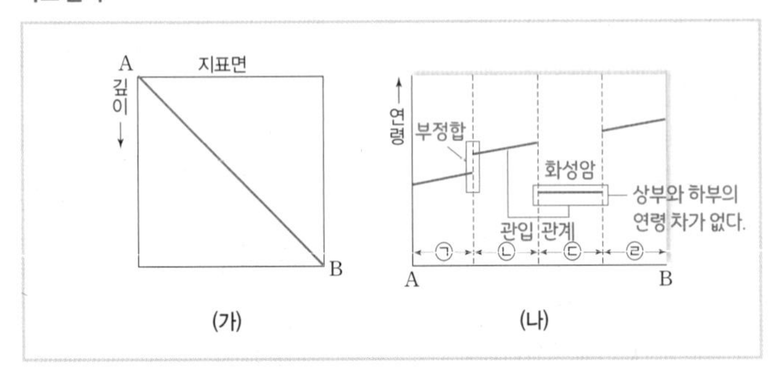

알짜 풀이

ㄱ. 이 지역에서는 단층이 나타나지 않으므로 ㉠과 ㉡ 사이에서 지층의 연령이 급격히 변한 것은 부정합이 있기 때문이다. 따라서 ㉠과 ㉡ 사이에는 침식면이 나타난다.

ㄴ. ㉢에서는 상부와 하부의 연령 차가 없는데, 이는 화성암이 관입하였기 때문이다. 따라서 ㉢의 화성암은 ㉡을 관입하였으며, ㉡에서는 열에 의해 변성된 부분이 나타난다.

바로 알기

ㄷ. ㉢과 ㉣은 관입 관계이므로 생성 순서는 관입의 법칙에 따라 ㉣의 지층이 ㉢의 화성암보다 먼저 생성되었다.

063 방사성 동위 원소의 반감기 답 ②

알짜 풀이

ㄴ. 처음 양을 1이라고 하면 1(0회) → $\frac{1}{2}$(1회) → $\frac{1}{4}$(2회) → $\frac{1}{8}$(3회)로 개수가 변하므로 ㉡은 3회이다.

바로 알기

ㄱ. 방사성 동위 원소는 외부의 온도와 압력에 관계없이 일정한 속도로 붕괴하므로 처음 양과 현재 양을 비교하여 연령을 알아낼 수 있다.

ㄷ. 방사성 동위 원소는 시간이 경과함에 따라 붕괴하여 모원소의 양은 감소하고, 자원소의 양은 증가한다. 따라서 상자 속에 남은 단추는 모원소에 해당하고, 상자 밖으로 꺼낸 단추는 자원소에 해당한다.

064 방사성 동위 원소의 반감기 답 ⑤

알짜 풀이

ㄱ. 방사성 동위 원소는 시간이 경과하면 자연적으로 붕괴한다. 따라서 t년 전후의 방사성 동위 원소 함량을 비교해 보면 P와 Q는 모원소이고, P′와 Q′는 자원소이다.

ㄴ. t년 동안 P의 함량은 $\frac{1}{2}$로 감소하였고, Q의 함량은 $\frac{1}{4}$로 감소하였으므로 P의 반감기는 t, Q의 반감기는 $\frac{1}{2}t$이다. 따라서 반감기는 P가 Q의 2배이다.

ㄷ. Q는 반감기가 $\frac{1}{2}t$이므로 방사성 동위 원소가 처음 양의 $\frac{1}{16}$이면 반감기를 4회 거쳤다. 따라서 암석의 절대 연령은 $\frac{1}{2}t \times 4 = 2t$이다.

065 절대 연령의 측정 답 ①

알짜 풀이

ㄱ. 화성암 P, Q의 생성 순서는 P → Q이다. ㉠은 2회의 반감기를 거쳤으므로 절대 연령은 0.5억 년×2회=1억 년, ㉡은 3회의 반감기를 거쳤으므로 절대 연령은 0.5억 년×3회=1.5억 년이다. 따라서 ㉠은 Q, ㉡은 P이다.

바로 알기

ㄴ. ㉠은 절대 연령이 1억 년이고, ㉡은 절대 연령이 1.5억 년이므로 화성암 P와 Q의 절대 연령 차이는 0.5억 년이다.

ㄷ. B → 부정합 → A → 단층 → P → Q 순으로 생성되었으므로 부정합은 1.5억 년 이전에 형성되었다.

066 상대 연령과 절대 연령 답 ③

자료 분석

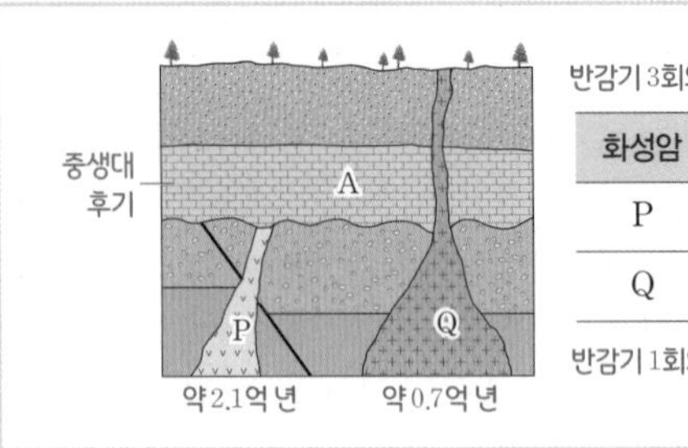

반감기 3회의 시간보다 조금 길다.

화성암	모원소	자원소
P	12 %	88 %
Q	51 %	49 %

반감기 1회의 시간보다 조금 짧다.

알짜 풀이

ㄱ. 단층에 의해 지층의 상반이 아래로 내려갔으므로 장력을 받아 정단층이 형성되었다.

ㄷ. 모원소의 함량이 12.5 %이면 반감기가 3회에 해당하는데, P는 모원소의 함량이 12 %이므로 절대 연령은 2.1억 년보다 조금 많다. 한편 모원소의 함량이 50 %이면 반감기가 1회에 해당하는데, Q는 모원소의 함량이 51 %이므로 절대 연령은 0.7억 년보다 조금 적다. 따라서 $\frac{\text{P의 절대 연령}}{\text{Q의 절대 연령}}$은 3보다 크다.

바로 알기

ㄴ. A의 생성 시기는 P → A → Q 순이므로 중생대 후기에 해당한다. 판게아가 형성되기 시작한 시기는 고생대 말기이다.

067 절대 연령의 측정 답 ①

알짜 풀이

ㄱ. A와 B에 포함되어 있는 방사성 동위 원소의 종류와 함량에 대한 4가지 경우의 절대 연령은 다음과 같다.

1. A에 X, B에 Y가 포함된 경우

A가 50 %, B가 12.5 %인 경우	A : 1억 년 B : 1.5억 년
A가 12.5 %, B가 50 %인 경우	A : 3억 년 B : 0.5억 년

2. A에 Y, B에 X가 포함된 경우

A가 50 %, B가 12.5 %인 경우	A : 0.5억 년 B : 3억 년
A가 12.5 %, B가 50 %인 경우	A : 1.5억 년 B : 1억 년

그 중 A → 셰일 → B 순으로 생성되었고, 셰일은 고생대 지층이라는 점을 고려하면 A에는 X가 포함되어 있고, 함량은 12.5 %이다.

ㄴ. B에는 Y가 포함되어 있고, 함량은 50 %이므로 절대 연령은 0.5억 년이며, 신생대에 생성되었다.

바로 알기

ㄷ. 현재로부터 1억 년이 지나면 A는 1회의 반감기를 거치게 되므로 현재의 함량 12.5 %는 6.25 %가 되고, B는 2회의 반감기를 거치게 되므로 현재의 함량 50 %는 12.5 %가 된다. 따라서 $\frac{\text{A에 포함된 방사성 동위 원소 함량}}{\text{B에 포함된 방사성 동위 원소 함량}}$은 0.5이다.

06 지질 시대의 환경과 생물 033~035쪽

대표 기출 문제 068 ④ 069 ②

적중 예상 문제 070 ④ 071 ⑤ 072 ④ 073 ① 074 ④ 075 ⑤ 076 ② 077 ③

068 지질 시대의 환경과 생물 답 ④

알짜 풀이

ㄱ. 시생 누대는 약 40억 년 전~25억 년 전까지 15억 년 정도의 길이, 원생 누대는 약 25억 년 전~5억 4천 1백만 년 전까지 19억 6천만 년 정도의 길이, 현생 누대는 약 5억 4천 1백만 년 정도의 길이이다. 따라서 A는 지질 시대 중 가장 비율이 큰 원생 누대, B는 시생 누대, C는 현생 누대이다.

ㄴ. 로디니아는 약 13억 년 전~9억 년 전 사이에 생성된 초대륙으로, 이 시기는 원생 누대(A)에 해당한다.

바로 알기

ㄷ. 다세포 동물은 원생 누대(A)에 처음으로 출현했다.

069 생물의 대멸종 답 ②

알짜 풀이

A는 고생대 오르도비스기 말, B는 고생대 페름기 말, C는 중생대 백악기 말이다.

ㄴ. 최초의 양서류는 고생대 데본기에 출현하였으므로, 고생대 오르도비스기 말(A)과 고생대 페름기 말(B) 사이에 출현하였다.

바로 알기

ㄱ. 생물 과의 멸종 비율은 고생대 오르도비스기 말(A)이 약 20 %이고, 고생대 페름기 말(B)이 약 28 %이므로, A가 B보다 낮다.

ㄷ. 히말라야산맥은 신생대에 인도 대륙과 유라시아 대륙이 충돌하여 형성되었으므로, 중생대 백악기 말(C) 이후에 형성되었다.

070 표준 화석과 시상 화석 답 ④

알짜 풀이

ㄴ, ㄷ. 고사리는 따뜻하고 습한 육지에서 살므로 고사리 화석이 산출되는 (나)의 지층은 온난 습윤한 육지 환경에서 퇴적되었으며, 고사리 화석의 이러한 특성은 시상 화석인 A와 같은 용도로 이용된다.

바로 알기

ㄱ. 표준 화석은 지질 시대를 판단하는 근거로 이용되므로 생존 기간이 짧고, 넓은 지역에 분포할수록 유리하고, 시상 화석은 특정한 환경을 추정하는 데 이용되므로 생존 기간이 길고, 특정한 환경에 제한적으로 분포할수록 유리하다. 따라서 A는 시상 화석, B는 표준 화석으로의 가치가 높다.

071 고기후 연구 방법 답 ⑤

알짜 풀이

ㄱ. 빙하 속의 기포는 지표에 내린 눈이 다져져 빙하가 만들어지는 과정에서 빙하 생성 당시의 대기가 포획된 것이므로 빙하 생성 당시의 대기 조성을 알아내는 데 이용된다.

ㄴ. 산소 동위 원소 ^{16}O와 ^{18}O는 질량이 다르므로 수온(또는 기온)에 따라 대기로 증발하는 비율이 달라진다. 따라서 이를 이용하면 유공충이 서식할 당시의 수온 또는 기온을 알아낼 수 있다.

ㄷ. (가)는 수십만 년 전의 기후를 알 수 있지만 (나)는 수천 년 전의 기후를 알아내는 데 이용된다.

072 지질 시대의 구분 답 ④

알짜 풀이

ㄴ, ㄷ. (다)와 (라) 사이가 지질 시대 구분의 경계에 해당하므로 (다)는 고생대 말기인 페름기이고, (라)는 중생대 초기인 트라이아스기이다. 삼엽충은 고생대 전 기간에 생존하였으므로 생물 G의 생존 기간에 해당하며, (다)와 (라) 사이에 규모가 가장 컸던 생물의 대멸종이 일어났다.

바로 알기

ㄱ. 지질 시대는 생물계에서 일어난 급격한 변화를 기준으로 구분한다. 따라서 지질 시대를 두 시기로 나누면 그 경계는 생물의 출현과 멸종이 가장 뚜렷한 (다)와 (라) 사이이다.

073 지질 시대의 생물 답 ①

알짜 풀이

ㄱ. A는 현생 누대에 출현하였으므로 어류이다. 어류는 고생대 오르도비스기에 출현하였으며, 최초의 척추동물이다.

바로 알기

ㄴ, ㄷ. B는 약 7억 년 전에 출현한 다세포 동물로, 에디아카라 동물군 화석으로 남아 있다. C는 약 35억 년 전에 출현한 남세균(사이아노박테리아)으로, 광합성에 의해 대기 중의 산소를 증가시켰다.

074 지질 시대의 환경 답 ④

알짜 풀이

ㄴ. 원시 포유류는 중생대 트라이아스기 말에 출현하였으므로 (나)와 (다) 시기 사이에 해당한다.

ㄷ. 가장 큰 규모의 생물 대멸종은 고생대 말에 일어났으므로 (나)와 (다) 시기 사이에 해당한다.

바로 알기

ㄱ. (가)는 신생대 초, (나)는 중생대 말, (다)는 고생대 말이므로 수륙 분포의 변화는 (다) → (나) → (가) 순이다.

075 지질 시대 생물의 변화 답 ⑤

알짜 풀이

ㄱ. A는 실루리아기이다. 최초의 척추동물은 오르도비스기에 출현하였으므로 A 이전에 출현하였다.

ㄴ. B는 고생대 페름기 말이고, C는 중생대 트라이아스기 말이다. 판게아는 고생대 말에 형성되었고, 판게아가 분리되면서 대서양이 형성되었으므로 판게아가 존재한 시기는 B와 C 사이이다.

ㄷ. 파충류는 중생대 트라이아스기에 번성하기 시작하여 쥐라기에 매우 번성하였으므로 C와 D 사이에 번성하였다.

076 지질 시대의 기후 답 ②

자료 분석

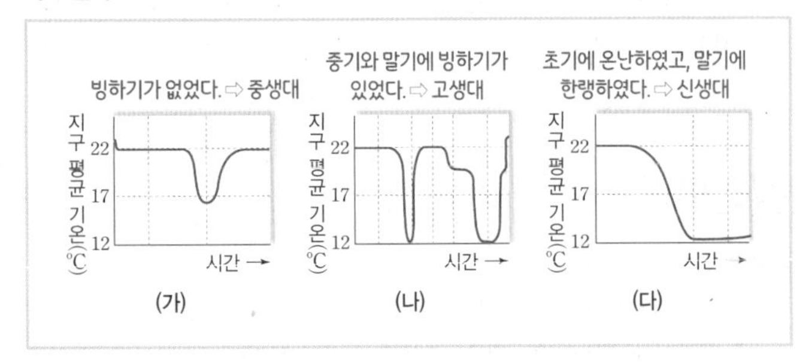

알짜 풀이

ㄴ. (가)는 전 기간에 걸쳐 대체로 온난하여 빙하기가 없었던 중생대이다.

바로 알기

ㄱ. (가)는 빙하기가 없었던 중생대, (나)는 중기와 말기에 빙하기가 있었던 고생대, (다)는 초기에 온난하였으나 말기에 한랭해진 신생대이다. 따라서 지질 시대는 (나) → (가) → (다) 순이다.

ㄷ. 판게아는 고생대 말기~중생대 초기의 초대륙이므로 (가) 시기에 분리되기 시작하였다.

077 생물 대멸종 답 ③

알짜 풀이

ㄷ. 멸종 비율 $=\dfrac{\text{멸종한 동물 과의 수}}{\text{멸종 직전 동물 과의 수}}$이다. B와 C 시기는 멸종한 동물 과의 수는 비슷하지만 멸종 직전 동물 과의 수는 C 시기가 많으므로 멸종 비율은 B 시기가 C 시기보다 크다.

바로 알기

ㄱ. A 시기는 고생대 오르도비스기 말의 대멸종 시기이다. 갑주어는 오르도비스기에 출현하였고, 데본기 말에 멸종하였다.

ㄴ. 양치식물은 고생대 중기에 출현하여 석탄기와 페름기에는 크게 번성하였다.

1등급 도전 문제 036~039쪽

078 ① 079 ① 080 ④ 081 ④ 082 ① 083 ②
084 ① 085 ④ 086 ③ 087 ② 088 ① 089 ③
090 ① 091 ⑤ 092 ①

078 판의 이동과 고지자기 분포 답 ①

자료 분석

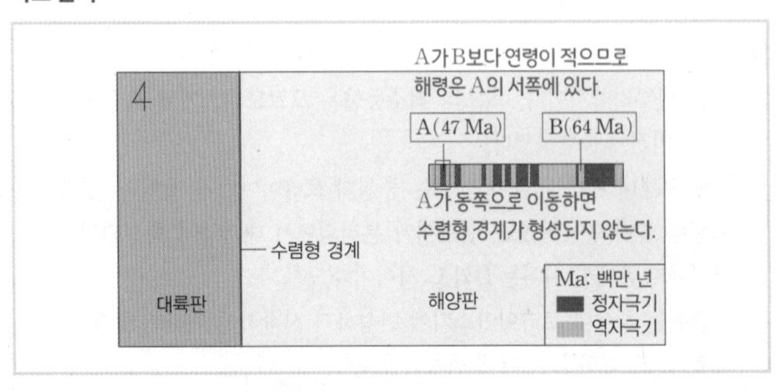

알짜 풀이

ㄱ. 해양판의 이동 속도가 대륙판보다 빠르므로 해양판이 동쪽으로 이동한다면 수렴형 경계가 형성되지 않는다. 따라서 A의 이동 방향은 서쪽이다.

바로 알기

ㄴ. 해령에서 생성된 해양 지각은 해령으로부터 멀어지는 방향으로 이동한다. A는 B보다 연령이 적으므로 해령은 A의 서쪽에 위치한다.

ㄷ. 퇴적 속도가 일정하므로 해양 지각의 연령이 많을수록 퇴적물의 두께가 두꺼워진다. 따라서 해저 퇴적물의 두께는 A가 B보다 얇다.

079 판의 경계와 지각 변동 답 ①

알짜 풀이

ㄱ. A를 경계로 왼쪽과 오른쪽의 판은 각각 북쪽으로 이동하지만 이동 속도가 다르므로 서로 엇갈려 이동하며, A에는 변환 단층이 형성된다.

바로 알기

ㄴ. B를 경계로 아래쪽의 판은 위쪽의 판보다 이동 속도가 빠르므로 B에서는 수렴형 경계가 형성되며 맨틀 대류의 하강부가 있다.

ㄷ. A는 보존형 경계이므로 화산 활동이 거의 없으며, B는 두 대륙판의 수렴형 경계이므로 화산 활동이 거의 없다.

080 판의 이동과 대륙 분포의 변화 답 ④

알짜 풀이

ㄴ. ㉠에는 해구가 발달하여 섭입대를 따라 지진이 발생하지만 ㉡에는 판의 경계가 발달하지 않으므로 지진이 거의 발생하지 않는다.

ㄷ. 대서양에는 해구가 거의 없고, 태평양에는 해구가 발달하므로 대서양에서는 대양의 면적이 확장되고, 태평양에서는 해양판이 소멸하여 면적이 감소하게 된다.

바로 알기

ㄱ. A는 대양의 면적이 증가하고, B는 대양의 면적이 감소한다. 대양에 해구가 존재하지 않는다면 해령에서 생성된 해양판이 해령으로부터 멀어짐에 따라 대양이 점차 확장되므로 A는 대서양이고, B는 태평양이다.

081 섭입대에서의 지각 변동 답 ④

자료 분석

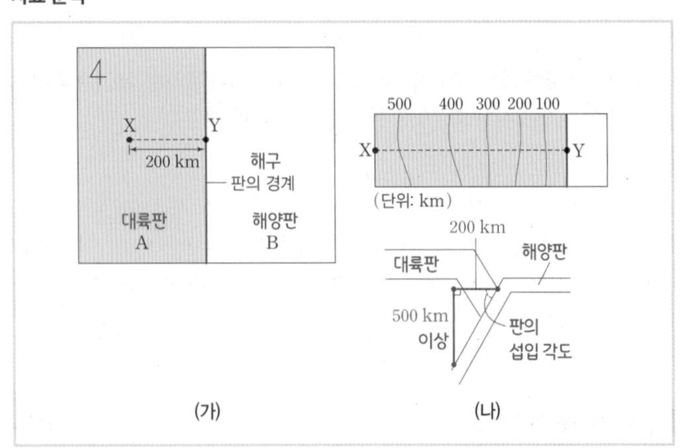

알짜 풀이

ㄴ. X−Y의 수평 거리가 200 km이고, X에서 발생하는 지진의 깊이는 500 km보다 깊으므로 판의 섭입 각도는 45°보다 크다.

ㄷ. A와 B에는 수렴형 경계가 형성되므로 장력보다 횡압력이 우세하게 작용한다. 따라서 판의 경계 부근에서 역단층이 정단층보다 우세하게 나타난다.

바로 알기

ㄱ. Y를 경계로 지진이 X쪽에서 발생하고, X쪽으로 갈수록 발생한 지진의 깊이가 깊어지는 것은 X쪽으로 섭입대가 형성되기 때문이다. 따라서 A는 대륙판, B는 해양판이며, 화산 활동은 A에서 활발하게 일어난다.

082 대륙의 이동과 고지자기 답 ①

알짜 풀이

ㄱ. 현재 여러 곳에 흩어져 있는 대륙을 빙하 퇴적층과 빙하 이동 흔적을 근거로 모아보면 고생대 말에는 현재의 남극 대륙을 중심으로 한 덩어리를 이룬다. 따라서 인도 대륙은 고생대 말에 남반구에 있었으며, 적도를 지나 현재의 북반구 위치로 이동하였다.

바로 알기

ㄴ. 고지자기 북극의 겉보기 이동 경로를 겹쳐보면 대륙이 한 덩어리를 이루는데, 이 시기는 고생대 말 무렵이다. 따라서 고생대 말에 A에는 대륙의 수렴으로 습곡 산맥이 형성되었다.

ㄷ. 베게너는 (가)를 대륙 이동의 증거 중 하나로 제시하였으나 고지자기 연구는 대륙 이동설이 발표된 시기보다 훨씬 후에 시작되었으므로 (나)는 베게너가 제시한 증거가 아니다.

083 해저의 확장과 고지자기 답 ②

자료 분석

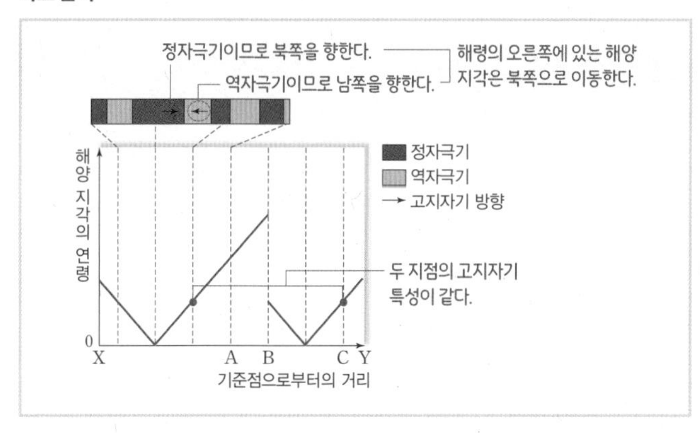

알짜 풀이

ㄴ. 정자극기일 때 고지자기 방향은 북쪽을 향하고, 역자극기일 때 고지자기 방향은 남쪽을 향한다. 따라서 해령은 동서 방향으로 나타나며, 해령의 북쪽에 있는 A와 B 사이의 해양 지각은 북쪽으로 이동하였다.

바로 알기

ㄱ. 해령에서 생성된 해양 지각은 생성 당시의 자화 방향을 보존하며, 생성 이후 자극이 역전되더라도 자화 방향은 변하지 않는다. 따라서 A의 해양 지각은 생성된 후 잔류 자기의 방향이 변하지 않았다.

ㄷ. C의 해양 지각은 A의 왼쪽에 있는 동일한 시기의 해양 지각과 고지자기 특성이 같다. 따라서 C의 해양 지각이 생성될 당시 정자극기였고, 남반구인 60°S에서 복각은 (−)이다.

084 고지자기와 대륙의 이동 답 ①

알짜 풀이

ㄱ. 지리상 북극(고지자기극)의 위치가 이동한 것처럼 보이는 것은 인도 대륙이 이동하였기 때문이다. 따라서 60 Ma의 지리상 북극을 약 45° 북쪽으로 움직여 현재 위치로 가져오면 인도 대륙은 남쪽으로 약 45° 이동하므로 이 시기에 인도 대륙은 남반구에 있었다.

바로 알기

ㄴ. 인도 대륙의 이동 속도가 빠르면 고지자기극의 위치 변화 폭이 커진다. 따라서 60 Ma에서 현재로 올수록 인도 대륙의 이동 속도는 느려졌다.

ㄷ. 60 Ma 이후로 인도 대륙은 계속 북쪽으로 이동하였으므로 고지자기 복각의 평균 크기는 인도 대륙이 저위도에 위치한 40 Ma~20 Ma가 북쪽으로 이동한 20 Ma~현재보다 작았다.

085 판의 상대적인 운동과 지각 변동 답 ④

자료 분석

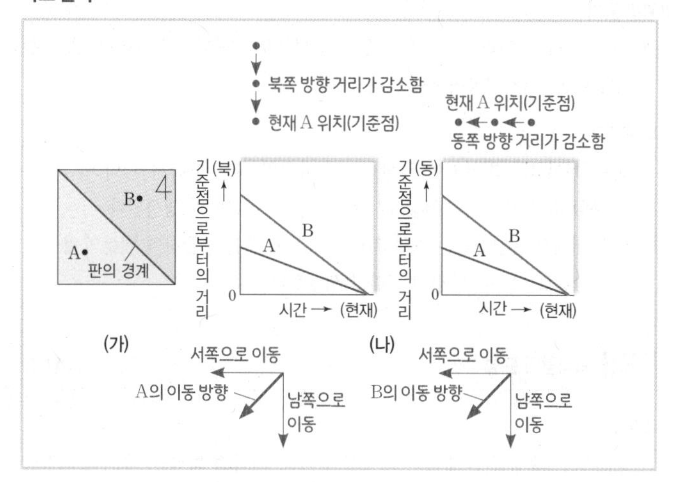

알짜 풀이

ㄴ. A는 B보다 10년 동안 북쪽 방향과 동쪽 방향의 거리 변화가 작으므로 판의 이동 속도는 A가 B보다 느리다.

ㄷ. 두 판은 이동 방향이 거의 같지만 B가 A보다 이동 속도가 빠르므로 수렴형 경계가 형성되고, 섭입대에서 마그마가 생성되어 안산암질 마그마가 분출한다.

바로 알기

ㄱ. A와 B는 현재로 올수록 북쪽 방향의 거리가 감소하므로 두 판 모두 남쪽으로 이동한다. 또한 A와 B는 현재로 올수록 동쪽 방향의 거리가 감소하므로 두 판 모두 서쪽으로 이동한다. 따라서 A와 B는 모두 남서쪽으로 이동한다.

086 플룸 구조론 답 ③

알짜 풀이

ㄷ. ㉡의 하부에는 플룸 상승류가 있으므로 뜨거운 플룸이 상승하면서 열점이 형성된다.

바로 알기

ㄱ. A는 고밀도의 차가운 플룸이고, B는 저밀도의 뜨거운 플룸이므로 지진파의 속도는 A가 B보다 빠르다.

ㄴ. ㉠의 지하에서는 차가운 플룸이 형성되므로 섭입대가 나타난다. 섭입대에서는 차가운 해양판이 섭입하면서 수평으로 이동하는 해양판을 잡아당기는 힘이 작용한다.

087 마그마의 생성 과정 답 ②

알짜 풀이

ㄷ. 해령은 맨틀 대류의 상승부이므로 맨틀 물질의 상승에 의한 압력 하강으로 (가)와 같은 변화가 일어나 마그마가 생성된다. 섭입대에서는 함수 광물을 포함한 해양 지각이 침강하면서 맨틀에 물을 공급하여 맨틀의 용융점 하강이 일어나 (나)와 같은 변화에 의해 마그마가 생성된다.

바로 알기

ㄱ. (가)에서는 맨틀 물질이 상승하는 동안 온도 변화에 비해 압력이 크게 감소하면서 맨틀 물질의 온도가 용융점보다 높은 상태로 되어 마그마가 생성된다.

ㄴ. (나)는 침강하는 해양 지각에서 빠져나온 물이 맨틀에 공급되어 맨틀의 용융점을 낮춤으로써 마그마가 생성된다.

088 마그마의 생성과 화성암 답 ①

알짜 풀이

ㄱ. ㉠은 조립질 조직이 나타나고, 암석이 어두운색을 띠므로 A이다. A는 심성암이고, 염기성암이므로 반려암이다.

바로 알기

ㄴ. ㉡은 B이므로 화산암이고 산성암인 유문암이다. 따라서 ㉡의 마그마는 유문암질 마그마이다. 열점에서는 현무암질 마그마가 생성된다.

ㄷ. 섭입대에서는 침강하는 해양 지각이 맨틀에 물을 공급하여 맨틀의 용융점이 낮아지므로 현무암질 마그마가 생성된다.

089 퇴적암의 분류 답 ③

알짜 풀이

ㄱ. 퇴적암은 생성 원인에 따라 쇄설성 퇴적암, 화학적 퇴적암, 유기적 퇴적암으로 분류하며, 유기적 퇴적암은 생물의 유해가 쌓여 굳은 것으로, A는 '생물의 유해'에 해당한다.

ㄴ. 암염은 해수가 증발하면서 해수 중의 염화 나트륨이 침전하여 굳은 퇴적암이다. 따라서 암염은 ㉠에 해당한다.

바로 알기

ㄷ. 퇴적암은 퇴적물의 기원은 다르지만 모두 다짐 작용과 교결 작용을 거쳐 생성되므로 ㉡을 포함한 모든 퇴적암은 속성 작용을 받아 만들어진다.

090 퇴적 구조의 형성 답 ①

알짜 풀이

ㄱ. 실험 Ⅰ은 물속에서 입자의 크기에 따른 침강 속도의 차이로 퇴적 구조가 생기는 것을 알아보는 과정이므로 점이 층리가 형성되는 원리를 알 수 있다.

바로 알기

ㄴ. 점이 층리는 입자의 크기가 다양한 퇴적물이 섞여 한꺼번에 쓸려 내려간 후 입자가 큰 것부터 먼저 쌓여 형성된다. 따라서 실험 Ⅰ의 퇴적 구조가 형성되기 위해서는 크기가 다양한 입자들이 쌓여야 한다.

ㄷ. 실험 Ⅱ는 물의 파동이 모래에 흔적으로 남는 과정을 알아보는 과정이므로 연흔이 형성되는 원리를 알 수 있다. 연흔은 수심이 얕은 물밑에서 형성되며, 공기 중에 노출되어 형성되는 것은 아니다.

091 절대 연령의 측정 답 ⑤

알짜 풀이

ㄱ. 방사성 동위 원소를 X, Y라고 하고, 각각의 자원소를 X′, Y′라고 하면 X : X′=1 : 7, Y : Y′=1 : 3이다. 현재 X의 함량은 처음 양의 $\left(\frac{1}{8}\right)=\left(\frac{1}{2}\right)^3$이므로 3회의 반감기($T_x$)를 거쳤고, 현재 Y의 함량은 처음 양의 $\left(\frac{1}{4}\right)=\left(\frac{1}{2}\right)^3$이므로 2회의 반감기($T_y$)를 거쳤다. 따라서 $3T_x=2T_y$이고, Y의 반감기는 X 반감기의 1.5배이다.

ㄴ. 화성암 생성 당시에 $\frac{X}{X+X'}$와 $\frac{Y}{Y+Y'}$는 각각 1이었고, 현재는 각각 $\frac{1}{8}$, $\frac{1}{4}$이다. 따라서 감소량은 각각 $\frac{7}{8}$, $\frac{3}{4}$이므로 X가 Y의 $\frac{7}{6}$배이다.

ㄷ. Y의 반감기가 X 반감기의 1.5배이므로 현재부터 Y가 2회의 반감기를 거치면 X는 3회의 반감기를 거치게 된다. 현재 X의 함량은 화강암 생성 당시의 $\left(\frac{1}{2}\right)^3$배이므로 Y가 2회의 반감기를 거친 시기에 X의 함량은 $\left(\frac{1}{2}\right)^6$배가 된다.

092 생물 대멸종과 지질 시대의 환경 답 ①

알짜 풀이

ㄱ. 로디니아는 약 13억 년 전~약 9억 년 전 사이에 생성된 초대륙이므로 A 시기 이전에 존재하였다.

바로 알기

ㄴ. 최초의 포유류는 중생대 트라이아스기 말에 출현하였으므로 B와 C 시기 사이에 출현하였다.

ㄷ. 필석은 고생대에 번성하였으므로 A와 B 시기 사이에 번성하였다.

Ⅱ. 대기와 해양

07 기압과 날씨 변화 043~047쪽

대표 기출 문제	093 ③	094 ⑤			
적중 예상 문제	095 ④	096 ②	097 ②	098 ②	099 ③
	100 ①	101 ③	102 ④	103 ⑤	104 ④
	105 ③	106 ②	107 ①	108 ①	109 ②
	110 ④				

093 일기도와 기상 영상 답 ③

자료 분석

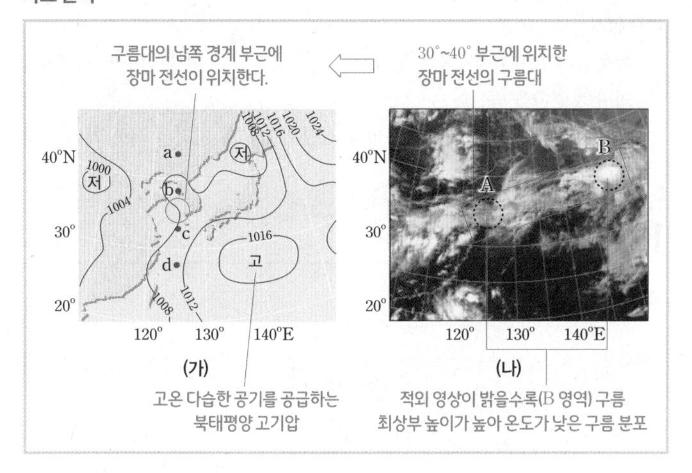

알짜 풀이

ㄱ. (가)에서 우리나라 남동쪽에 북태평양 고기압이 위치하므로, 장마 기간 동안 우리나라는 북태평양 고기압으로부터 고온 다습한 공기의 영향을 받는다.

ㄷ. 적외 영상은 구름이나 지표면에서 방출하는 적외선 에너지양을 감지하여 나타내는 영상으로, 온도가 낮을수록 밝다. (나)에서 영역 A가 영역 B보다 어둡게 나타나므로, 구름 최상부의 온도는 영역 A가 영역 B보다 높다.

바로 알기

ㄴ. 우리나라 주변에서는 남쪽의 따뜻한 공기가 북쪽의 찬 공기 위로 상승하기 때문에 구름은 대체로 장마 전선의 북쪽에 형성된다. 따라서 (나)의 125°E에서 구름의 위치로 보아 장마 전선은 지점 b와 c 사이에 위치한다.

094 온대 저기압 답 ⑤

자료 분석

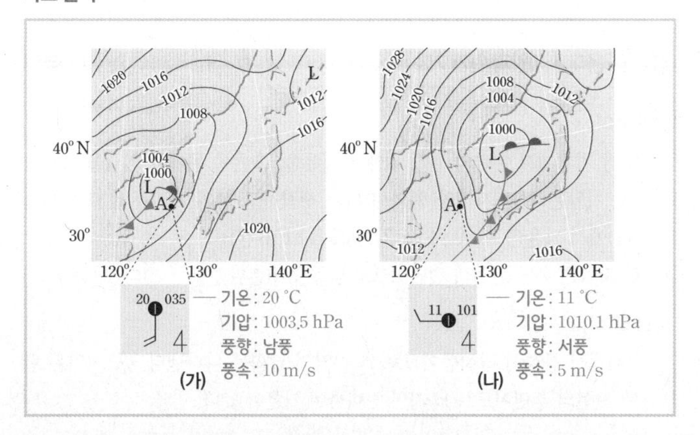

알짜 풀이

ㄱ. 온대 저기압 중심이 A 지점의 북쪽으로 통과하였다. 일기 기호로 보아 A 지점의 풍향은 남풍 → 서풍 순인 시계 방향으로 바뀌었다.

ㄴ. A 지점에서의 기온은 한랭 전선이 통과하기 전에 20 °C이고, 한랭 전선이 통과한 후에 11 °C이므로, 한랭 전선이 통과한 후에 9 °C 하강하였다.

ㄷ. 전선면은 성질이 다른 두 공기가 만날 때 생기는 경계면이다. 따라서 온난 전선과 한랭 전선은 모두 찬 공기가 따뜻한 공기 밑에 위치하므로, 온난 전선면과 한랭 전선면은 각각 전선으로부터 지표상의 공기가 더 차가운 쪽에 위치한다.

095 고기압과 저기압 답 ④

자료 분석

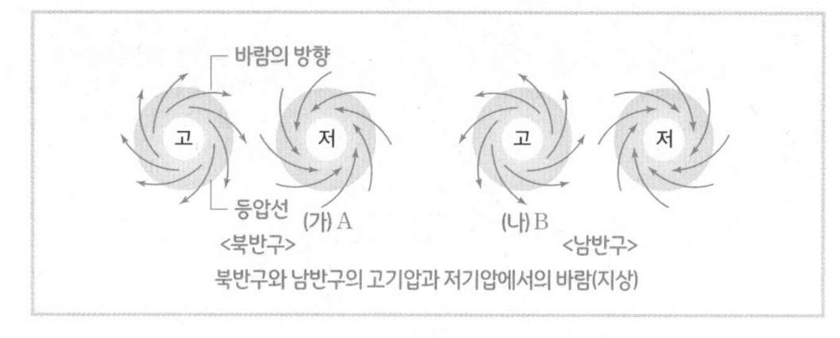

알짜 풀이

ㄱ. (가)는 바람이 불어 들어오므로 저기압, (나)는 바람이 불어 나가므로 고기압이다. 저기압은 상승 기류에 의해 상공에 구름이 발생할 가능성이 높다.

ㄴ. 북반구의 고기압에서는 바람이 시계 방향으로 불어 나가고, 남반구의 고기압에서는 바람이 시계 반대 방향으로 불어 나간다.

바로 알기

ㄷ. A(북반구 저기압)에서는 상승 기류가 발달하고 상공에서 수렴된 공기는 북반구에서 시계 방향으로 불어 나간다.

096 장마 전선 답 ②

알짜 풀이

ㄴ. 장마 전선에서는 보통 전선을 기준으로 따뜻한 공기가 상승하는 지역에 강수 구역이 나타나므로 강수량은 B 지역이 A 지역보다 많다.

바로 알기

ㄱ. 장마 전선에서 전선을 기준으로 따뜻한 기단은 찬 기단 위로 올라가고, 찬 기단은 따뜻한 기단 아래로 파고든다. 따라서 A 지역에는 남쪽의 따뜻한 기단이, B 지역에는 북쪽의 찬 기단이 영향을 주고 있으므로 A는 B보다 남쪽에 위치한다.

ㄷ. 북쪽의 찬 기단의 세력이 강해지면 장마 전선은 남하하고, 남쪽의 따뜻한 기단의 세력이 강해지면 장마 전선은 북상한다.

097 온난 전선 답 ②

자료 분석

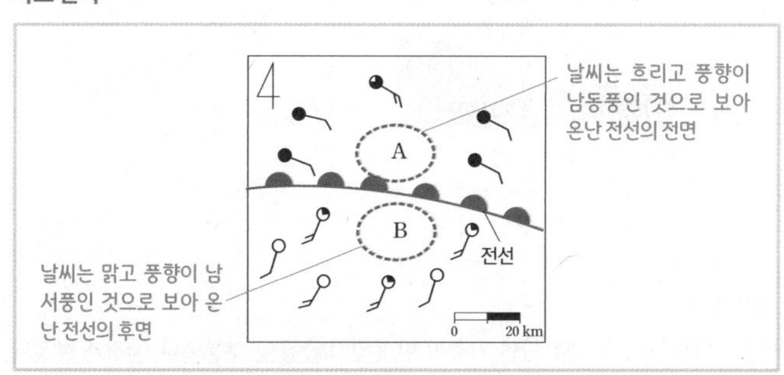

알짜 풀이

ㄷ. 영역 A는 온난 전선의 전면에 위치하므로 상공에는 온난 전선면이 존재한다.

바로 알기

ㄱ. 정체 전선의 양쪽에는 남풍과 북풍이 나타나고, 온난 전선의 양쪽에는 남동풍과 남서풍이 나타나므로 이 전선은 온난 전선이다.

ㄴ. 영역 A는 온난 전선의 전면이고, B는 온난 전선의 후면이므로 평균 기온은 A보다 B에서 높다.

098 온난 전선과 한랭 전선 답 ②

자료 분석

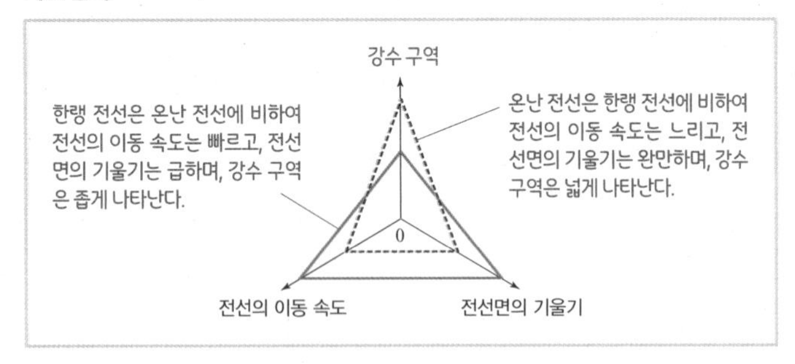

알짜 풀이

ㄴ. 온난 전선은 전선 전면의 넓은 구역에서 강수가 나타나고, 한랭 전선은 전선 후면의 좁은 구역에서 강수가 나타나므로 강수 구역은 ㉠에 적합한 물리량이다.

바로 알기

ㄱ. 전선의 이동 속도가 더 빠르고, 전선면의 기울기가 큰 전선은 한랭 전선이다.

ㄷ. (나)의 일기 기호는 가랑비로 한랭 전선보다 온난 전선 주변에서 주로 나타난다.

099 기단의 변질 답 ③

알짜 풀이

그림은 겨울철의 일기도이다. 차고 건조한 지역에 위치한 A 기단이 따뜻한 황해를 지나가게 되면 열과 수증기를 공급받으므로 기온은 상승하고 수증기량은 증가하는 경향을 보인다. 황해를 건너기 전에는 수증기의 공급이 활발하지 않아 초반에는 수증기의 증가량이 크지 않으므로 가장 적절하게 나타낸 것은 ③이다.

100 기단의 변질 답 ①

자료 분석

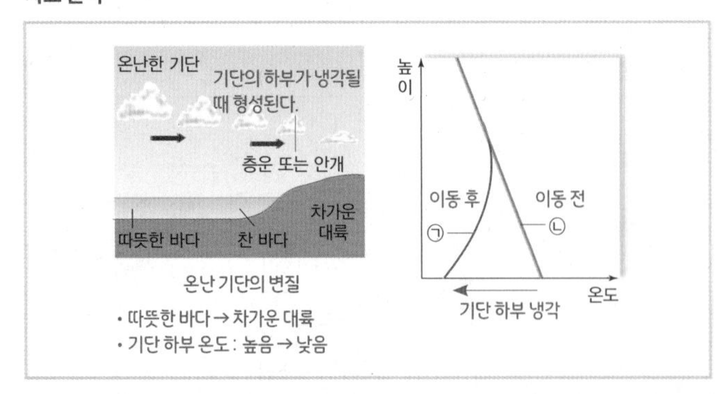

알짜 풀이

ㄱ. 기단의 하부가 냉각되면 기층이 안정해져 층운형 구름이나 안개가 형성되므로 이동하기 전의 온도 변화는 ㉡, 대륙에 도착했을 때의 온도 변화는 ㉠이다.

바로 알기

ㄴ. 기단 하부의 온도가 하강하였으므로 기단은 저위도에서 고위도로 이동하였다.

ㄷ. 우리나라 겨울철에는 한랭한 대륙에서 형성된 시베리아 기단이 따뜻한 황해 바다를 건너면서 열과 수증기를 공급받고, 기단의 하부가 가열되면 불안정해져 적운이나 적란운을 형성하여 서해안에 폭설을 내리게 한다.

101 겨울철 지상 일기도와 가시 영상 답 ③

알짜 풀이

ㄷ. 가시광선 영상을 보았을 때 A 지점보다 B 지점의 구름의 두께가 두껍고, 겨울철에는 시베리아 기단의 불안정한 변화로 서해 내륙에 적운형 구름을 형성하므로 폭설이 내릴 가능성은 A 지점보다 B 지점이 높다.

바로 알기

ㄱ. 겨울철이므로 우리나라는 북서쪽에 위치하고 있는 한랭 건조한 시베리아 기단의 영향을 받는다.

ㄴ. 우리나라 서쪽에 고기압이 자리잡고 있으므로 A 지점은 서풍 계열의 바람이 분다.

102 겨울철 지상 일기도 답 ④

자료 분석

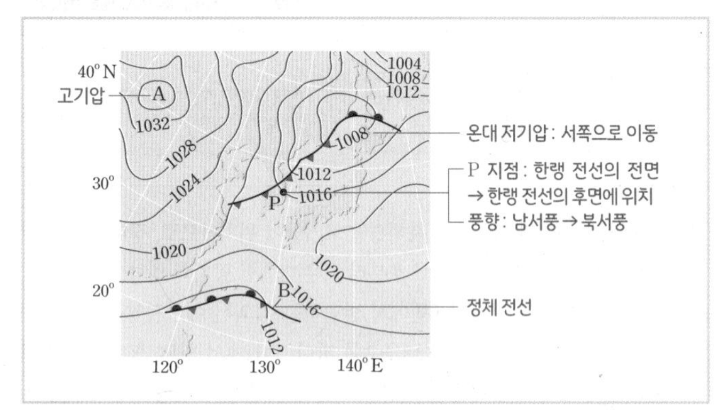

알짜 풀이

ㄱ. A는 시베리아 고기압으로 지상에는 하강 기류가 발달해 있다.

ㄴ. 온대 저기압은 편서풍의 영향으로 서에서 동쪽으로 이동하고, P 지점은 온대 저기압 중심의 남쪽에 있으므로 시간이 지날수록 풍향은 남서 → 북서로 시계 방향으로 변해간다.

바로 알기

ㄷ. 전선 B는 정체 전선이고, 강수 구역은 따뜻한 공기가 찬 공기 위로 올라가는 전선의 북쪽에서 나타난다.

103 온대 저기압과 일기 기호 답 ⑤

알짜 풀이

ㄱ. 일기 기호에서 운량의 왼쪽 위에는 기온을, 오른쪽 위에는 기압을 표시하며, 기압은 천의 자리와 백의 자리는 생략하고 십의 자리부터 나타낸다. (나)에서 기온은 15 ℃, 기압은 1002.5 hPa이다.

ㄷ. C 지역은 온난 전선의 전면이므로 남동풍이 분다.

바로 알기

ㄴ. (나)에서 풍향이 남서풍이므로 B 지역의 날씨를 나타낸다. A 지역은 한랭 전선의 후면이므로 B 지역에 비하여 기온이 낮다.

104 온대 저기압 답 ④

자료 분석

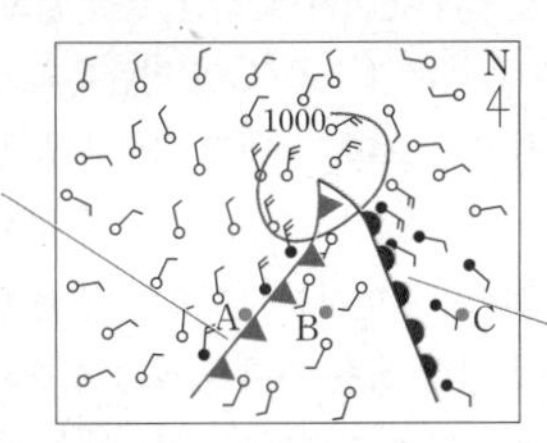

알짜 풀이

ㄱ. 온난 전선이 통과하면 풍향은 남동에서 남서로, 한랭 전선이 통과하면 풍향은 남서에서 북서로 바뀐다. 한랭 전선은 A와 B 지역 사이에, 온난 전선은 B와 C 지역 사이에 있다.

ㄴ. A 지점은 한랭 전선의 후면에 있으므로 소나기가, C 지점은 온난 전선의 전면에 있으므로 지속적인 비가 내린다.

바로 알기

ㄷ. B 지역은 온난 전선과 한랭 전선 사이에 위치하고 있으므로 A, B, C 지역 중 기온이 가장 높다.

105 온대 저기압의 통과 답 ③

알짜 풀이

ㄱ. 시간이 지남에 따라 관측소의 풍향이 시계 방향(남동풍 → 남서풍 → 북서풍)으로 변해갔으므로 온대 저기압의 중심은 관측소의 북쪽을 통과하였다.

ㄴ. A와 B 사이에 기온은 높아졌고, 기압은 낮아졌으며, 풍향은 남동에서 남서로 바뀌었으므로 A와 B 사이에 온난 전선이 통과하였다.

바로 알기

ㄷ. C일 때는 관측소가 온난 전선과 한랭 전선 사이에 존재하므로 상공에서 전선면을 관측할 수 없다.

106 온대 저기압과 풍향 답 ②

자료 분석

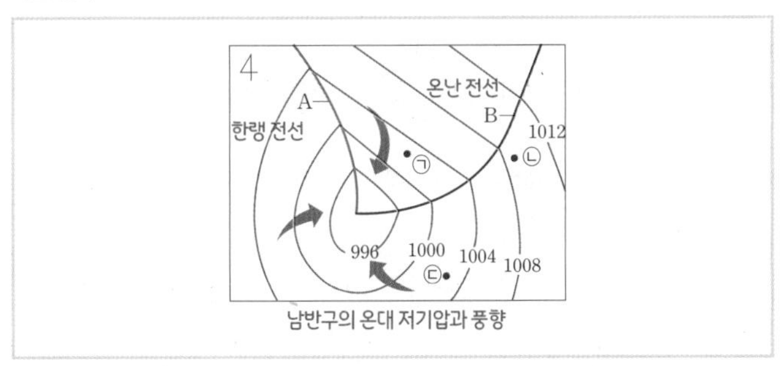

남반구의 온대 저기압과 풍향

알짜 풀이

ㄴ. ㉠ 지점은 온난 전선과 한랭 전선 사이에 위치하므로 따뜻한 공기의 영향을 받고 있고, ㉡ 지점은 온난 전선의 전면이므로 차가운 공기의 영향을 받고 있다.

바로 알기

ㄱ. 북반구와 남반구 모두 저기압 중심으로 바람이 불어 들어오면서 저기압 중심의 동쪽에 온난 전선(B), 서쪽에 한랭 전선(A)을 형성한다.

ㄷ. 남반구의 온대 저기압도 편서풍의 영향을 받으므로 시간이 지남에 따라 서쪽에서 동쪽으로 이동한다. 온대 저기압 중심의 북쪽에서는 시간이 지남에 따라 시계 반대 방향으로 풍향이 변해가고, 남쪽에서는 시간이 지남에 따라 시계 방향으로 풍향이 변해간다.

107 온대 저기압 답 ①

자료 분석

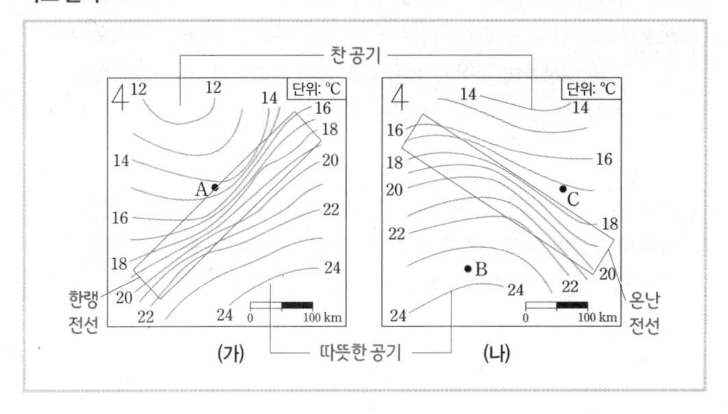

알짜 풀이

ㄱ. (가)의 북서쪽 지역의 지상 기온은 남동쪽 지역의 지상 기온보다 낮고, (나)의 남서쪽 지역의 지상 기온은 북동쪽 지역의 지상 기온보다 높으므로 (가)는 한랭 전선 주변의 지상 기온 분포를, (나)는 온난 전선 주변의 지상 기온 분포를 나타낸 것이다. A 지역은 한랭 전선의 후면에 해당하므로 북서풍이 분다.

바로 알기

ㄴ. B 지역은 한랭 전선과 온난 전선 사이에 위치하므로 상공에는 전선면이 나타나지 않는다.

ㄷ. C 지역은 온난 전선의 전면에 해당하므로 지속적인 강수가 나타난다.

108 온대 저기압 답 ①

알짜 풀이

ㄱ. 온대 저기압의 중심이 A 지점의 북쪽을 통과하므로 풍향이 시계 방향으로 바뀐다. (다)는 남풍, (나)는 서풍이므로 (나)가 (다)보다 나중에 관측되었다.

바로 알기

ㄴ. (나)의 기압은 1010.1 hPa, (다)의 기압은 1003.5 hPa이므로 12시간 후 A에서 기압은 6.6 hPa 상승하였다.

ㄷ. 현재 A 지점의 일기 기호는 (다)로 운량은 7이지만 한랭 전선과 온난 전선 사이에 있으므로 소나기성 비는 내리지 않는다.

109 위성 영상 분석 답 ②

알짜 풀이

ㄴ. 가시 영상에서는 구름의 두께가 두꺼워 반사도가 큰 부분은 밝게, 반사도가 작은 부분은 어둡게 나타나므로 A가 B보다 밝게 보인다.

바로 알기

ㄱ. 구름에 반사된 태양 빛의 반사 강도를 나타낸 것으로 가시 영상을 나타낸 것이다.

ㄷ. 구름이 위치한 높이를 파악하기 용이한 영상은 적외선 영상이다. 구름의 고도가 높을수록 온도가 낮아 밝게 보인다.

110 가시 영상과 적외 영상 분석 답 ④

알짜 풀이

ㄱ. (가) 가시 영상은 구름에서 반사된 태양 빛의 반사 강도를 나타낸 것으로 반사도가 큰 부분은 밝게, 반사도가 낮은 부분은 어둡게 나타난다. 구름이

두꺼울수록 햇빛을 많이 반사하므로 층운형 구름보다 적운형 구름이 밝게 나타난다.

ㄴ. (나) 적외 영상은 온도에 따라 물체가 방출하는 적외선 에너지양의 차이를 이용하는 것이다. 온도가 높을수록 어둡게, 온도가 낮을수록 밝게 나타나므로 구름 최상부의 높이가 높을수록 밝게 나타난다. (나)에서 A가 B보다 밝게 보이므로 구름 최상부의 고도는 A 지역이 B 지역보다 높다.

바로 알기

ㄷ. (가)와 (나)의 영상을 종합해 볼 때, A 지역의 구름은 B 지역보다 구름 최상부의 고도가 높고 구름의 두께가 두꺼운 적란운이 형성되었다고 볼 수 있으며, 집중 호우는 B 지역보다 A 지역에서 주로 발생하였다고 추정할 수 있다.

08 태풍과 우리나라의 주요 악기상 049~053쪽

대표 기출 문제	111 ②	112 ⑤			
적중 예상 문제	113 ①	114 ③	115 ⑤	116 ③	117 ②
	118 ②	119 ④	120 ②	121 ③	122 ③
	123 ②	124 ①	125 ①	126 ③	127 ④

111 태풍 답 ②

자료 분석

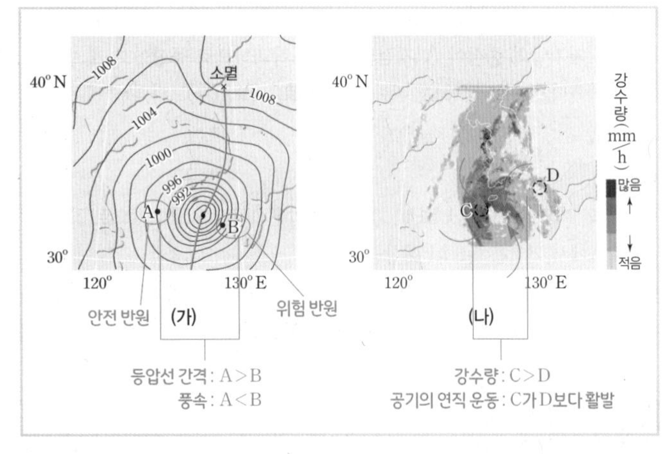

알짜 풀이

ㄴ. (나)를 보면 C 지점이 D 지점보다 강수량이 많다. 이는 C 지점이 D 지점보다 상승 기류가 더 활발하여 구름이 두껍게 형성되었기 때문이다. 따라서 공기의 연직 운동은 C 지점이 D 지점보다 활발하다.

바로 알기

ㄱ. 북상하고 있는 태풍의 이동 경로의 왼쪽 지역(A)은 안전 반원, 오른쪽 지역(B)은 위험 반원이며, 위험 반원은 태풍 내 바람 방향과 이동 방향이 대체로 일치하므로 풍속이 상대적으로 더 강하다. 따라서 풍속은 A 지점이 B 지점보다 작다. 이는 일기도의 등압선 간격으로 확인할 수 있는데, 등압선 간격이 좁을수록 풍속이 강하다. (가)에서 A 지점이 B 지점보다 등압선 간격이 넓으므로 풍속은 작다.

ㄷ. 태풍은 열대 저기압이므로 북반구에 위치한 태풍 주변에서 바람은 시계 반대 방향으로 불어 들어간다. 따라서 태풍 중심부의 왼쪽(서쪽)에 위치한 C 지점에서는 북풍 계열의 바람이 분다.

112 우박의 생성 과정 답 ⑤

알짜 풀이

ㄴ. 과냉각 물방울은 0 ℃보다 온도가 낮지만 얼지 않고 액체 상태로 존재하는 물방울이다. 기온이 −40 ℃~0 ℃인 적란운의 상층에서는 빙정과 과냉각 물방울이 공존하고 있으며, 과냉각 물방울에서 증발한 수증기가 빙정에 달라붙으면서 빙정이 성장하고, 우박이 생성된다. 따라서 (나)에서 빙정이 우박으로 성장하기 위해서는 과냉각 물방울이 필요하다.

ㄷ. 우박은 적란운 내에서 강한 상승 기류를 타고 상승과 하강을 반복하면서 성장한다. 여름철에는 공기가 가열되어 강한 상승 기류가 나타나므로, 우박의 크기가 커지는 주요 원인이라고 할 수 있다.

바로 알기

ㄱ. (가)에서 우박의 월별 누적 발생 일수는 11월에 가장 많다. 7월은 우박의 월별 평균 크기가 가장 큰 시기이다.

113 태풍의 위험 반원과 안전 반원 답 ①

자료 분석

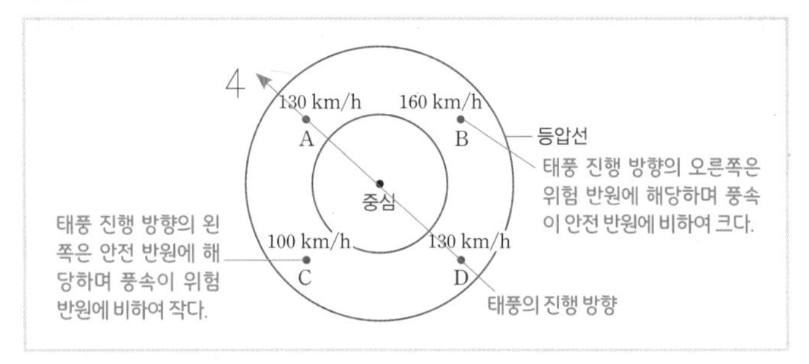

알짜 풀이

ㄱ. 태풍은 진행 방향의 오른쪽이 왼쪽보다 풍속이 크게 나타난다. A 지점과 D 지점은 풍속이 같고, B 지점이 C 지점보다 풍속이 더 크다. 따라서 B 지점이 진행 방향의 오른쪽이므로 태풍은 북서쪽으로 이동하고 있음을 알 수 있다.

바로 알기

ㄴ. B는 위험 반원에 위치하며 태풍 내 바람 방향이 태풍의 이동 방향과 같아 풍속이 안전 반원에 비하여 크다.

ㄷ. 태풍은 보통 무역풍대에서는 북서쪽으로, 편서풍대에서는 북동쪽으로 이동한다.

114 태풍의 이동과 해수의 수온 변화 답 ③

알짜 풀이

ㄱ. 표층에서 수온이 일정한 층의 두께는 ㉡보다 ㉠이 크므로 혼합층은 ㉡보다 ㉠에서 더 발달하였다.

ㄴ. 태풍의 바람에 의하여 표층 해수가 섞이게 되어 표층의 수온은 낮아지고 혼합층이 발달한다. 따라서 ㉠이 태풍이 통과한 후, ㉡이 태풍이 통과하기 전의 연직 수온 분포이다.

바로 알기

ㄷ. 표층 수온이 낮아져 태풍의 에너지원 공급이 줄어들게 되므로 이후에 통과하는 태풍의 발달을 저해하게 된다.

115 태풍의 구조 답 ⑤

자료 분석

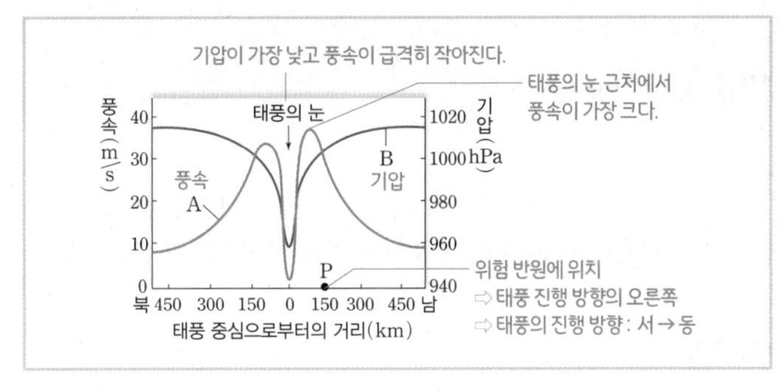

알짜 풀이

ㄱ. 태풍의 기압은 중심으로 갈수록 계속 낮아지며, 풍속은 중심으로 갈수록 커지다가 태풍의 눈 주변에서는 급격하게 작아진다. 그러므로 A는 풍속, B는 기압이다.

ㄷ. 태풍의 기압은 중심으로 갈수록 낮아져 태풍의 눈에서 가장 낮은 기압을 보인다.

바로 알기

ㄴ. 태풍 이동 경로의 오른쪽이 위험 반원이므로 위험 반원 내 속한 P 지점이 이동 경로의 오른쪽에 위치하려면 태풍은 서쪽에서 동쪽으로 이동하고 있다.

116 태풍의 이동 답 ③

알짜 풀이

ㄷ. 12일~13일 사이에 태풍의 진행 방향이 동쪽으로 변하였으며, 전향점을 지난 후에는 태풍의 진행 방향과 편서풍의 방향이 일치하는 부분이 있어서 이동 속도가 대체로 빨라진다.

바로 알기

ㄱ. 13일에 태풍은 편서풍의 영향으로 동쪽 방향으로 이동한다.

ㄴ. 태풍의 중심 기압이 낮을수록 태풍의 세력은 크고 최대 풍속은 빨라진다.

117 태풍의 이동과 중심 기압, 최대 풍속 변화 답 ②

자료 분석

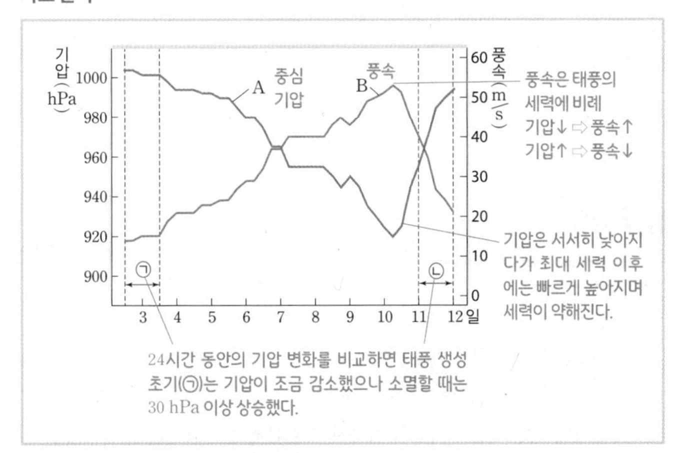

알짜 풀이

A는 중심 기압, B는 풍속을 나타낸다.

ㄴ. 태풍 생성 초기에는 중심 기압이 서서히 낮아지고 있으며, 소멸할 때는 중심 기압이 빠르게 높아지고 있다.

바로 알기

ㄱ. 태풍의 중심 기압은 점차 낮아지며 세력이 최대였을 때 제일 낮고, 이후 중심 기압이 점차 높아지면서 소멸한다.

ㄷ. 태풍이 육지에 상륙한다면 태풍의 에너지원인 수증기의 공급이 줄어들어 태풍의 세력은 더 약해지고 중심 기압은 더 높아진다.

118 태풍의 발생 위치 답 ②

알짜 풀이

ㄴ. 140°E를 기준으로 서쪽에서는 태풍이 9회, 동쪽에서는 18회 발생하였다.

바로 알기

ㄱ. 적도에서는 전향력이 없어 태풍이 발생하지 않는다.

ㄷ. 발생한 태풍은 모두 무역풍대에 위치하며 무역풍의 영향을 받아 대부분 서쪽으로 이동하며 북상한다.

119 태풍 답 ④

자료 분석

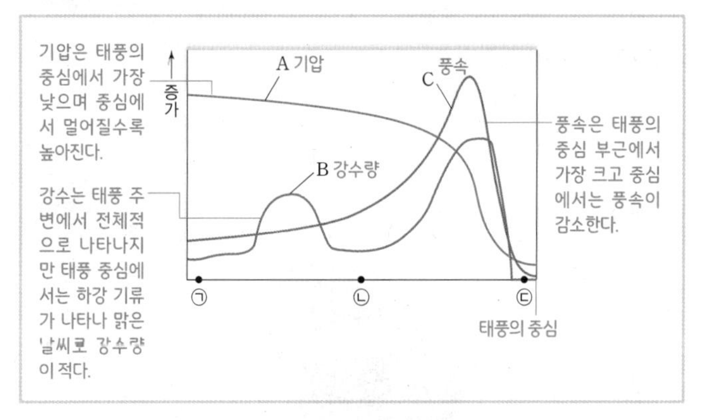

알짜 풀이

ㄱ, ㄴ. 기압은 태풍 중심으로부터 멀어짐에 따라 계속 높아진다. A, B, C 중 물리량이 계속 증가하거나 감소하는 물리량은 A이므로 A가 기압이고 기압이 가장 낮게 나오는 ㉢이 태풍의 중심에 가장 가까운 지점이다. 태풍의 풍속은 중심 부근에서 가장 강하고 중심에서 약해지므로 C는 풍속이다. B는 강수량으로 태풍 중심에서는 날씨가 맑아 강수량이 다른 지점에 비하여 낮다.

바로 알기

ㄷ. ㉢은 태풍의 중심에 가장 가까운 지점으로 강수량이 거의 없는 것으로 보아 하강 기류가 나타나고 날씨가 맑다.

120 태풍에 의한 해일의 발생 답 ②

알짜 풀이

ㄴ. 서해안보다 남해안의 해수면이 상승한 높이가 높으므로 남해안 지역에 해일이 발생할 가능성이 높다.

바로 알기

ㄱ. 강한 저기압인 태풍이 해상에 위치하면 주변보다 해수를 누르는 압력이 약하므로 해수면의 높이가 주변보다 높아진다. A는 해수면이 상승하였고, B는 해수면이 하강하였으므로 태풍의 중심은 A와 B 중 A에 위치한다.

ㄷ. 만조 때는 간조 때보다 해수면의 높이가 높으므로 해일의 발생 시기가 만조와 겹치면 피해가 더 커진다.

121 태풍의 이동과 중심 기압, 풍향 변화 답 ③

자료 분석

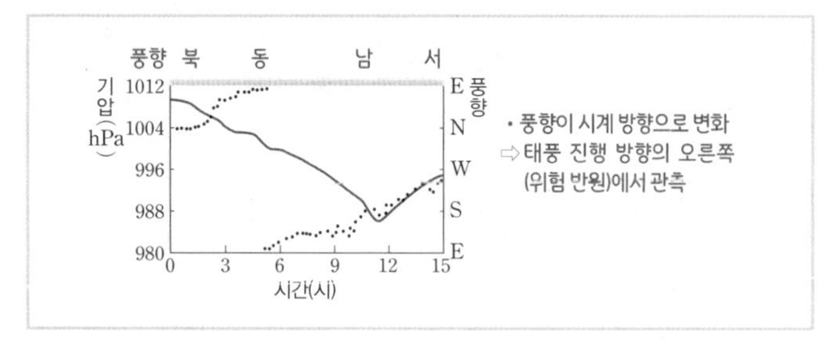

알짜 풀이

ㄷ. 태풍의 위험 반원은 태풍의 진행 경로의 오른쪽 지역으로, 태풍의 진행 경로와 태풍 내의 저기압성 바람이 대체로 일치하여 안전 반원에 비하여 풍속이 더 강하다.

바로 알기

ㄱ. 태풍이 육지에 상륙하면 열과 수증기의 공급이 줄어들어 태풍의 세력은 약해진다. (가)에서 태풍이 육지에 상륙하기 전보다 상륙한 후에 중심 기압이 높아졌으므로 태풍의 세력은 약해졌다.

ㄴ. (나)에서 풍향이 시계 방향(북 → 동 → 남 → 서)으로 변했으므로 관측소는 태풍 진행 경로의 오른쪽에 위치한다.

122 뇌우와 우박 답 ③

자료 분석

알짜 풀이

ㄷ. 우박은 상승과 하강을 반복하면서 성장하므로 단면을 보면 투명층과 불투명층이 교대로 나타나는 층상 구조가 보인다.

바로 알기

ㄱ. 상승 기류와 하강 기류가 같이 나타나므로 (가)는 뇌우의 발달 단계 중 성숙 단계에 해당한다.

ㄴ. 우박은 빙정 주위에 차가운 물방울이 얼어붙어 생성된다. (가)의 뇌우에서 구름 최상부의 온도는 0 °C보다 낮고, 또 우박이 형성되었으므로 (가)의 구름은 물방울과 빙정으로 구성되어 있다.

123 집중 호우 답 ②

알짜 풀이

ㄴ. 가시 영상에서 밝게 보일수록 구름의 두께가 두꺼우므로 B보다 A에서 관측된 구름의 두께가 더 두껍다.

바로 알기

ㄱ. 집중 호우는 일반적으로 시간당 강수량이 30 mm 이상 내릴 때를 말한다. 레이더 영상을 보았을 때 A 지역이 B 지역보다 강수량이 많으므로 A가 B보다 집중 호우가 발생했을 가능성이 높다.

ㄷ. 가시 영상은 한밤중에는 관측이 불가하므로 집중 호우가 발생한 시간은 가시 영상 관측이 가능한 낮이다.

124 황사의 발생 조건 답 ①

알짜 풀이

ㄱ. 황사의 발생 조건 중 하나는 발원지에서 저기압과 강한 바람에 의해 상승 기류가 나타나 모래나 먼지 등 토양의 일부가 공중으로 떠올라야 한다는 것이다.

바로 알기

ㄴ. 황사는 편서풍을 타고 우리나라 쪽으로 이동한다.

ㄷ. 한반도에 황사가 유입될 때는 한반도 주변에 고기압이 발달하여 하강 기류에 의해서 상층의 모래나 먼지가 내려오는 경우이다.

125 황사 답 ①

알짜 풀이

ㄱ. 서해안은 대부분의 지역이 연간 황사 발생 일수가 6일 이상이고, 동해안은 대부분의 지역이 연간 황사 발생 일수가 4일이다.

바로 알기

ㄴ. 황사는 편서풍을 타고 중국 북부나 몽골의 사막 지역에서 우리나라로 이동한다.

ㄷ. 황사는 편서풍을 타고 서쪽에서 동쪽으로 이동하므로 일반적으로 서쪽 지역(A)이 동쪽 지역(B)보다 황사의 발생 일수가 많고, 서쪽에서 동쪽으로 갈수록 황사의 농도는 낮아진다.

126 악기상 답 ③

알짜 풀이

A. 우박의 단면을 잘라 보면 층상 구조가 보이는데 적란운에서 상승과 하강을 반복하며 얼음 입자가 성장하였기 때문이다.

C. 한랭 전선 부근에서는 찬 공기가 따뜻한 공기를 파고들어 따뜻한 공기가 빠르게 상승할 때 뇌우가 발생한다.

바로 알기

B. 호우는 적란운이 한 곳에 정체하여 비가 계속 내릴 때 발생하므로 층운형 구름보다는 적운형 구름에서 잘 발생한다.

127 폭설 답 ④

알짜 풀이

ㄱ. 황해 내륙은 대부분의 지역이 연간 20일 이상의 눈이 내렸고, 동해 내륙은 대부분의 지역이 연간 20일 미만으로 눈이 내렸다.

ㄴ. (나)는 기단이 이동하면서 기단의 하부가 냉각되어 점점 안정해지고, (다)는 기단이 이동하면서 기단의 하부가 가열되어 불안정해진다.

바로 알기

ㄷ. 우리나라 겨울철에는 차고 건조한 시베리아 기단이 따뜻한 황해를 지나면서 기단 하부에 열과 수증기를 공급받아 불안정해져 황해 내륙에 많은 눈을 내리게 한다.

09 해수의 성질 055~057쪽

대표 기출 문제 128 ① 129 ③

적중 예상 문제 130 ④ 131 ③ 132 ⑤ 133 ② 134 ④ 135 ③ 136 ① 137 ③

128 위도별 해수의 연직 수온 분포와 용존 산소량 답 ①

자료 분석

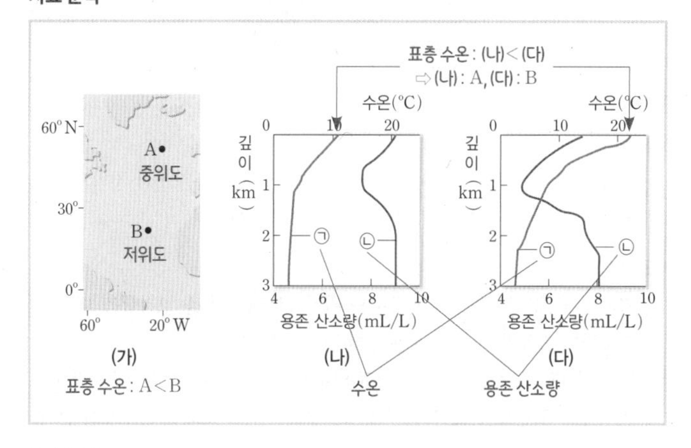

알짜 풀이

ㄱ. 수온은 표층에서 심층으로 갈수록 낮아지고, 용존 산소량은 광합성에 의해 표층에서 가장 크게 나타나며 깊이가 깊어질수록 감소하다가 수심이 더 깊어질수록 점차 증가한다. 그 까닭은 산소가 풍부한 극 해역의 표층 해수가 침강하여 심해에 산소가 공급되기 때문이다. 따라서 ㉠은 수온, ㉡은 용존 산소량이다. 이때 표층의 수온(㉠)이 낮고 용존 산소량(㉡)이 큰 (나)는 위도가 높은 A에 해당한다.

바로 알기

ㄴ. 표층에서 용존 산소량(㉡)은 위도가 높아 표층 수온이 낮은 A가 B보다 크다.

ㄷ. 수온 약층은 깊이가 깊어질수록 수온이 급격하게 낮아지는 층으로, 표층과 심층의 수온 차가 클수록 뚜렷하게 나타난다. 따라서 수온 약층은 표층 수온이 높은 B가 A보다 뚜렷하게 나타난다.

129 수온-염분도 답 ③

알짜 풀이

ㄱ. 해수의 밀도는 수온이 낮을수록, 염분이 높을수록 커지므로, 수온-염분도에서 오른쪽 아래로 갈수록 밀도가 증가한다. 따라서 A 시기에 깊이가 증가할수록 밀도는 증가한다.

ㄴ. 기체의 용해도는 수온이 낮을수록 증가한다. 50 m 깊이에서 수온은 A 시기가 B 시기보다 낮으므로, 50 m 깊이에서 산소의 용해도는 A 시기가 B 시기보다 높다.

바로 알기

ㄷ. 담수는 해수에 비해 염분이 낮기 때문에 담수가 유입되는 곳에서는 염분이 낮게 나타난다. 따라서 유입된 담수의 양은 염분이 낮은 A 시기가 B 시기보다 많다.

130 해수의 염분 답 ④

알짜 풀이

ㄱ. 해수의 염분이 증가하는 요인에는 해수의 증발, 해수의 결빙 등이 있고, 해수의 염분이 감소하는 요인에는 강수 및 담수의 유입, 빙하의 해빙 등이 있다. A는 해수의 결빙에 의한 염분 변화, B는 담수의 유입에 의한 염분 변화, C는 증발에 의한 염분 변화를 알아보기 위한 과정이다.

ㄴ. 소금물이 얼 때, 순수한 물만 얼기 때문에 남아 있는 소금물은 염류가 높아진다. 따라서 남아 있는 소금물의 염분은 40 psu보다 높다.

바로 알기

ㄷ. 염분이 40 psu이므로 400 mL의 소금물에는 약 16 g의 소금이 있으며, 여기에 물이 100 mL 추가되면 염분은 약 32 psu가 된다.

131 위도별 표층 해수의 밀도 답 ③

자료 분석

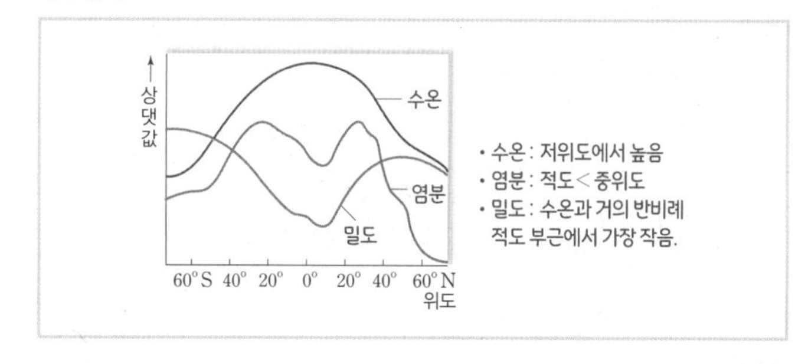

알짜 풀이

ㄱ. A는 수온이다. 태양 복사 에너지양의 차이로 저위도에서 고위도로 갈수록 수온은 낮아진다. B는 염분이다. 증발량과 강수량의 차이로 염분은 적도에서는 낮게 중위도에서는 높게 나타난다. C는 밀도이다. 밀도는 수온이 높을수록 작아지므로 적도에서 고위도로 갈수록 대체로 커지는 경향을 보인다.

ㄷ. 30°N 해역이 10°N 해역보다 염분이 높게 나타나는 이유는 (증발량-강수량) 값이 30°N 해역이 10°N 해역보다 크기 때문이다.

바로 알기

ㄴ. 60°N 해역과 60°S 해역의 수온은 거의 비슷한데 60°N이 밀도가 더 낮은 이유는 염분이 더 낮기 때문이다. 염분이 낮아지는 이유는 담수의 유입 또는 빙하의 해빙이 있기 때문이다.

132 표층 염분 답 ⑤

알짜 풀이

ㄱ. C 지점은 연평균 (증발량-강수량) 값이 (-) 값을 보이므로, 이 지점은 연평균 강수량이 연평균 증발량보다 크다.

ㄷ. 표층 염분은 대체로 (증발량-강수량) 값이 클수록 높다. A 지점은 0, C 지점은 -100이므로 A 지점의 표층 염분이 더 높다.

바로 알기

ㄴ. 대기 대순환에 의해 위도 30° 부근에는 고압대가, 적도 부근과 위도 60° 부근에는 저압대가 형성된다. B 지점은 고압대에 위치하여 강수량보다 증발량이 많다.

133 계절에 따른 연직 수온 분포 답 ②

알짜 풀이

ㄴ. 깊이 30 m에서 수온은 7월~8월에는 8 °C~10 °C이고 11월~12월에는 7 °C~8 °C이다. 깊이 60 m에서 7월~8월의 수온은 6 °C~7 °C이고 11월~12월에는 6 °C~7 °C이므로 수온의 연교차는 깊이 60 m에서보다 깊이 30 m에서 더 크다.

바로 알기

ㄱ. 표층 수온은 7월이 12월에 비하여 높으므로 이 해역은 7월이 여름철인 북반구에 위치하고 있다.

ㄷ. 혼합층은 깊이에 따라 수온이 일정한 층이다. 7월에는 표층에서부터 수온이 감소하지만 11월에는 약 50 m 깊이까지 수온이 일정하므로 혼합층의 두께는 11월이 7월보다 두껍다.

134 해수의 수온－염분도 답 ④

자료 분석

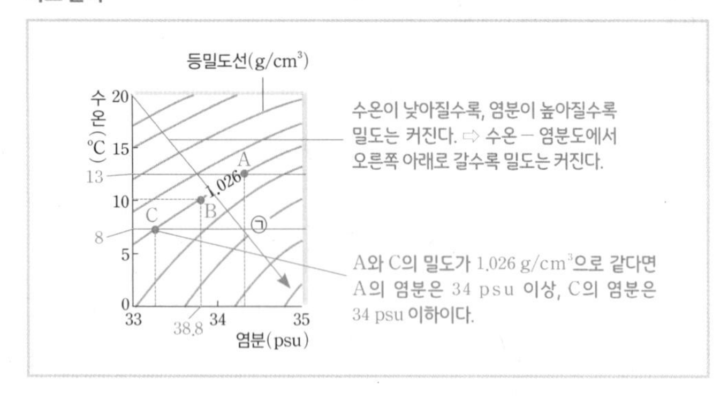

알짜 풀이

ㄴ. 해수가 결빙이 일어나면 주변 해수의 염분은 높아지고, 빙하가 융해되면 주변 해수의 염분은 낮아진다. B의 수온이 10 °C, 염분이 33.8 psu이므로 밀도는 약 1.026 g/cm³이다. B의 일부가 결빙이 일어나면, 결빙이 되지 않은 B 해수의 밀도는 이보다 더 커지게 된다.

ㄷ. A는 C보다 수온이 높기 때문에 A와 C의 밀도가 같기 위해서는 A의 염분은 C보다 높아야 한다.

바로 알기

ㄱ. 수온－염분도에서 수온이 낮아질수록, 염분이 높아질수록, 밀도는 커지므로 ㉠의 값은 1.026보다 크다.

135 해수의 성질 답 ③

자료 분석

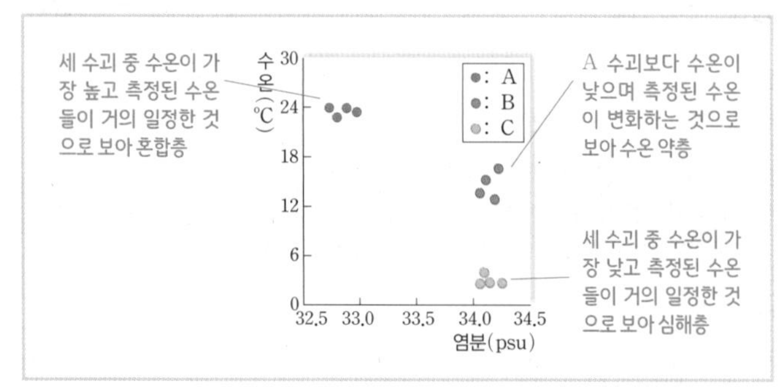

알짜 풀이

ㄱ. A 수괴는 수온이 가장 높아 표층에 위치하고 있고, 수괴에서 측정된 수온의 분포도 대체로 일정하게 나타나므로 혼합층에 위치하고 있다.

ㄷ. C 수괴는 A 수괴에 비하여 온도는 낮고 염분은 높다. C 수괴를 B와 비교했을 때 염분은 비슷하나 수온이 더 낮으므로 평균 밀도는 C가 가장 크다.

바로 알기

ㄴ. 염분은 해수 1 kg 속에 녹아 있는 염류의 총량을 g수로 나타낸 것으로 단위는 psu이다. B 수괴의 표층 염분은 약 34.2 psu이므로 100 g의 해수를 증발시키면 약 3.42 g의 염류를 얻을 수 있다.

136 우리나라 주변 해수의 수온과 염분 답 ①

자료 분석

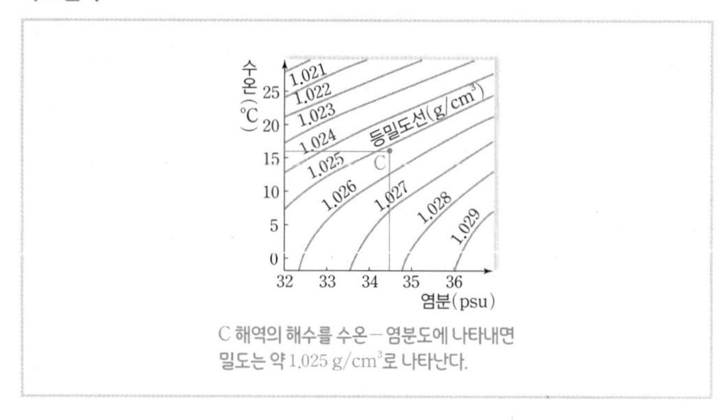

C 해역의 해수를 수온－염분도에 나타내면 밀도는 약 1.025 g/cm³로 나타난다.

알짜 풀이

ㄱ. A 해역은 주변보다 염분이 상대적으로 낮다. A 해역은 연안 지역으로 육지로부터 담수가 유입되어 표층 염분이 낮게 나타난다.

바로 알기

ㄴ. 기체의 용해도는 수온이 낮을수록 커지므로 수온만을 고려했을 때 용존 기체량이 가장 많은 곳은 수온이 낮은 A 해역이다.

ㄷ. C 해역 해수의 수온은 16 °C이고 염분은 약 34.5 psu이다. 이 값을 (나)의 수온－염분도에 표시하면 해수의 밀도는 약 1.025 g/cm³보다 큰 값을 나타낸다.

137 우리나라 주변 해수의 표층 염분 답 ③

자료 분석

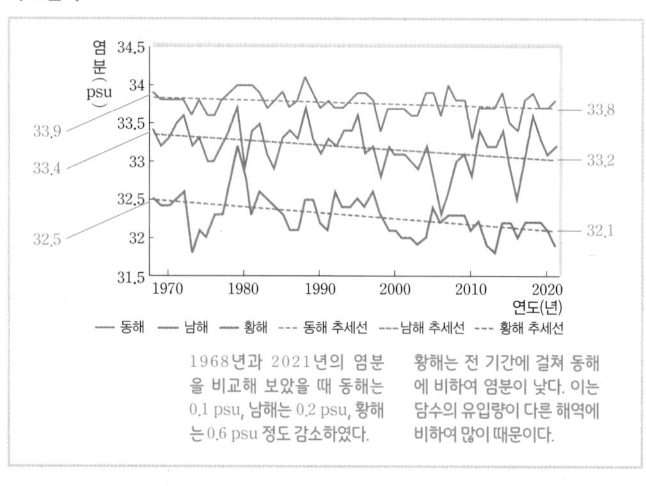

알짜 풀이

ㄷ. 황해가 동해보다 표층 염분이 낮은 이유는 우리나라와 중국으로부터 많은 양의 담수가 유입되기 때문이다.

바로 알기

ㄱ. 추세선을 보았을 때 이 기간 동안 염분이 가장 많이 감소한 해역은 황해고, 가장 적게 감소한 해역은 동해이다.

ㄴ. 이 기간 동안 우리나라 전체 해역의 염분이 감소하고 있는 추세이다. 이는 (증발량－강수량) 값이 감소하는 추세이기 때문이다.

10 해수의 표층 순환과 심층 순환 059~063쪽

대표 기출 문제 138 ② 139 ①

적중 예상 문제 140 ① 141 ① 142 ② 143 ④ 144 ② 145 ④ 146 ④ 147 ② 148 ③ 149 ④ 150 ① 151 ⑤ 152 ① 153 ③

138 남태평양의 표층 순환 답 ②

자료 분석

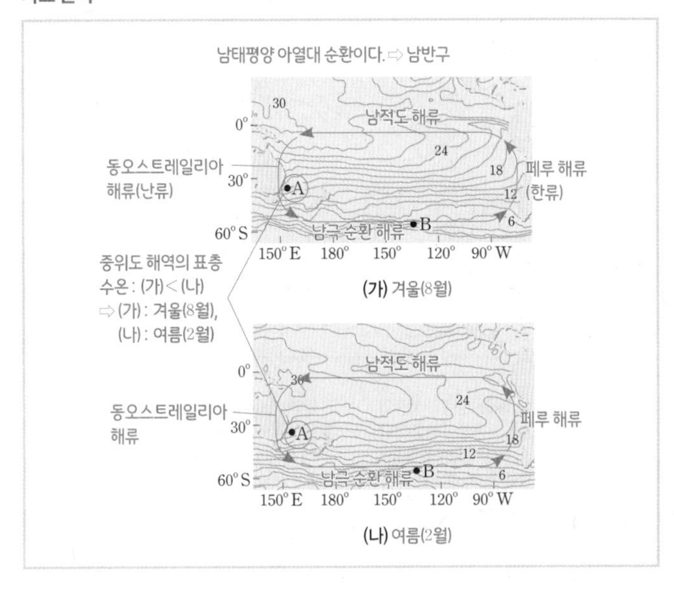

알짜 풀이

ㄴ. 남반구에서 아열대 순환은 시계 반대 방향으로 순환한다. 따라서 A에서 흐르는 해류는 저위도에서 고위도 방향으로 흐르는 난류로, 저위도의 남는 에너지를 고위도 방향으로 이동시킨다.

바로 알기

ㄱ. 남반구는 2월에 여름, 8월에 겨울이다. 따라서 남태평양에서 동일 위도의 표층 수온이 낮은 (가)는 8월, 표층 수온이 높은 (나)는 2월에 해당한다.

ㄷ. 30°S~60°S인 B에서 흐르는 해류는 편서풍의 영향을 받아 서쪽에서 동쪽으로 흐르는 남극 순환 해류이므로, 30°N~60°N에서 편서풍의 영향을 받는 북태평양 해류의 방향과 같다.

139 심층 순환 답 ①

알짜 풀이

A는 남극 저층수, B는 북대서양 심층수, C는 남극 중층수이다.

ㄱ. A는 남극 대륙 주변의 웨델해에서 해수가 결빙될 때 염류가 빠져나와 표층 해수의 염분과 밀도가 증가하여 침강하며 형성된 남극 저층수로, 해저를 따라 북쪽으로 이동하여 30°N까지 흐른다.

바로 알기

ㄴ. 남극 저층수(A)는 해저를 따라 흐르고 남극 중층수(C)는 수심 1 km 부근에서 흐르므로, 밀도는 남극 중층수(C)가 남극 저층수(A)보다 작다.

ㄷ. B는 그린란드 해역에서 냉각된 표층 해수가 침강하여 형성된 북대서양 심층수이다. 빙하가 녹은 물이 그린란드 주변 해역(P)에 유입되면, 표층 해수의 염분이 낮아지고 밀도가 작아져서 해수의 침강이 약해지기 때문에 북대서양 심층수(B)의 흐름은 약해질 것이다.

140 대기 대순환과 표층 해류 답 ①

자료 분석

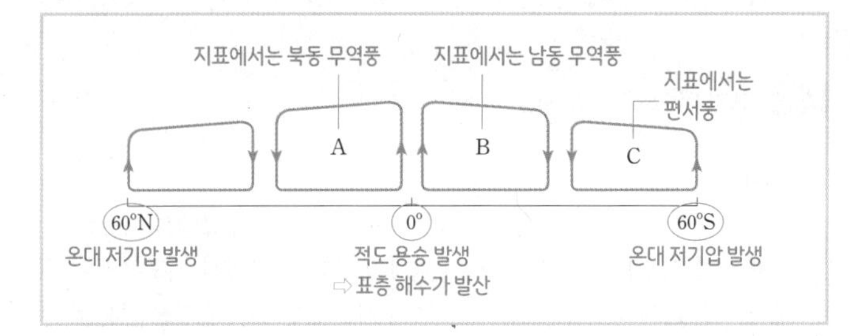

알짜 풀이

ㄱ. A와 B의 지표 부근에서는 동에서 서로 무역풍이 불고, C의 지표 부근에서는 서에서 동으로 편서풍이 분다. 라니냐 시기에는 무역풍이 평상시보다 강해진다.

바로 알기

ㄴ. 온대 저기압은 따뜻한 기단과 차가운 기단이 만나 상승 기류가 발달하는 곳에서 형성된다. B와 C 사이는 적도에서 수렴한 후 상승한 공기가 하강하여 남북으로 갈라지는 곳이므로 상승 기류가 발달하지 않아 온대 저기압이 형성되지 않는다. 온대 저기압은 C와 극순환이 만나는 곳인 위도 60° 부근에서 주로 형성된다.

ㄷ. B에서는 동에서 서로 바람이 불고, C에서는 서에서 동으로 바람이 분다. 표층 해수는 B에서 부는 무역풍에 의해 고위도로 이동하고, C에서 부는 편서풍에 의해 저위도로 이동하므로 B와 C의 사이에서는 표층 해수가 수렴한다. 표층 해수가 발산하는 곳은 A와 B 사이이다.

141 표층 순환 답 ①

알짜 풀이

ㄱ. 아열대 순환의 방향은 북반구에서는 시계 방향이고, 남반구에서는 시계 반대 방향이므로 적도를 중심으로 대칭인 모습으로 나타난다.

바로 알기

ㄴ. 북반구에서는 고위도에도 바다가 있어 극동풍에 의해 형성된 해류와 편서풍에 의해 형성된 해류가 연결되어 아한대 순환이 나타난다. 남반구에서는 고위도에 남극 대륙이 존재하여 바다가 없으므로 아한대 순환이 형성되지 않는다.

ㄷ. 북반구와 남반구에서 모두 무역풍에 의한 해류는 동에서 서로, 편서풍에 의한 해류는 서에서 동으로 흐른다. 동서로 흐르던 해류가 대륙에 가로막혀 남북으로 갈라져 이어지면 순환을 이루게 된다. 무역풍에 의해 동에서 서로 흐르는 해류인 적도 해류는 대륙에 막혀 고위도로 이동하다 편서풍에 의해 형성된 해류에 연결된다. 서에서 동으로 흐르던 해류가 대륙에 막혀 갈라져 저위도로 이동하다 적도 해류와 만나게 되어 아열대 순환을 이룬다.

142 대기 대순환과 표층 해류 답 ②

알짜 풀이

ㄴ. A 해역에서는 저위도에서 고위도로 흐르는 난류와 고위도에서 저위도로 흐르는 한류가 만나 위도에 따른 표층 해수의 수온 변화가 크므로 등수온선 간격이 좁다. C 해역에서는 서쪽에서 동쪽으로 흐르던 해류가 저위도와 고위도로 갈라지므로 위도에 따른 표층 해수의 수온 변화가 적어 등수온선 간격이 넓다.

바로 알기

ㄱ. 극동풍과 편서풍에 의해 형성되는 아한대 순환은 북반구에서만 나타난다.

남반구에서는 남극 대륙이 존재하므로 아한대 순환이 형성되지 않는다.
ㄷ. 표층 염분은 B 해역과 D 해역 사이에 위치한 중위도 해역에서 가장 높다. 따라서 B 해역에서 D 해역으로 갈수록 표층 염분은 높아지다가 낮아진다.

143 대기 대순환과 표층 해류 답 ④

알짜 풀이

ㄴ. 해들리 순환은 적도에서 공기가 상승하여 위도 30° 부근에서 하강하고, 페렐 순환은 위도 30° 부근에서 공기가 하강한다. 따라서 위도 30° 부근에 위치한 A의 고기압은 해들리 순환과 페렐 순환에 의해 형성된다.
ㄷ. B와 C는 모두 편서풍대에 속한다. 따라서 서에서 동으로 부는 바람에 의해 표층 해수는 서에서 동으로 흐른다. B에는 북태평양 해류, C에는 남극 순환 해류가 흐른다.

바로 알기

ㄱ. 북반구에서는 대륙에서 해양으로 바람이 불고 있으므로 대륙에 고기압, 해양에 저기압이 발달해 있다. 1월에는 대륙이 해양에 비해 빨리 냉각되어 하강 기류가 발달하므로 고기압이 형성된다. 따라서 그림은 1월의 풍향 분포이다. 7월에는 대륙이 해양에 비해 빨리 가열되어 상승 기류가 발달하므로 대륙에 저기압, 해양에 고기압이 발달하여 해양에서 대륙 쪽으로 바람이 분다.

144 표층 순환 답 ②

알짜 풀이

ㄷ. 남반구에서의 표층 순환은 적도 부근에서는 동에서 서로, 고위도에서는 서에서 동으로 흐르며, 전체적으로는 시계 반대 방향으로 흐른다.

바로 알기

ㄱ. A, B에는 적도 해류가, E에는 남극 순환 해류가 흐른다. 적도 해류는 동에서 서로 흐르며, 무역풍에 의해 형성된다. 남극 순환 해류는 서에서 동으로 흐르며, 편서풍에 의해 형성된다. 무역풍은 직접 순환인 해들리 순환, 편서풍은 간접 순환인 페렐 순환의 지표 부근에서 부는 바람이다.
ㄴ. C에는 저위도에서 고위도로 난류가, D에는 고위도에서 저위도로 한류가 흐른다. 따라서 저위도에서 고위도로의 열 수송량은 D보다 C에서 많다.

145 표층 순환 답 ④

알짜 풀이

ㄴ. B 해역은 아한대 순환의 일부로 해수가 저위도에서 고위도로 흐르는 곳이므로 저위도의 열에너지가 고위도로 전달된다.
ㄷ. 캘리포니아 해류는 미국의 서해안을 따라 고위도에서 저위도로 흐르는 한류이다. 한류가 강해지면 한류의 영향을 받는 해역의 용존 산소량은 증가한다.

바로 알기

ㄱ. 용존 산소량은 해수의 수온에 따라 달라지며, 수온이 낮을수록 증가한다. A 해역에서 용존 산소량의 등치선 간격이 조밀한 것은 용존 산소량의 변화가 크다는 의미이고, 이것은 수온이 급격히 변하기 때문이다.

146 표층 순환 답 ④

알짜 풀이

북적도 해류는 무역풍, 북태평양 해류는 편서풍에 의해 형성된다. 쿠로시오 해류는 난류로, 저위도에서 고위도로 열에너지를 수송한다. 따라서 ㉠은 북태평양 해류, ㉡은 쿠로시오 해류, ㉢은 북적도 해류이다.
ㄱ. ㉠은 편서풍 지역에서, ㉢은 무역풍 지역에서 흐르므로 ㉠이 ㉢보다 높은 위도에서 흐른다.
ㄷ. 북적도 해류는 무역풍에 의해서 형성되므로 동에서 서로 흐른다.

바로 알기

ㄴ. 쿠로시오 해류는 난류이고, 페루 해류는 한류이다. 용존 산소량은 수온이 낮을수록 많으므로 페루 해류가 쿠로시오 해류보다 많다.

147 대기 대순환과 표층 순환 답 ②

자료 분석

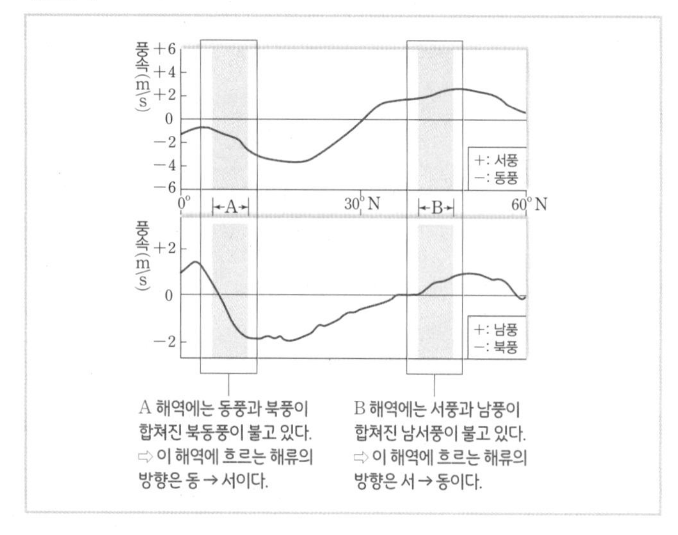

알짜 풀이

그림에서 0°~30°N에서는 북동풍이, 30°N~60°N에서는 남서풍이 불고 있음을 알 수 있다.
ㄴ. 북태평양 해류는 편서풍에 의해 서에서 동으로 흐르므로, B에서 나타난다.

바로 알기

ㄱ. 0°~30°N에서는 해들리 순환이 일어난다. 해들리 순환은 열적 순환(직접 순환)으로, 적도 부근에서 상승하고 위도 30° 부근에서 하강한다. 따라서 A에서는 해들리 순환의 상승 기류가 나타난다.
ㄷ. A에서 흐르는 해류는 북동풍에 의해, B에서 흐르는 해류는 남서풍에 의해 형성된다. 따라서 A와 B에서 흐르는 해류는 방향이 반대이다.

148 우리나라 주변의 해류 답 ③

알짜 풀이

A는 쿠로시오 해류, B는 동한 난류, C는 북한 한류이다.
ㄱ. 쿠로시오 해류는 동한 난류와 황해 난류의 근원이 된다.
ㄴ. 난류는 한류보다 수온과 염분이 높다.

바로 알기

ㄷ. ㉠은 난류와 한류가 만나는 해역이고, ㉡은 난류가 지나는 해역이다. 난류와 한류가 만나는 곳에서는 남북 간의 수온 차가 크다.

149 심층 순환의 원리 답 ④

알짜 풀이

해수의 심층 순환은 수온과 염분 변화에 따른 해수의 밀도 차이로 발생한다. 해수의 결빙이 일어날 때에는 물만 얼고 염류는 주위로 빠져나오므로 주변 해수의 염분이 높아진다.

ㄱ. ㉠과 ㉡은 모두 20 ˚C의 물보다 밀도가 커서 가라앉는다.

ㄷ. 수조를 30 ˚C의 물로 채우면 밀도 차가 더 커지므로 침강 현상이 더 활발하게 일어난다.

바로 알기

ㄴ. ㉡은 물의 결빙으로 염류가 빠져나와 염분이 높아진 상태이므로 ㉠보다 염분이 높다. 따라서 같은 온도의 ㉠과 ㉡이 만나면 밀도가 큰 ㉡이 ㉠의 아래로 흐른다.

150 대서양의 심층 순환 발생 원리 답 ①

알짜 풀이

ㄱ. 극지방에서 해수의 결빙이 일어날 때는 물만 얼고 염류는 빠져나온다. 이로 인해 결빙이 일어나는 해역의 해수는 염분이 높아진다. 따라서 과정 (나)는 극지방에서 결빙이 일어나는 경우에 해당한다.

바로 알기

ㄴ. 소금물의 농도가 같은 경우에는 온도가 낮을수록 밀도가 크므로, 밀도는 A가 B보다 크다. A와 C는 같은 온도이지만 C는 소금물을 얼린 후 얼음을 걷어내고 남은 소금물이므로 염분이 더 높기 때문에 밀도는 C가 A보다 크다. 따라서 소금물의 밀도는 C > A > B이다.

ㄷ. 밀도 관계로 볼 때 A는 북대서양 심층수, B는 남극 중층수, C는 남극 저층수에 해당한다.

151 표층 순환과 심층 순환 답 ⑤

자료 분석

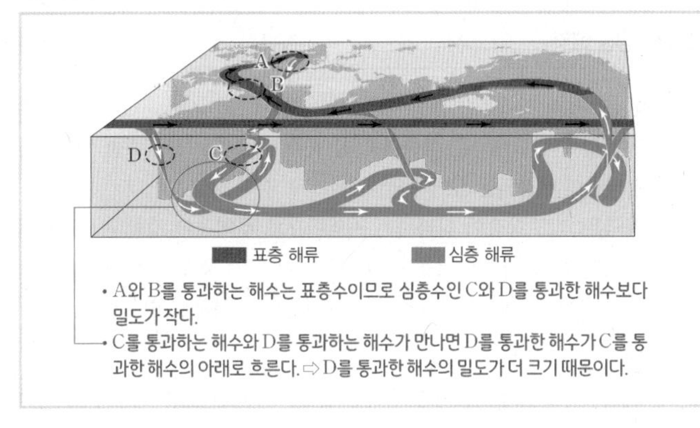

알짜 풀이

해수의 표층 순환과 심층 순환은 서로 유기적으로 연결되어 지구 전체를 순환하는 거대한 순환 시스템을 이루며 남북 간의 열에너지 불균형을 해소시킨다.

ㄱ. A는 냉각된 해수가 침강하여 심층 순환이 시작되는 해역이다. 이 해역에서 해수의 침강이 활발할수록 멕시코 만류에서 북대서양 해류로 이어지는 흐름이 활성화되어 B 해역을 흐르는 해수의 흐름이 빨라진다.

ㄴ. C에는 A 해역에서 침강한 해수가 대서양 해저를 따라 남쪽으로 이동하는 북대서양 심층수가 흐른다.

ㄷ. D를 통과하는 해수는 해저로 침강하며, C를 흐르는 해수와 만나 그 아래로 흐른다. 따라서 해수의 밀도는 D를 통과하는 해수가 가장 크다. D를 통과하는 해수는 남극 저층수를 이룬다.

152 표층 순환과 심층 순환 답 ①

알짜 풀이

ㄱ. 그린란드의 빙하량은 1998년에서 2018년 동안 감소하였다. 빙하량의 감소는 빙하의 융해로 인해 일어났으며, 빙하가 녹은 물은 A 해역으로 흘러들어갔을 것이다. 빙하가 녹은 물, 즉 담수가 유입됨에 따라 A 해역 표층 해수의 염분은 1998년보다 2018년에 낮아졌을 것이다.

바로 알기

ㄴ. 1998년보다 2018년에 A 해역의 염분이 낮아짐에 따라 표층 해수의 밀도가 감소하고, 해수의 침강은 약해졌을 것이다.

ㄷ. 표층수와 심층수는 연결되어 있다. 따라서 A 해역에서 해수의 침강이 약해지면 심층수(㉡)의 흐름이 느려지고, 연결된 표층수(㉠)의 흐름도 느려진다. 따라서 ㉠과 ㉡의 유속은 1998년보다 2018년에 느렸을 것이다.

153 표층 순환과 심층 순환 답 ③

알짜 풀이

C. ㉡ 해역은 심층수가 표층으로 올라오는 해역이다. 심층수는 표층수에 비해 수온이 낮으므로 이 해역의 해수는 주변 해역보다 수온이 낮아 용존 산소량이 많을 것이다.

바로 알기

A. 북대서양 그린란드 주변 해역(㉠)에서는 결빙이 일어나고, 결빙이 일어나는 동안 염류는 빠져나와 결빙되지 않은 주변 해수로 이동하기 때문에 결빙되지 않은 해수는 염분이 높아진다.

B. 심층 순환은 그린란드 주변 해역과 남극의 웨델해에서 침강한 해수에 의해 이루어진다. 그린란드 주변 해역에서 침강한 해수는 북대서양 심층수(ⓐ)이고, 웨델해에서 침강한 해수는 남극 저층수(ⓑ)이다. 남극 저층수가 북대서양 심층수보다 밀도가 크다. 따라서 두 해수가 만나면 남극 저층수(ⓑ)가 북대서양 심층수(ⓐ)의 아래로 내려간다.

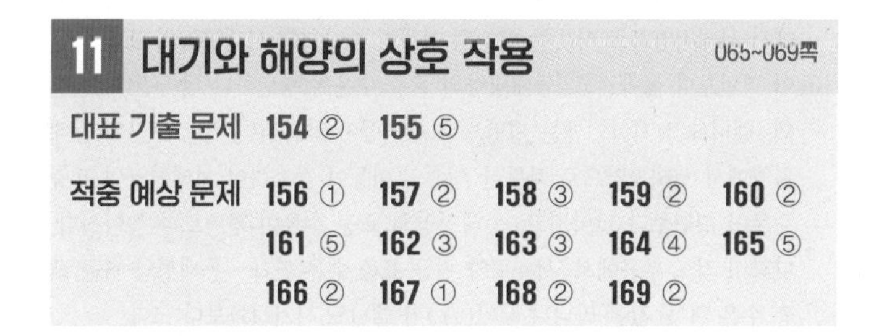

11 대기와 해양의 상호 작용

065~069쪽

대표 기출 문제	154 ②	155 ⑤			
적중 예상 문제	156 ①	157 ②	158 ③	159 ②	160 ②
	161 ⑤	162 ③	163 ③	164 ④	165 ⑤
	166 ②	167 ①	168 ②	169 ②	

154 엘니뇨와 라니냐 시기의 풍속 편차와 등수온선 깊이 편차 답 ②

자료 분석

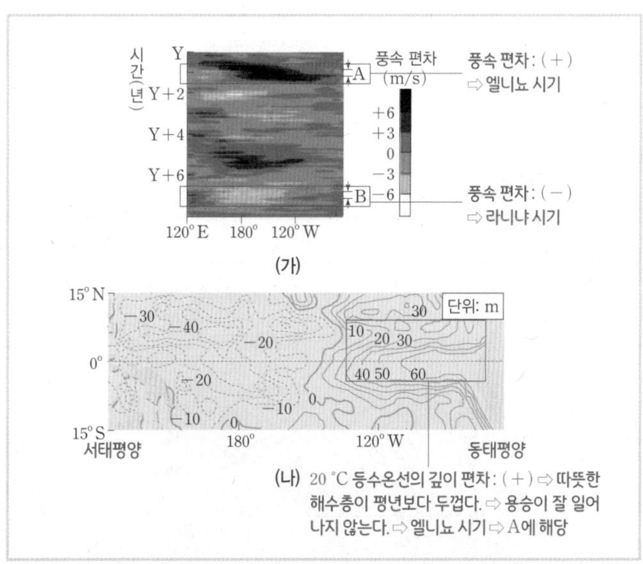

알짜 풀이

무역풍은 동풍 계열의 바람이므로 무역풍이 평년보다 약해지는 엘니뇨 시기에는 동서 방향 풍속 편차가 (+)이고, 무역풍이 평년보다 강해지는 라니냐 시기에는 동서 방향 풍속 편차가 (−)이다. A에서는 풍속 편차가 (+)이므로 엘니뇨 시기이고, B에서는 풍속 편차가 (−)이므로 라니냐 시기에 해당한다.

ㄴ. B(라니냐) 시기에는 동서 방향의 해수면의 경사가 크므로 동태평양 적도 부근 해역에서 해수면 높이가 평년보다 낮다.

바로 알기

ㄱ. (나)에서 20 °C 등수온선의 깊이 편차가 동태평양 적도 부근 해역에서 (+) 값이다. 따라서 (나)는 동태평양 적도 부근 해역에서 따뜻한 해수층이 평년보다 두꺼워진 A(엘니뇨 시기)에 해당한다.

ㄷ. 엘니뇨 시기에는 동태평양 적도 부근 해수의 수온이 평년보다 높으므로 해면 기압은 평년보다 낮고, 서태평양 적도 부근 해수의 수온이 평년보다 낮으므로 해면 기압은 평년보다 높다. 라니냐 시기에는 이와 반대로 나타난다. 따라서 적도 부근의 (동태평양 해면 기압−서태평양 해면 기압) 값은 엘니뇨 시기인 A가 라니냐 시기인 B보다 작다.

155 엘니뇨와 라니냐 답 ⑤

알짜 풀이

ㄱ. A는 동태평양 적도 해역의 해면 기압 편차가 (+)이므로 라니냐 시기이고, B는 동태평양 적도 해역의 해면 기압 편차가 (−)이므로 엘니뇨 시기이다. 따라서 동태평양 적도 해역의 수온이 평년보다 높은 (나)는 엘니뇨 시기(B)에 측정한 것이다.

ㄴ. 라니냐 시기(A)에는 평년보다 무역풍이 강화되어 적도 부근의 동태평양에서 서태평양으로 따뜻한 해수의 이동이 증가하여 서태평양의 표층 수온이 평년보다 높아지고, 동태평양의 표층 수온이 평년보다 낮아진다. 반면에, 엘니뇨 시기(B)에는 평년보다 무역풍이 약화되어 적도 부근의 동태평양에서 서태평양으로 따뜻한 해수의 이동이 감소하여 서태평양의 표층 수온이 평년보다 낮아지고, 동태평양의 표층 수온이 평년보다 높아진다. 따라서 적도 부근에서 (서태평양 평균 표층 수온 편차−동태평양 평균 표층 수온 편차) 값은 라니냐 시기(A)가 엘니뇨 시기(B)보다 크다.

ㄷ. 라니냐 시기(A)에는 동태평양 적도 해역의 기압이 평년보다 높아지고, 서태평양 적도 해역의 기압이 평년보다 낮아진다. 반면에, 엘니뇨 시기(B)에는 동태평양 적도 해역의 기압이 평년보다 낮아지고, 서태평양 적도 해역의 기압이 평년보다 높아진다. 따라서 적도 부근에서 $\frac{\text{동태평양 평균 해면 기압}}{\text{서태평양 평균 해면 기압}}$은 라니냐 시기(A)가 엘니뇨 시기(B)보다 크다.

156 연안 용승 답 ①

자료 분석

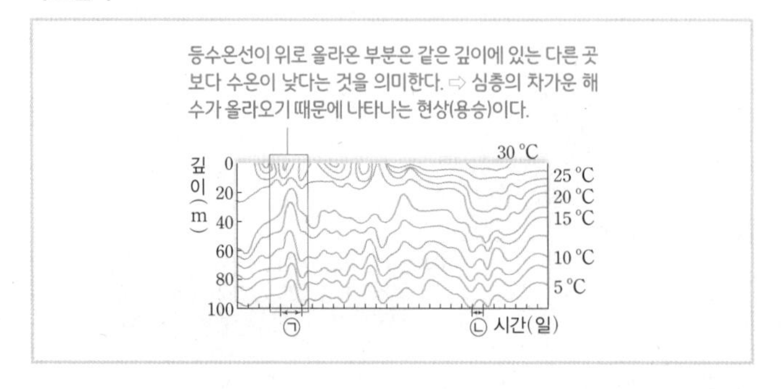

알짜 풀이

ㄱ. 동해안에 위치한 A 해역에서 용승이 일어나려면 표층 해수가 육지에서 먼 바다 쪽으로 이동해야 한다. 북반구에서 에크만 수송은 바람 방향의 직각 오른쪽으로 일어나므로, A 해역에서 용승이 일어나려면 남풍(남쪽 → 북쪽으로 부는 바람)이 지속적으로 불어야 한다.

바로 알기

ㄴ. 용승이 일어나면 심해의 찬 해수가 표층으로 올라와 표층 수온이 낮아진다. ㉠ 시기에는 동일한 깊이에서 다른 날보다 수온이 낮은 것을 볼 수 있다. 따라서 연안 용승은 ㉡ 시기보다 ㉠ 시기에 더 활발하였다.

ㄷ. 용승이 일어나면 차가운 심층수가 올라오므로 용존 산소량이 많아지고, 플랑크톤이나 영양 염류가 풍부해진다. 따라서 표층에서 플랑크톤 농도는 ㉠ 시기에 더 높았을 것이다.

157 연안 용승과 해수의 성질 답 ②

알짜 풀이

ㄷ. 해수의 밀도는 수온이 낮을수록, 염분이 높을수록 크다. 따라서 염분의 차이가 거의 없다면 해수의 밀도는 수온이 낮은 B가 A보다 클 것이다.

바로 알기

ㄱ. 연안 지역의 수온이 주변보다 낮은 것으로 보아 용승이 일어나고 있다. 용승이 일어나면 표층 해수는 연안(B)에서 먼 바다 쪽(A)으로 이동한다.

ㄴ. 북반구에서는 에크만 수송이 풍향의 직각 오른쪽 방향으로 일어난다. 따라서 이 지역의 연안에서 용승이 일어나기 위해서는 주로 북풍(북쪽 → 남쪽으로 부는 바람) 계열의 바람이 불어야 한다.

158 용승 해역 답 ③

알짜 풀이

ㄱ. 용승이 일어나는 해역은 심층에서 찬 해수가 올라오므로 주변 해역보다 수온 약층이 시작되는 깊이가 얕다.

ㄴ. B 지역은 적도 용승이 나타나는 지역이므로 무역풍이 강할수록 용승이 잘 일어나고, C 지역은 남동 무역풍에 의한 연안 용승 지역이다. 따라서 남동 무역풍이 강할수록 용승이 활발해지는 곳은 B와 C이다.

바로 알기

ㄷ. 무역풍의 약화로 엘니뇨가 발생하면 C 해역에서는 표층 해수가 먼 바다로 덜 이동하기 때문에 용승이 평년보다 약해진다.

159 대기 대순환과 표층 해류 및 엘니뇨 답 ②

알짜 풀이

ㄷ. 북반구에서 무역풍대와 편서풍대에 걸쳐 형성되는 아열대 순환은 시계 방향으로 흐른다. 따라서 C 해역에서는 저위도에서 고위도로, D 해역에서는 고위도에서 저위도로 흐른다. 표층 해수의 염분은 난류가 한류보다 높으므로 C 해역이 D 해역보다 염분이 높다.

바로 알기

ㄱ. A 해역은 편서풍대에 속한다. 편서풍은 대기 대순환의 간접 순환인 페렐 순환에서 지표 부근에서 부는 바람이다. 편서풍에 의해 A 해역에는 서에서 동으로 북태평양 해류가 흐른다.

ㄴ. B 해역은 무역풍대에 속한다. 무역풍은 직접 순환인 해들리 순환에서 지표 부근에서 부는 바람이다. 평상시에는 무역풍에 의해 형성된 북적도 해류가 동에서 서로 흐른다. 엘니뇨 시기에는 무역풍이 약화되므로 동에서 서로 흐르는 북적도 해류가 평상시보다 약하게 흐른다.

160 엘니뇨와 라니냐 시기의 해양 변화 답 ②

알짜 풀이

ㄴ. 엘니뇨가 발생하면 무역풍이 약화되어 평상시(=평년)보다 적도 해류가 약해져 태평양 적도 부근에서 동에서 서로의 해수의 이동이 약화된다. 이로 인해 적도 부근 동태평양 해역의 해수면은 평상시보다 높다. 반대로, 라니냐가 발생하면 무역풍이 강화되고, 적도 부근 동태평양 해역의 해수면은 평상시보다 낮다.

바로 알기

ㄱ. 적도 부근 동태평양의 표층 수온 분포로 추정할 때 (가)는 평상시보다 용승이 약화되어 표층 수온이 높은 엘니뇨 시기이고, (나)는 평상시보다 용승이 활발하여 표층 수온이 낮은 라니냐 시기이다.

ㄷ. 서태평양(인도네시아)과 동태평양(남아메리카) 해안 지역의 해면 기압 차이는 표층 수온 차이가 적은 엘니뇨 시기에는 평상시보다 작고, 표층 수온 차이가 큰 라니냐 시기에는 평상시보다 크다. 따라서 인도네시아와 남아메리카 해안 지역의 해면 기압 차이는 (가)가 (나)보다 작다.

161 라니냐의 영향 답 ⑤

자료 분석

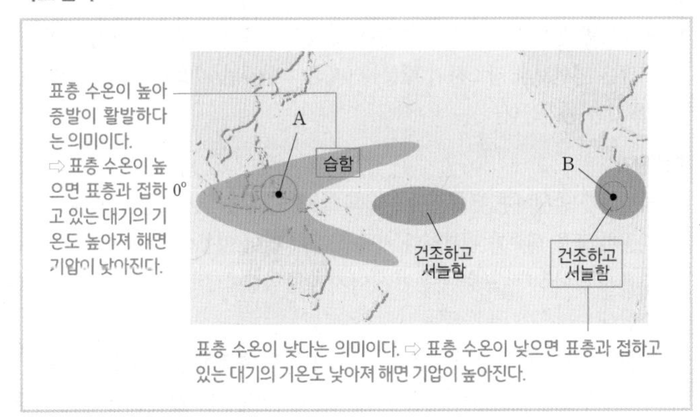

알짜 풀이

적도 부근의 동태평양 해역이 평상시보다 건조하고 서늘할 때는 라니냐 시기이다.

ㄱ. 라니냐가 발생하면 무역풍이 강해져 따뜻한 해수가 평상시보다 서쪽으로 더 많이 이동하여 서태평양 해역(A)의 표층 수온이 평상시보다 높아진다. 표층 수온이 높아지면 상승 기류가 발달하고, 강수량이 많아진다.

ㄴ. 라니냐 시기에는 서태평양 적도 부근 해역(A)의 해면 기압은 평상시보다 낮아지고, 동태평양 적도 부근 해역(B)의 해면 기압은 평상시보다 높아진다. 따라서 A 해역과 B 해역의 해면 기압 차이는 평상시보다 크다.

ㄷ. 라니냐 시기에는 평상시보다 따뜻한 해수가 동쪽에서 서쪽으로 더 많이 이동하므로 B 해역에서는 평상시보다 용승이 더 활발하게 일어난다. 용승이 일어나면 심층의 찬 해수가 많이 올라오므로 수온 약층이 시작되는 깊이가 평상시보다 얕다.

162 엘니뇨의 영향 답 ③

알짜 풀이

ㄱ. 이 지역의 강수량은 12월~3월에 많고, 6월~8월에 적다. 따라서 이 지역의 우기는 겨울철이다.

ㄴ. 평상시와 엘니뇨 시기의 강수량을 비교하면 엘니뇨 시기의 강수량이 더 많은 것을 알 수 있다.

바로 알기

ㄷ. 엘니뇨가 발생하여 평상시보다 강수량이 많은 지역은 태평양의 동쪽 연안 지역이다.

163 엘니뇨와 라니냐 답 ③

알짜 풀이

(가)와 (나)에서 적도 부근 동태평양 해역의 20 ℃ 등수온선 수심 편차를 비교해 보면 (가)가 (나)보다 얕으므로 (가)는 라니냐 시기, (나)는 엘니뇨 시기이다.

ㄱ. 라니냐 시기에는 무역풍이 강해져서 적도 부근 동태평양 해역의 따뜻한 해수가 서태평양으로 더 많이 이동하므로 동태평양의 표층 수온은 평년보다 낮아지고, 서태평양의 표층 수온은 평년보다 높아진다. 적도 부근 동태평양과 서태평양의 표층 수온 차이는 (가)가 (나)보다 크다.

ㄴ. 라니냐 시기에는 강한 무역풍에 의해 해수가 서쪽으로 평년보다 더 많이 이동하므로 동태평양 해역에서는 용승이 평년보다 활발하게 일어난다.

바로 알기

ㄷ. 라니냐 시기에는 동태평양의 해면 기압은 평년보다 높아지고, 서태평양의 해면 기압은 평년보다 낮아진다.

164 엘니뇨와 라니냐 시기의 대기 순환 답 ④

자료 분석

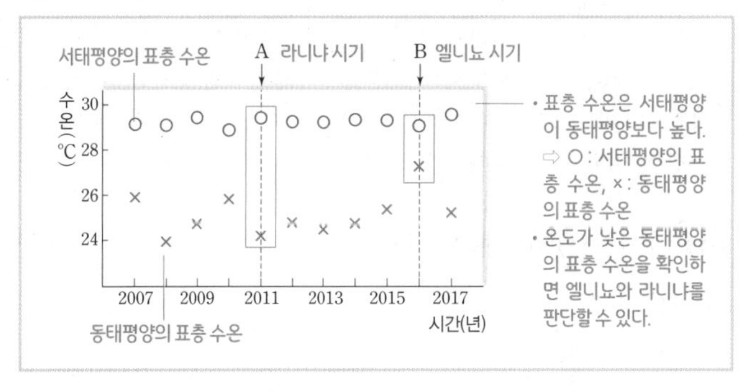

알짜 풀이

연평균 표층 수온은 서태평양이 동태평양보다 높으므로 ○는 서태평양, ×는 동태평양의 표층 수온이다. 엘니뇨 시기에는 평년보다 무역풍이 약화되어 동에서 서로 흐르는 적도 해류가 약해진다. 이에 따라 동태평양의 표층 수온은 평년보다 높아진다. 반대로, 라니냐 시기에는 평년보다 무역풍이 강화되어 적도 해류가 강해지고, 동태평양의 표층 수온은 평년보다 낮아진다. 따라서 A는 라니냐 시기, B는 엘니뇨 시기이다.

ㄱ. 동태평양에서 용승은 무역풍이 강하게 부는 라니냐 시기(A)에 활발하다.

ㄷ. 엘니뇨 시기에는 서태평양 해역의 해면 기압은 평년보다 높아지고, 동태평양 해역의 해면 기압은 평년보다 낮아진다. 따라서 서태평양에서 해면 기압 편차(관측값−평년값)는 라니냐 시기(A)보다 엘니뇨 시기(B)에 크다.

바로 알기

ㄴ. 엘니뇨 시기(B)에는 적도 해류가 약해지므로 동태평양과 서태평양의 해수면 높이 차가 평년보다 작다.

165 엘니뇨와 라니냐 답 ⑤

알짜 풀이

ㄱ. 동태평양의 표층 수온은 엘니뇨 시기에는 평년보다 높아지고, 라니냐 시기에는 평년보다 낮아진다. 따라서 동태평양의 표층 수온 편차가 (−)

값으로 나타나는 (가)는 라니냐 시기이고, (+) 값으로 나타나는 (나)는 엘니뇨 시기이다.

ㄴ. 적도 부근 동태평양의 기압은 엘니뇨 시기에는 평년보다 낮아지고, 라니냐 시기에는 평년보다 높아진다. 따라서 $\frac{\text{서태평양의 평균 해면 기압}}{\text{동태평양의 평균 해면 기압}}$ 값은 엘니뇨 시기(나)가 라니냐 시기(가)보다 크다.

ㄷ. 엘니뇨 시기(나)에는 평상시보다 무역풍이 약해져 동태평양에서 서태평양으로 흐르는 적도 해류가 약화되므로 동태평양의 해수면은 평년보다 높다.

166 엘니뇨와 라니냐의 해수면 높이 편차 답 ②

알짜 풀이

엘니뇨가 발생하면 평년보다 무역풍이 약화되어 동쪽으로부터 서쪽으로 해수의 이동이 약해져 동태평양 적도 부근 해역의 해수면이 평년보다 높아진다. 따라서 동태평양 적도 부근 해역의 해수면 높이가 (가)는 평년보다 낮아졌으므로 라니냐 시기이고, (나)는 평년보다 높아졌으므로 엘니뇨 시기이다.

ㄴ. 엘니뇨 시기에는 평년보다 따뜻한 해수가 서쪽으로 이동하는 양이 감소하므로 상대적으로 따뜻한 해수는 동태평양 적도 부근 해역에 머무르게 된다. 따라서 동태평양 적도 부근 해역의 따뜻한 해수층의 두께는 (가)보다 (나)일 때 두껍다.

바로 알기

ㄱ. 무역풍은 엘니뇨 시기에 평년보다 약해지고, 라니냐 시기에 평년보다 강해진다. 따라서 무역풍의 세기는 (가)가 (나)보다 강하다.

ㄷ. 라니냐 시기에는 평년보다 무역풍이 강화되어 따뜻한 해수가 서쪽으로 더 많이 이동하여 서태평양 적도 부근 해역의 표층 수온이 평년보다 높아진다. 수온이 높아지면 증발량이 증가하고, 강수량도 증가한다. 따라서 서태평양 적도 부근 해역의 강수량은 (가)가 (나)보다 많다.

167 엘니뇨와 라니냐의 해면 기압 편차 답 ①

자료 분석

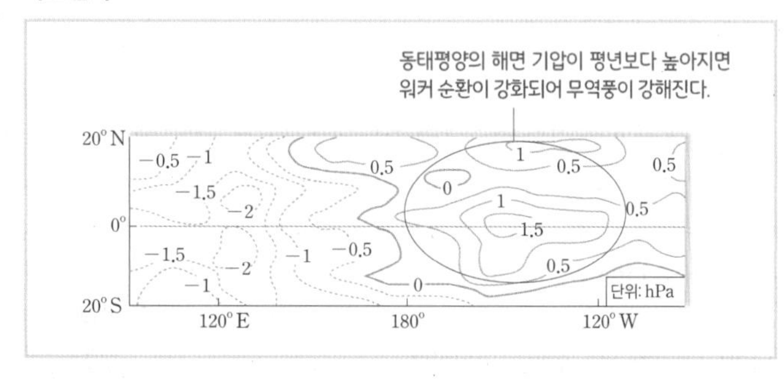

알짜 풀이

동태평양 적도 부근 해역의 해면 기압 편차가 (+)이고, 서태평양 적도 부근 해역의 해면 기압 편차가 (−)이므로 이 시기는 라니냐 시기이다.

ㄱ. 동쪽의 해면 기압이 평년보다 높고, 서쪽의 해면 기압이 평년보다 낮으므로 동에서 서로 부는 무역풍이 평년보다 강하고, 남적도 해류도 강하다.

바로 알기

ㄴ. 라니냐 시기에는 무역풍이 강화되고, 그에 따라 태평양의 동쪽 해안에서 용승이 더 활발하여 표층 수온이 평년보다 낮으므로 상승 기류가 발달하지 않는다.

ㄷ. 라니냐 시기에는 무역풍이 강해져서 따뜻한 해수가 평년보다 서쪽으로 많이 이동한다. 이로 인해 서태평양 적도 부근 해역에서는 상승 기류가 발달하여 구름이 많이 발생한다. 구름은 해수면으로부터 우주 공간으로 방출되는 지구 복사를 차단하므로 우주 공간으로 방출되는 복사 에너지양은 평년보다 감소한다.

168 엘니뇨와 라니냐 답 ②

자료 분석

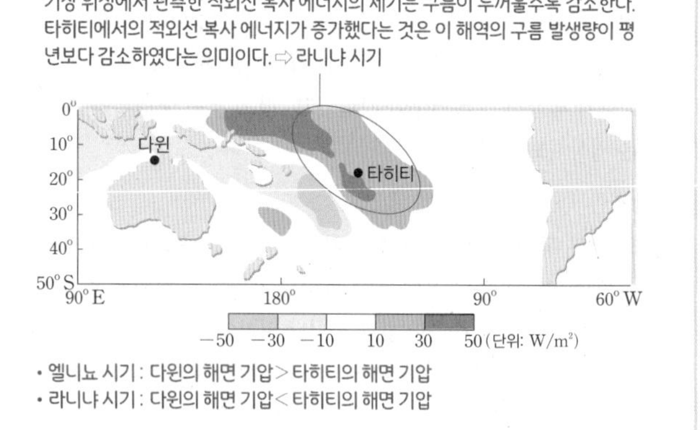

알짜 풀이

기상 위성에서 관측되는 적외선 복사 에너지의 세기는 구름의 양에 따라 달라진다. 구름이 두껍게 발달하면 기상 위성에 도달하는 적외선 복사 에너지양은 감소한다. 중앙 태평양에서 적외선 복사 에너지 세기가 평년보다 증가하였으므로 구름이 평년보다 적게 발생하였다. 따라서 라니냐 시기임을 알 수 있다.

ㄴ. 평상시에는 동태평양이 고기압, 서태평양이 저기압 상태이다. 라니냐가 발생하면 동태평양의 해면 기압은 평년보다 증가하고, 서태평양의 해면 기압은 평년보다 감소하기 때문에 (타히티의 해면 기압−다윈의 해면 기압) 값은 증가한다.

바로 알기

ㄱ. 라니냐가 발생하면 무역풍이 강화되고, 적도 해류가 강해진다. 이로 인해 따뜻한 표층 해수가 평년보다 서쪽으로 더 많이 이동하고, 타히티의 표층 수온은 낮아진다. 표층 수온이 낮아지면 증발량이 감소하고, 강수량도 감소한다.

ㄷ. 라니냐가 발생하면 동태평양에서는 용승이 더 활발하게 일어난다. 따라서 동태평양에서 수온 약층이 나타나는 깊이는 평년보다 얕아진다.

169 남방 진동 지수 답 ②

알짜 풀이

평상시에는 동태평양에 위치한 타히티의 해면 기압이 서태평양에 위치한 다윈의 해면 기압보다 크며, 이로 인해서 동서 방향으로 동태평양에서 서태평양 쪽으로 공기의 이동이 일어나는데 이를 워커 순환이라고 한다. 남방 진동 지수는 (타히티의 해면 기압 편차−다윈의 해면 기압 편차)÷표준 편차이다. 남방 진동 지수가 증가하면 타히티의 해면 기압은 평년보다 높아지고 다윈의 해면 기압은 평년보다 낮아져 워커 순환은 더욱 강화된다. 워커 순환이 강화되면 동에서 서로 부는 무역풍이 강화되며, 라니냐가 발생한다. 따라서 A 시기는 라니냐 시기, B 시기는 엘니뇨 시기이다.

ㄴ. 엘니뇨 시기(B)에는 평년보다 무역풍이 약해짐에 따라 적도 해류가 약해져 동태평양 적도 부근 해역의 표층 수온이 평년보다 높아진다. 표층 수온이 높으므로 상승 기류가 발달하여 구름이 많이 발생하고, 강수량이 증가한다.

바로 알기

ㄱ. 워커 순환은 엘니뇨 시기(B)보다 라니냐 시기(A)에 강하다.

ㄷ. 플랑크톤의 평균 농도는 용승이 활발한 경우에 증가한다. 라니냐 시기(A)에는 동태평양 적도 부근 해역에서의 용승이 평년보다 강화되기 때문에 플랑크톤의 평균 농도가 증가한다.

12 지구의 기후 변화 071~074쪽

대표 기출 문제 170 ③ 171 ④

적중 예상 문제 172 ① 173 ③ 174 ③ 175 ② 176 ① 177 ② 178 ② 179 ⑤ 180 ④ 181 ④ 182 ② 183 ①

170 세차 운동과 지구 자전축 경사각 변화 답 ③

자료 분석

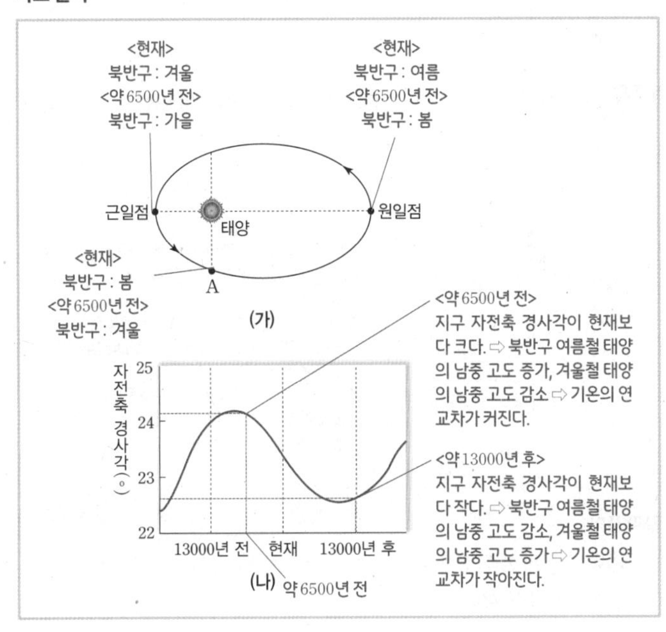

알짜 풀이

ㄱ. 현재 지구가 근일점에 있을 때 지구 자전축이 태양의 반대 방향으로 기울어져 있으므로 북반구는 겨울철이다. 세차 운동의 방향은 지구 공전 방향과 반대인 시계 방향이고 주기는 약 26000년이므로, 약 6500년 전 지구가 A 부근에 있을 때 지구 자전축이 태양의 반대 방향으로 기울어져 있었다. 따라서 약 6500년 전 지구가 A 부근에 있을 때 북반구는 겨울철이다.

ㄷ. 현재 35°S는 근일점에서 여름철이고, 약 13000년 후에 원일점에서 여름철이다. 따라서 35°S의 여름철에 지구와 태양 사이의 거리는 현재보다 약 13000년 후에 더 멀고, 현재보다 약 13000년 후에 지구 자전축 경사각이 더 작으므로, 35°S에서 여름철 평균 기온은 약 13000년 후가 현재보다 낮다.

바로 알기

ㄴ. 현재 35°N는 근일점에서 겨울철, 원일점에서 여름철이고, 약 6500년 전 35°N는 A에서 겨울철, 태양을 기준으로 A의 정반대편에서 여름철이다. 따라서 35°N의 겨울철에 지구와 태양 사이의 거리는 현재보다 약 6500년 전이 더 멀고, 여름철에 지구와 태양 사이의 거리는 현재보다 약 6500년 전이 더 가까우며 현재보다 약 6500년 전에 지구 자전축 경사각이 더 크므로, 35°N에서 기온의 연교차는 약 6500년 전이 현재보다 크다.

171 대기 중 CO_2의 농도 변화와 지구 온난화 답 ④

알짜 풀이

ㄴ. (나)에서 ㉢ 시기 동안 기온 편차는 전 지구가 우리나라보다 작게 상승하고 있으므로, 기온 상승률은 전 지구가 우리나라보다 작다.

ㄷ. 지구의 평균 기온이 높을수록 해수의 열팽창과 빙하의 융해로 인해 해수면이 높아진다. 전 지구 해수면의 평균 높이는 지구의 평균 기온이 높을수록 높으므로, 기온 편차가 작은 ㉡ 시기가 ㉢ 시기보다 낮다.

바로 알기

ㄱ. (가)에서 ㉠ 시기 동안 CO_2 평균 농도는 안면도가 전 지구보다 높게 나타난다.

172 과거의 기후 변화 답 ①

자료 분석

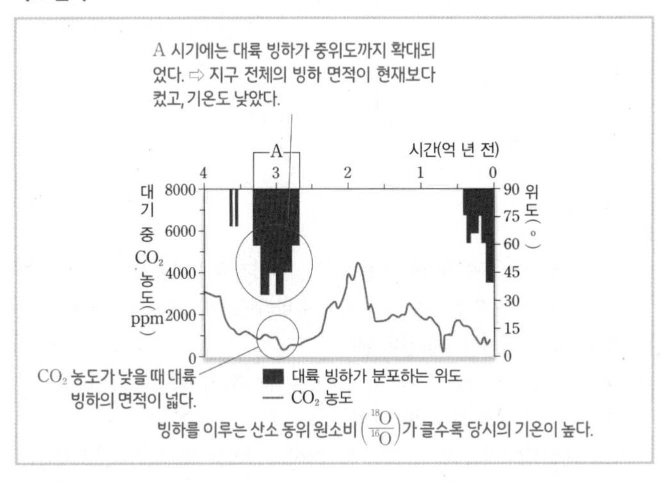

알짜 풀이

ㄱ. 대기 중 CO_2의 농도가 높았던 시기에는 기온이 높았으며, 대륙 빙하의 면적이 좁았다.

바로 알기

ㄴ. A 시기에 대륙 빙하의 면적이 늘었으므로 고위도의 평균 수온은 현재보다 낮았을 것이다. 따라서 따뜻하고 얕은 바다에 서식하는 산호는 수온이 낮은 고위도 해역에서 살지 못해 저위도 해역으로 서식지가 축소되었을 것이다.

ㄷ. 대기 중 CO_2 농도는 3억 년 전이 2억 년 전보다 낮으므로 기온도 낮았다. 기온이 낮으면 해수의 온도도 낮으므로 해수 속의 $\frac{^{18}O}{^{16}O}$비는 증가하고, 대륙 빙하 속의 $\frac{^{18}O}{^{16}O}$비는 감소하기 때문에 대륙 빙하 속의 $\frac{^{18}O}{^{16}O}$비는 3억 년 전이 2억 년 전보다 작았을 것이다.

173 지질 시대의 기후 변화 답 ③

알짜 풀이

ㄱ. 빙하가 녹으면, 지표면의 반사율이 감소하여 기온이 높아지고 해수의 수온이 높아진다. 이로 인해 해수가 열팽창하고 빙하가 녹아 주변 바다로 유입되어 해수면이 상승한다.

ㄴ. 해수가 침강하는 이유는 밀도가 커졌기 때문이다. 해수의 밀도는 염분이 높을수록, 수온이 낮을수록 커진다. 따라서 담수가 해수에 대량으로 유입되면 해수의 염분이 낮아져 밀도가 작아지기 때문에 해수의 침강이 중단된다.

바로 알기

ㄷ. 담수의 유입으로 표층 해수의 밀도가 작아지면 해수의 침강이 중단되고, 심층 순환도 약해진다.

174 기후 변화의 외적 요인 답 ③

자료 분석

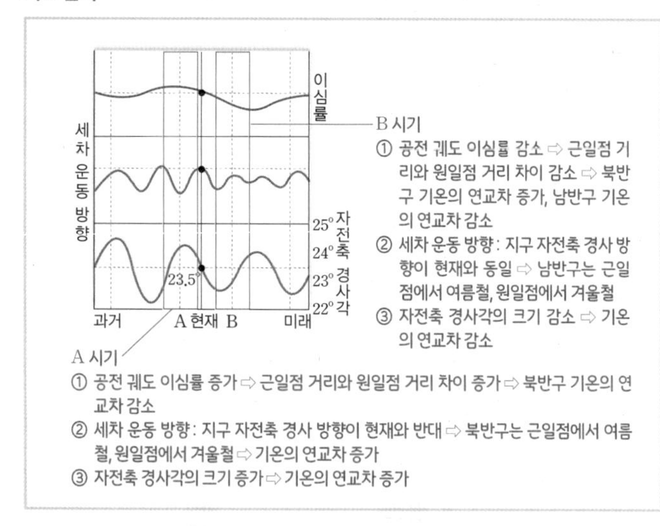

알짜 풀이

ㄱ. 현재 북반구는 근일점에서 겨울철이고, 원일점에서 여름철이다. A 시기는 현재와 지구 자전축의 경사 방향이 반대이므로 북반구는 근일점에서 여름철, 원일점에서 겨울철이 된다.

ㄷ. 지구 전체가 받는 태양 복사 에너지양은 태양과 지구 사이의 거리, 즉 지구의 공전 궤도 이심률에만 영향을 받으며, 지구 공전 궤도 이심률이 클수록 근일점에 있을 때 태양과 지구 사이의 거리는 가까워진다. B 시기는 A 시기보다 지구의 공전 궤도 이심률이 작으므로 근일점 거리는 A 시기보다 멀고, 원일점 거리는 A 시기보다 가깝다. 따라서 근일점에서 지구 전체가 받는 태양 복사 에너지양은 A 시기가 B 시기보다 많다.

바로 알기

ㄴ. 남반구는 현재 근일점에서 여름철이다. B 시기에는 세차 운동의 방향이 현재와 같으므로 남반구는 근일점에서 여름철, 원일점에서 겨울철이 된다. 공전 궤도 이심률이 감소하면 근일점 거리는 현재보다 멀어지고, 원일점 거리는 현재보다 가까워지기 때문에 기온의 연교차는 현재보다 감소한다. 지구 자전축 경사각의 크기가 감소하면 여름철에 태양의 남중 고도는 낮아지고, 겨울철에 태양의 남중 고도는 높아져 기온의 연교차가 감소한다. 공전 궤도 이심률과 자전축 경사각은 모두 남반구에서 기온의 연교차가 감소하는 효과가 된다.

175 기후 변화의 외적 요인 – 자전축 경사각, 공전 궤도 이심률 답 ②

자료 분석

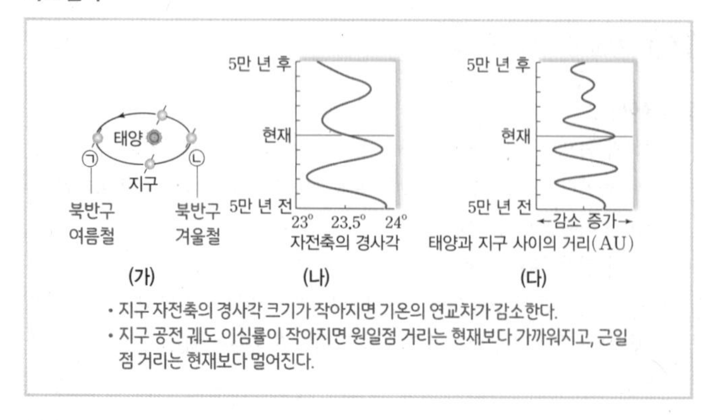

알짜 풀이

ㄴ. (나)만 고려하면 3만 년 전이 현재보다 지구 자전축의 경사각 크기가 작다. 지구의 자전축 경사각이 작을수록 기온의 연교차가 작아진다. 따라서 남반구 중위도의 여름철 평균 기온은 현재보다 3만 년 전이 낮았을 것이다.

바로 알기

ㄱ. 현재 북반구 중위도 지방은 원일점(㉠)에서 여름철이고, 근일점(㉡)에서 겨울철이다. 태양과의 거리가 먼 데도 불구하고 원일점에서 여름철인 것은 태양의 남중 고도가 높아 단위 면적당 들어오는 태양 복사 에너지양이 많고, 낮의 길이가 길기 때문이다. 따라서 현재 북반구 중위도 지방에서 하루 동안 받는 태양 복사 에너지양은 ㉠보다 ㉡에서 적다.

ㄷ. 지구 공전 궤도 이심률이 작아지면 원일점 거리는 현재보다 가까워지고, 근일점 거리는 현재보다 멀어진다. 3만 년 후 원일점에서 태양과 지구 사이의 거리가 현재보다 감소했으므로 현재보다 지구 공전 궤도 이심률이 더 작았을 것이다.

176 기후 변화의 외적 요인 – 자전축 경사각, 공전 궤도 이심률 답 ①

자료 분석

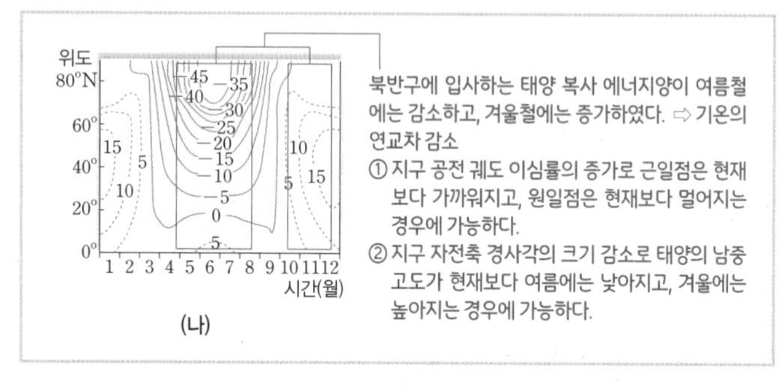

알짜 풀이

ㄱ. 현재 지구 자전축 경사각이 약 23.5°이므로 A는 지구 자전축의 경사각, B는 지구 공전 궤도 이심률이다.

바로 알기

ㄴ. 1년 동안 지구에 입사하는 평균 태양 복사 에너지양은 태양과 지구 사이의 평균 거리에 의해서만 변한다. 지구 자전축 경사각의 크기가 변해도 1년 동안 태양과 지구 사이의 평균 거리는 변하지 않으므로 1년 동안 지구에 입사하는 평균 태양 복사 에너지양은 ㉠ 시기와 ㉡ 시기가 같다.

ㄷ. (나)에서 북반구에 입사하는 태양 복사 에너지양이 여름철에는 감소하고, 겨울철에는 증가하므로 기온의 연교차는 현재보다 작다. 북반구에서 기온의 연교차가 감소하려면 지구 자전축의 경사각 크기가 감소하거나 지구 공전 궤도 이심률이 증가해야 하므로, (나)는 ㉡ 시기에 해당한다.

177 북극 지방의 빙하 분포 변화 답 ②

알짜 풀이

해수가 얼면 주변 해수의 표층 염분은 높아지고, 해빙이 일어나면 주변 해수의 표층 염분은 낮아진다. 반사율은 얼음이 해수보다 매우 크다.

ㄴ. 얼음(빙하)의 반사율이 해수보다 매우 크므로 북극 주변의 지표 반사율은 빙하가 차지하는 면적이 더 넓은 2000년에 더 크다.

바로 알기

ㄱ. 북극 주변의 빙하 분포 면적이 9월보다 3월에 넓다. 따라서 3월보다 9월에 해빙이 일어났으며, 주변 해수의 표층 염분은 낮아진다.

ㄷ. 북극 주변에서 빙하의 해빙이 계속 일어나면 표층 염분이 낮아지고, 이로 인해 해수의 침강이 약화된다. 해수의 침강이 약화되면 저위도에서 고위도로 흐르는 북대서양 해류가 약해지고, 이로 인해 저위도와 고위도의 표층 수온 차는 커진다. 따라서 북대서양에서 저위도와 고위도의 표층 수온 차는 2000년이 2020년보다 작다.

178 화산 활동에 따른 기후 변화 답 ②

알짜 풀이

ㄴ. 화산 활동으로 분출된 화산재는 대기권에 머무르면서 태양 빛을 반사시켜 대기의 투과율이 감소한다. 따라서 지표에 들어오는 태양 복사 에너지양은 감소하고, 이로 인해 지구의 평균 기온은 낮아진다.

바로 알기

ㄱ. 화산 활동이 일어나는 경우, 화산이 있는 지역에서는 기온 변화가 즉각적으로 나타난다. 그러나 화산 활동이 일어난 후 전 지구적인 기온 변화는 화산 활동으로 분출된 화산재가 고르게 퍼져나가는 데 걸리는 시간만큼 지연되어서 나타난다.

ㄷ. 화산 활동이 일어난 후 기온 변화는 대류권에서는 약 0.2 ℃, 성층권 하부에서는 약 0.4 ℃이다.

179 지구의 열수지 답 ⑤

알짜 풀이

ㄱ. (가) 현상이 계속되면 온실 효과가 증가하여 지구 복사 중에서 대기가 흡수하는 양(D)은 증가하고, 우주로 빠져나가는 지구 복사(E)는 감소한다. 그로 인하여 대기의 온도가 상승하면 대기에서 우주로 방출되는 양(F)과 지표 쪽으로 방출되는 양(G)도 증가한다.

ㄴ. (나) 현상은 지구 표면의 반사율이 감소하는 현상이므로 우주 공간으로의 반사(A)는 감소한다. 지구 표면의 반사율이 감소하면 그만큼 지표면이 흡수하는 태양 복사(B)는 증가한다.

ㄷ. C는 지표면에서 방출하는 지구 복사 에너지, B와 G는 지표면이 흡수하는 태양 복사 에너지이다. 지표면이 복사 평형 상태에 있으므로 방출하는 복사 에너지양(C)과 흡수하는 복사 에너지양(B+G)은 같다.

180 지구의 열수지 답 ④

자료 분석

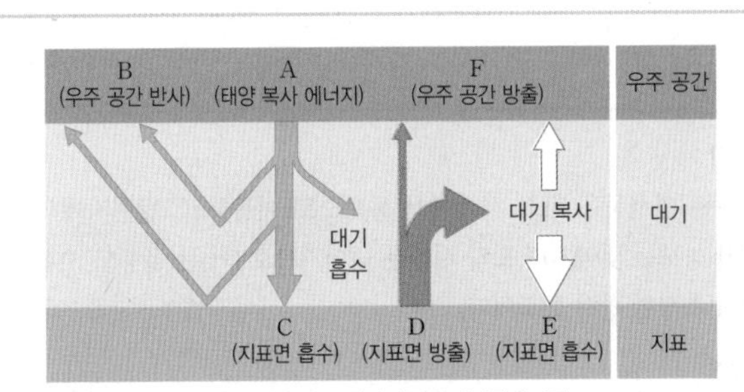

알짜 풀이

ㄴ. 지구 온난화가 심해지면 지구 복사의 대기 흡수량이 증가한다. 지구 복사의 대기 흡수량이 증가해도 우주 공간으로의 복사량은 변하지 않으므로 대기에서 지표로 복사하는 양(E)이 증가하고, 그에 따라 D도 증가한다.

ㄷ. C는 태양 복사 에너지로, 가시광선의 비율이 가장 크다. D는 지구 복사 에너지로, 거의 적외선으로 이루어져 있다. 따라서 복사 에너지의 평균 파장은 C가 D보다 짧다.

바로 알기

ㄱ. A−B=C+대기 흡수=F이다.

181 온실 효과와 지구 온난화 답 ④

알짜 풀이

ㄴ. 플라스크 안의 온도가 더 이상 변하지 않는 열평형 상태에서의 온도는 온실 기체인 이산화 탄소가 더 많이 포함된 A가 B보다 높다.

ㄷ. 수증기도 온실 기체이므로 (라)의 결과에서 플라스크 A의 내부 온도가 B보다 더 높다.

바로 알기

ㄱ. 온실 효과는 수증기, 이산화 탄소, 메테인 등의 온실 기체에 의해 발생하는 현상이다. 따라서 공기가 들어 있는 두 플라스크에서 모두 온실 효과가 일어난다.

182 지구 온난화의 영향 답 ②

알짜 풀이

ㄴ. 해수의 온도가 상승하면 해수의 열팽창으로 인해 해수면이 상승한다.

바로 알기

ㄱ. 구름의 양이 증가하면 반사율이 증가하여 지구로 들어오는 태양 복사 에너지가 감소하므로 지구 온난화를 완화시키는 역할을 한다.

ㄷ. 반사율은 얼음이 토양보다 크다. 따라서 빙하량이 감소하면 극지방의 반사율이 감소한다.

183 해양 산성화 답 ①

알짜 풀이

ㄱ. CO_2가 해수에 녹아 들어가면 물과 결합하여 탄산이 되고, 탄산에서 나온 수소 이온(H^+)에 의해 해양이 산성화되어 해수의 pH가 낮아진다.

바로 알기

ㄴ. 해수의 pH가 낮아졌다는 것은 해수에서 흡수한 CO_2의 양이 방출된 양보다 많다는 의미이다. 대기 중 CO_2 농도가 증가한 주된 원인은 주로 인간에 의한 온실 가스 배출량의 증가이다.

ㄷ. 대기 중 CO_2 증가로 해수에 녹은 CO_2 농도가 증가하면서 나타나는 해양 산성화는 해양의 안정을 파괴하여 생태계에 부정적인 영향을 준다.

1등급 도전 문제 075~079쪽

184 ④	185 ②	186 ④	187 ①	188 ②	189 ①
190 ⑤	191 ⑤	192 ③	193 ①	194 ②	195 ④
196 ⑤	197 ⑤	198 ①	199 ③		

184 온대 저기압과 전선 답 ④

알짜 풀이

ㄴ. 풍향으로 보아 온대 저기압의 중심은 X−X′선 부근에 있으며, 그 아래에 한랭 전선과 온난 전선이 형성되므로 Y−Y′ 구간에 한랭 전선과 온난 전선이 지나간다. 한랭 전선과 온난 전선 사이에서는 날씨가 맑으므로 Y−Y′ 구간에서의 강수량 분포는 B이다.

ㄷ. 강수량과 풍향의 변화로 보았을 때 ㉠은 한랭 전선의 후면에 위치하므로 상공에는 한랭 전선면이 있다.

바로 알기

ㄱ. 바람이 저기압을 중심으로 시계 반대 방향으로 불어 들어가므로 이 온대 저기압은 북반구에서 형성되었다.

185 온대 저기압과 풍향 답 ②

자료 분석

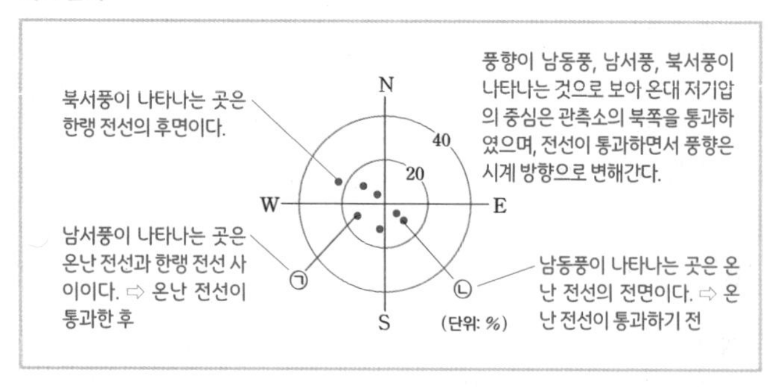

알짜 풀이

ㄴ. ㉠을 관측한 시기는 온난 전선이 통과한 후이고, ㉡을 관측한 시기는 온난 전선이 통과하기 전이다.

바로 알기

ㄱ. 온대 저기압의 중심이 관측소의 남쪽을 통과하면 관측소에서는 주로 북풍 계열의 바람이 불고, 온대 저기압의 중심이 관측소의 북쪽을 통과하면 관측소에 전선이 통과하면서 남동풍, 남서풍, 북서풍이 분다. 풍향 빈도로 보았을 때 남동풍, 남서풍, 북서풍이 나타나므로 온대 저기압의 중심은 관측소의 북쪽을 통과하였다.

ㄷ. 기온은 온난 전선이 통과하기 전보다 통과한 후에 높아지므로 ㉠을 관측한 시기가 ㉡을 관측한 시기보다 기온이 더 높다.

186 태풍의 이동 경로 답 ④

알짜 풀이

ㄴ. 관측소가 태풍 진행 경로의 오른쪽에 위치하면 태풍이 통과할 때 풍향이 시계 방향으로 변하고, 태풍 진행 경로의 왼쪽에 위치하면 태풍이 통과할 때 풍향이 시계 반대 방향으로 변한다. ㉠ 지점은 A 태풍의 진행 경로의 오른쪽에 위치하므로 태풍이 통과할 때 풍향이 시계 방향으로 변해간다.

ㄷ. 태풍이 육지에 상륙하면 열과 수증기의 공급이 줄어들어 세력이 약해지고, 중심 기압은 높아진다.

바로 알기

ㄱ. 태풍은 주로 우리나라 부근에서 편서풍의 영향으로 서쪽에서 동쪽으로 이동하지만 주변 기단 등의 영향으로 동쪽에서 서쪽으로 이동하기도 한다.

187 태풍의 이동과 풍향, 풍속 답 ①

자료 분석

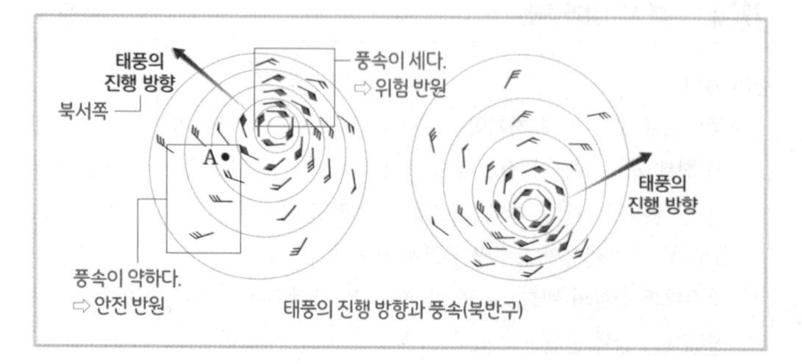

알짜 풀이

ㄱ. 바람이 열대 저기압의 중심을 향해 시계 반대 방향으로 불어 들어가고 있으므로 이 열대 저기압은 북반구에 위치하고 있다.

바로 알기

ㄴ. 풍속이 열대 저기압의 중심에 대해 북동쪽에서는 크게, 남서쪽에서는 작게 나타나므로 A 지역은 안전 반원에 위치한다.

ㄷ. 열대 저기압의 이동 경로의 오른쪽 지역이 왼쪽 지역보다 풍속이 더 크므로 열대 저기압은 북서쪽으로 이동하고 있다.

188 태풍의 이동 경로와 이동 속도 변화 답 ②

자료 분석

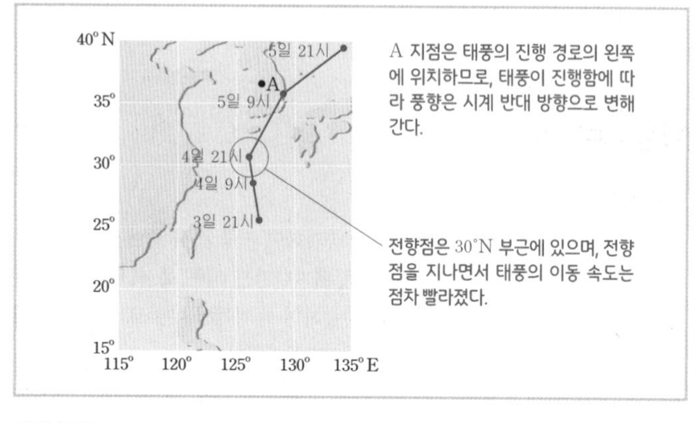

알짜 풀이

ㄴ. 태풍은 4일 9시~21시 사이에 위도는 2.5°, 경도는 0.1° 변하였고, 5일 9시~21시 사이에 위도는 3.4°, 경도는 6.1° 변하였으므로, 태풍의 이동 속도는 4일 12시보다 5일 12시가 더 빠르다.

바로 알기

ㄱ. 시간이 지날수록 태풍의 중심 기압이 높아지고 있으므로, 태풍의 세력은 약해지고 있다.

ㄷ. A 지점은 태풍 진행 경로의 왼쪽에 위치하므로, 풍향은 시계 반대 방향으로 변해간다.

189 황사 답 ①

알짜 풀이

ㄱ. 황사는 편서풍을 타고 서쪽에서 동쪽으로 이동하고, 발원지에서 멀수록 황사 농도는 낮아지며 도착 시간은 늦어지므로 (가)는 울릉도, (나)는 서울에서 측정한 황사 농도이다.

바로 알기

ㄴ. 황사의 발원지는 중국 북부나 몽골의 사막 등으로 우리나라의 서쪽에 위치한다.

ㄷ. 우리나라에서 황사의 농도가 4월 12일에 가장 높았으므로, 발원지에서는 4월 12일 이전에 황사가 발생하였다.

190 해수의 수온과 밀도 답 ⑤

알짜 풀이

ㄱ. 해수의 수온은 위도에 따른 태양 복사 에너지의 흡수량 차이 때문에 저위도에서 고위도로 갈수록 계속 낮아지는 경향을 보인다. B는 물리량이 감소하다가 증가하거나 또는 증가하다가 감소하는 경향을 보이므로 A가 수온, B가 밀도이다.

ㄷ. 해수의 밀도는 수온이 낮을수록 높아지고, 수온이 높을수록 낮아진다. ㉡ 위도대는 수온이 높아질수록 밀도가 낮아지는 경향을 보이지만 ㉠ 위도대는 수온이 낮음에도 불구하고 밀도가 낮게 나타나는 것으로 보아 수온이 밀도 변화에 영향을 미치는 정도는 ㉡ 위도대가 ㉠ 위도대보다 크다.

바로 알기

ㄴ. 수온(A)은 저위도가 고위도보다 높으므로 ㉠은 ㉡보다 고위도이다.

191 해수의 성질 답 ⑤

알짜 풀이

ㄱ. 표층 수온이 높은 (가)가 표층 수온이 낮은 (나)보다 저위도에 위치한다.

ㄷ. 수온－염분도를 보았을 때 (가), (나) 해역 모두 수심이 깊어질수록 해수의 밀도는 증가하는 경향을 보인다.

바로 알기

ㄴ. (다)에서 표층 수온이 약 22 °C이고, 수심이 깊어질수록 수온은 낮아진다. 표층 염분은 약 35 psu이고, 표층에서는 일정하며 수심이 깊어질수록 감소하다가 증가하는 경향을 보인다. (가)와 (나)의 수온－염분도를 보면, (가)의 표층 수온은 약 28 °C, (나)의 표층 수온은 약 22 °C이고 수심이 깊어질수록 수온이 낮아진다. (가)는 표층에서 염분이 증가하는 경향을 보이고 (나)는 표층에서는 염분이 일정하고 수심이 깊어질수록 염분이 감소하다가 증가하는 경향을 보인다. 따라서 (다)에 해당하는 수온－염분도는 (나)이다.

192 대기 대순환과 표층 해류 답 ③

자료 분석

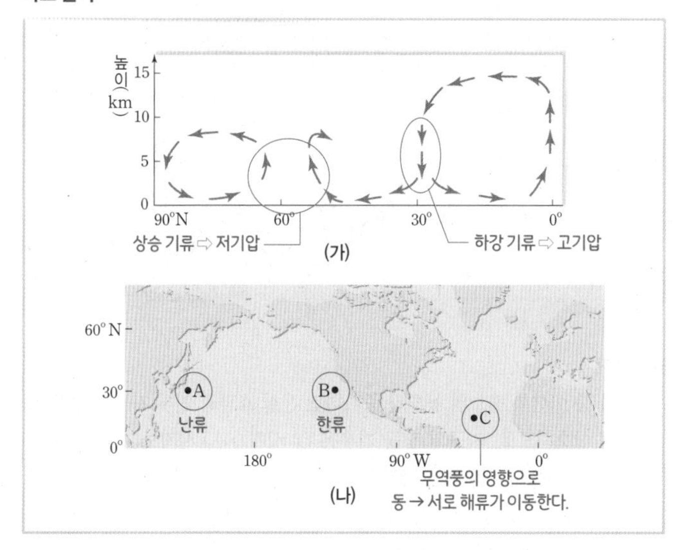

알짜 풀이

③ A 해역에는 난류가, B 해역에는 한류가 흐르므로, 해수가 저위도에서 고위도로 수송하는 열량은 A 해역이 B 해역보다 많다.

바로 알기

① 위도 30°N 부근에는 하강 기류가 있으므로 고압대가 형성된다.

② 위도 30°N~60°N의 지표에는 저위도에서 고위도로 바람이 불고 있다. 저위도에서 고위도로 부는 바람은 전향력에 의해 오른쪽으로 휘어지게 된다. 따라서 서풍 계열의 바람이 우세하다.

④ A 해역에는 난류가, B 해역에는 한류가 흐르므로 A 해역 부근의 기후는 B 해역 부근의 기후보다 온난하다.

⑤ C 해역의 표층 해류는 무역풍에 의해 동쪽에서 서쪽으로 흐른다.

193 해수의 표층 순환 답 ①

알짜 풀이

ㄱ. A는 적도 부근, D는 고위도에 위치하므로 표층 수온은 A보다 D에서 낮다. 따라서 표층 해수의 용존 산소량은 A보다 D에서 많다.

바로 알기

ㄴ. D에 흐르는 해류는 남극 순환 해류로, 편서풍에 의해 형성되었다.

ㄷ. 쿠로시오 해류는 저위도에서 고위도로 흐르는 난류이다. 남태평양에서 아열대 순환은 시계 반대 방향이므로 B에는 난류가, C에는 한류가 흐른다. 따라서 쿠로시오 해류는 B에 흐르는 해류와 성질이 비슷하다.

194 해수의 순환 답 ②

알짜 풀이

㉠은 북대서양 심층수, ㉡은 남극 저층수가 형성되는 곳이다. 대서양에는 아래로부터 남극 저층수, 북대서양 심층수, 남극 중층수가 분포한다.

ㄷ. 대서양에는 그린란드 주변 해역에서 북대서양 심층수가 침강하고, 남극 주변의 웨델해에서 남극 저층수가 침강한다. 대서양에는 심층 순환이 용승하는 해역이 없다. 심층 순환이 용승하는 해역은 인도양과 북태평양에 있다.

바로 알기

ㄱ. 해수의 밀도는 남극 저층수(㉡)가 북대서양 심층수(㉠)보다 크다. 따라서 A는 북대서양 심층수, B는 남극 저층수이다.

ㄴ. 해수의 밀도는 수온이 낮을수록, 염분이 높을수록 크다. A는 B보다 수온과 염분이 높지만 밀도는 작다. 이것은 A와 B의 밀도 차이가 염분의 영향보다 수온의 영향을 더 받기 때문이다.

195 엘니뇨와 라니냐일 때 무역풍 세기 답 ④

자료 분석

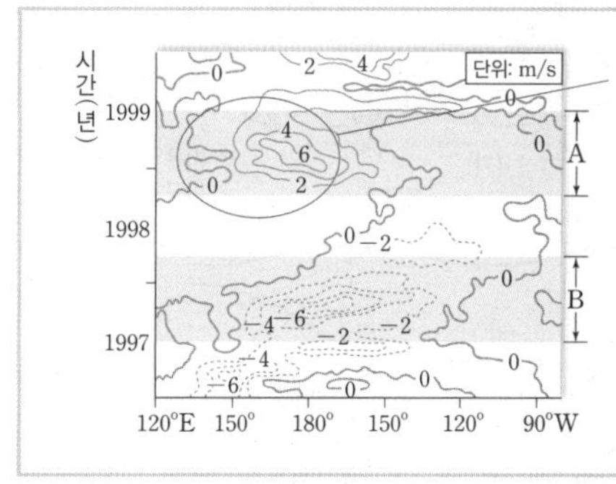

무역풍의 풍속 편차가 (+)라는 것은 평년보다 세게 불었다는 의미이다. 무역풍이 강해지면 적도 해류도 강해져 표층의 따뜻한 해수는 평년보다 서태평양으로 더 많이 이동하고, 동태평양 연안에서는 용승이 평년보다 활발하게 일어난다.
⇨ A : 라니냐 시기, B : 엘니뇨 시기

알짜 풀이

풍속 편차가 (＋) 값일 때는 무역풍이 평년보다 강하게 불 때이므로 라니냐 시기이다. 따라서 A는 라니냐 시기, B는 엘니뇨 시기이다.

ㄱ, ㄷ. 엘니뇨 시기(B)에는 무역풍의 약화로 따뜻한 해수가 평년보다 서쪽으로 덜 이동하므로 동태평양 적도 부근 해역의 표층 수온이 평년보다 높아진다. 표층 수온의 상승으로 증발량이 증가하고, 강수량이 증가한다. 또, 용승이 약화되어 따뜻한 해수층이 두꺼워지므로 동태평양 적도 부근 해역에서 수온 약층이 시작되는 깊이는 평년보다 깊어진다.

바로 알기

ㄴ. 엘니뇨 시기에는 동태평양 적도 부근 해역의 표층 수온이 평년보다 높으므로 평균 해면 기압이 평년보다 낮다.

196 라니냐 시기의 서태평양에서의 변화 답 ⑤

자료 분석

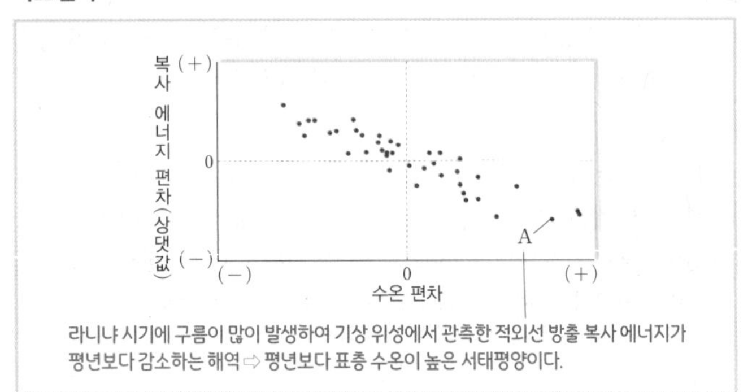

알짜 풀이

라니냐 시기(A)에는 무역풍이 평년보다 강화되어 적도 해류가 강해져 따뜻한 표층 해수가 서태평양으로 많이 이동한다. 따라서 서태평양은 평년보다 표층 수온이 높아져 증발량이 증가하고, 구름도 많이 발생한다. 구름이 발생하면 지표로부터 우주 공간으로 빠져나가는 복사 에너지가 차단된다.

ㄴ. 수온이 상승하면 증발량이 증가하고, 구름이 많이 발생한다. 구름이 많아지면 적외선 방출 복사 에너지가 감소한다. 따라서 라니냐 시기에 서태평양의 강수량이 평년보다 많다.

ㄷ. 라니냐 시기에는 서태평양의 표층 수온이 평년보다 높고, 해면과 접한 공기가 가열되어 평균 해면 기압이 평년보다 낮다.

바로 알기

ㄱ. 라니냐 시기에 평년보다 표층 수온이 높은 곳은 서태평양이다.

197 기후 변화 답 ⑤

자료 분석

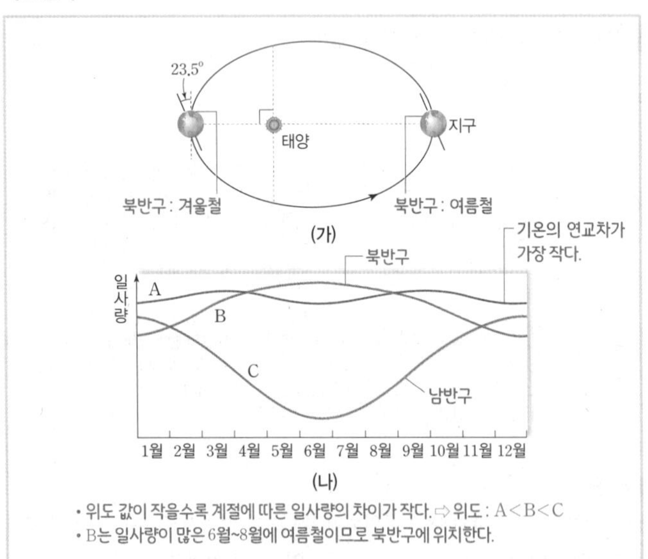

알짜 풀이

ㄱ. B는 일사량이 6월~8월에 많고, 12월~2월에 적은 것으로 보아 북반구에 위치함을 알 수 있다.

ㄴ. 위도 값이 작을수록(적도에 가까울수록) 기온의 연교차가 작다. 이것은 일사량의 차이가 작다는 의미가 된다. 따라서 위도 값은 계절에 따른 일사량의 차이가 가장 작은 A가 가장 작고, 일사량의 차이가 가장 큰 C가 가장 크다.

ㄷ. 지구 자전축 경사각이 커지면 남반구와 북반구 모두 기온의 연교차가 커진다. 따라서 6월의 일사량은 북반구에 위치한 B에서는 현재보다 증가하고, 남반구에 위치한 C에서는 현재보다 감소하므로 B와 C의 일사량 차이는 커진다.

198 기후 변화의 외적 요인－지구 자전축 경사각 변화 답 ①

알짜 풀이

ㄱ. 하짓날과 동짓날 태양의 남중 고도가 90°인 위도는 지구 자전축의 경사각과 같으므로 현재 하짓날에는 23.5°N, 동짓날에는 23.5°S이다. 따라서 지구 자전축의 경사각이 더 큰 ㉠ 시기가 A, ㉡ 시기가 B이다.

바로 알기

ㄴ. 지구 자전축의 경사각은 A 시기일 때가 B 시기일 때보다 크다. 지구 자전축 경사각이 클수록 우리나라에서 하짓날과 동짓날 태양의 남중 고도 차이는 증가하고, 기온의 연교차도 증가한다. 따라서 우리나라에서 동짓날 태양의 남중 고도는 지구 자전축 경사각이 큰 A 시기일 때가 B 시기보다 더 낮다.

ㄷ. 지구 전체에 입사하는 태양 복사 에너지양은 태양과 지구 사이의 거리 변화, 즉 지구 공전 궤도 이심률의 변화에 따라 달라진다. 태양과 지구 사이의 평균 거리는 변하지 않으므로 지구 전체에 입사하는 태양 복사 에너지양은 ㉠ 시기와 ㉡ 시기가 같다.

199 이산화 탄소 농도 변화와 기후 변화 답 ③

자료 분석

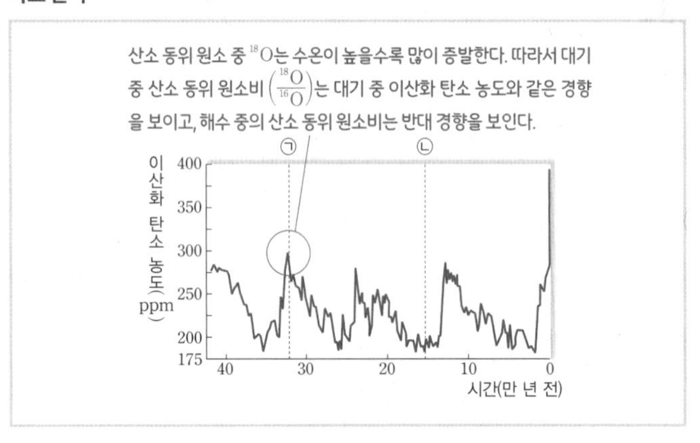

알짜 풀이

ㄱ. 대기 중 이산화 탄소의 농도가 증가하면 온실 효과로 인해 지구의 평균 기온이 상승하므로, 지구의 평균 기온은 ㉠ 시기가 ㉡ 시기보다 높다. 지구의 평균 기온이 상승하면 극지방의 빙하 면적이 감소하여 극지방에서 지표면의 반사율은 감소한다. 따라서 극지방에서 지표면의 반사율은 지구의 평균 기온이 더 낮은 ㉡ 시기에 컸을 것이다.

ㄴ. ㉠ 시기보다 ㉡ 시기에 지구의 평균 기온이 더 낮았으므로 빙하가 분포하는 위도 범위는 ㉠ 시기보다 ㉡ 시기에 넓었을 것이다.

바로 알기

ㄷ. 산소 동위 원소인 ^{18}O는 수온이 높을수록 더 많이 증발된다. 따라서 해수의 산소 동위 원소비$\left(\frac{^{18}O}{^{16}O}\right)$는 수온이 높을수록 작아진다. 해양 생물은 해수로부터 산소를 흡수하여 골격을 생성하므로 해양 생물 화석으로부터 구한 산소 동위 원소비는 해수의 산소 동위 원소비와 같다. 따라서 해양 생물 화석으로부터 구한 산소 동위 원소비$\left(\frac{^{18}O}{^{16}O}\right)$는 수온이 더 낮은 ㉡ 시기가 ㉠ 시기보다 클 것이다.

Ⅲ. 우주

13 별의 물리량과 H－R도

083~087쪽

대표 기출 문제 200 ③ 201 ②

적중 예상 문제 202 ③ 203 ⑤ 204 ③ 205 ③ 206 ②
207 ① 208 ⑤ 209 ③ 210 ⑤ 211 ③
212 ② 213 ③ 214 ② 215 ③

200 별의 분광형과 흡수선 답 ③

알짜 풀이

ㄷ. HⅠ 흡수선의 세기는 분광형이 A형인 별에서 가장 강하게 나타나므로 (나)는 A형, (다)는 G형 별에 해당한다. 분광형이 A형인 (나)의 표면 온도는 약 10000 K이고, 태양의 표면 온도는 약 5800 K이므로 표면 온도는 (나)가 태양보다 높다.

바로 알기

ㄱ. 방출하는 복사 에너지의 상대적 세기 중 HⅠ 파장에 해당하는 세기가 약할수록 별의 HⅠ 흡수선의 세기는 강하다. (가)가 (나)보다 HⅠ 파장에 해당하는 세기가 강하게 나타나므로 HⅠ 흡수선의 세기는 (가)가 (나)보다 약하게 나타난다.

ㄴ. 흑체의 표면 온도(T)가 높을수록 복사 에너지를 최대로 방출하는 파장(λ_{max})이 짧아진다. (가)는 분광형이 O형, (나)는 A형, (다)는 G형인 별이고, 분광형에 따른 별의 표면 온도는 O>B>A>F>G>K>M형이므로 별의 표면 온도는 O형(가)>A형(나)>G형(다)이다. 따라서 복사 에너지를 최대로 방출하는 파장은 (다)>(나)>(가)이다.

201 별의 표면 온도와 별의 크기 답 ②

자료 분석

표면 온도가 태양보다 낮다.
⇨ 반지름이 태양의 10배, 광도가 태양의 10배이기 때문

광도가 태양의 200배 이상이다.
⇨ 표면 온도가 태양보다 높고(태양의 약 1.7배), 반지름이 태양의 5배이기 때문

별	분광형	반지름 (태양=1)	광도 (태양=1)	$L=4\pi R^2\cdot\sigma T^4$
(가)	( )	10	10	10
(나)	A0	5	( )	약 209
(다)	A0	( )	10	10

• 분광형이 같으므로 표면 온도가 같다.
• 분광형이 A0형인 별의 표면 온도: 약 10000 K, 태양의 표면 온도: 약 5800 K ⇨ 태양의 약 1.7배

반지름이 (나)보다 작다.
⇨ 별 (나)와 비교하면 표면 온도가 같고, 광도가 작기 때문

알짜 풀이

ㄴ. 별 (나)의 분광형이 A0형이므로 표면 온도는 약 10000 K이다. 태양의 표면 온도가 약 5800 K이므로 (나)의 표면 온도는 태양의 약 1.7배 $\left(=\frac{10000}{5800}\right)$이다. 별의 광도는 반지름의 제곱에, 표면 온도의 4제곱에 비례하므로 (나)의 광도는 $L=4\pi R^2\cdot\sigma T^4=(5)^2\times(1.7)^4\fallingdotseq209$배로, (가)~(다) 중 가장 크다. 따라서 절대 등급은 광도가 가장 큰 (나)가 가장 작다.

바로 알기

ㄱ. 별 (가)의 표면 온도는 $L=4\pi R^2\cdot\sigma T^4$에서 $10=(10)^2\times(x)^4$, $x=\sqrt[4]{\frac{1}{10}}$로, 태양의 표면 온도보다 낮다. 따라서 (가)~(다) 중 표면 온도가 (가)가 가장 낮다. 복사 에너지를 최대로 방출하는 파장은 표면 온도가 높을수록 짧으므로 표면 온도가 가장 낮은 (가)가 가장 길다.

ㄷ. 별 (다)는 분광형이 같은 (나)와 표면 온도가 같지만 광도는 (나)보다 작으므로 반지름은 (나)보다 작다. 따라서 반지름이 가장 큰 것은 (가)이다.

202 별의 물리량 답 ③

알짜 풀이

ㄱ. 별의 표면 온도는 최대 복사 에너지 세기를 갖는 파장에 반비례하므로 표면 온도는 ㉠>㉡>㉢이다.

ㄷ. 별의 광도는 반지름의 제곱에, 표면 온도의 4제곱에 비례한다. 따라서 별의 반지름은 표면 온도가 가장 낮고, 광도가 가장 큰(= 절대 등급이 가장 작은) ㉢이 가장 크다.

바로 알기

ㄴ. 별이 단위 시간당 방출하는 에너지양을 광도라고 한다. 절대 등급이 5등급 차이날 때 광도비는 100배($\fallingdotseq2.5^5$)이다. 표에서 ㉢의 절대 등급은 ㉠보다 5등급($=3-(-2)$)이 작으므로 광도는 ㉢이 ㉠의 100배이다.

203 파장에 따른 복사 에너지 분포 답 ⑤

자료 분석

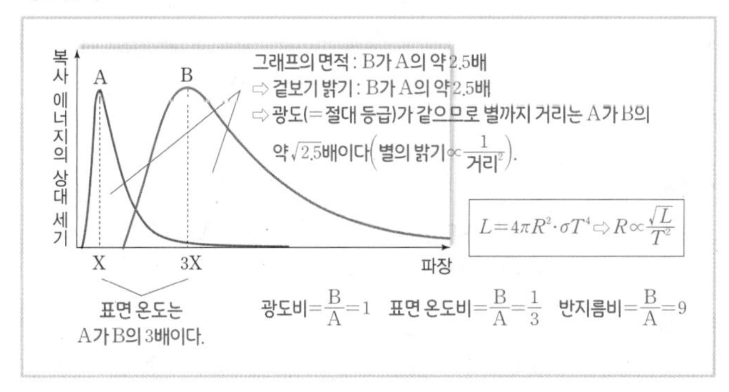

알짜 풀이

ㄱ. 최대 복사 에너지 세기를 갖는 파장은 A가 B의 $\frac{1}{3}$배이므로 빈의 변위 법칙에 의해 별의 표면 온도는 A가 B의 3배이다.

ㄴ. 절대 등급은 A와 B가 같으므로 광도는 A와 B가 같다. 별의 반지름은 광도의 제곱근에 비례하고, 표면 온도의 제곱에 반비례한다. 표면 온도는 A가 B의 3배이고, 광도는 A와 B가 같으므로 반지름은 B가 A의 9배이다.

ㄷ. 그래프와 가로축 사이의 면적은 지구에서 관측되는 별의 겉보기 밝기에 해당한다. 겉보기 밝기는 B가 A의 약 2.5배이며, 겉보기 등급으로 환산하면 B가 A보다 1등급만큼 작다. 별의 밝기는 별까지 거리의 제곱에 반비례하므로 광도가 같은 A와 B의 거리비는 A가 B의 약 $\sqrt{2.5}$배이다.

204 별의 물리량과 주계열성의 특징 답 ③

알짜 풀이

ㄱ. ㉠의 색지수 $(B-V)=2-2=0$이며, 색지수가 0인 별은 흰색 별이다.

ㄴ. 색지수 $(B-V)$가 작을수록 표면 온도가 높으므로 표면 온도는 ㉡>㉠>㉢이다(㉠: $2-2=0$, ㉡: $4-5=-1$, ㉢: $7-6=1$).

바로 알기

ㄷ. 색지수 $(B-V)$는 ㉡<㉠<㉢이므로 표면 온도는 ㉡>㉠>㉢이다. 주계열성은 질량이 클수록 표면 온도가 높으므로 별의 질량은 표면 온도가 가장 높은 ㉡이 가장 크다.

205 별의 스펙트럼 답 ③

알짜 풀이

ㄱ. (가)는 분광형이 A0형이므로 표면 온도가 약 10000 K인 흰색 별이다.

ㄷ. 별의 표면 온도는 분광형 O>B>A>F>G>K>M형 순으로 높으므로 표에서 표면 온도는 (다)>(가)>(나)이다. 그림에서 복사 에너지를 최대로 방출하는 파장은 ㉠<㉡<㉢이므로 빈의 변위 법칙에 의해 표면 온도는 ㉠>㉡>㉢이다. 따라서 ㉠은 (다), ㉡은 (가), ㉢은 (나)이다. 태양의 분광형은 G2형이고, 태양 스펙트럼에서 관측되는 H Ⅰ 흡수선의 상대적 세기는 분광형이 동일한 ㉢과 가장 가깝다.

바로 알기

ㄴ. 그림에서 복사 에너지를 최대로 방출하는 파장은 ㉠이 ㉡보다 짧다.

206 분광형에 따른 흡수선의 상대적 세기 답 ②

자료 분석

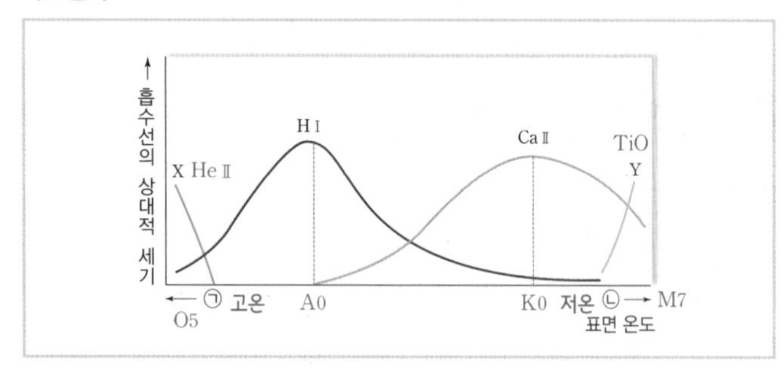

알짜 풀이

ㄷ. 적색 거성은 붉은색을 띠어 표면 온도가 낮으므로 H Ⅰ 흡수선보다 Ca Ⅱ 흡수선이 강하게 나타난다.

바로 알기

ㄱ. H Ⅰ 흡수선은 분광형이 A0형인 별에서 가장 강하고, Ca Ⅱ 흡수선은 분광형이 K0형인 별에서 가장 강하다. 따라서 표면 온도의 증가 방향은 ㉠이다.

ㄴ. X는 고온의 별에서 강하게 나타나는 He Ⅱ 흡수선이고, Y는 저온의 별에서 강하게 나타나는 TiO 흡수선이다.

207 슈테판·볼츠만 법칙 답 ①

알짜 풀이

ㄱ. 단위 시간 동안 같은 양의 에너지를 방출하는 면적이 A가 B의 625배이므로 단위 시간 동안 단위 면적에서 방출하는 에너지양은 A가 B의 $\frac{1}{625}$배이다. 따라서 단위 시간 동안 단위 면적에서 방출하는 에너지양은 표면 온도의 4제곱에 비례하므로 표면 온도는 A가 B의 $\left(\frac{1}{625}\right)^{\frac{1}{4}}=\frac{1}{5}$배이고, 복사 에너지를 최대로 방출하는 파장은 A가 B의 5배이다.

바로 알기

ㄴ. 표면 온도(T)는 A가 B의 $\frac{1}{5}$배이고, 광도(L)는 A가 B의 40배이므로 반지름(R)은 A가 B의 $50\sqrt{10}$배이다.

$$\therefore R \propto \frac{\sqrt{L}}{T^2}=\frac{\sqrt{40}}{\left(\frac{1}{5}\right)^2}=50\sqrt{10}$$

ㄷ. 겉보기 밝기(l)는 별까지 거리(r)의 제곱에 반비례하고, 광도(L)에 비례한다. 겉보기 등급은 A와 B가 같고, 광도는 A가 B의 40배이므로 지구로부터 별까지 거리는 A가 B의 $\sqrt{40}$배(≒6.3배)이다.

$$\therefore r \propto \sqrt{\frac{L}{l}}=\sqrt{\frac{40}{1}}=\sqrt{40}$$

208 별의 물리량 답 ⑤

알짜 풀이

ㄱ. 별의 단위 면적에서 단위 시간 동안 방출하는 복사 에너지양은 표면 온도의 4제곱에 비례한다. 표면 온도는 ㉠이 ㉢의 2배이므로 단위 면적에서 단위 시간 동안 방출하는 복사 에너지양은 ㉠이 ㉢의 $2^4=16$배이다.

ㄴ. ㉠과 ㉡은 반지름이 같고, 표면 온도는 ㉡이 ㉠의 $\sqrt{10}$배이다. 광도는 표면 온도의 4제곱에 비례하므로 ㉡이 ㉠의 $(\sqrt{10})^4=100$배이다. 따라서 5등급 차이는 100배 밝기 차가 나므로 ㉡의 절대 등급은 ㉠보다 5만큼 작은 $+5-5=0$이다.

ㄷ. 주계열성은 표면 온도가 높을수록 반지름이 크다. 따라서 ㉠과 ㉡ 중 한 개만 주계열성이므로 남아 있는 ㉢이 주계열성이다.

209 별의 종류와 특징 답 ③

자료 분석

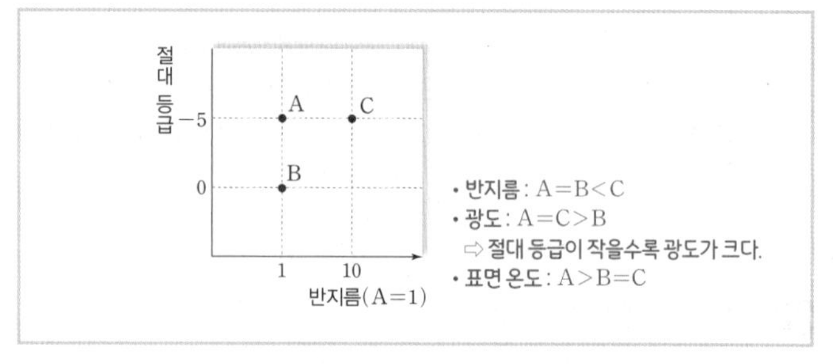

알짜 풀이

A는 반지름에 비해 표면 온도가 높은 주계열성이고, B는 반지름이 A와 같지만 광도는 A보다 작으므로 표면 온도가 A보다 낮다. C는 반지름이 가장 크지만 광도는 A와 같으므로 표면 온도가 낮은 초거성이다.

ㄱ. 표면 온도는 반지름이 작을수록, 광도가 클수록 높으므로 A가 가장 높다. B와 C를 비교하면, 광도는 C가 B보다 100배 크고, 반지름은 C가 B보다 10배 크므로 표면 온도는 B와 C가 같다.

ㄷ. 광도 계급의 숫자는 초거성인 C가 가장 작다.

바로 알기

ㄴ. 광도는 A=C>B이고, 표면 온도는 A>B=C이다. 반지름은 만약 A가 주계열성이면 B는 적색 거성, C는 초거성이 된다. 한편, B가 주계열성이면 A는 반지름이 B와 동일한 적색 거성이 되어야 하는데, 이런 적색 거성은 H−R도에 존재하지 않는다. 따라서 A가 주계열성, B가 적색 거성, C가 초거성이다.

210 별의 광도 계급과 표면 온도 답 ⑤

알짜 풀이

ㄱ. (가)는 표면 온도가 10000 K이므로 흰색 별이고, 분광형이 A0형 별이다. A0형 별의 색지수$(B-V)$는 0이며, 태양보다 표면 온도가 높으므로 색지수$(B-V)$는 태양보다 작다.

ㄴ. (가)의 광도 계급은 V이므로 주계열성이고, (나)의 광도 계급은 Ⅲ이므로 밝은 거성이다. (나)는 표면 온도가 태양과 비슷한 밝은 거성이다. 따라서 (나)는 주계열성인 태양보다 광도가 크고, 절대 등급이 작다.

ㄷ. 별의 평균 밀도는 주계열성인 (가)가 밝은 거성인 (나)보다 크다.

211 별의 광도 계급 답 ③

자료 분석

광도 계급 / 분광형	(가) V	(나) Ⅲ	(다) Ib
A0	+0.6	−0.6	−4.9
M0	(㉠)	−0.4	−4.5
G0	+4.4	+0.6	−4.5

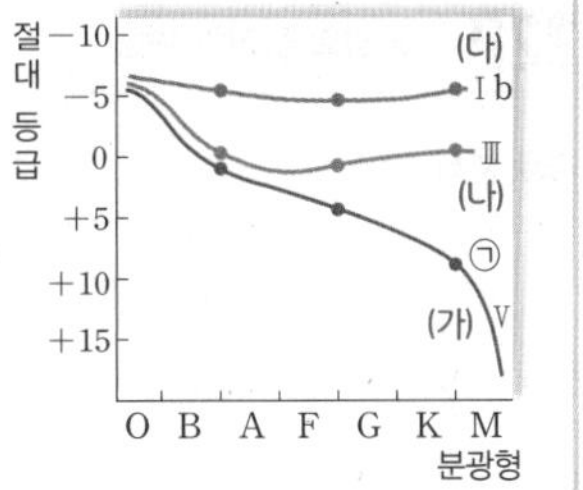

알짜 풀이

ㄱ. 표면 온도(분광형)가 같을 때 절대 등급이 작을수록(광도가 클수록) 광도 계급의 숫자가 작다. 따라서 광도 계급의 숫자는 (가)가 V, (나)가 Ⅲ, (다)가 Ib이다.

ㄷ. 별의 반지름은 광도가 클수록, 표면 온도가 낮을수록 크다. 광도는 (가)의 A0형과 (나)의 G0형 별이 같지만, 표면 온도는 (나)의 G0형 별이 (가)의 A0형보다 더 낮다. 따라서 별의 반지름은 (가)의 A0형 별이 (나)의 G0형 별보다 더 작다.

바로 알기

ㄴ. (가)는 주계열성이므로 표면 온도가 낮을수록 광도가 작고, 절대 등급이 크다. 따라서 ㉠은 G0형 주계열성의 절대 등급인 +4.4보다 커야 한다.

212 H−R도 작성 답 ②

알짜 풀이

ㄴ. 별의 밀도는 백색 왜성>주계열성>거성이다. 따라서 별 a~f 중 평균 밀도가 가장 작은 별은 거성 집단에 속한 e이다.

바로 알기

ㄱ. 집단 Ⅰ은 백색 왜성, 집단 Ⅱ는 주계열성, 집단 Ⅲ은 거성이다.

ㄷ. 집단 Ⅱ는 H−R도에서 왼쪽 위에서 오른쪽 아래로 이어지는 대각선상에 분포하는 주계열성이다. 주계열성은 절대 등급이 작을수록 표면 온도가 높다.

213 H−R도와 별의 종류 답 ③

알짜 풀이

ㄱ. (가)는 별의 중심부에 헬륨보다 무거운 원자핵이 만들어지므로 거성 단계에 있는 별이다. 따라서 (가)는 주계열 단계 이후의 별의 집단에 해당하는 ㉠이다.

ㄴ. (나)에 속한 별은 별의 진화 단계에서 가장 오랜 기간을 보내는 주계열성 ㉡이다. 주계열성은 질량이 클수록 반지름이 크다.

바로 알기

ㄷ. 색지수는 표면 온도가 높을수록 작으므로 별의 평균 색지수는 (다)에 해당하는 백색 왜성 ㉢이 가장 작다.

214 주계열성의 질량−광도 관계 답 ②

알짜 풀이

ㄴ. (나)는 주계열성의 질량−광도 관계이며, (가)에서 주계열성은 왼쪽 위에서 오른쪽 아래로 대각선상에 분포하는 Y이다.

바로 알기

ㄱ. Y는 주계열성 집단이고, X는 주계열성보다 광도가 높은 거성 집단이다. Z는 주계열성의 왼쪽 아래에 분포하는 백색 왜성 집단이다. 따라서 광도 계급의 숫자는 X<Y<Z이다.

ㄷ. 주계열성은 질량이 클수록 표면 온도가 높고, 색지수가 작으므로 ㉠이 ㉡보다 색지수가 작다.

215 H−R도와 별의 종류 답 ③

자료 분석

별	절대 등급	분광형
㉠	+12.2	B1
㉡	+2.0	A1
㉢	−1.5	K4
㉣	−7.8	K8

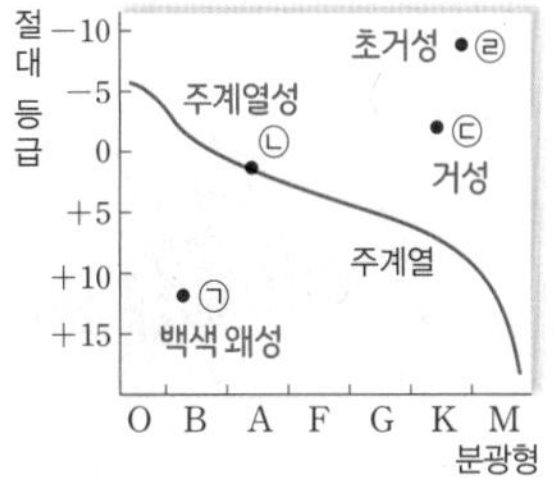

알짜 풀이

ㄱ. ㉠은 ㉢보다 절대 등급이 크고, 표면 온도가 높다. 따라서 H−R도에서 ㉠은 ㉢보다 왼쪽 아래에 위치한다.

ㄴ. H−R도에 별 ㉠~㉣의 위치를 나타내면, ㉠은 가장 왼쪽 아래에 위치하는 백색 왜성이고, ㉣은 오른쪽 위에 위치하는 초거성이다. ㉡은 ㉢보다 표면 온도가 높지만 절대 등급이 큰 주계열성이고, ㉢은 ㉡의 오른쪽 위에 위치하는 거성이다.

바로 알기

ㄷ. 별의 평균 밀도는 초거성인 ㉣이 거성인 ㉢보다 작다.

14 별의 진화와 에너지원

089~093쪽

대표 기출 문제 216 ⑤ 217 ③

적중 예상 문제 218 ⑤ 219 ③ 220 ③ 221 ① 222 ④ 223 ④ 224 ④ 225 ② 226 ④ 227 ③ 228 ① 229 ① 230 ② 231 ①

216 질량에 따른 별의 진화 답 ⑤

알짜 풀이

ㄱ. 별의 질량이 클수록 진화 속도가 빠르며, 주계열성의 질량은 H−R도에서 왼쪽 위로 갈수록 크다. 따라서 질량이 큰 A가 A′로 진화하는 데 걸리는 시간은 질량이 작은 B가 B′로 진화하는 데 걸리는 시간보다 짧다.

ㄴ. B는 질량이 태양 정도인 주계열성으로 중심부에서는 양성자·양성자 반응(p−p 반응)과 탄소·질소·산소 순환 반응(CNO 순환 반응)이 함께 일어난다. 따라서 B와 B′의 중심핵은 모두 탄소(C)를 포함한다.

ㄷ. A는 질량이 태양보다 큰 주계열성으로 최종 진화 단계에서 밀도가 매우 큰 중성자별 또는 블랙홀이 되고, B는 질량이 태양 정도인 주계열성으로 최종 진화 단계에서 백색 왜성이 된다. 따라서 A는 B보다 최종 진화 단계에서의 밀도가 크다.

217 주계열성의 내부 구조 답 ③

자료 분석

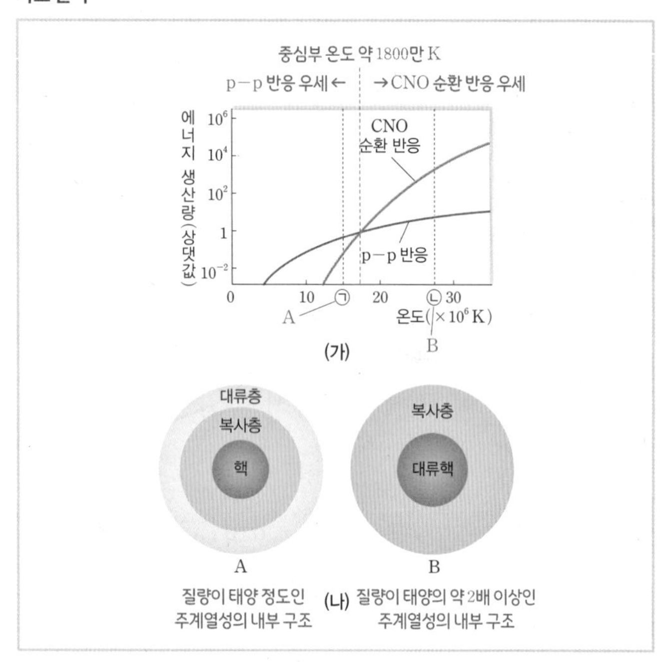

알짜 풀이

ㄱ. 중심부 온도가 약 1800만 K보다 낮은 주계열성의 중심부에서는 CNO 순환 반응보다 p−p 반응이 우세하게 일어난다. ㉠은 약 1800만 K보다 온도가 낮으므로 CNO 순환 반응보다 p−p 반응이 우세하게 일어난다.

ㄴ. A는 질량이 태양 정도인 주계열성의 내부 구조이고, B는 질량이 태양의 약 2배 이상인 주계열성의 내부 구조이다. 따라서 별의 질량은 A보다 B가 크다.

바로 알기

ㄷ. A는 질량이 태양 정도인 별이므로 중심부의 온도가 약 1800만 K 이하이다. 따라서 p−p 반응이 우세하게 일어나므로 A의 중심부 온도는 ㉠이다.

218 원시별에서 주계열성으로의 진화 답 ⑤

알짜 풀이

ㄱ. 원시별의 질량이 클수록 주계열성이 되었을 때 표면 온도가 높고, 광도가 큰 주계열성이 된다. 따라서 원시별의 질량은 A>B>C이다.

ㄴ. 원시별의 질량이 클수록 진화 속도가 빠르므로 주계열성이 되는 데 걸리는 시간이 짧다(A<B<C).

ㄷ. 주계열성은 중심부에서 수소 핵융합 반응이 일어나므로 주계열에 도달한 A, B, C는 모두 중심부의 온도가 1000만 K 이상이다.

219 주계열성에서 거성으로의 진화 답 ③

알짜 풀이

ㄱ. A→A′ 과정에서 광도는 약간 증가하고 표면 온도가 많이 낮아지므로 별의 반지름이 커지는 것을 알 수 있다. B→B′ 과정에서 광도는 많이 증가하고 표면 온도는 약간 낮아진다. 따라서 A→A′와 B→B′에서 모두 별의 반지름은 커진다.

ㄴ. 주계열성에서 거성으로 진화하는 동안 중심핵은 수축하고, 중심부를 둘러싼 영역에서 수소 껍질 연소가 일어난다.

바로 알기

ㄷ. A는 주계열성이므로 중심부에서 수소 핵융합 반응이 일어난다. B′는 거성으로 진화하는 별로 헬륨핵이 계속 수축하면서 중심부 온도가 계속 상승하고 있다. 따라서 별의 중심부 온도는 헬륨 핵융합 반응이 시작되기 전에 위치한 B′가 A보다 높다.

220 원시별의 물리량 변화 답 ③

자료 분석

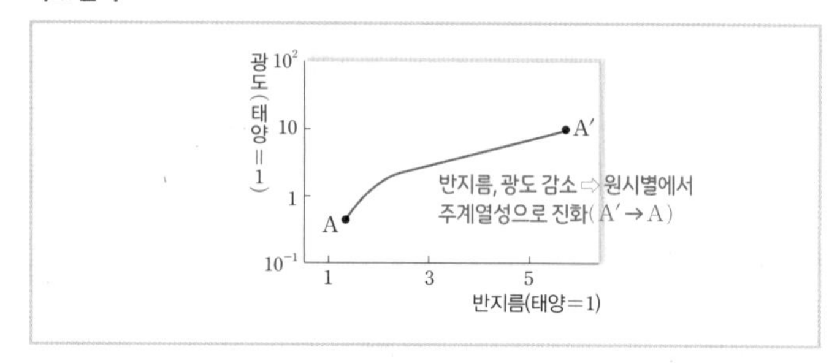

알짜 풀이

ㄱ. 원시별이 주계열성으로 진화하는 동안 반지름은 대체로 감소한다. 따라서 이 원시별의 진화 경로는 A′→A이다.

ㄷ. 원시별은 중력 수축에 의해 중심부 밀도가 계속 증가하므로 중심부 밀도는 A가 A′보다 크다.

바로 알기

ㄴ. 질량이 태양과 비슷하거나 더 작은 원시별은 주계열성으로 진화할 때 광도가 대체로 감소한다. 또한, A일 때 광도는 현재 태양의 광도보다 작다. 따라서 이 별의 질량은 태양 질량의 2배 이상일 수 없다.

221 주계열성의 원소 함량 변화 답 ①

자료 분석

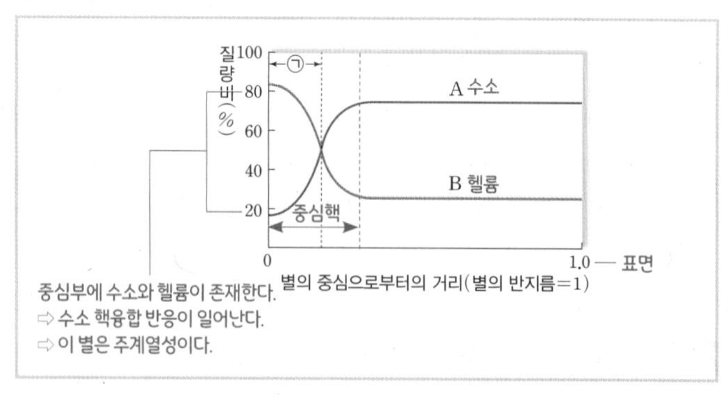

알짜 풀이

ㄱ. 중심부에는 수소(A)와 헬륨(B)이 모두 존재하고 있다. 따라서 이 별은 중심부에서 수소 핵융합 반응이 일어나고 있는 주계열성이다.

바로 알기

ㄴ. 핵융합 반응이 일어나지 않는 별의 외곽층에는 수소가 헬륨보다 많아야 한다. 따라서 A는 수소이고, B는 헬륨이다.

ㄷ. 별의 내부에서 수소(A)의 비율이 감소하기 시작하는 곳이 수소 핵융합 반응이 시작되는 곳이다. 따라서 이 별에서 중심핵의 반지름은 ㉠ 구간보다 넓다.

222 별의 질량과 주계열성의 수명 답 ④

자료 분석

별	질량 (태양=1)	표면 온도 (태양=1)	반지름 (태양=1)	광도 (태양=1)
㉠	2.0	1.5	1.7	30
㉡	(약 3.0)	1.7	2.5	80
㉢	6.4	(약 2.8)	4.0	1000

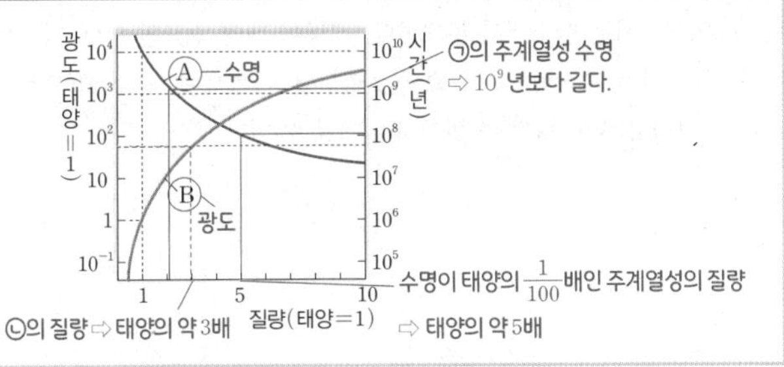

알짜 풀이

ㄴ. ㉡은 광도가 태양의 80배이므로 질량이 태양의 약 3배이다. 한편, ㉢은 광도가 태양의 1000배이고, 질량은 태양의 6.4배이다.
따라서 $\left(\frac{\text{주계열성의 광도}}{\text{주계열성의 질량}}\right)$ 값은 ㉡$\left(\frac{80}{3}\right)$이 ㉢$\left(\frac{1000}{6.4}\right)$보다 훨씬 작다.

ㄷ. 태양은 주계열성의 수명(A)이 10^{10}년이므로, 주계열성의 수명이 태양의 $\frac{1}{100}$배, 즉 10^8년인 주계열성은 질량이 태양의 약 5배이므로 ㉢보다 작다. 한편, ㉢의 표면 온도는 광도와 반지름을 고려하면 태양의 3배보다 약간 낮다($3^4 \times 4^2 > 1000$). 따라서 주계열성의 수명이 태양의 $\frac{1}{100}$배인 주계열성은 ㉢보다 질량이 작은 주계열성이므로 표면 온도도 ㉢보다 낮기 때문에 태양의 3배보다 낮다.

바로 알기

ㄱ. A는 주계열성의 수명, B는 광도이다. ㉠의 질량은 태양의 2배이므로 주계열성의 수명은 10^9년보다 길다.

223 거성의 내부 구조 답 ④

알짜 풀이

ㄴ. A 영역은 수소를 완전히 소모한 상태이므로 모두 헬륨으로 이루어져 있지만, C 영역은 수소와 헬륨으로 이루어져 있다.

ㄷ. 주계열성에서 거성으로 진화할 때, 주계열성일 때보다 광도가 크다. 따라서 수소 껍질 연소에 의한 에너지 생성량은 주계열성일 때 중심부의 수소 핵융합 반응에 의한 에너지 생성량보다 많다.

바로 알기

ㄱ. A 영역에서는 헬륨핵이 수축하면서 온도가 상승하며, 바깥쪽으로 열에너지가 방출된다. B 영역에서는 A 영역에서 공급된 열에 의해 수소 껍질 연소가 일어나며, C 영역은 수소 껍질 연소의 영향으로 팽창한다.

224 태양보다 질량이 매우 큰 별의 진화 답 ④

알짜 풀이

ㄴ. 이 별은 질량이 태양보다 훨씬 크다. 질량이 큰 원시별이 주계열 단계로 진화할 경우에는 절대 등급 변화보다 별의 표면 온도 변화가 상대적으로 크게 나타난다. 따라서 H−R도에서 대체로 왼쪽으로 이동한다.

ㄷ. 주계열성(B)에서 초거성(C)으로 진화할 때 별의 광도가 증가하므로 별의 내부에서 핵융합 반응에 의한 에너지 생성량도 C가 B보다 많다.

바로 알기

ㄱ. (가)는 초신성 폭발을 거쳐 형성된 초신성 잔해이다. 따라서 (가)의 중심부에는 D에 해당하는 중성자별 또는 블랙홀이 존재할 것이다.

225 별의 종류와 스펙트럼 답 ②

알짜 풀이

ㄴ. 별의 평균 밀도가 크면 흡수선이 생성되는 파장의 폭이 넓어진다. 따라서 평균 밀도가 큰 백색 왜성 (가)의 스펙트럼이 ㉡이고, 밝은 초거성 (나)의 스펙트럼이 ㉠이다.

바로 알기

ㄱ. 두 별은 분광형이 모두 A0형으로 같으므로 표면 온도가 같다.

ㄷ. 태양이 주계열성에서 적색 거성으로 진화하면 별의 평균 밀도가 감소하므로 스펙트럼에서 관측되는 흡수선의 폭이 좁아진다.

226 수소 핵융합 반응의 종류 답 ④

알짜 풀이

ㄱ. (가)는 탄소, 질소, 산소가 촉매 역할을 하는 CNO 순환 반응이다.

ㄷ. (가)와 (나)는 반응 경로가 다를 뿐 모두 수소 핵융합 반응이다. 따라서 최종적으로 생성되는 입자는 헬륨 원자핵으로 같다.

바로 알기

ㄴ. (가)는 CNO 순환 반응이고, (나)는 p−p 반응이다. 이 별은 질량이 태양의 5배이므로 중심부 온도가 태양보다 훨씬 높다. 따라서 (가)와 (나)에 의한 에너지 생산량은 모두 태양보다 많다.

227 핵융합 반응 종류 답 ③

자료 분석

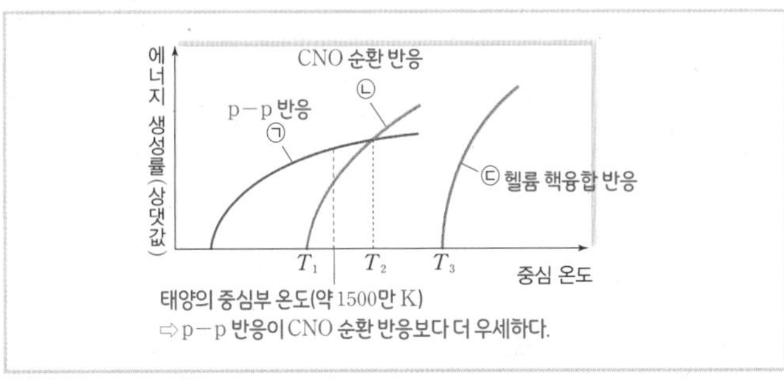

알짜 풀이

ㄱ. 현재 태양에서는 p−p 반응(㉠)에 의한 에너지 생산량이 CNO 순환 반응(㉡)에 의한 에너지 생산량보다 많다. 따라서 태양의 중심 온도는 T_1보다 높고, T_2보다 낮다.

ㄷ. 핵융합 반응이 일어날 때 감소한 질량이 에너지로 전환된다. 따라서 ㉠, ㉡, ㉢이 일어나는 동안 모두 질량 감소가 일어난다.

바로 알기

ㄴ. ㉢은 헬륨 핵융합 반응이다. 헬륨 핵융합 반응이 일어나면 헬륨 원자핵 3개가 융합하면서 탄소 원자핵 1개가 만들어진다.

228 주계열성의 내부 구조 답 ①

알짜 풀이

ㄴ. 이 별은 질량이 태양보다 크므로 진화 속도가 빨라 주계열성의 수명은 태양보다 짧다.

바로 알기

ㄱ. 이 별은 중심부에 대류핵이 존재하므로 질량이 태양 질량의 2배 이상이며, CNO 순환 반응이 p−p 반응보다 우세하게 일어난다. 따라서 이 별의 중심부 온도는 ㉠(약 1800만 K)보다 높다.

ㄷ. 이 별은 주계열성이므로 크기가 일정하게 유지된다. 따라서 별의 표면에서는 중력과 기체의 압력 차에 의한 힘이 균형을 이루는 정역학 평형 상태이다.

229 주계열성의 내부 구조 답 ①

자료 분석

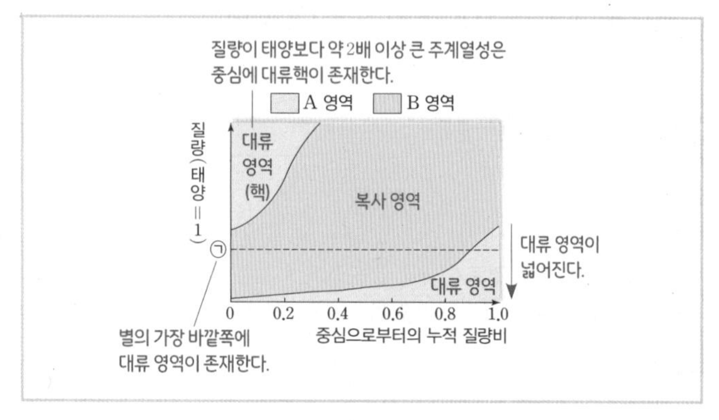

알짜 풀이

ㄱ. 태양 질량의 약 2배 이상인 주계열성은 중심부에 A 영역이 나타나고, 바깥쪽에 B 영역이 나타난다. 따라서 A 영역은 대류 영역, B 영역은 복사 영역이다. 질량이 ㉠인 별은 중심부에 복사가 일어나는 핵이 존재하므로 ㉠은 2보다 작다.

바로 알기

ㄴ. 질량이 큰 별의 중심부에는 대류핵이 존재하므로 A 영역은 대류 영역이다.

ㄷ. 태양보다 질량이 작은 주계열성의 경우에는 질량이 작을수록 별의 외곽층에 대류 영역이 넓어진다. 따라서 분광형이 K0인 별은 M0인 별보다 질량이 크므로 대류 영역이 차지하는 질량 비율(%)이 작다.

230 주계열성의 내부 구조 답 ②

알짜 풀이

ㄴ. 이 별은 분광형이 태양과 같은 주계열성이므로 중심부 온도도 태양과 비슷하다. 따라서 별의 중심부에서는 p−p 반응이 CNO 순환 반응보다 우세하게 일어난다.

바로 알기

ㄱ. 핵융합 반응은 중심핵에서만 일어나므로 ㉠과 ㉡ 구간에서 수소 함량 비율이 같고, 헬륨 함량 비율도 ㉠과 ㉡ 구간에서 같을 것이다.

ㄷ. 중심부 온도가 높을수록 복사층 영역(㉠ 구간)이 넓어진다. 주계열성의 중심부 온도가 충분히 높아지면 핵을 둘러싼 영역이 복사층으로 이루어진다.

231 거성과 초거성의 내부 구조 답 ①

알짜 풀이

ㄱ. (가)는 초거성, (나)는 적색 거성의 내부 구조이다. 단위 시간 동안 방출하는 에너지양, 즉 광도는 (가)가 (나)보다 많다.

바로 알기

ㄴ. 초거성의 중심부에는 최종적으로 철핵이 형성된다. 따라서 ㉠ 영역에서는 철이 존재하며, 철보다 무거운 금, 은, 우라늄 등은 초신성 폭발이 일어나는 과정에서 생성된다.

ㄷ. ㉡ 영역에서는 탄소핵이 존재한다. 질량이 태양 정도인 별에서는 핵융합 반응을 거쳐 최종적으로 탄소핵이 형성될 수 있으며, 탄소 핵융합 반응은 태양보다 질량이 훨씬 큰 별에서 일어날 수 있다.

15 외계 행성계와 외계 생명체 탐사 095~099쪽

대표 기출 문제 232 ③ 233 ⑤

적중 예상 문제 234 ③ 235 ② 236 ④ 237 ③ 238 ⑤ 239 ⑤ 240 ① 241 ④ 242 ⑤ 243 ② 244 ① 245 ② 246 ② 247 ②

232 시선 속도 변화를 이용한 외계 행성계 탐사 답 ③

자료 분석

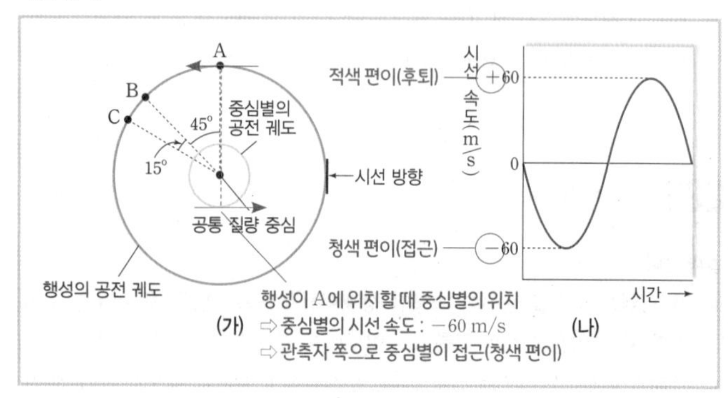

알짜 풀이

ㄱ. 행성이 A에 위치할 때 중심별의 시선 속도가 −60 m/s이므로 중심별은 관측자 쪽으로 가까워진다. 중심별과 행성은 공통 질량 중심을 중심으로 서로 반대 방향에 위치하며, 공전 주기가 같고 같은 방향으로 공전한다. 따라서 행성은 관측자로부터 멀어져야 하므로 행성의 공전 방향은 A→B→C이다.

ㄷ. 시선 방향과 공통 질량 중심, 중심별 사이의 각도는 B일 때 45°이고, C일 때 30°이다. 중심별의 최대 시선 속도를 v라고 하면, 행성이 B를 지날 때 중심별의 시선 속도는 $v\times\cos 45° = \frac{v}{\sqrt{2}}$이고, 행성이 C를 지날 때 중심별의 시선 속도는 $v\times\cos 60° = \frac{v}{2}$이다. 따라서 중심별의 시선 속도는 행성이 B를 지날 때가 C를 지날 때의 $\sqrt{2}$배이다.

바로 알기

ㄴ. 이 중심별의 최대 시선 속도는 ±60 m/s이므로 기준 파장을 λ_0, 파장 변화량을 $\Delta\lambda$, 시선 속도를 v, 빛의 속도를 c라고 할 때 $\frac{\Delta\lambda}{\lambda_0}=\frac{v}{c}$이다.

따라서 $\Delta\lambda=\frac{v}{c}\times\lambda_0=\frac{60}{3\times10^8}\times500=0.0001$ nm이다.

233 생명 가능 지대 답 ⑤

알짜 풀이

ㄱ. 주계열성은 질량이 클수록 광도가 크다. A가 B보다 질량이 크므로 광도는 A가 B보다 크다.

ㄴ. 중심별의 광도가 클수록 생명 가능 지대의 위치가 중심별로부터 멀어진다. A가 B보다 광도가 크므로 생명 가능 지대에 위치한 행성의 공전 궤도 반지름은 ㉠이 ㉡보다 크다.

ㄷ. 생명 가능 지대의 폭은 중심별의 광도가 클수록 넓다. A가 B보다 광도가 크므로 생명 가능 지대의 폭은 ㉢이 ㉣보다 크다.

234 시선 속도를 이용한 탐사 답 ③

알짜 풀이

ㄱ. 중심별과 행성은 같은 방향으로 공전하므로 T일 때 중심별은 지구 쪽으로 가까워지고, 행성은 지구로부터 멀어진다.

ㄴ. 공통 질량 중심으로부터의 거리는 행성이 중심별의 25배이므로 질량은 중심별이 행성의 25배이다.

바로 알기

ㄷ. 행성과 중심별의 공전 주기가 같으므로 행성과 중심별은 공전하는 동안 공전 궤도의 길이(원의 둘레)만큼 이동한다. 따라서 공전 속도는 행성이 중심별의 25배이다.

235 시선 속도 변화 답 ②

자료 분석

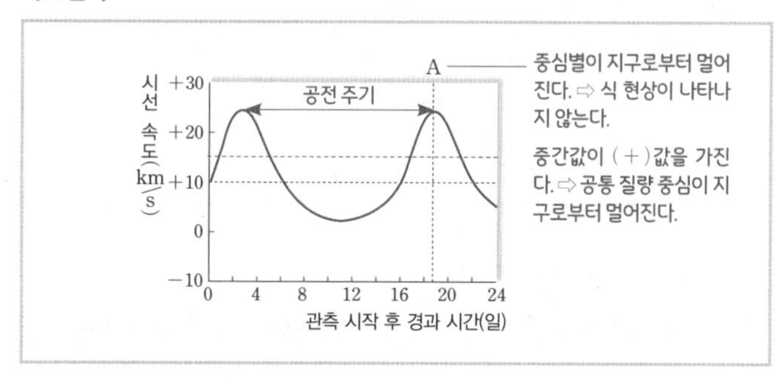

알짜 풀이

ㄴ. 중심별의 시선 속도의 평균값이 (+) 값을 가지므로 이 외계 행성계의 공통 질량 중심은 지구로부터 멀어지고 있다.

바로 알기

ㄱ. A 시기에는 중심별이 지구로부터 가장 빠르게 멀어지고 있으므로 행성에 의한 식 현상이 나타나지 않는다.

ㄷ. 중심별의 시선 속도 변화로부터 주기가 약 16일임을 알 수 있다. 시선 속도의 중간값(약 15 km/s)을 기준으로 시선 속도의 최대 증가 폭과 최대 감소 폭이 다르므로 이 외계 행성계에서 행성과 중심별은 타원 궤도로 공전하고 있다는 것을 알 수 있다.

236 시선 속도 변화 답 ④

자료 분석

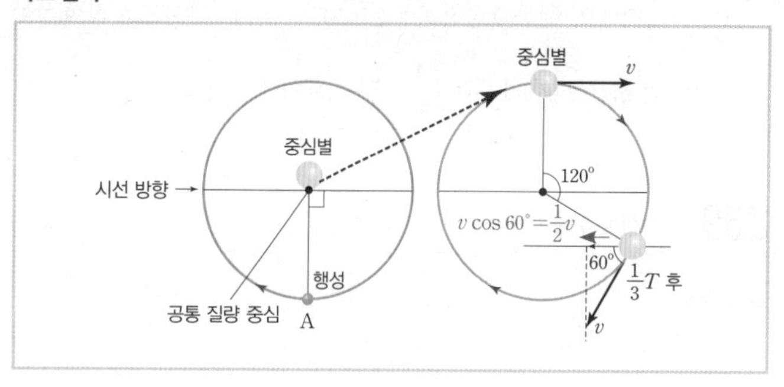

알짜 풀이

ㄴ. 행성에 의한 식 현상은 현재 위치로부터 시간이 $\frac{1}{4}T$ 지난 후에 행성과 중심별이 관측자의 시선 방향에 나란하게 되었을 때 일어난다.

ㄷ. 현재 중심별의 시선 속도의 크기를 v라고 하면, v는 중심별의 최대 시선 속도의 크기, 즉 공전 속도와 같다. 현재로부터 $\frac{1}{3}T$ 후에는 중심별이 현재 위치로부터 공통 질량 중심을 중심으로 120° 회전하므로 시선 속도의 크기는 $v\times\cos 60°=\frac{1}{2}v$가 된다.

바로 알기

ㄱ. 현재 행성이 관측자 쪽으로 가까워지므로 중심별은 관측자로부터 멀어진다. 따라서 현재 중심별의 스펙트럼에서는 적색 편이가 나타난다.

237 식 현상을 이용한 탐사 답 ③

알짜 풀이

ㄱ. A 기간은 식 현상이 반복되는 주기로, 행성의 공전 주기와 같다. 행성의 공전 궤도 반지름이 클수록 공통 질량 중심 주위를 회전하는 데 걸리는 시간, 즉 행성의 공전 주기는 길어진다.

ㄷ. T_1일 때 행성은 지구로부터 멀어지고, 중심별은 지구 쪽으로 접근하므로 청색 편이가 나타난다. 이와 반대로 T_2일 때는 적색 편이가 나타난다. T_3일 때는 중심별이 시선 방향에 수직한 방향으로 움직이므로 흡수선의 파장 변화가 나타나지 않는다. 따라서 중심별의 스펙트럼에서 흡수선의 파장은 $T_1<T_3<T_2$이다.

바로 알기

ㄴ. B는 중심별의 밝기 감소 비율에 해당하며, $\left(\frac{\text{행성의 반지름}}{\text{중심별의 반지름}}\right)^2$에 비례한다. 중심별의 반지름이 2배가 되면 밝기 감소 비율은 $\frac{1}{2^2}=\frac{1}{4}$배가 된다.

238 식 현상을 이용한 탐사 답 ⑤

알짜 풀이

ㄱ. 식 현상에 의한 중심별의 밝기 변화 비율은 $\left(\frac{\text{행성의 반지름}}{\text{중심별의 반지름}}\right)^2$에 비례하므로 (가)와 (나)에서 같다$\left((\text{가}):\left(\frac{0.05}{1}\right)^2=\frac{1}{400},\ (\text{나}):\left(\frac{0.1}{2}\right)^2=\frac{1}{400}\right)$.

ㄴ. 행성의 공전 궤도 반지름은 같고, 행성의 공전 속도는 (가)가 (나)보다 작다. 따라서 행성의 공전 주기는 (가)가 (나)보다 길다. 식 현상이 나타나는 주기는 행성의 공전 주기와 같으므로 (가)가 (나)보다 길다.

ㄷ. 식 현상이 지속되는 시간은 행성이 중심별의 단면을 통과하는 데 걸리는

시간과 같으므로 $\frac{\text{중심별의 지름}}{\text{행성의 공전 속도}}$에 비례한다. 중심별의 지름은 (가)가 (나)의 $\frac{1}{2}$배이고, 행성의 공전 속도는 (가)가 (나)의 $\frac{2}{3}$배이므로 식 현상이 지속되는 시간은 (가)가 (나)의 $\frac{1}{2} \div \frac{2}{3} = \frac{3}{4}$배이다.

239 식 현상을 이용한 탐사 답 ⑤

알짜 풀이

ㄱ. 그림에서 식 현상에 의한 중심별의 밝기 변화는 3종류가 나타난다. 따라서 행성의 수는 최소 3개이다.

ㄴ. 밝기 감소율은 ㉠이 ㉡보다 작으므로 행성의 반지름은 ㉠이 ㉡보다 작다.

ㄷ. 행성들에 의한 식 현상이 동시에 나타날 수 있으므로 중심별의 밝기가 99.85보다 작게 나타나는 시기가 존재한다.

240 식 현상 모형 실험 답 ①

알짜 풀이

이 실험에서 전구는 중심별, A와 B는 외계 행성에 해당한다.

ㄱ. A의 크기가 클수록 전구가 가려지는 면적이 넓어지므로 전구의 밝기 변화가 크게 관측된다.

바로 알기

ㄴ. 식 현상에 의한 중심별의 밝기 변화 주기는 외계 행성의 공전 주기와 관계가 있지만, 지구로부터 외계 행성계까지의 거리와는 관계가 없다.

ㄷ. 도플러 효과를 이용한 탐사 방법은 중심별의 시선 속도 변화를 측정하는 탐사 방법이다. 이 실험과 관련된 외계 탐사 방법은 식 현상을 이용한 탐사 방법이다.

241 미세 중력 렌즈 현상을 이용한 탐사 답 ④

자료 분석

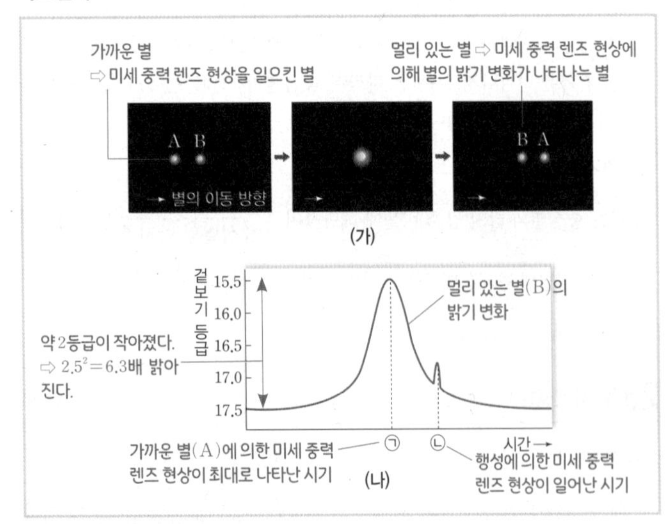

알짜 풀이

ㄴ. (나)에서 가까운 거리에 있는 별 A의 미세 중력 렌즈 현상에 의해 멀리 있는 별 B의 겉보기 등급 변화량이 15.5−17.5=약 −2등급으로 나타났다. 따라서 겉보기 밝기가 가장 밝아졌을 때는 약 $2.5^2 \fallingdotseq 6.3$배 밝아진다.

ㄷ. 행성에 의한 미세 중력 렌즈 현상은 (나)의 ㉡ 시기에 일어났다. ㉠ 시기는 별 A에 의한 미세 중력 렌즈 현상이 최대로 나타난 시기이다.

바로 알기

ㄱ. (나)에서 멀리 있는 별 B의 겉보기 밝기가 달라지는 것으로 보아 가까운 곳에 있는 별 A와 A의 주변 행성에 의한 미세 중력 렌즈 현상이 나타남을 알 수 있다.

242 미세 중력 렌즈 현상을 이용한 탐사 답 ⑤

알짜 풀이

ㄱ. 미세 중력 렌즈 현상을 이용하여 외계 행성을 탐사할 때, 가까운 곳에 있는 천체의 미세 중력 렌즈 현상에 의해 멀리 있는 별의 밝기 변화를 관측한다. 따라서 (나)는 멀리 있는 별 B의 밝기 변화를 관측한 것이다.

ㄴ. (나)의 P는 가까운 별 A 주위에 위치한 행성 a에 의해 별의 밝기 변화가 나타난 것이다.

ㄷ. 행성에 의한 미세 중력 렌즈 현상은 별 A의 중심이 통과한 이후에 나타났으므로 (가)에서 별 A와 행성 a의 이동 방향은 ㉠이다.

243 외계 행성의 물리량 답 ②

알짜 풀이

ㄴ. 발견된 외계 행성의 질량은 목성 질량보다 큰 경우와 작은 경우가 거의 비슷하게 나타난다. 하지만 목성보다 훨씬 질량이 작은 지구와 비교하면 대부분은 지구보다 질량이 크다.

바로 알기

ㄱ. ㉠은 중심별의 시선 속도 변화를 이용하여 탐사한 행성들이다.

ㄷ. 식 현상을 이용하여 발견한 행성들은 대부분 공전 궤도 반지름이 0.1 AU보다 작으므로 거의 대부분 생명 가능 지대보다 안쪽에 위치한다.

244 생명 가능 지대 답 ①

자료 분석

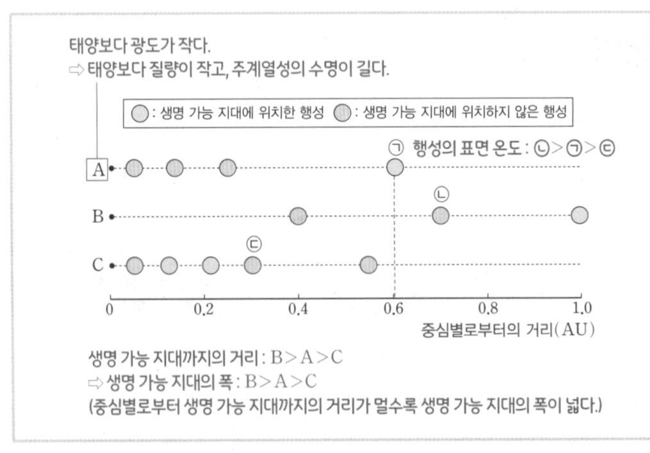

알짜 풀이

ㄱ. ㉠은 생명 가능 지대에 위치하고, ㉡은 생명 가능 지대보다 안쪽에 위치하며, ㉢은 생명 가능 지대보다 바깥쪽에 위치한다. 따라서 행성의 표면 온도는 ㉡>㉠>㉢이다.

바로 알기

ㄴ. 생명 가능 지대의 폭은 생명 가능 지대가 중심별로부터 가장 먼 곳에 위치한 B에서 가장 넓다.

ㄷ. A의 생명 가능 지대(약 0.6 AU)는 태양(1 AU)보다 가까운 곳에 위치하므로 중심별 A의 질량은 태양보다 작고, 중심별이 주계열 단계에 머무는 기간은 A가 태양보다 길다.

245 외계 행성계의 물리량 답 ②

알짜 풀이

ㄷ. (나)의 중심별은 분광형이 G2형인 밝은 거성이므로 태양보다 광도가 크다. 따라서 1.0 AU에 위치한 행성에 단위 면적당 단위 시간 동안 입사하는 에너지양은 지구보다 많다.

바로 알기

ㄱ. (가)의 중심별은 분광형이 M2형이고, 광도 계급이 V이므로 태양보다 광도가 작은 주계열성이다. 따라서 1.1 AU에 위치한 (가)의 행성은 지구보다 중심별에서 멀리 위치하므로 생명 가능 지대에 존재하지 않는다.

ㄴ. (나)의 중심별은 광도가 (가)의 중심별보다 크다. 따라서 생명 가능 지대의 폭은 (가)가 (나)보다 좁다.

246 생명 가능 지대의 변화 답 ②

자료 분석

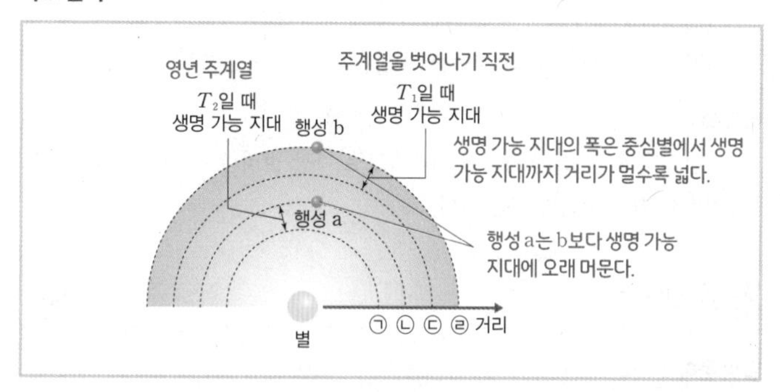

알짜 풀이

ㄷ. 별은 주계열 단계에서 대부분의 시간을 보내며, 주계열 이후에는 진화 속도가 매우 빠르다. 따라서 주계열 단계가 끝났을 때 생명 가능 지대에 포함된 행성 b는 앞으로 중심별의 광도가 급격하게 증가하므로 생명 가능 지대에 머물 수 있는 기간이 매우 짧다. 한편, 행성 a는 중심별이 주계열 단계를 시작할 때 생명 가능 지대에 포함되어 있으므로 앞으로 생명 가능 지대에 머물 수 있는 기간이 길다.

바로 알기

ㄱ. 생명 가능 지대는 T_2보다 T_1일 때 중심별에서 먼 곳에 위치하므로 T_2는 영년 주계열(주계열 단계의 시작), T_1은 주계열 단계의 끝에 해당한다.

ㄴ. 생명 가능 지대의 폭은 중심별에서 생명 가능 지대까지 거리가 멀수록 넓다. 따라서 (㉡−㉠)은 (㉣−㉢)보다 작다.

247 별의 진화와 생명 가능 지대 답 ②

자료 분석

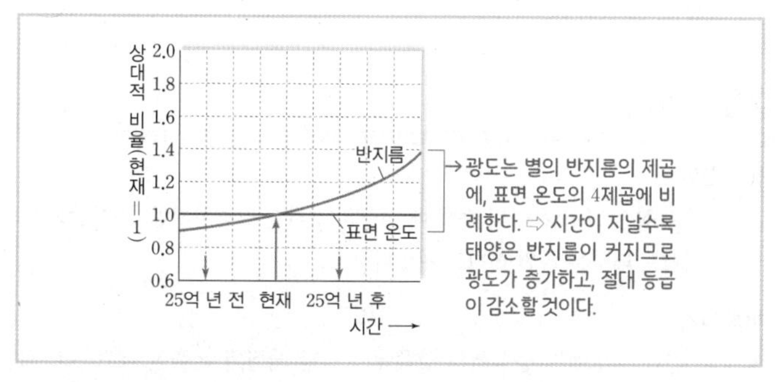

알짜 풀이

ㄴ. 시간이 지남에 따라 태양의 표면 온도는 일정하지만 반지름이 커지므로 태양의 광도가 증가한다. 따라서 생명 가능 지대의 폭은 25억 년 전이 현재보다 좁다.

바로 알기

ㄱ. 이 기간 동안 태양의 광도가 증가하므로 절대 등급은 감소한다.

ㄷ. 25억 년 후, 태양의 광도는 현재보다 더 커지므로 금성은 생명 가능 지대보다 안쪽에 위치하여 물은 기체 상태로 존재할 것이다.

16 외부 은하

101~103쪽

대표 기출 문제 248 ③ 249 ②

적중 예상 문제 250 ③ 251 ③ 252 ③ 253 ④ 254 ② 255 ① 256 ③ 257 ①

248 타원 은하와 불규칙 은하 답 ③

알짜 풀이

(가)는 불규칙 은하, (나)는 타원 은하이다.

ㄱ. (가)는 규칙적인 형태가 없고, 구조가 명확하지 않은 불규칙 은하이다.

ㄷ. 불규칙 은하(가)는 성간 물질이 많고 나이가 적은 별들이 많이 포함되어 있으며, 타원 은하(나)는 성간 물질이 매우 적어 새로운 별이 거의 탄생하지 않는다. 따라서 은하를 구성하는 별들의 평균 나이는 불규칙 은하(가)가 타원 은하(나)보다 적다.

바로 알기

ㄴ. 타원 은하(나)는 대체로 표면 온도가 낮은 별들로 구성되어 있으므로, 은하를 구성하는 별들은 붉은 별이 푸른 별보다 많다.

249 전파 은하 답 ②

알짜 풀이

ㄷ. 전파 은하의 중심부로부터 강한 자기장에 의해 X선이 방출되는데, 이것은 전파 은하의 중심에 질량이 거대한 블랙홀이 있기 때문이다.

바로 알기

ㄱ. 전파 은하는 가시광선 영역에서 관측하면 대부분 타원 은하로 관측된다. 타원 은하는 대체로 표면 온도가 낮은 별들로 구성되어 있으므로, 은하를 구성하는 별들은 붉은 별이 푸른 별보다 많다.

ㄴ. 제트는 전파 은하 중심부에 있는 블랙홀의 강한 중력과 자기장에 의해 강하게 뿜어져 나오는 물질의 흐름으로, 별이 활발하게 탄생하는 영역은 아니다.

250 은하의 분류 답 ③

자료 분석

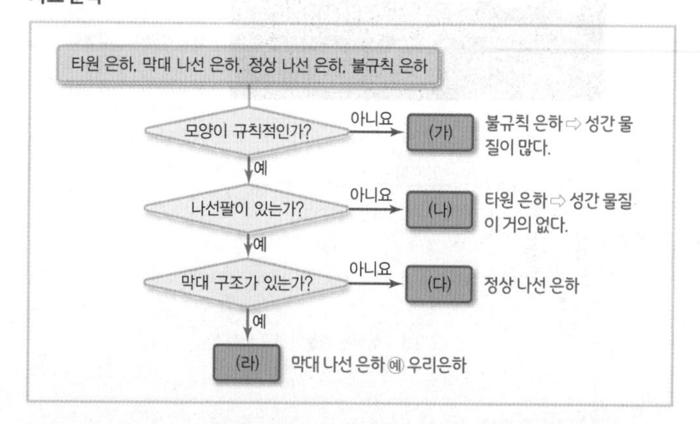

알짜 풀이

(가)는 불규칙 은하, (나)는 타원 은하, (다)는 정상 나선 은하, (라)는 막대 나선 은하이다.

ㄱ. 우리은하는 형태상 막대 나선 은하인 (라)에 해당한다.

ㄴ. 타원 은하는 대부분 나이가 많고 붉은색의 별들로 구성되어 있다. 나선 은하의 중심부에는 나이가 많은 붉은색의 별들이 분포하고, 나선팔에는 나이가 젊은 푸른색의 별들이 분포한다. 별의 색지수는 표면 온도가 높을수록, 푸른색의 별일수록 작다. 따라서 은하를 구성하는 별들의 평균 색지수는 (나)가 (다)보다 크다.

바로 알기

ㄷ. 타원 은하에는 성간 물질이 거의 없다. $\frac{\text{은하의 질량}}{\text{성간 물질의 질량}}$은 불규칙 은하인 (가)가 가장 작고, 타원 은하인 (나)가 가장 크다.

251 은하의 분류 답 ③

알짜 풀이

색지수는 별의 표면 온도가 높을수록 작고, 별의 표면 온도가 낮을수록 붉은색을 띤다. 은하를 구성하는 별들의 평균 색지수는 타원 은하가 가장 크고, 불규칙 은하가 가장 작다. 타원 은하에는 성간 물질이 거의 없지만, 나선 은하의 나선팔에는 성간 물질이 많으며, 불규칙 은하에는 성간 물질이 많다. $\frac{\text{성간 물질의 질량}}{\text{은하의 질량}}$ 값은 타원 은하가 가장 작고, 불규칙 은하가 가장 크다. 따라서 A는 타원 은하, B는 정상 나선 은하, C는 불규칙 은하이다.

ㄱ. 타원 은하는 타원의 납작한 정도를 기준으로 가장 원에 가까운 것을 E0으로, 가장 납작한 타원형으로 보이는 것을 E7로 분류한다.

ㄴ. 타원 은하는 주로 늙고 붉은색의 별들로 구성되어 있으며, 불규칙 은하는 나이가 젊고 푸른색의 별들로 구성되어 있다. 따라서 은하를 구성하는 별들의 평균 연령은 타원 은하인 A가 가장 많다.

바로 알기

ㄷ. (나)는 규칙적인 모양을 갖고 있지 않는 불규칙 은하이므로, C에 해당한다.

252 은하의 분류 답 ③

자료 분석

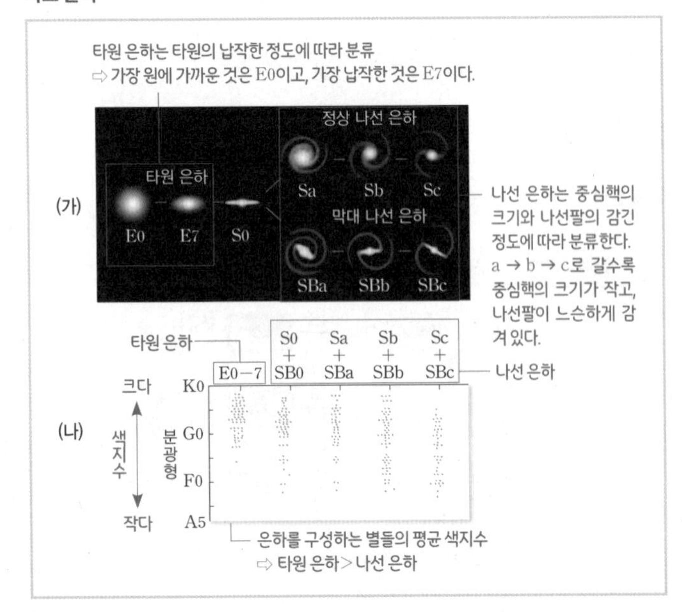

알짜 풀이

ㄷ. 표면 온도가 높은 별일수록 색지수가 작다. 따라서 은하를 구성하는 별들의 평균 색지수는 표면 온도가 낮은 별들이 많이 모여 있는 타원 은하가 상대적으로 적게 모여 있는 나선 은하보다 크다.

바로 알기

ㄱ, ㄴ. 나선 은하에서 a → b → c의 분류 기준은 나선팔의 감긴 정도이다. a → b → c로 갈수록 중심핵의 크기가 작고, 나선팔이 느슨하게 감겨 있다. a, b, c는 은하의 진화와는 관계가 없다.

253 은하의 분류 답 ④

알짜 풀이

(가)는 타원 은하, (나)는 나선 은하, (다)는 퀘이사이다.

ㄴ, ㄷ. 우주 생성 초기에 만들어진 은하는 퀘이사로, 매우 먼 거리에 있기 때문에 하나의 점처럼 보인다. 퀘이사는 에너지가 방출되는 영역이 태양계 정도인데도 불구하고 보통 은하의 수백 배나 되는 에너지를 방출한다. 따라서 은하 전체가 방출하는 에너지양은 (다)가 (나)보다 많다.

바로 알기

ㄱ. 은하의 후퇴 속도는 거리에 비례하므로 가장 멀리 있는 퀘이사의 스펙트럼에서 적색 편이가 가장 크다.

254 외부 은하 답 ②

알짜 풀이

A에서는 은하 탄생 후 10억 년 이내에 대부분의 별들이 생성되었고, 그 이후에는 별이 거의 생성되지 않았다. B에서는 은하 탄생 후 꾸준하게 별이 생성되고 있다. 타원 은하는 대부분 오래된 별들로 이루어져 있으므로 A는 타원 은하를 나타낸다.

ㄴ. 은하 탄생 후 30억 년이 지난 시점에서 A를 구성하는 별들의 연령은 대부분 20억 년 이상이지만, B를 구성하는 별들의 연령은 30억 년부터 최근에 생성된 것까지 다양하다. 오래된 별일수록 붉은색을 띠고, 표면 온도가 낮으므로 은하를 구성하는 별들의 평균 표면 온도는 A보다 B가 높다.

바로 알기

ㄱ. A는 은하 탄생 10억 년 이후 별이 거의 생성되지 않지만, B는 시간이 지남에 따라 계속 별이 생성되고 있다. 별은 성간 물질로부터 생성되므로 별이 꾸준하게 생성된다는 것은 은하 안에 성간 물질이 많다는 의미이다. 현재 은하에서 성간 물질이 차지하는 비율은 별이 꾸준히 생성되는 B가 더 크다.

ㄷ. A는 대부분 오래된 별들로 구성되어 있으므로 모양은 타원 은하인 (나)에 가깝다.

255 전파 은하 답 ①

알짜 풀이

ㄱ. 전파 은하는 보통 은하의 수백 배 이상의 전파를 방출하지만, 가시광선 영역에서는 대부분 타원 은하로 보인다.

바로 알기

ㄴ, ㄷ. 전파 영상에는 중심핵의 양쪽에서 강한 물질의 분출인 제트(jet)와 로브(lobe)가 대칭적으로 잘 나타난다. 가시광선 영상에서는 제트와 로브를 확인할 수 없다. 제트와 로브는 전파 영역에서 관측되며, 전파는 전자기파의 일부이다. 암흑 물질은 전자기파로 관측할 수 없다. 따라서 제트는 보통 물질의 흐름이다.

256 퀘이사 답 ③

자료 분석

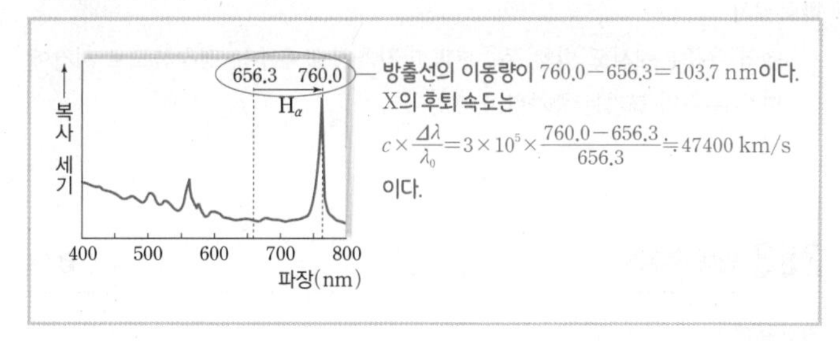

알짜 풀이

ㄱ. 퀘이사는 수많은 별들로 이루어진 은하이지만 너무 멀리 있어 하나의 별처럼 보이는 천체이다. 퀘이사는 태양계 정도의 영역에서 보통 은하의 수백 배나 되는 에너지를 방출하므로, 중심부에는 질량이 매우 큰 블랙홀이 있을 것으로 추정된다.

ㄴ. X의 절대 등급은 우리은하보다 $-26.7-(-20.8)=-5.9$, 즉 5.9등급이 작다. 절대 등급이 5등급 차이가 나면 광도는 100배 차이가 난다. 따라서 X는 우리은하보다 100배 이상 밝다.

바로 알기

ㄷ. X의 후퇴 속도는 $v=c\times\frac{\Delta\lambda}{\lambda_0}=3\times10^5\times\frac{760.0-656.3}{656.3}\fallingdotseq47400$ km/s 이다.

257 충돌 은하 답 ①

알짜 풀이

ㄱ. 가까운 곳에 위치한 두 은하 사이에는 우주 팽창으로 인한 척력보다 은하 사이에 작용하는 인력이 훨씬 크기 때문에 서로 가까워지면서 충돌한다.

바로 알기

ㄴ, ㄷ. 두 은하가 충돌하면 각각의 은하에 속한 별들은 특별한 충돌 없이 지나가지만 충돌하는 과정에서 성간 물질의 밀도가 매우 커지면 이로 인해 새로운 별들이 탄생할 수 있다.

17 우주 팽창과 빅뱅 우주론 105~108쪽

대표 기출 문제 258 ③ 259 ②

적중 예상 문제 260 ③ 261 ① 262 ③ 263 ① 264 ③ 265 ③ 266 ④ 267 ③ 268 ① 269 ① 270 ② 271 ③

258 허블 법칙 답 ③

자료 분석

• 우리은하에서 A까지의 거리는 20 Mpc이다.
후퇴 속도 $v=H\cdot r$이므로 $v=70\times20=1400$ km/s이다.
• B에서 우리은하를 관측하면, 우리은하는 2800 km/s의 속도로 멀어진다. 후퇴 속도는 흡수선의 파장 변화량에 비례한다.
• A에서 B를 관측하면, B의 스펙트럼에서 500 nm의 기준 파장을 갖는 흡수선이 507 nm로 관측된다. $v=c\times\frac{\Delta\lambda}{\lambda_0}=3\times10^5\times\frac{7}{500}=4200$ km/s

알짜 풀이

ㄱ. 허블 법칙에 의해 은하의 후퇴 속도(v)는 허블 상수(H)와 은하까지의 거리(r)의 곱($v=H\cdot r$)으로 구할 수 있다. 따라서 A의 후퇴 속도(v_A)는 70 km/s/Mpc×20 Mpc=1400 km/s이다.

ㄴ. B에서 우리은하가 2800 km/s의 속도로 멀어지므로, 우리은하에서 관측한 B의 후퇴 속도는 2800 km/s이다. 기준 파장(=원래 파장)이 동일한 흡수선의 파장 변화량은 후퇴 속도에 비례하므로, B가 A의 2배이다.

바로 알기

ㄷ. A에서 B를 관측하면, B의 스펙트럼에서 파장 변화량($\Delta\lambda$)이 7 nm이다. 외부 은하의 후퇴 속도(v)는 $c\times\frac{\Delta\lambda}{\lambda_0}$($c$: 빛의 속도, $\Delta\lambda$: 흡수선의 파장 변화량, λ_0 : 흡수선의 기준 파장)으로 구할 수 있으므로, A에서 관측한 B의 후퇴 속도(v_{AB})는 3×10^5 km/s$\times\frac{7\text{ nm}}{500\text{ nm}}=4200$ km/s이다. 즉, A에서 관측한 B의 후퇴 속도는 우리은하에서 A와 B를 관측한 후퇴 속도의 합(1400+2800=4200 km/s)과 같으므로, 우리은하에서 바라보는 시선 방향은 A와 B가 정반대이다.

A ← 1400 km/s — (우리은하) — 2800 km/s → B

259 암흑 물질과 암흑 에너지 답 ②

자료 분석

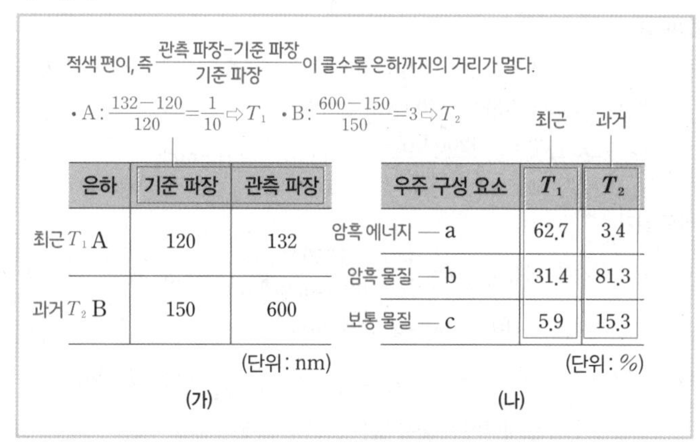
적색 편이, 즉 $\frac{\text{관측 파장}-\text{기준 파장}}{\text{기준 파장}}$이 클수록 은하까지의 거리가 멀다.

• A : $\frac{132-120}{120}=\frac{1}{10}$ ⇨ T_1 • B : $\frac{600-150}{150}=3$ ⇨ T_2

(가)

은하	기준 파장	관측 파장
최근 T_1 A	120	132
과거 T_2 B	150	600

(단위 : nm)

(나)

우주 구성 요소	T_1 (최근)	T_2 (과거)
암흑 에너지 — a	62.7	3.4
암흑 물질 — b	31.4	81.3
보통 물질 — c	5.9	15.3

(단위 : %)

알짜 풀이

현재 우주는 보통 물질 약 4.9 %, 암흑 물질 약 26.8 %, 암흑 에너지 약 68.3 %로 구성되어 있다고 추정한다. 우주가 팽창함에 따라 보통 물질과 암흑 물질의 상대적 비율은 감소하고, 암흑 에너지의 상대적 비율이 증가한다. 따라서 T_2 시기는 T_1 시기보다 과거이며, a는 암흑 에너지, b는 암흑 물질, c는 보통 물질이다.

ㄴ. (가)의 스펙트럼 관측 결과에서 적색 편이는 B가 A보다 크므로 빛이 출발한 시기는 B가 A보다 먼저이다. 따라서 B는 T_2 시기의 천체이다.

바로 알기

ㄱ. A에서 관측된 적색 편이는 $z=\frac{132-120}{120}=\frac{1}{10}$이다. 따라서 우리은하에서 관측한 A의 후퇴 속도는 $z=\frac{v}{c}$에서 $v=cz=3\times10^5$ km/s$\times\frac{1}{10}$ =30000 km/s이다.

ㄷ. 우주를 가속 팽창시키는 요소는 암흑 에너지이므로 a이다.

260 퀘이사 답 ③

알짜 풀이

ㄱ. B의 적색 편이는 0.15이고, X의 파장은 690 nm이므로 X의 기준 파장(λ_0)은 다음과 같다.

$z=\frac{\lambda-\lambda_0}{\lambda_0}$, $0.15=\frac{690-\lambda_0}{\lambda_0}$ $\therefore \lambda_0=600$ nm

이를 이용하여 A에서 관측된 방출선 X의 파장(㉠)은 다음과 같다.

$z=0.25=\frac{㉠-600}{600}$ $\therefore$ ㉠$=750$ nm

ㄴ. X의 기준 파장(λ_0)은 600 nm이고, X의 관측 파장은 840 nm이므로 적색 편이(㉡)는 다음과 같다.

$z=\frac{840-600}{600}=0.4$ $\therefore$ ㉡$=0.4$

바로 알기

ㄷ. 적색 편이가 가장 큰 C가 거리가 가장 멀고, 거리가 멀수록 더 과거의 모습이므로 X가 퀘이사에서 방출된 시점은 C가 가장 오래되었다.

261 허블 법칙 답 ①

자료 분석

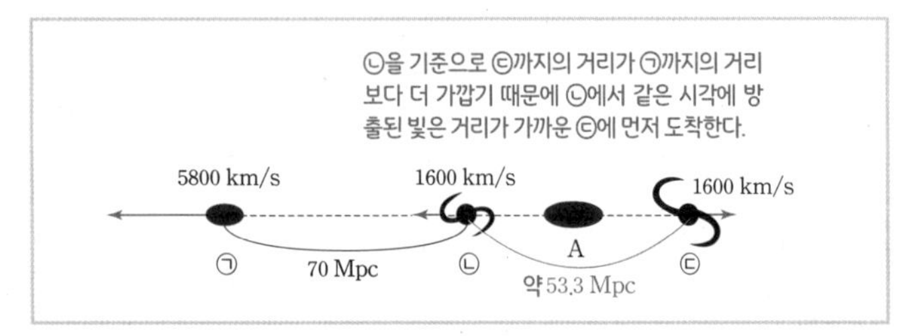

알짜 풀이

ㄱ. ㉠과 ㉡ 사이의 거리는 70 Mpc이고, A에서 관측한 두 은하의 후퇴 속도의 차는 5800−1600=4200 km/s이다.

허블 상수 $H=\frac{v}{r}=\frac{4200 \text{ km/s}}{70 \text{ Mpc}}=60$ km/s/Mpc이다.

바로 알기

ㄴ. 허블 법칙을 이용하면 $r=\frac{v}{H}=\frac{1600 \text{ km/s}}{60 \text{ km/s/Mpc}}$이므로 A로부터 ㉡까지의 거리는 약 26.7 Mpc임을 알 수 있다.

ㄷ. ㉡에서 ㉢까지의 거리는 $r=\frac{v}{H}=\frac{3200 \text{ km/s}}{60 \text{ km/s/Mpc}}=$약 53.3 Mpc이므로 ㉡에서 같은 시각에 방출된 빛은 ㉠보다 ㉢에 먼저 도착한다.

262 빅뱅 우주론과 정상 우주론 답 ③

자료 분석

구분	(가) 빅뱅 우주론	(나) 정상 우주론
우주의 팽창 여부	팽창	팽창
우주의 질량	일정	증가
우주의 밀도	감소	일정
우주의 온도	감소	일정

알짜 풀이

ㄱ. 빅뱅 우주론에서는 시간이 지남에 따라 우주의 온도와 밀도는 감소하므로 우주의 온도는 물리량 A로 적절하다.

ㄴ. 정상 우주론에서는 우주가 팽창함에 따라 새로운 물질이 계속 생성되므로 시간이 지남에 따라 밀도는 일정하게 유지된다.

바로 알기

ㄷ. 정상 우주론에서도 빅뱅 우주론과 마찬가지로 우주는 팽창하므로 시간에 따른 우주의 크기는 증가한다.

263 빅뱅 우주론 답 ①

알짜 풀이

A. 빅뱅 우주론에 따르면 수소와 헬륨의 질량비가 3 : 1이 되어야 하는데, 이 예측은 관측 결과와 잘 들어 맞는다.

바로 알기

B. 빅뱅 우주론에서는 우주의 지평선 문제를 설명하지 못했지만, 급팽창 이론에서는 우주 생성 초기에 우주가 급팽창하고 팽창이 일어나기 전에 가까이 있었던 두 지역이 서로 정보를 교환할 수 있다고 주장함으로써 우주의 지평선 문제를 설명하였다.

C. 빅뱅 우주론에 따르면 우주 공간은 (+) 또는 (−)의 곡률을 갖게 되고, 곡률이 0인 편평한 공간이 될 가능성은 거의 없다고 설명한다.

264 우주 배경 복사 답 ③

알짜 풀이

ㄱ. 우주가 팽창하는 과정에서 우주의 온도는 낮아지므로 현재는 빅뱅 이후 약 38만 년이 지난 시점보다 온도가 낮다. 따라서 A는 빅뱅 이후 약 38만 년이 지났을 때, B는 현재의 우주 온도에 따른 복사 세기 분포이다. 빅뱅 이후 약 38만 년이 지났을 때는 자유롭게 돌아다니던 전자가 양성자와 결합하여 수소 원자를 형성하였다.

ㄴ. B는 현재 우주 온도에 따른 복사 에너지의 세기 분포로, 약 2.7 K 복사 곡선에 해당한다.

바로 알기

ㄷ. 최대 복사 에너지 세기를 갖는 빛의 파장은 표면 온도에 반비례한다. 빅뱅 이후 약 38만 년이 지났을 때 우주 배경 복사는 우주의 온도가 약 3000 K일 때 방출되었던 복사로 현재보다 온도가 1000배 이상$\left(=\frac{3000 \text{ K}}{2.7 \text{ K}}\right)$이므로 $\frac{\text{B의 최대 에너지를 갖는 빛의 파장}}{\text{A의 최대 에너지를 갖는 빛의 파장}}$은 1000 이상이다.

265 우주 배경 복사 답 ③

알짜 풀이

ㄱ. (가) 시기는 우주 배경 복사가 방출되기 이전 시기이고, (나) 시기는 우주 배경 복사가 방출된 이후의 시기이므로 (가) 시기는 우주의 나이가 10만 년, (나) 시기는 우주의 나이가 100만 년일 때의 모습이다.

ㄴ. 우주의 나이가 약 3분이 되었을 때 수소 원자핵에 대한 헬륨 원자핵의 질량비는 약 3 : 1이 되었으며, (가) 시기와 (나) 시기에도 수소 원자핵과 헬륨 원자핵의 질량비가 약 3 : 1이다.

바로 알기

ㄷ. 우주 배경 복사는 우주의 나이가 약 38만 년일 때 방출되었으므로 (나) 시기 이전에 방출되었다.

266 우주의 크기 변화 답 ④

알짜 풀이

ㄴ. T_2 시기에 우주는 가속 팽창하고 있으므로 A는 암흑 에너지, B는 암흑 물질, C는 보통 물질이다. C는 전자기파로 직접 관측이 가능하다.

ㄷ. 우주가 팽창함에 따라 우주에서 물질이 차지하는 비율은 감소하고, 암흑 에너지가 차지하는 비율은 증가한다. 그러므로 T_1 시기에 물질이 차지하는 비율인 ㉡+㉢은 T_2 시기에 물질이 차지하는 비율인 31.7(=26.8+4.9)보다는 크다.

바로 알기

ㄱ. T_1 시기에 시간에 따른 우주의 크기 변화율이 감소하고 있으므로 우주의 팽창 가속도는 0보다 작다.

267 가속 팽창 우주 답 ③

알짜 풀이

ㄱ. Ⅰa형 초신성은 거의 일정한 질량에서 폭발하기 때문에 최대로 밝아졌을 때 절대 밝기(절대 등급)가 거의 일정하다.

ㄷ. B는 우주가 감속 팽창하는 우주 모형이므로 A는 암흑 에너지를 고려한 가속 팽창하는 우주 모형에 해당한다.

바로 알기

ㄴ. z=1.0인 Ⅰa형 초신성의 거리는 B로 예측했을 때보다 A로 예측했을 때가 더 멀다. Ⅰa형 초신성은 절대 등급이 거의 일정하므로 거리가 먼 A가 B보다 겉보기 등급이 더 크다.

268 은하의 회전 속도와 암흑 물질 답 ①

자료 분석

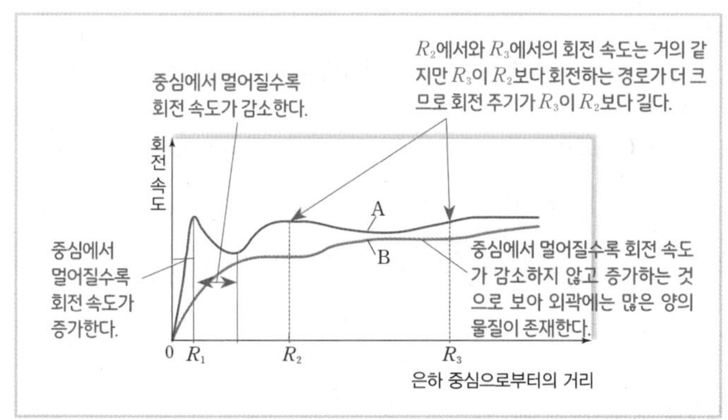

알짜 풀이

ㄱ. A는 은하 중심으로부터 R_1까지는 회전 속도가 증가하고 있는 것으로 보아 은하 중심으로부터 R_1 이내에서는 중심으로부터 거리가 멀어질수록 질량이 증가한다.

바로 알기

ㄴ. A에서 거리 R_2와 R_3에서 회전 속도는 거의 같지만 R_3이 중심으로부터의 거리가 더 멀기 때문에 회전하는 경로의 거리는 R_3이 R_2에서보다 멀다. 따라서 회전하는 주기는 R_2에서보다 R_3에서 더 길다.

ㄷ. B의 회전 속도가 중심에서 멀어질수록 감소하지 않고 증가하는 것으로 보아 B의 외곽에 많은 양의 물질이 존재한다는 것을 알 수 있다.

269 우주 구성 요소의 변화 답 ①

자료 분석

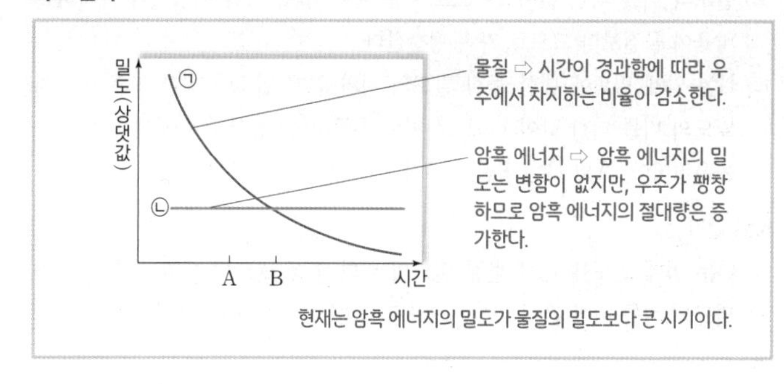

알짜 풀이

ㄱ. ㉠은 물질, ㉡은 암흑 에너지이다. 물질은 시간이 경과함에 따라 우주에서 차지하는 비율이 감소하고, 암흑 에너지는 상대적으로 우주에서 차지하는 비율이 증가한다.

바로 알기

ㄴ. 과거에는 물질의 밀도가 암흑 에너지의 밀도보다 컸으나, 현재는 암흑 에너지의 밀도가 물질의 밀도보다 크다. 따라서 현재와 가까운 시기는 B이다.

ㄷ. 암흑 에너지의 밀도는 변함이 없지만 우주가 팽창하므로 암흑 에너지의 절대량은 증가한다. 따라서 암흑 에너지의 절대량은 B 시기가 A 시기보다 크다.

270 우주 모형 답 ②

자료 분석

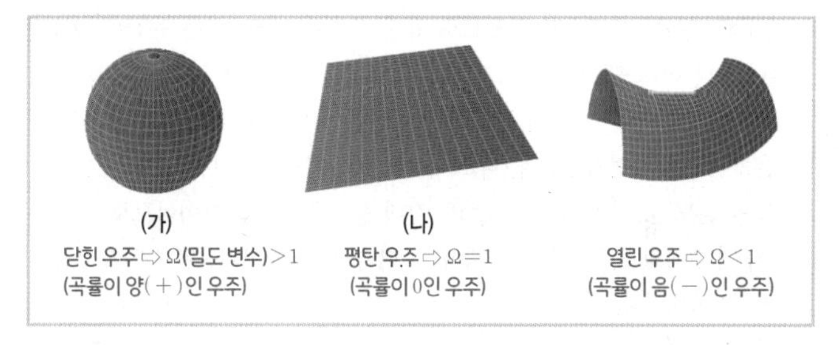

알짜 풀이

ㄷ. (나)는 평탄 우주로, 우주의 평균 밀도가 임계 밀도와 같고 곡률은 0이다.

바로 알기

ㄱ. (가)는 닫힌 우주, (나)는 평탄 우주이다.

ㄴ. 현재 우주는 (나)의 평탄 우주에 해당하고, 평탄하지만 우주의 팽창 속도가 점점 증가하는 것으로 보고 있다.

271 우주 모형과 우주의 밀도 답 ③

자료 분석

우주 모형	$\frac{\rho_m}{\rho_c}$	$\frac{\rho_A}{\rho_c}$	
A	0.1	0.9	0.1+0.9=1 (평탄 우주)
B	0.6	0.4	0.6+0.4=1 (평탄 우주)
C	0.8	0.7	0.8+0.7=1.5 ⇨ 닫힌 우주

임계 밀도(ρ_c)에 대한 물질 밀도(ρ_m)와 임계 밀도에 대한 암흑 에너지 밀도(ρ_A)를 더한 값을 비교했을 때 $\frac{\rho_m}{\rho_c}+\frac{\rho_A}{\rho_c}<1$이면 열린 우주이고, $\frac{\rho_m}{\rho_c}+\frac{\rho_A}{\rho_c}=1$이면 평탄 우주이며, $\frac{\rho_m}{\rho_c}+\frac{\rho_A}{\rho_c}>1$이면 닫힌 우주이다.

알짜 풀이

ㄱ. A는 임계 밀도에 대한 물질 밀도의 비와 임계 밀도에 대한 암흑 에너지 밀도의 비를 더한 값이 1이므로 평탄 우주이며, 암흑 에너지가 차지하는 비율이 물질보다 크므로 가속 팽창한다.

ㄴ. B는 임계 밀도에 대한 물질 밀도의 비와 임계 밀도에 대한 암흑 에너지 밀도의 비를 더한 값이 1이므로 평탄 우주이며, 평탄 우주에서 우주의 곡률은 0이다. A와 B는 평탄 우주이므로 곡률은 0으로 같다.

바로 알기

ㄷ. C는 임계 밀도에 대한 물질 밀도의 비와 임계 밀도에 대한 암흑 에너지 밀도의 비를 더한 값이 1보다 크므로, 닫힌 우주에 해당한다.

1등급 도전 문제 109~112쪽

272 ⑤ 273 ④ 274 ③ 275 ① 276 ④ 277 ⑤
278 ④ 279 ③ 280 ② 281 ② 282 ③ 283 ①
284 ⑤ 285 ①

272 별의 물리량 답 ⑤

알짜 풀이

ㄱ. (가)와 (나)는 색지수가 같으므로 표면 온도가 같고, 절대 등급은 (가)가 (나)보다 작으므로 광도는 (가)가 (나)보다 크다. (나)는 광도 계급이 Ⅴ인 주계열성이므로 (나)보다 광도가 큰 (가)는 거성이다. 따라서 별의 중심부 온도는 주계열성인 (나)와 (다)보다 거성인 (가)가 더 높다.

ㄴ. 표면 온도는 (가)와 (나)가 같고, 절대 등급은 6등급 차이나므로 광도는 (가)가 (나)의 2.5^6=약 250배이다. 따라서 별의 반지름은 (가)가 (나)의 약 $5\sqrt{10}$배이다.

ㄷ. 주계열성의 중심부에서 p−p 반응에 의한 에너지 생성량은 중심부 온도가 높을수록 많다. 주계열성의 중심부 온도는 질량이 클수록 높으며, 표면 온도가 높을수록 질량이 크다. 따라서 p−p 반응에 의한 에너지 생성량은 표면 온도가 더 높은 주계열성 (다)가 (나)보다 많다.

273 원시별의 진화 답 ④

알짜 풀이

ㄴ. 태양보다 질량이 작은 원시별은 주계열성으로 진화할 때 주로 광도가 감소한다. 따라서 주계열성이 되기까지 온도 변화량은 B가 C보다 크다.

ㄷ. A, B, C는 모두 중심부에서 중력 수축이 일어나는 동안 중심부의 질량이 증가하고, 온도와 압력이 상승함에 따라 기체 압력 차에 의한 힘이 점점 커진다. 나중에 기체 압력 차에 의한 힘이 중력과 평형을 이룰 정도로 커지면 더 이상 중력 수축이 일어나지 않고 정역학 평형 상태가 된다.

바로 알기

ㄱ. 질량이 클수록 진화 속도가 빠르므로 주계열성이 되기까지 걸리는 시간은 질량이 큰 A가 B보다 짧다.

274 성단의 진화 답 ③

자료 분석

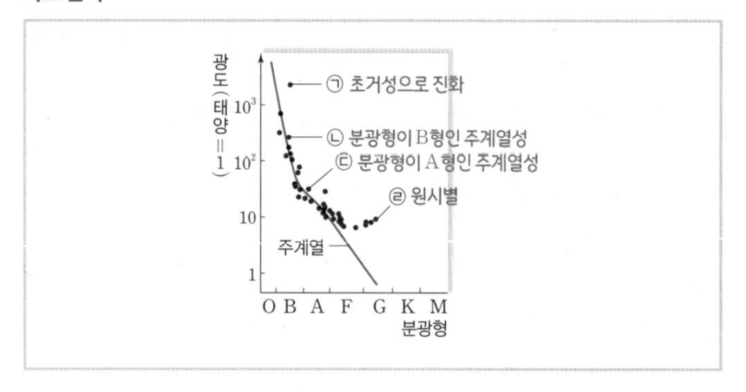

알짜 풀이

ㄱ. ㉠은 질량이 매우 큰 별로, 진화 속도가 빨라 다른 별보다 먼저 주계열을 벗어나고 있다. 이 별이 주계열에 위치할 때 분광형이 O형 별이었으며, 미래에 초신성 폭발을 일으킬 것이다.

ㄴ. 수소 흡수선의 상대적 세기는 A형 별에서 가장 강하다. 따라서 수소 흡수선의 상대적인 세기는 분광형이 B형인 ㉡보다 분광형이 A형인 ㉢에서 강하다.

바로 알기

ㄷ. ㉣은 질량이 작기 때문에 진화 속도가 느려 아직 원시별 단계에 있는 별이다. 따라서 이 별의 중심부에서는 수소 핵융합 반응이 일어나지 않아 헬륨핵이 존재하지 않는다.

275 태양의 예상 진화 경로 답 ①

알짜 풀이

ㄱ. (나)에서는 중심부에서 헬륨 핵융합 반응까지 일어났으므로 C의 내부 구조에 해당한다. A는 주계열성이고, B는 주계열성에서 거성으로 진화하는 단계이므로 중심부에서 헬륨핵이 수축한다. D에서는 탄소핵이 수축하고, 헬륨 껍질 연소와 수소 껍질 연소가 일어난다.

바로 알기

ㄴ. 행성상 성운은 백색 왜성인 E가 만들어지기 직전에 형성되므로 D → E 과정에서 형성된다.

ㄷ. 진화 과정에서 반지름이 최대인 시기는 H−R도에서 가장 오른쪽 위쪽에 위치하는 D이다. D는 광도가 A의 약 10000배이고, 온도가 A의 $\frac{1}{2}$배보다 약간 크므로 반지름은 $R \propto \frac{\sqrt{L}}{T^2} = \frac{\sqrt{10000}}{\left(\frac{1}{2}\right)^2} = 400$배보다 작다.

276 주계열성의 내부 구조 답 ④

알짜 풀이

ㄴ. 자료에서 중심핵 ㉠의 누적 질량이 별 전체 질량의 50 % 이상이며, 중심핵에는 수소 핵융합 반응에 의해 생성된 헬륨이 존재하므로 핵을 제외한 다른 영역에 비해 헬륨의 비율이 높다. 따라서 이 별 전체에 존재하는 헬륨 중 50 % 이상이 중심핵에 존재하므로 $\frac{\text{중심핵에 존재하는 헬륨의 양}}{\text{별 전체에 존재하는 헬륨의 총량}}$ 값이 0.5보다 크다.

ㄷ. 별의 반지름을 R라고 할 때, 핵융합 반응이 일어나는 영역(중심핵)은 중심에서부터 약 $0.3R$이다. 따라서 중심핵이 차지하는 부피 비율은 $0.3^3=0.027$, 즉 3 %보다 작다.

바로 알기

ㄱ. ㉡은 복사층, ㉢은 대류층이다. 자료에서 복사층의 질량은 전체 질량의 약 45 %, 대류층의 질량은 전체 질량의 약 5 % 수준이다. 따라서 대류층의 질량은 복사층의 질량보다 작다.

277 식 현상에 의한 외계 행성 탐사 답 ⑤

자료 분석

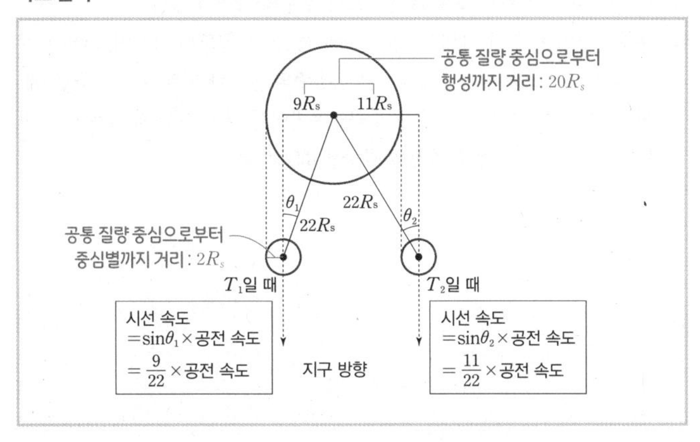

알짜 풀이

ㄱ. 식 현상에 의한 중심별의 밝기 변화 비율은 $\left(\frac{\text{행성의 반지름}}{\text{중심별의 반지름}}\right)^2$이고, 행성의 반지름은 중심별 반지름의 0.1배이므로 T_1일 때 행성에 의해 가려지는 중심별의 단면적은 $(0.1)^2=0.01$, 즉 1 %이다. 따라서 T_1일 때 중심별의 밝기는 최대 밝기의 99 %이다.

ㄴ. 행성 중심과 중심별 중심 사이의 거리가 $22R_s$이고, 중심별의 질량이 행성의 10배이므로 공통 질량 중심으로부터 행성까지의 거리는 $20R_s$이고, 공통 질량 중심으로부터 중심별까지의 거리는 $2R_s$이다. 자료에서 행성의 공전 주기는 (T_3-T_2)이므로 공전 속도는 $\frac{2\pi\times\text{반지름}}{\text{시간}}=\frac{2\pi\times 20R_s}{T_3-T_2}$이다.

ㄷ. T_1일 때 중심별의 시선 속도는 최대 시선 속도의 $\frac{9}{22}$배이고, T_2일 때 중심별의 시선 속도는 최대 시선 속도의 $\frac{11}{22}$배이다(자료 분석 그림 참고). 따라서 중심별의 시선 속도의 크기는 T_1일 때가 T_2일 때의 $\frac{9}{11}$배이다.

278 태양의 물리량 변화 답 ④

알짜 풀이

ㄴ. 현재로부터 약 70억 년 후 태양은 반지름(B)이 증가하고, 표면 온도(C)가 감소한다. 즉, 이 시기에 태양은 적색 거성으로 진화하고 있다.

ㄷ. 이 기간 동안 태양의 광도는 계속 증가하므로 생명 가능 지대의 폭은 계속 넓어진다.

바로 알기

ㄱ. 광도는 반지름의 제곱에 비례하여 증가하고, 표면 온도의 4제곱에 비례하여 증가한다. 자료에서 C가 거의 일정할 때, B의 제곱에 비례하여 A가 증가한다.(예 약 40억 년 후 B가 1.2배 증가할 때 A는 $1.2^2\fallingdotseq 1.44$배이다.) 따라서 A는 광도, B는 반지름, C는 표면 온도임을 알 수 있다.

279 별의 종류와 생명 가능 지대 답 ③

알짜 풀이

ㄱ. 광도는 표면 온도의 4제곱에, 반지름의 제곱에 비례한다. 따라서 광도는 ㉡>㉢>㉠이고, 생명 가능 지대의 폭은 광도가 가장 큰 ㉡에서 가장 넓다.

ㄴ. 행성이 동주기 자전할 가능성은 중심별에 매우 가까운 곳에 위치할 때 크다. ㉠은 광도가 매우 작으므로 생명 가능 지대가 중심별에서 가깝고, 이 위치에 존재하는 행성은 동주기 자전할 가능성이 크다.

바로 알기

ㄷ. ㉡은 태양과 표면 온도가 거의 같지만 반지름은 태양의 10배이다. 따라서 주계열성은 ㉠과 ㉢이다. 행성이 생명 가능 지대에 머물 수 있는 기간은 질량이 큰 ㉢보다 질량이 작은 ㉠에서 길다.

280 타원 은하 답 ②

알짜 풀이

ㄴ. (나)에서 은하 생성 초기에는 별의 탄생이 활발했으나 현재는 별이 거의 탄생하지 않으므로 성간 물질의 함량(%)은 은하 탄생 초기가 현재보다 많다.

바로 알기

ㄱ. A는 구 모양에 가까운 타원 은하이므로 허블의 은하 분류에 따르면 E7보다 E0에 가깝다.

ㄷ. 새로운 별이 거의 탄생하지 않으므로 시간이 지날수록 붉은색 별들의 비율이 증가하여 별들의 평균 색지수가 증가하고 있다.

281 특이 은하의 스펙트럼 답 ②

알짜 풀이

ㄴ. 적색 편이는 수소선의 파장이 가장 길게 관측된 (나)가 가장 크다.

바로 알기

ㄱ. (가)는 보통 은하이고, (나)와 (다)는 특이 은하이다. (나)는 (다)보다 방출선의 파장이 크게 적색 편이되어 있으므로 (나)는 퀘이사, (다)는 세이퍼트은하이다. 스펙트럼에 나타난 방출선의 폭은 특이 은하인 (나)와 (다)에서 넓고, (가)에서는 선 스펙트럼의 폭이 상대적으로 매우 좁다.

ㄷ. $\left(\frac{\text{은하 중심부의 밝기}}{\text{은하 전체 밝기}}\right)$는 퀘이사가 세이퍼트은하에 비해 훨씬 크므로 (나)가 가장 크다.

282 우주 배경 복사의 전파 답 ③

알짜 풀이

ㄱ. 우주 팽창은 위치에 관계 없이 모든 지점에서 등방·균일하게 일어나며, 빛이 이동하는 동안 적색 편이(z)는 우주가 팽창한 정도에 비례한다. 따라서 A와 B에서 동시에 출발한 두 빛이 현재 우리은하에 동시에 도착한다면 두 빛의 적색 편이는 같다.

ㄷ. 우주의 나이가 60억 년인 (나)에서 C는 우주 배경 복사의 위치보다 우리은하로부터 먼 곳에 위치한다. 따라서 이 시기에 우리은하와 C 사이에 있었던 우주 배경 복사가 현재 우리은하에 도착한다면, 이 시기에 C에서 출발한 빛은 아직 우리은하에 도착하지 못했다.

바로 알기

ㄴ. 과거로 갈수록 우주의 크기가 작고 온도가 높으므로 우주 배경 복사의 파장은 현재보다 과거일 때 짧았다.

283 우주 배경 복사 답 ①

알짜 풀이

ㄱ. (가)에서 복사 에너지의 세기가 주변보다 강한 곳은 물질의 밀도가 상대적으로 커서 온도가 높은 영역이다.

바로 알기

ㄴ. (나)에서 최대 복사 에너지 세기를 갖는 파장(λ_{max})은 약 0.1 cm 부근이며, 이 영역은 전파 영역에 속한다.

ㄷ. 우주 배경 복사는 전 하늘에서 거의 고르게 관측되므로 우리은하의 중심부에서 특별하게 강하게 관측되지 않는다.

284 허블 법칙 답 ⑤

자료 분석

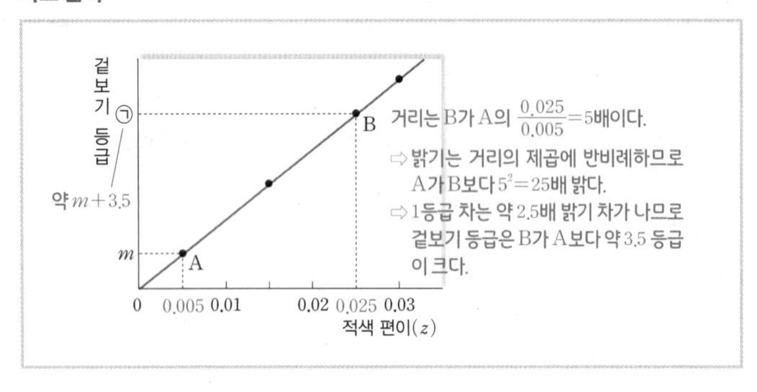

알짜 풀이

ㄱ. 적색 편이(z)는 A가 0.005, B가 0.025이므로 B가 A의 5배이다. 적색 편이와 거리(r)는 비례하므로 지구로부터의 거리는 B가 A의 5배이다.

$$v=H\cdot r=cz \Rightarrow r=\frac{c}{H}\times z$$

(v : 후퇴 속도, c : 광속, H : 허블 상수)

ㄴ. B의 적색 편이는 0.025이므로 후퇴 속도는 광속(c)의 2.5 %에 해당하는 7500 km/s이다.

$$v=cz=3\times10^5\ \text{km/s}\times0.025=7500\ \text{km/s}$$

ㄷ. 절대 등급이 같을 경우에 B는 A보다 5배 멀리 있으므로 A는 B보다 5^2=25배 밝게 보인다. 밝기가 약 16배(≒2.5^3) 차이날 때 등급 차는 3등급에 해당하므로 A와 B의 등급 차는 3등급보다 크다. 따라서 ㉠은 $m+3$보다 크다.

285 우주 구성 요소 답 ①

자료 분석

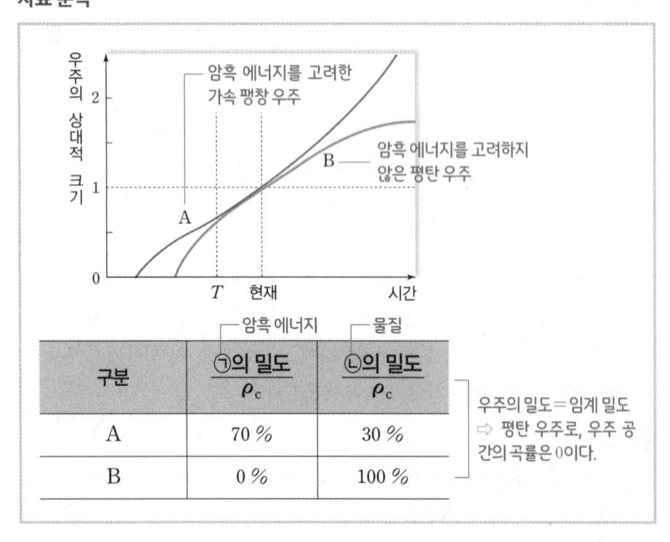

구분	㉠의 밀도 / ρ_c	㉡의 밀도 / ρ_c
A	70 %	30 %
B	0 %	100 %

알짜 풀이

ㄱ. 암흑 에너지는 단위 부피당 일정한 양이 존재하는 것으로 추정하고 있다. 따라서 우주가 팽창하더라도 암흑 에너지 밀도는 일정하게 유지된다. 하지만 물질은 우주가 팽창함에 따라 밀도가 감소하기 때문에 상대적으로 암흑 에너지가 차지하는 비율이 증가하게 된다. A에서는 암흑 에너지가 존재하므로 시간이 흐를수록 암흑 에너지가 차지하는 상대적 비율이 증가한다.

바로 알기

ㄴ. 우주의 나이는 우주의 상대적 크기가 0인 시점에서 현재까지의 시간에 해당한다. 따라서 우주 모형 A가 B보다 우주의 나이가 많다.

ㄷ. 우주의 밀도는 암흑 에너지(㉠) 밀도와 물질(㉡) 밀도의 합이며, A와 B에서 우주의 밀도는 임계 밀도와 같다. 우주의 밀도가 임계 밀도와 같을 때, 이를 평탄 우주라고 하며 우주의 곡률은 0이다. 따라서 A와 B는 모두 평탄 우주 모형이며, 우주 공간의 곡률은 0으로 같다.

MEMO

MEMO

진짜 공부 챌린지 내/가/스/터/디

공부는 스스로 해야 실력이 됩니다.
아무리 뛰어난 스타강사도, 아무리 좋은 참고서도
학습자의 실력을 바로 높여 줄 수는 없습니다.

내가 무엇을 공부하고 있는지, 아는 것과 모르는 것은 무엇인지
스스로 인지하고 학습할 때 진짜 실력이 만들어집니다.

메가스터디북스는 스스로 하는 공부, **내가스터디**를 응원합니다.
메가스터디북스는 여러분의 **내가스터디**를 돕는 좋은 책을 만듭니다.

메가스터디BOOKS

www.megastudybooks.com

내용 문의 | 02-6984-6915 **구입 문의** | 02-6984-6868,9

* 메가스터디북스는 도서의 본문에 콩기름 친환경 잉크를 사용했습니다.